Atlas der Anatomie

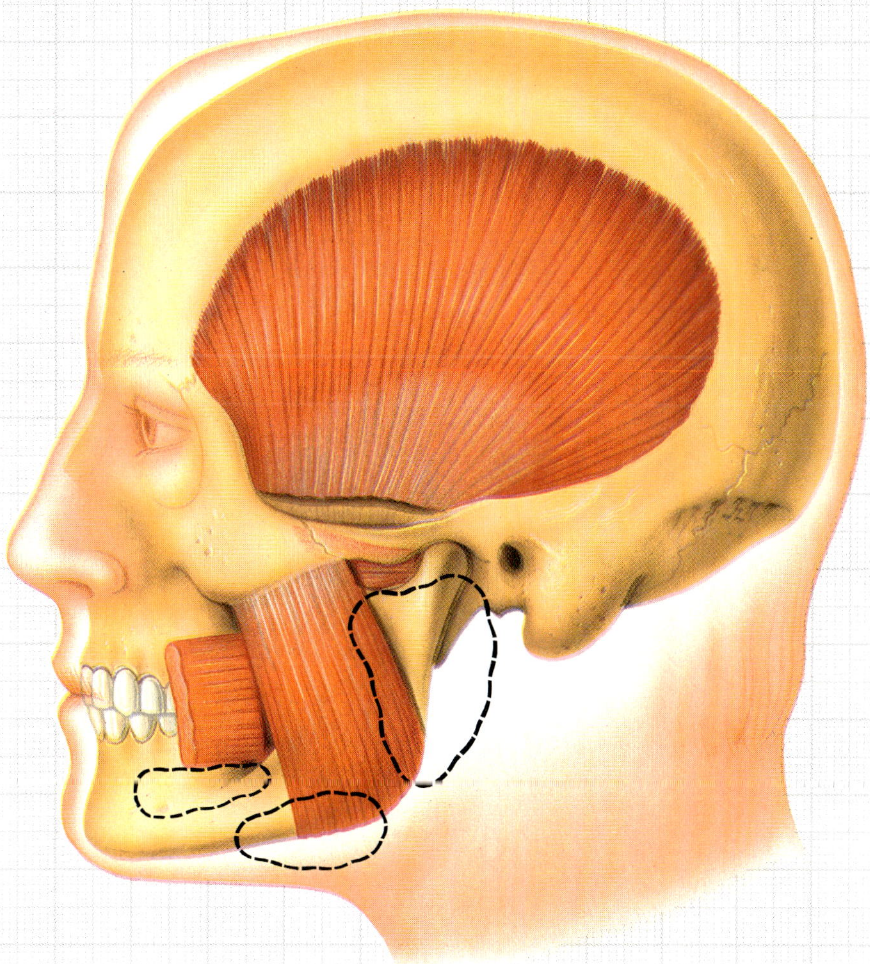

Atlas der Anatomie

übersetzt und bearbeitet
von Dr. med. Joachim Lauen

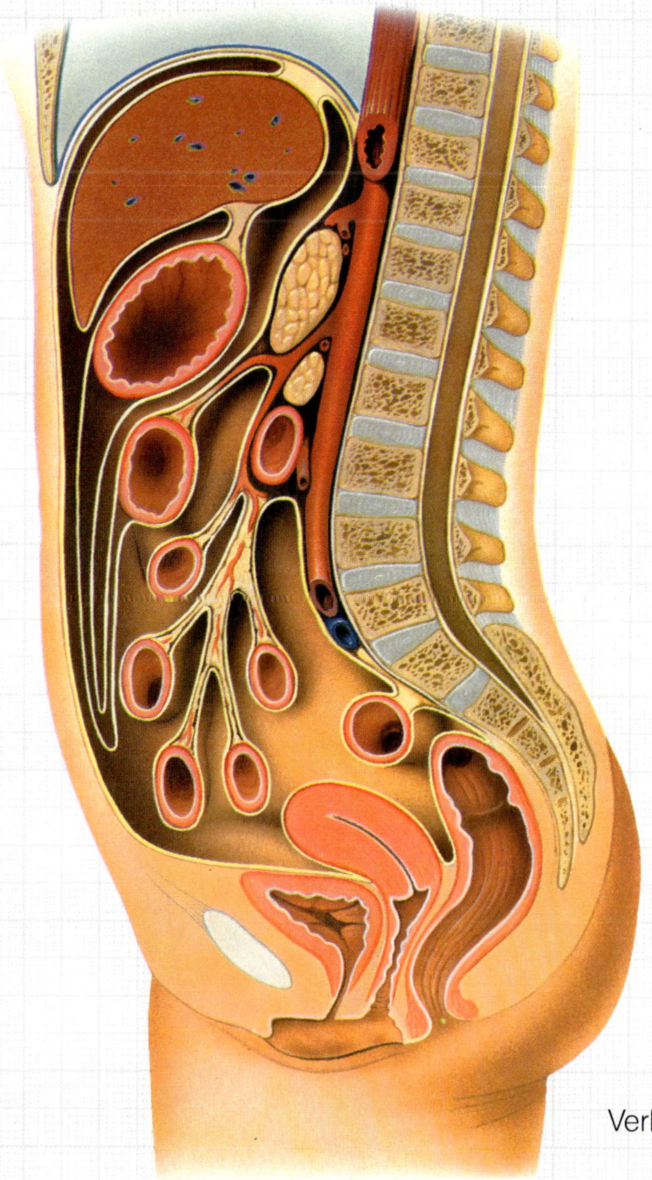

Buch und Zeit
Verlagsgesellschaft mbH
Köln

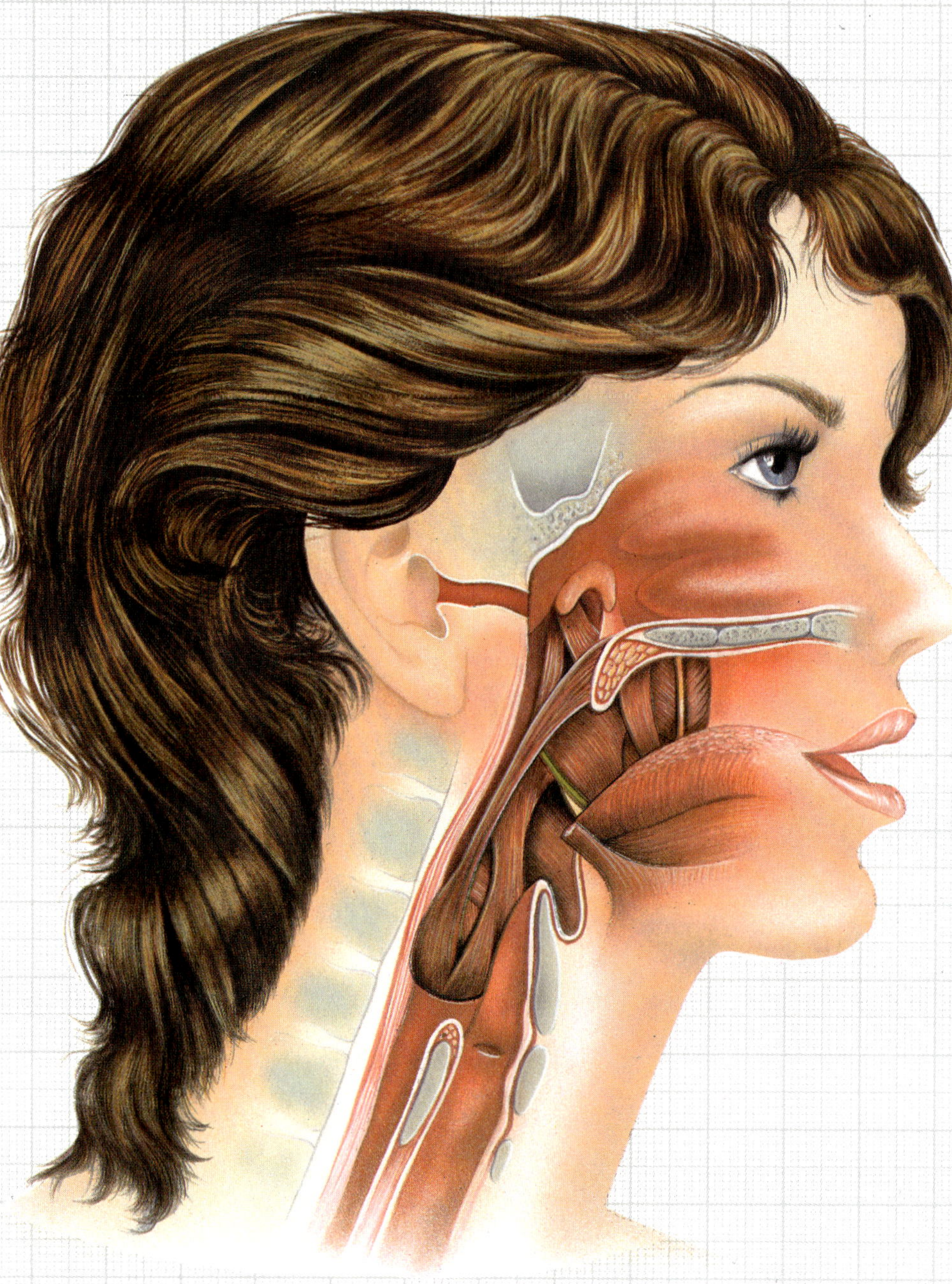

ISBN 3-8166-9643-0

Fotos: Allsport/Tony Duffy:64; Biophoto Associates: 19(o), 34(l.), 51(o.), 99(u.); Paul Brierley: 119(u.); Carnegie Inst. of Washington/Dept. of Embryology/Davis Division: 144; Bruce Coleman Ltd: 39(u.l.) Manfred Kage, 39(u.M.) Gene Cox, 39(u.r.) Gene Cox; Colorsport: 32; John Kevern: 59(u.); London Scientific Fotos: 97(o.); Ron Sutherland: 49(r.); Vision International/Anthea Sieveking: 69(o.); John Watney: 92.
Zeichnungen: Advertising Arts: 21,55(u.), 123(o.); Terry Allen Design: 125(u.); Mike Courtney: 11, 12, 13, 14, 15, 25(o.), 36/7, 39, 46(o.), 47(o.), 48, 55(o.), 61, 62, 63, 78, 79, 84, 87, 91, 95(u.), 98, 100, 102, 107, 108, 114, 119(o.), 120; Sue Dandre: 23, 24(o.), 25(u.), 28(l.), 31, 32, 40, 144/5, 146/7; Sue Ford: 51(M.); David Gifford: 141; Hayward Art Group: 18, 19(u.); Illustra: 125(o.); Elaine Keenan: 17, 24(u.), 38(o.), 41(u.), 46(u.), 74, 90, 95(o.), 109, 110, 136; Frank Kennard: 10, 27, 30, 37, 41(o.), 42/3, 44, 45, 50, 54, 57, 68, 72, 76, 80, 82/3, 85, 86, 99(o.), 111, 113(l.), 115, 117, 121, 123(u.), 124, 127, 128, 129, 131, 132, 135, 137, 139, 142, 143; Aziz Khan: 33, 56, 66; Patricia Ludlow/Linda Rogers Assoc./Dept. of Growth/Inst. of Child Health: 132/3, 140; Osborne/Marks: 96; Nigel Osborne: 88, 89; Mick Saunders: 26, 28(r.), 29, 52(l.), 58, 59(o.), 106, 112, 138; Venner Artists: 20, 22/3, 34(o.), 35, 38(u.), 51(u.), 52(r.), 53, 60, 65, 67, 69(o.), 70, 71, 73(o.), 75, 93, 94, 103, 104, 113(r.), 118, 126, 134; Roy Woodward: 49(l.), 77.
Übersetzung: Dr. med. Joachim Lauen, Wiesbaden

Satz: Jung SatzCentrum, Lahnau
Druck: Dai Nippon Printing Company, Hongkong

1999964389X7 2635 4453

Inhalt

Vorwort

Es ist höchst erstaunlich, daß die meisten Menschen heute mehr von Autos und Computern verstehen als von ihrem eigenen Körper. Auch sind Erziehung und Schule mehr auf das Verdienen des Lebensunterhaltes, das Zurechtfinden im gesellschaftlichen Leben und die sinnvolle Nutzung der Freizeit gerichtet, als daß sie Wissen über den Bau und die Funktion des menschlichen Körpers vermitteln. Dies ist um so verwunderlicher, wenn man bedenkt, daß wir unser Wissen und unsere Fähigkeiten nur dann optimal anwenden können, wenn unser Körper gut funktioniert. Fehlen uns die Kenntnisse über diese wichtigen Zusammenhänge, so ist dies zugleich gefährlich, da unser Leben und unsere Gesundheit nur allzu oft in unseren eigenen Händen liegen.

Zwar verfügt die heutige Medizin über Mittel und Möglichkeiten, die vor Jahren noch undenkbar gewesen wären, doch will man sie sinnvoll einsetzen, sind das Verständnis und die Mitarbeit der Patienten meist unerläßlich. Nur ein entsprechendes Wissen über den Körperbau und die normalen Körperfunktionen ermöglicht es, Fehlfunktionen zu erkennen, zu verstehen und alle notwendigen Maßnahmen zu ergreifen.

Die Aufgabe des Anatomieatlasses ist es, den Körper des Menschen exakt zu beschreiben und mögliche Mißverständnisse aus dem Weg zu räumen. Er soll nicht nur als Nachschlagewerk dienen, sondern vielmehr eine wichtige Lektüre für jeden verantwortungsbewußten Menschen sein. Dies halte ich zum jetzigen Zeitpunkt für besonders sinnvoll, da viele Menschen ein wachsendes Interesse an ihrem eigenen Körper und seiner Gesundheit zeigen. Die Arzt-Patient-Beziehung wird immer mehr zu einer Partnerschaft, in der die besten Erfolge durch die Mitarbeit des Patienten erzielt werden und damit entscheidend von seinem Wissen und Verständnis abhängen.

Der Atlas dient jedoch nicht nur der häuslichen Lektüre und Wissensvermittlung, sondern Lehrer können ihn auch im Schulunterricht einsetzen. Er beschreibt außer der eigentlichen Anatomie, dem Körperbau, große Teile der menschlichen Physiologie, also der Körperfunktionen. Trotz der knappen Darstellungen sind alle wesentlichen Tatsachen erfaßt und auf verständliche Weise erklärt.

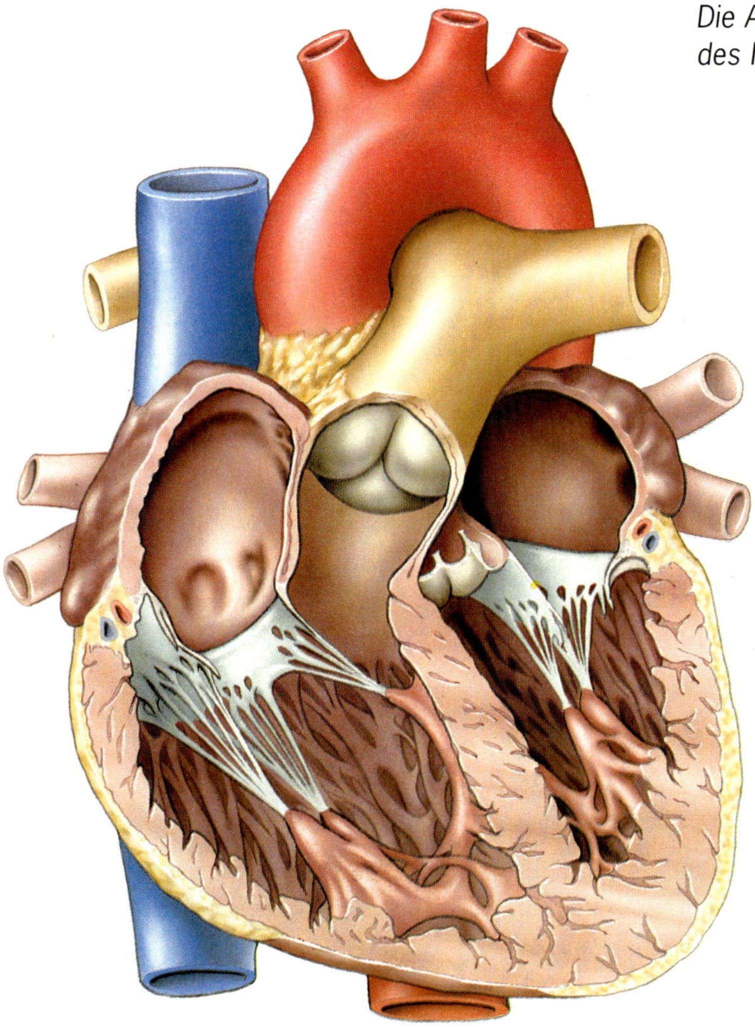

Zugleich sind neben den gebräuchlichen umgangssprachlichen Ausdrücken eine Vielzahl von medizinischen Fachausdrücken erläutert.
Dieser Anatomieatlas besitzt zwei herausragende Qualitäten. Zum einen ist hier eine leicht verständliche Ausdrucksweise gewählt, die den Leser nicht mit einer Vielzahl von komplizierten Einzelheiten verwirrt, zum anderen erscheinen der Bau und die Funktion des menschlichen Körpers nicht einfacher, als sie in Wirklichkeit sind. Hinzu kommen die überaus anschaulichen Abbildungen, die einen genauen Einblick in die Körperstrukturen und ihre Funktionsweise vermitteln und die die Großartigkeit des menschlichen Körperbaus erkennen lassen.
Ich erinnere mich noch genau an den Anfang meiner medizinischen Studienzeit, wie aufregend es war, all die Strukturen und Vorgänge kennenzulernen, die sich in unserem Körper abspielen. Es war eine Erfahrung, gleichsam eine ständige Reise, die mich seither immer wieder aufs neue fasziniert hat. Dieses Buch ermöglicht es dem Leser, an dieser faszinierenden Reise ins Körperinnere teilzunehmen.

Trevor Weston, MD, MRCGP

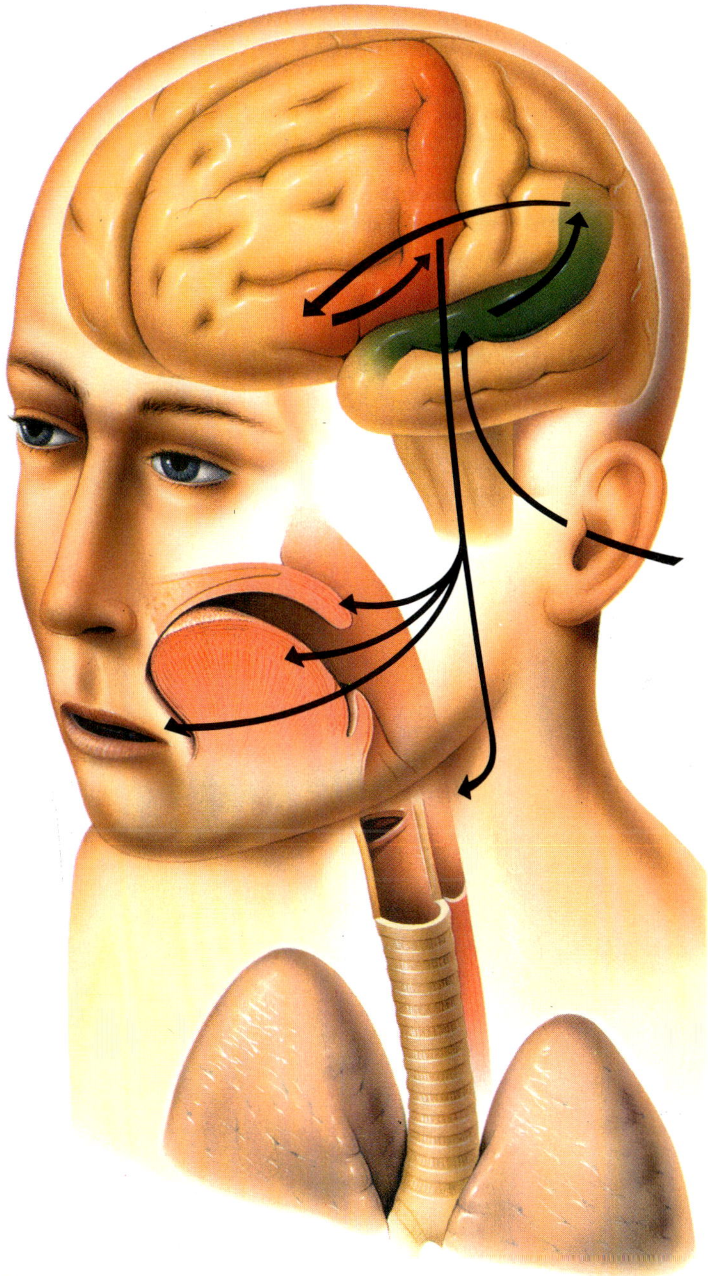

Kapitel 1

Der Körperbau

Die Lehre von der Anatomie des Menschen beschäftigt sich mit den verschiedenen Körperstrukturen und Organen. Diese kann man aufgrund ihrer spezifischen Struktur und Funktion zu Organ- und Funktionssystemen zusammenfassen. Sie alle bestimmen das Leben des Organismus und wirken bei der Aufrechterhaltung des inneren Milieus und der Anpassung des Organismus an die unterschiedlichen Anforderungen der Umwelt zusammen.

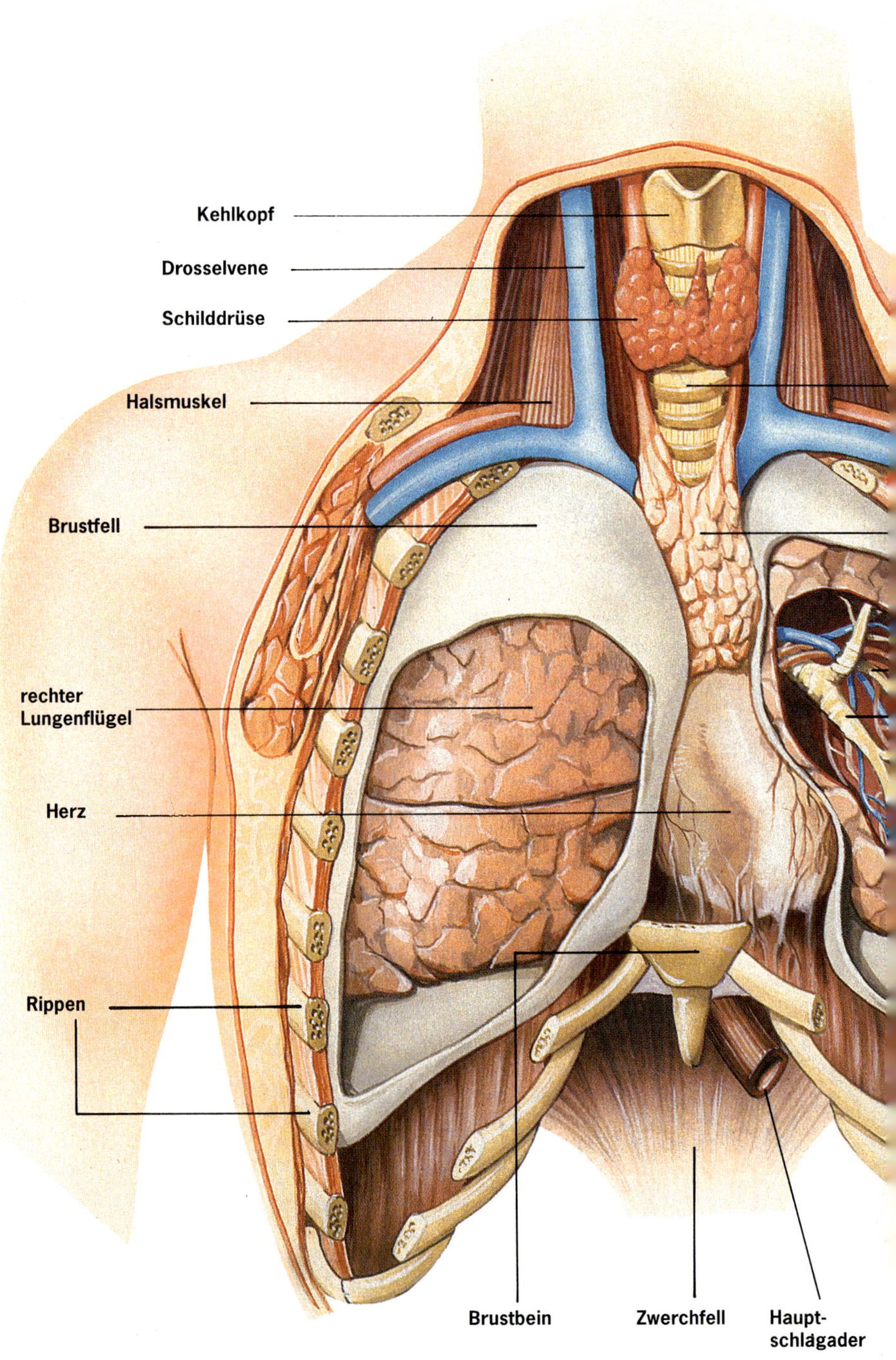

Der Brustraum erstreckt sich von der Halsbasis bis zum Zwerchfell. Die in ihm gelegenen Organe, wie Herz, Lungen und Thymusdrüse, werden durch den knöchernen Brustkorb geschützt

Die Organe

Die Anatomie befaßt sich mit den einzelnen Körperstrukturen. Sie beschreibt den Aufbau von Organen und Organsystemen, ihre Lage, Verbindung und Beziehung untereinander. Alle Strukturen werden bis hin zu den kleinsten Baueinheiten erforscht.
Während sich die Anatomie auf die bloße Beschreibung der unterschiedlichen Körperstrukturen beschränkt, erfaßt ein weiteres Fachgebiet, die Physiologie, die Funktion der einzelnen Systeme und ihr Zusammenwirken. Da Struktur und Funktion der Organsysteme eng miteinander verbunden sind, stehen auch Anatomie und Physiologie in unmittelbarer Beziehung zueinander. So ist zum Beispiel die Beschreibung der anatomischen Struktur des Magens unmittelbar mit der Erfassung seiner physiologischen Bedeutung als Verdauungsorgan verknüpft.
Ein Organ ist eine bestimmte Einheit verschiedener Gewebe mit spezifischer Struktur und Funktion. Bei der Besprechung des menschlichen Körpers ist es daher sinnvoll, die einzelnen Organe als Grundlage zu nehmen. Einleitend sollen zunächst die Hauptorgane des

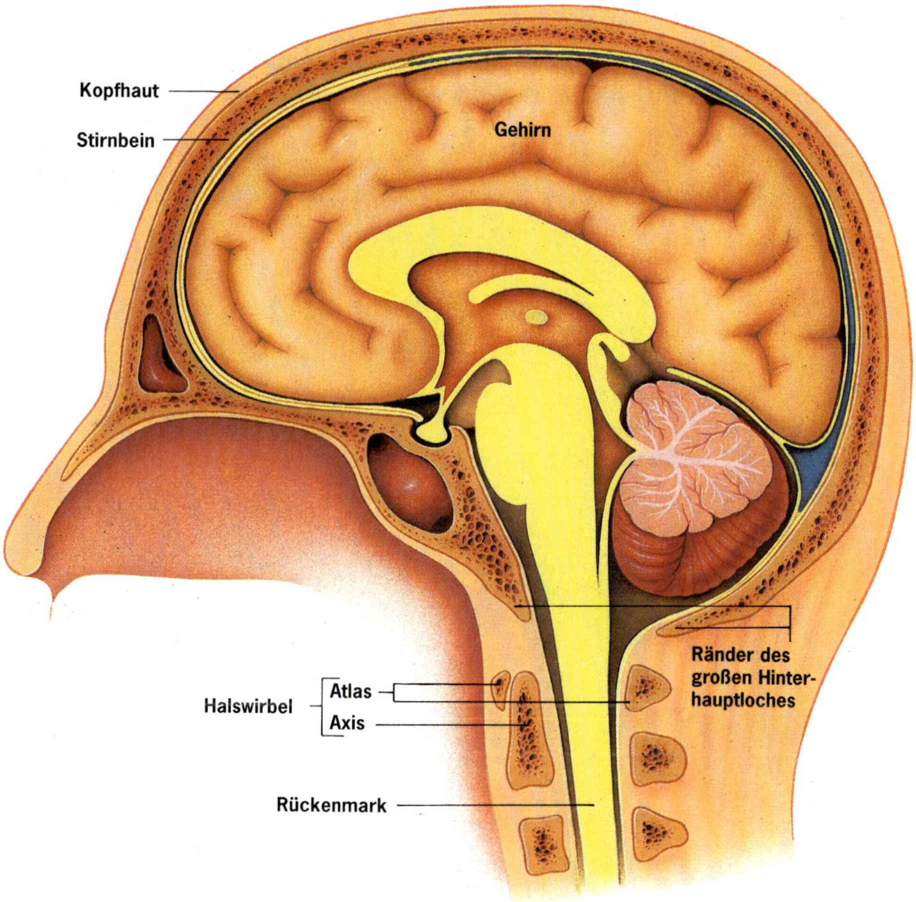

Das weiche Gehirngewebe ist von einer festen Bindegewebsschicht umschlossen, der harten Hirnhaut (Dura mater) und füllt die gesamte Schädelhöhle aus. Das Rückenmark tritt durch das große Hinterhauptloch (Foramen magnum) an der Schädelbasis in die Schädelhöhle ein

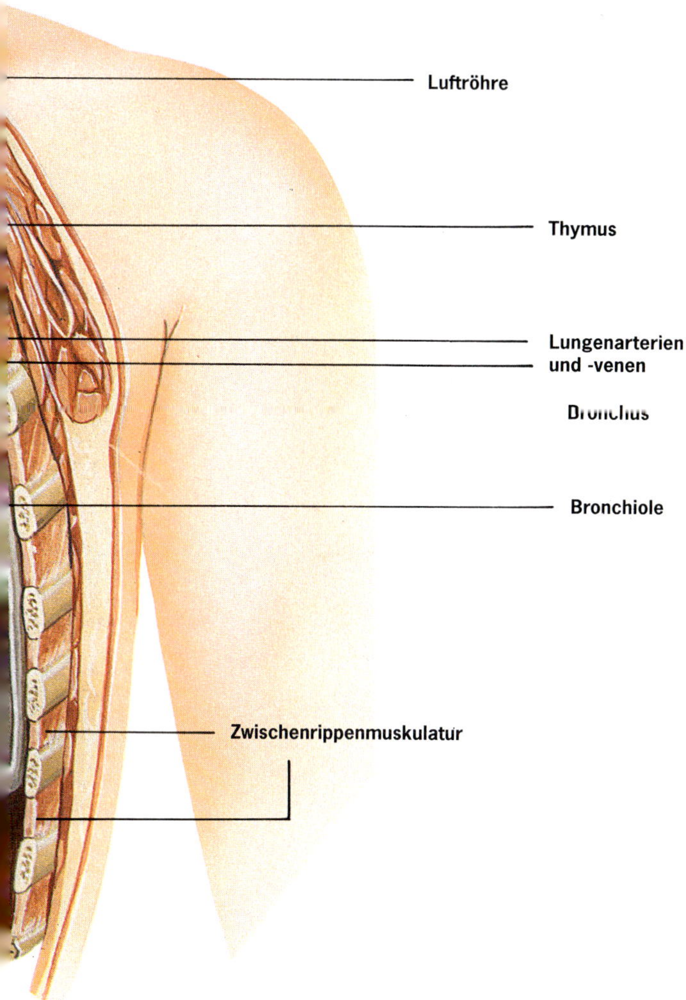

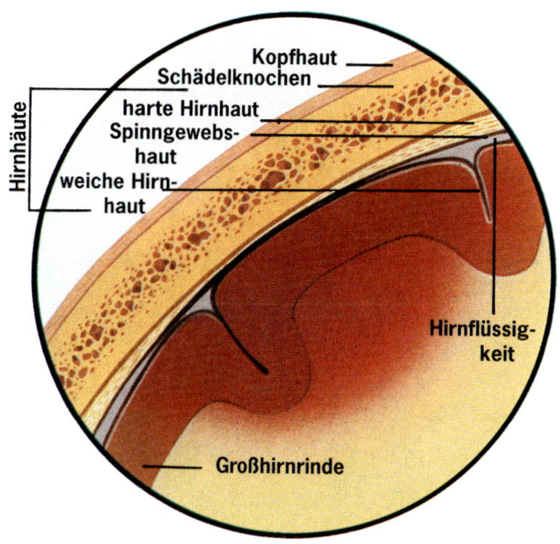

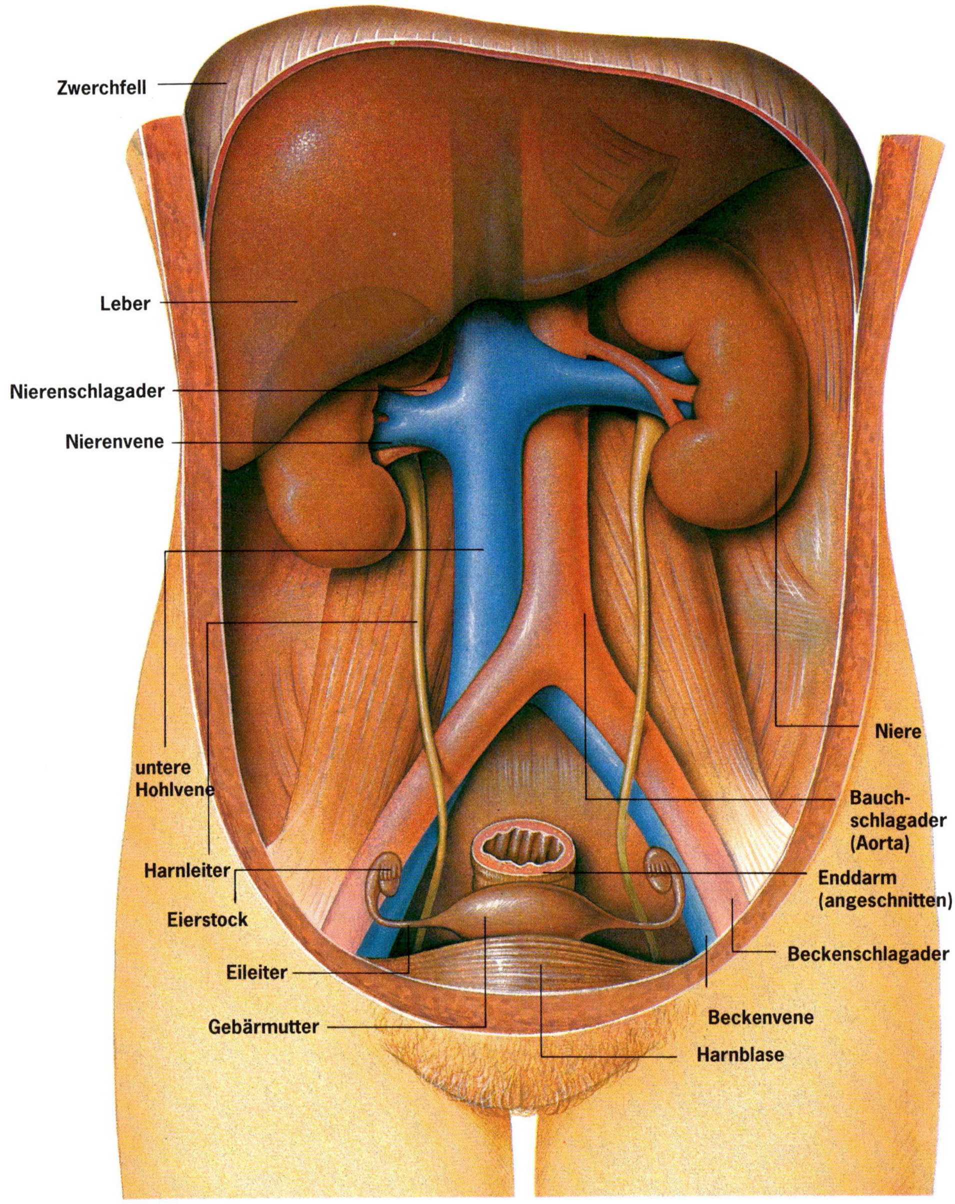

Blick in den weiblichen Bauchraum nach Entfernung des Magen-Darm-Traktes. Fast alle weiblichen Fortpflanzungsorgane liegen im Bauchraum. Sie nehmen hier aber einen nur relativ geringen Platz ein, wie der Vergleich von Gebärmutter und Leber zeigt

menschlichen Körpers und ihre Lage in den drei großen Körperhöhlen, dem Hirnschädel, dem Brustkorb und der Bauchhöhle, dargestellt werden.

Die Schädelhöhle

Der Schädel (Cranium) besteht aus zwei Teilen: dem Gehirnschädel, der das Gehirn umschließt, und dem Gesichtsschädel, der den Rahmen für Augen, Nase und Mund bildet. Das Gehirn füllt die Schädelhöhle vollständig aus, und sein Wachstum bestimmt die Schädelform. Beim Neugeborenen sind die Schädelknochen noch durch Knorpel miteinander verbunden. Dies erlaubt eine geringe Beweglichkeit, die zum Beispiel bei der Anpassung an den Geburtskanal notwendig ist. Der Knorpel wird in den ersten zwei Lebensjahren durch Knochen ersetzt, und der Schädel erhält seine spätere Festigkeit.
Das Gehirn besteht aus einer weichen, gallertartigen Substanz, die leicht zerrissen oder zerdrückt werden kann. Es wird umschlossen von einer derben Bindegewebsschicht, der harten Hirnhaut (Dura mater). Schädelknochen und harte Hirnhaut schützen das Gehirn vor Verletzungen. Bei Verletzungen schwillt das Gehirn an und kann durch den inneren Druck gegen die Schädelknochen zusätzlich auch an anderen Stellen geschädigt werden. Weitere kleinere Höhlen des Schädels sind die Augenhöhlen, die Nasenhöhle und die Lufträume im Schädelknochen, die Nasennebenhöhlen, die in die Nasenhöhle münden. Den Unterkieferknochen kann man auch als Anhangsgebilde des Schädels betrachten.
An der Schädelbasis befinden sich zahlreiche Öffnungen zum Durchtritt der Nerven und Gefäße. Die größte unter ihnen, das Hinterhauptloch (Foramen magnum), ist die Durchtrittsstelle für das Rückenmark.

Die Brusthöhle

Der Brustkorb (Thorax) bildet mit seiner knöchernen Struktur eine Höhle, die zwei der wichtigsten Organe, die Lungen und das Herz, aufnimmt. Die Hauptaufgabe dieser Organe ist der Transport des lebenswichtigen Sauerstoffes aus der Luft zu den Körpergeweben. Der unmittelbar unter der Haut gelegene Brustkorb umschließt Lungen und Herz nach oben und zur Seite und ähnelt so in seiner Form einer Glocke. An seiner Rückseite ist er mit der Wirbelsäule verbunden und an seiner Basis durch das Zwerchfell, eine feste Platte aus Muskeln und Bindegewebe, gegen den Bauchraum abgeschlossen.
Zwischen den Rippen spannen sich Muskellagen, die Zwischenrippenmuskeln (Interkostalmuskulatur) aus. Den Brustkorb kann man daher auch als einen von den Rippen gestützten, glockenförmigen Muskelbeutel ansehen, der es den Lungen ermöglicht, Luft über die Atemwege ein- und auszuatmen.
Die Innenseite des Brustkorbes ist von einer Membran (Rippenfell) ausgekleidet. Ähnliche Membranen überziehen auch die Lungenoberfläche (Lungenfell) und das Herz (Herzbeutel). Der linke und rechte Lungenflügel füllen den Hauptteil des Brustkorbes aus und sind über beide Hauptbronchien mit der Luftröhre verbunden. Die Hauptbronchien verzweigen sich dann in den Lungen, ähnlich den Ästen eines Baumes, und führen schließlich in die Lungenbläschen, in denen der Gasaustausch stattfindet. Hierbei wird Sauerstoff in das Blut aufgenommen und das Stoffwechselprodukt Kohlendioxyd aus dem Blut in die Lungenflügel abgegeben.
Das Herz liegt vorne zwischen den beiden Lungenflügeln und ist von einer eigenen Membran, dem Herzbeutel, überzogen. Das Blut aus dem Körper erreicht das Herz über den rechten Vorhof, gelangt dann in die rechte Herzkammer und wird von hier aus über die Lungenarterien in die Lungenkapillaren gepumpt. Hier findet der Gasaustausch statt. Das mit Sauerstoff angereicherte Blut gelangt dann über die Lungenvenen und den linken Herzvorhof in die linke Herzkammer und wird von dort über die Hauptschlagader in den Körper gepumpt.
Den Brustkorb durchzieht außerdem die Speiseröhre (Oesophagus), die Nahrung und Flüssigkeit vom Mund in den Magen transportiert, der unmittelbar unter dem Zwerchfell liegt. Zudem findet man im oberen vorderen Brustkorb noch die vor der Luftröhre gelegene Thymusdrüse, die eine wichtige Rolle im Immunsystem des Körpers spielt.

Die Bauchhöhle

Der Bauchraum ist die größte Körperhöhle. Er erstreckt sich von der Unterseite des Zwerchfelles bis zur Leistenregion. Auf der Rückseite wird er durch die Wirbelsäule und im oberen Anteil durch die Rippen begrenzt. Den vorderen Abschluß des Bauchraumes bildet eine dicke Muskelschicht, die man beim Einziehen des Bauches tasten kann. Im Bauchraum liegt eine ganze Reihe von Organen, die man auch als Eingeweide bezeichnet. Nahezu der gesamte Verdauungstrakt befindet sich im Bauchraum. Er beginnt hier mit dem Magen (Ventriculus, Gaster) direkt unterhalb des Zwerchfelles und endet mit dem Mastdarm (Rektum), der sich über den After entleert. Der Verdauungstrakt ist das Nahrungsverarbeitungs- und Ausscheidungsorgansystem des Körpers. Hier werden die Nahrungsbestandteile in resorbierbare (zur Aufnahme in die Körperflüssigkeiten geeignete) Stoffe aufgespalten und Abfallprodukte ausgeschieden. Die Verdauung wird durch die Drüsen des Bauchraumes, die Leber und die Bauchspeicheldrüse, unterstützt. Ein Netz aus Blutgefäßen und Nerven versorgt die Eingeweide.

An der Rückseite des Bauchraumes, zwischen Bauchhöhle und Wirbelsäule, liegt ein gesonderter Raum, der Retroperitonealraum. In seinem oberen Teil befinden sich die Nieren, die über die Harnleiter (Ureter) mit der Harnblase im kleinen Becken verbunden sind. In der Harnblase wird der Urin gesammelt und über die Harnröhre (Urethra) nach außen abgegeben. Eng verbunden mit dem Harnwegssystem sind die Organe der Fortpflanzung. Bei der Frau liegen sie fast ausschließlich innerhalb des Bauchraumes, beim Mann jedoch wandert ein Teil, die Hoden (Testes), bereits vor der Geburt in seine Position außerhalb des Körpers.

Es scheint unmöglich, daß all diese Organe in einem so verhältnismäßig kleinen Raum Platz finden. Der etwa 10 Meter lange Darm ist jedoch so gewunden und verschlungen, daß er im Bauchraum ausreichend Platz findet. Um die Organe in ihrer jeweiligen Lage zu halten, sind sie durch Bindegewebszüge an der seitlichen und hinteren Wand des Bauchraumes befestigt. Die flexible Bindegewebsplatte, die den Darm beweglich im hinteren Bauchraum befestigt, ist das Gekröse (Mesenterium).

Die Bauchhöhle wird von einer Membran, dem Bauchfell (Peritoneum), umschlossen. Ähnlich dem Brustfell kleidet ein Blatt des Bauchfelles (Peritoneum parietale) die Bauchhöhle aus, während das andere Blatt (Peritoneum viscerale) die Eingeweide überzieht. Die Eingeweide sind je nach ihrer Lage vollständig vom Bauchfell umschlossen oder teilweise überzogen. Das wandauskleidende Bauchfellblatt besitzt Schmerzrezeptoren, so daß Verletzungen oder Entzündungen einen lokalisierten Schmerz hervorrufen. Das eingeweideüberziehende Bauchfellblatt besitzt kaum Schmerzfasern, hier entsteht lediglich ein Schmerzreiz, wenn die Eingeweide Zug ausüben.

Die Lage des Bauchfells

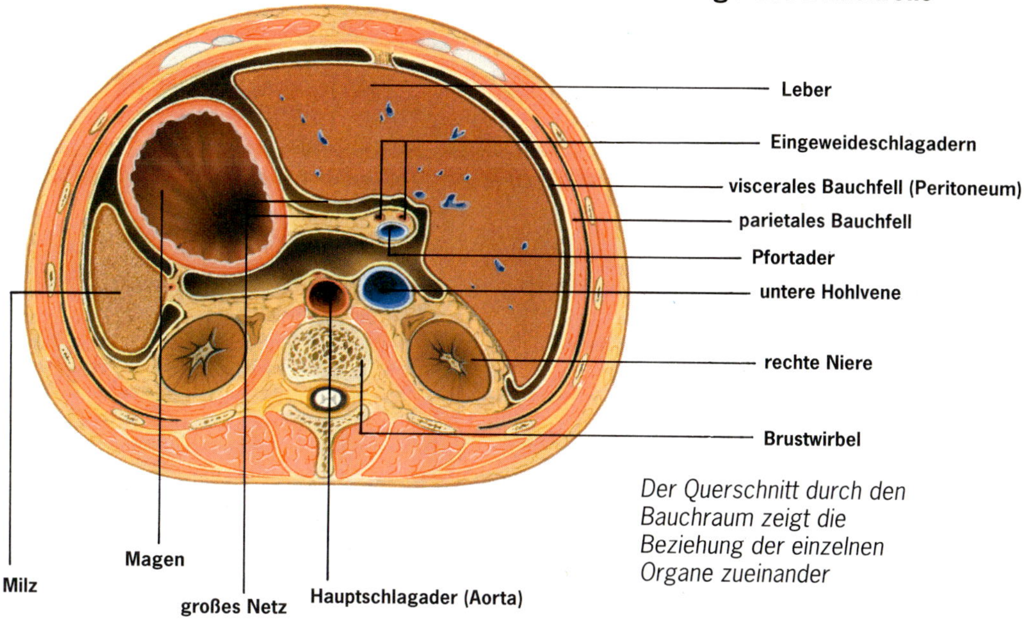

Der Querschnitt durch den Bauchraum zeigt die Beziehung der einzelnen Organe zueinander

Die Strukturen der Bauchhöhle

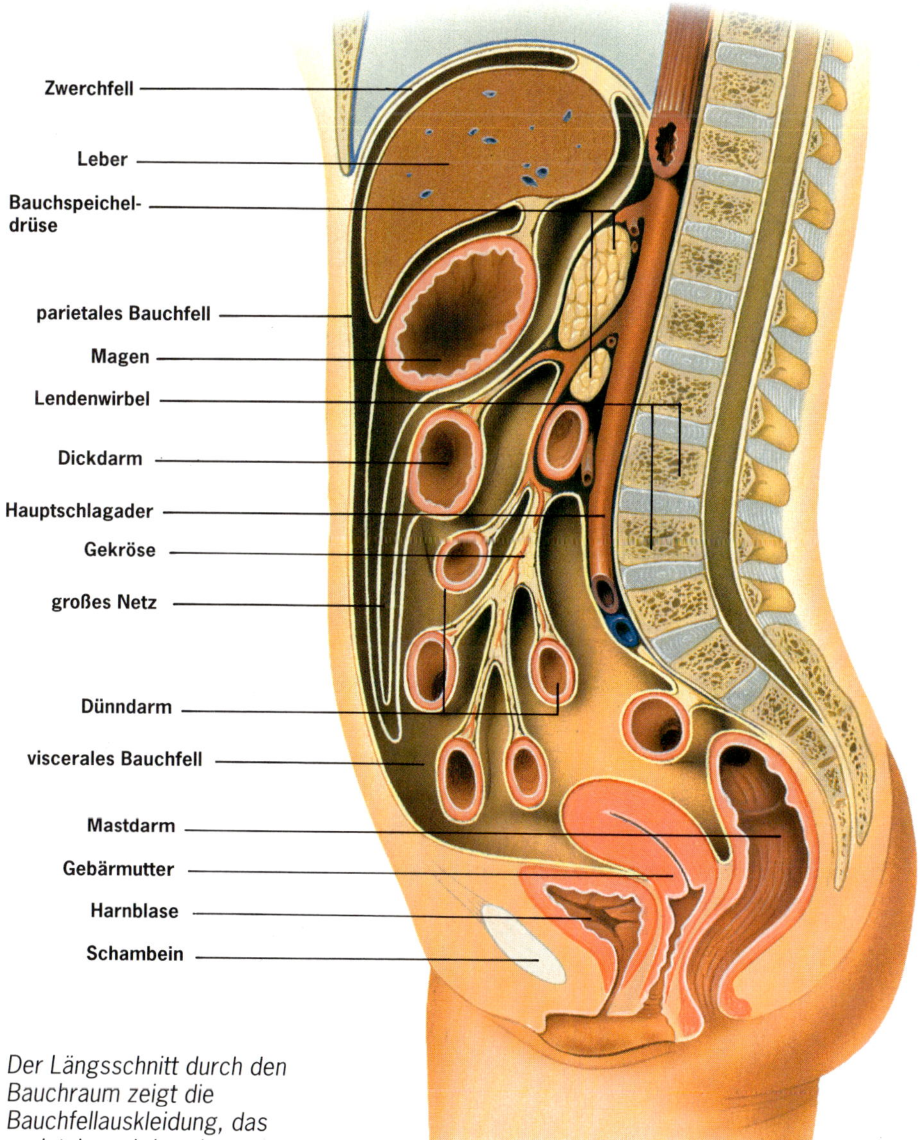

Der Längsschnitt durch den Bauchraum zeigt die Bauchfellauskleidung, das parietale und das viscerale Peritoneum

Die Körpersysteme

Zum besseren Verständnis, wie einzelne Organe zusammenhängen und -arbeiten, faßt man sie zu Organ- oder Körpersystemen zusammen. Genannt seien das Nervensystem, das Herz-Kreislauf-System, das Atemwegsystem, das Verdauungssystem, das Ausscheidungssystem, die endokrinen Drüsen, das Fortpflanzungssystem, das Skelettsystem, die Muskulatur und die Haut. Die einzelnen Funktionseinheiten werden im folgenden ausführlich besprochen.

Die Organe werden nicht nur nach ihrer anatomischen Verbindung, sondern auch nach ihrer gleichen oder ähnlichen Gewebestruktur zusammengefaßt. Grundsätzlich gibt es vier Gewebearten, und jedes Organ ist aus zumindest einem aufgebaut.

Das Epithelgewebe überzieht Körperorgane oder kleidet sie aus. Es bildet das Gewebe innerer Drüsen und dient hier der Abgabe von Substanzen oder Hormonen.

Das Muskelgewebe besitzt die Fähigkeit zur Kontraktion (Zusammenziehen) und ermöglicht damit dem Körper und inneren Strukturen die Beweglichkeit. Das Herz beispielsweise besteht fast vollständig aus Muskulatur.

Das Bindegewebe kann entweder als lockere oder feste Struktur ausgebildet sein. Im ersten Fall dient es als Verbindungs- und Füllgewebe, im zweiten als Befestigungs- oder als Stützgewebe.

Das Nervengewebe bildet die Gesamtheit des Nervensystems. Es besteht aus Nervenzellen und leitenden Nervenfasern und dient der Koordination und Steuerung aller Körperfunktionen. Obgleich bestimmte Gewebe, wie das Bindegewebe, die Tätigkeit des Nervengewebes unterstützen, werden sie nicht zum Nervensystem gerechnet.

Körpersystem	Hauptorgane und -strukturen
Skelettsystem	alle Knochen des Körpers, Knorpel, Gelenke und Bänder
Muskulatur	die Gesamtheit der Körpermuskulatur. Hierunter fallen die willkürliche oder Skelettmuskulatur (quergestreifte Muskulatur) und die unwillkürliche Muskulatur (glatte Muskulatur und Herzmuskulatur)
Nervensystem	Gehirn, Rückenmark, Nerven und Sinnesorgane
Endokrines System	hormonproduzierende endokrine Drüsen wie Hirnanhangdrüse, Schilddrüse, Nebenschilddrüse, Nebennieren, Teile der Bauchspeicheldrüse, Thymus, Teile des Hodens und der Eierstöcke und bestimmte Gewebe des Darmtraktes
Atemwegssystem	Lungen, Bronchien, Luftröhre, Kehlkopf, Rachen, Mund und Nase
Herz-Kreislauf-System	Herz, Arterien, Venen, Kapillaren, Blut
Lymphgefäßsystem	Lymphgefäße, Lymphknoten, Milz, Thymus, Mandeln und lymphatisches Gewebe des Rachens und des Magen-Darm-Traktes
Verdauungssystem	Mund, Zähne, Zunge, Speicheldrüsen, Rachen, Speiseröhre, Magen, Dünn- und Dickdarm, Leber, Gallenblase, Bauchspeicheldrüse
Ausscheidungssystem	Harnwegssystem mit Nieren, Harnleiter, Harnblase und Harnröhre, Dickdarm und Schweißdrüsen
Fortpflanzungssystem	beim Mann: Hoden, Penis, Prostata, Samenbläschen, Harnröhre bei der Frau: Eierstöcke, Eileiter, Gebärmutter, Scheide, äußeres Genitale. Männliche und weibliche Geschlechtshormone, die die Entwicklung und die Ausprägung der äußeren Geschlechtsmerkmale steuern

Das Harnwegsystem

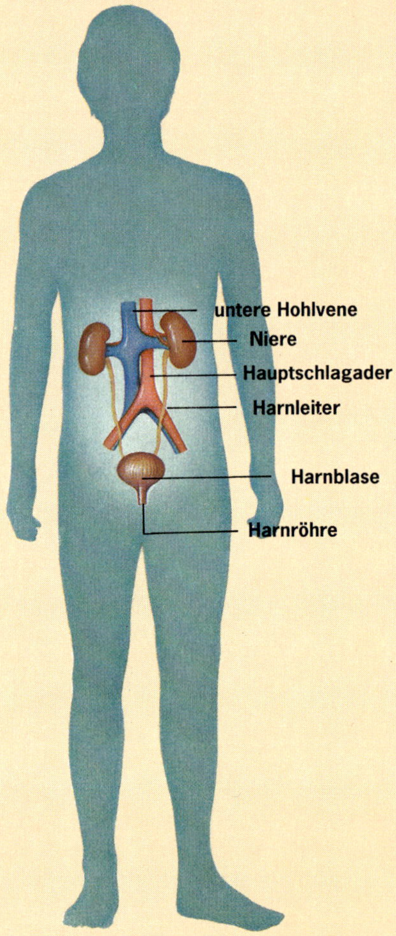

Die Membranen

Membranen sind einfache, dünne Gewebslagen, die Organe oder Gewebe umschließen, auskleiden oder trennen. Man unterscheidet fünf Arten: Schleimhäute (muköse Membranen) findet man hauptsächlich als Auskleidung von Röhrensystemen, wie den Atemwegen und dem Verdauungstrakt. Synovialmembranen kleiden die inneren Oberflächen der Gelenkkapsel aus und bilden Sehnenscheiden. Seröse Membranen umhüllen die Organe des Brust- und Bauchraumes. Eine spezielle Gruppe, die Hirnhäute, überziehen Gehirn und Rückenmark.

Auf mikroskopischer Ebene wird jede der Abermillionen von Zellen, aus denen unser Körper aufgebaut ist, und auch die kleinsten Einheiten innerhalb jeder Zelle von bestimmten Membranen umschlossen oder begrenzt. Schleimhäute enthalten spezialisierte Zellen zur Absonderung einer schleimigen Flüssigkeit. Sie halten damit die Oberflächen des Atem- und Verdauungstraktes feucht und geschmeidig. Schleimhäute enthalten ferner eine Reihe von Abwehrstoffen (Antikörper) und Abwehrzellen zur Infektabwehr. Die Schleimhäute der Atemwege besitzen zusätzlich spezifische Zellen mit einem haarähnlichen Fortsatz an der Zelloberfläche, dem sogenannten Flimmerhärchen (Zilie). Der koordinierte, wellenförmige Flimmerschlag ist zum Rachen hin gerichtet. Eingedrungene Fremdkörper werden also in Richtung Rachen transportiert, um von dort entweder ausgehustet oder verschluckt zu werden. Die Schleimhäute des Verdauungstraktes sind entweder zu fingerähnlichen Fortsätzen, den Zotten (Villi), gefaltet oder bilden Furchen (Krypten). Ihre Aufgabe besteht in einer Vergrößerung der Oberfläche, um Verdauung und Stoffaufnahme zu verbessern. Schleimhäute finden sich auch in den Geschlechts- oder Fortpflanzungsorganen, wie das Endometrium, die Auskleidung der Gebärmutter, deren äußere Schichten während der Periode abgestoßen werden. Synovialmembranen kleiden die innere Oberfläche der Gelenkkapseln beweglicher Gelenke aus und sondern die Gelenkflüssigkeit (Synovialflüssigkeit) ab. Sehnen, die die Muskeln am Knochen fixieren, werden zum Teil ebenfalls von einer Synovialmembran, der Sehnenscheide, umgeben, die die Sehne schützt und sie gleitfähig hält. Seröse Membranen kleiden die inneren Oberflächen von Brustkorb und Bauchhöhle aus und überziehen die in ihnen gelegenen Organe. Sie dienen dem Schutz vor Erkrankungen und ermöglichen die Gleitfähigkeit gegeneinander. Die Membranen der Brusthöhle werden unter dem Begriff Brustfell (Pleura), die der Bauchhöhle als Bauchfell (Peritoneum) zusammengefaßt.

Zu Beginn des Lebens übernehmen bestimmte Membranen spezielle, zeitlich begrenzte Funktionen. Der sich entwickelnde Fetus wird im Uterus von einem Membranbeutel, der Fruchtblase (Amnion), umgeben. Die Fruchtblase enthält Flüssigkeit, in der der Fetus buchstäblich schwimmt, und bildet so einen idealen Schutz gegen äußere Einflüsse und Erschütterungen. Nach der Geburt wird die Fruchtblase mit dem Mutterkuchen (Plazenta) als Nachgeburt ausgestoßen (zum Aufbau und der Funktion der Plazenta siehe Seite 142).

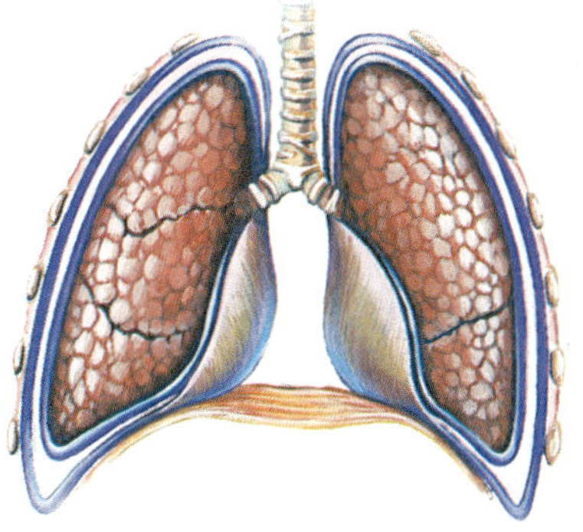

Seröse Membranen (blau), Lungen- und Rippenfell (Pleura visceralis und parietalis) verhindern die Reibung der Lungen an der Brustwand und durch ihre Oberflächenspannung den Kollaps der Lungen

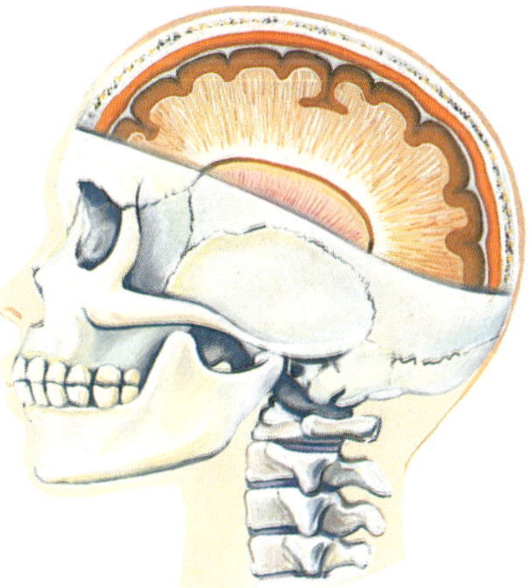

Die Hirnhäute (orange) umgeben das empfindliche Gehirngewebe und polstern es gegenüber dem harten Schädelknochen

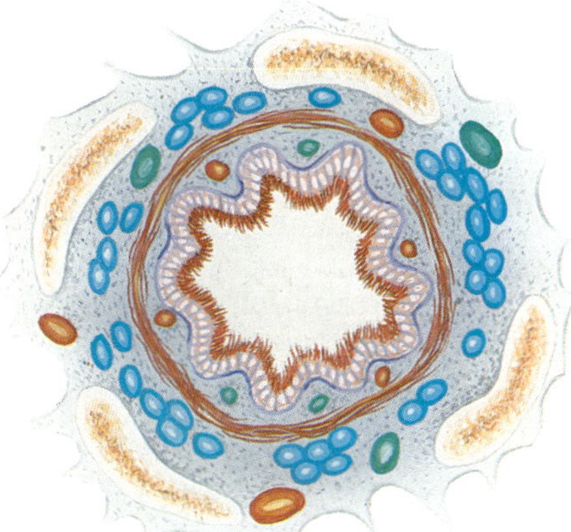

Die Schleimhäute der Atemwege besitzen an ihrer Oberfläche Flimmerhärchen (rotbraun), die durch ihren Flimmerschlag Fremdkörper in Richtung Rachen transportieren

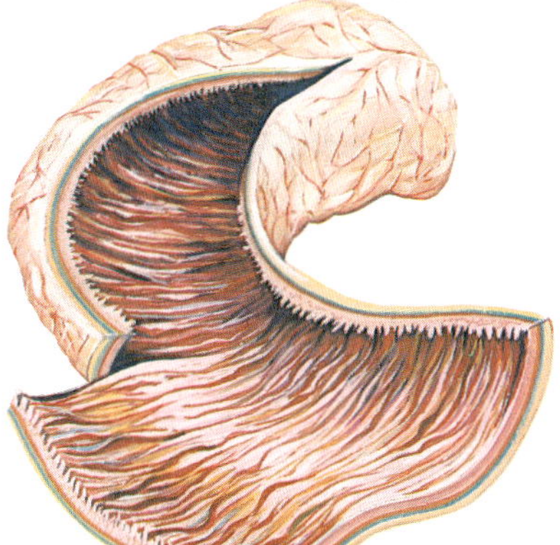

Die Schleimhautfalten des Verdauungstraktes und ihre Darmzotten (rosa) führen zu einer Oberflächenvergrößerung und begünstigen die Nährstoffaufnahme

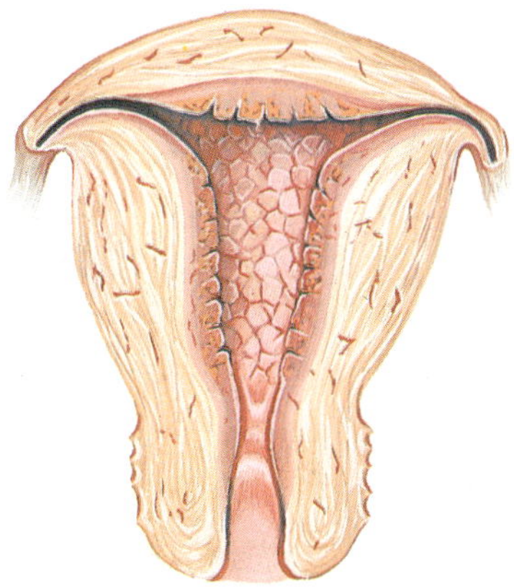

Die Gebärmutterschleimhaut (rot) stellt Nährstoffe bereit und schützt vor Wandreibungen

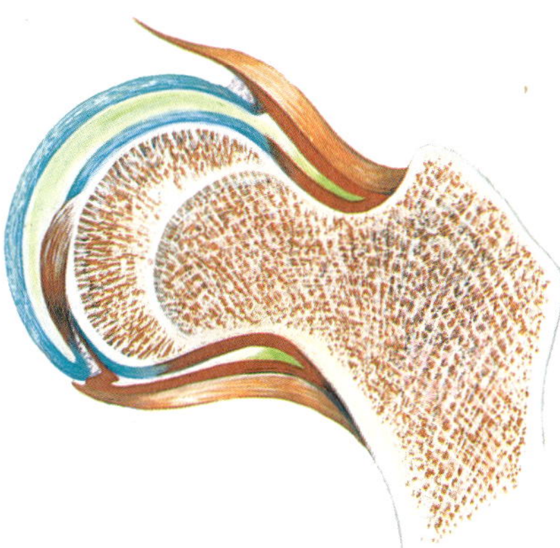

Die Gelenkschleimhaut (rot), die das Innere der Gelenkkapsel auskleidet, sondert eine Flüssigkeit ab, die die Bewegungen schmiert

Die Zellen und die Chromosomen

Der Körper ist aus über 100 Millionen mikroskopisch kleiner Zellen aufgebaut. Keine dieser Zellen ist außerhalb des menschlichen Körpers lebensfähig, sofern sie nicht in speziellen Nährsubstanzen unter bestimmten Bedingungen gezüchtet wird.
Die unterschiedlichen Körperzellen unterscheiden sich je nach ihren Aufgaben sehr deutlich in Form, Größe und Feinbau. Muskelzellen sind zum Beispiel lang und dünn, können sich zusammenziehen oder erschlaffen und ermöglichen so Körperbewegungen. Viele Nervenzellen sind zwar auch lang und dünn, jedoch so gebaut, daß sie mit Hilfe von Impulsen Informationen übermitteln können. Die sechseckigen Leberzellen sind mit Enzymsystemen für die vielfältigsten chemischen Reaktionen ausgestattet, die scheibchenförmigen roten Blutkörperchen transportieren Sauerstoff und Kohlendioxyd, und die kugelförmigen Zellen im Inselapparat der Bauchspeicheldrüse bilden das Hormon Insulin. Trotz dieser Unterschiede sind alle Zellen nach dem gleichen Grundprinzip gebaut. Sie werden außen von einer Grenzschicht, der Zellmembran, umschlossen und bestehen innen aus einer gallertartigen Masse, dem Zellplasma (Zytoplasma), das den Zellkern (Nukleus) einschließt. Im Zellkern selbst liegen die Träger des Erbgutes, die Chromosomen.
Obwohl das Zytoplasma zu 70 bis 80 Prozent aus Wasser besteht, ist es sehr aktiv. In ihm laufen zwischen den verschiedenen gelösten Substanzen eine Reihe chemischer Reaktionen ab, und es enthält viele kleine, als Zellorganellen bezeichnete Strukturen, die jeweils spezielle wichtige Aufgaben erfüllen.
Auch die Zellmembran besitzt eine genau festgelegte Struktur. Sie enthält Poren und ähnelt in ihrem Aufbau einem Sandwich mit zwei äußeren Eiweißlagen und einer inneren Fettlage. Die von der Zelle benötigten Stoffe passieren entweder als fettlösliche Substanz die Zellmembran oder gelangen über die Zellporen oder mit Hilfe bestimmter Überträgersubstanzen in das Zellinnere.
Bestimmte Zellen besitzen haarähnliche Fortsätze, die Flimmerhärchen (Zilien). Sie dienen, zum Beispiel in den Atemwegen, dem Abfangen von Staubpartikeln und durch koordinierten Wellenschlag deren Abtransport.
Das Zytoplasma aller Zellen enthält mikroskopisch kleine, bohnenförmige Organellen, die Mitochondrien. Sie sind in der Lage, Nährstoffe unter Anwesenheit von Sauerstoff in die für alle übrigen Zellvorgänge benötigte Energie umzuwandeln. Diese auch als Kraftwerk der Zelle bezeichneten Mitochondrien arbeiten mit Hilfe von Enzymen, die, aus komplexen Eiweißen aufgebaut, als Beschleuniger (Katalysator) chemischer Reaktionen wirken. Mitochondrien sind am häufigsten in Muskelzellen anzutreffen.
Lysosomen, eine weitere Art kleinster Zellorganellen im Zellplasma, sind kleine, mit Enzymen gefüllte Säckchen, die der Zelle die Verarbeitung der Nährstoffe ermöglichen. In Leberzellen sind sie besonders zahlreich.
Substanzen, die in bestimmten Zellen zur Beeinflussung anderer Zellsysteme oder Organe gebildet werden, wie die Hormone, werden zunächst in kleine Membranen sozusagen verpackt und in einer weiteren kleinsten Organelle, dem Golgi-Apparat, gespeichert.
Viele Zellen enthalten ein ganzes Netzwerk kleinster Röhren, von denen man glaubt, daß sie eine Art innere Stützfunktion darstellen.
Alle Zellen enthalten ein mehr oder weniger stark entwickeltes Kanalsystem, das sogenannte endoplasmatische Retikulum. An der Außenseite dieses Kanalsystems finden sich kleinste kugelförmige Strukturen, die Ribosomen. Sie sind verantwortlich für den Aufbau lebenswichtiger Eiweiße. So bilden sie bestimmte Struktureiweiße für die Reparatur defekter Zellstrukturen, Enzyme und komplexe Moleküle, wie die Hormone.

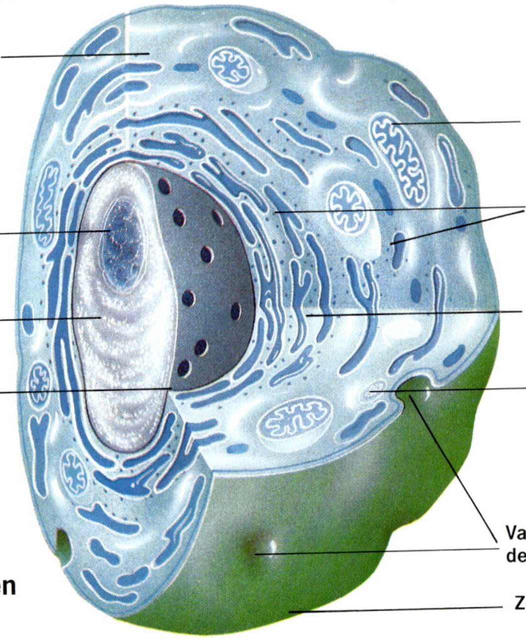

Die Zellstrukturen

Die Chromosomen

Jeder Zellkern ist vollgestopft mit Erbinformationen, die in der chemischen Struktur der Desoxyribonukleinsäure (DNS) gespeichert sind. Diese Informationen werden zu Gruppen, den Erbeigenschaften oder Genen, zusammengefaßt und in einer fadenähnlichen Struktur, den Chromosomen, aneinandergereiht.
Jedes Chromosom besitzt Tausende von Genen, die jeweils den Bau einer spezifischen Eiweißstruktur bestimmen (kodieren). Ein so kodiertes Eiweiß kann einerseits für Zelle und Körperbau nur geringe Bedeutung haben, andererseits aber auch Augenfarbe, Haarstruktur oder Hautfarbe bestimmen.
Mit Ausnahme der roten Blutkörperchen, die im Endstadium ihrer Reifung alle Chromosomen verlieren, und den Keimzellen (Ei- und Samenzellen), die nur die Hälfte der normalen Chromosomenzahl besitzen, enthält jede Körperzelle 46 Chromosomen, angeordnet in 23 Chromosomenpaaren. Von den Paaren stammt jeweils ein Chromosom von der Mutter und eines vom Vater. Die Ei- und Samenzelle mit jeweils nur halbem Chromosomensatz, verschmelzen bei der Befruchtung wieder zu einer Zelle mit einem kompletten Satz von 46 Chromosomen.
Ab dem Zeitpunkt der Befruchtung beginnen die Gene der Zelle, die notwendigen Informationen für das Wachstum eines neuen Menschen zu erteilen. Die für die Bestimmung des Geschlechtes verantwortlichen Chromosomen (Geschlechtschromosomen) werden ihrer Form nach als X- und Y-Chromosomen bezeichnet. Da der komplette weibliche Chromosomensatz zwei X-Chromosomen, der komplette männliche eine X- und ein Y-Chromosom enthält, bestimmt der männliche Chromosomensatz das Geschlecht. Befruchtet eine ein X-Chromosom enthaltende Samenzelle die Eizelle, so entsteht ein Mädchen, ist es eine mit Y-Chromosom, entsteht ein Junge.

Die Zellteilung

Die DNS besitzt zudem die Fähigkeit, sich zu verdoppeln (reproduzieren). Ohne sie könnten sich die Zellen weder verdoppeln, noch könnten sie ihre Informationen von einer Generation an die nächste weitergeben.
Der Vorgang der Zellteilung, bei der zwei neue, identische Zellen entstehen, wird als einfache Zellteilung oder Mitose bezeichnet. Diese einfachen Zellteilungen finden statt, wenn die

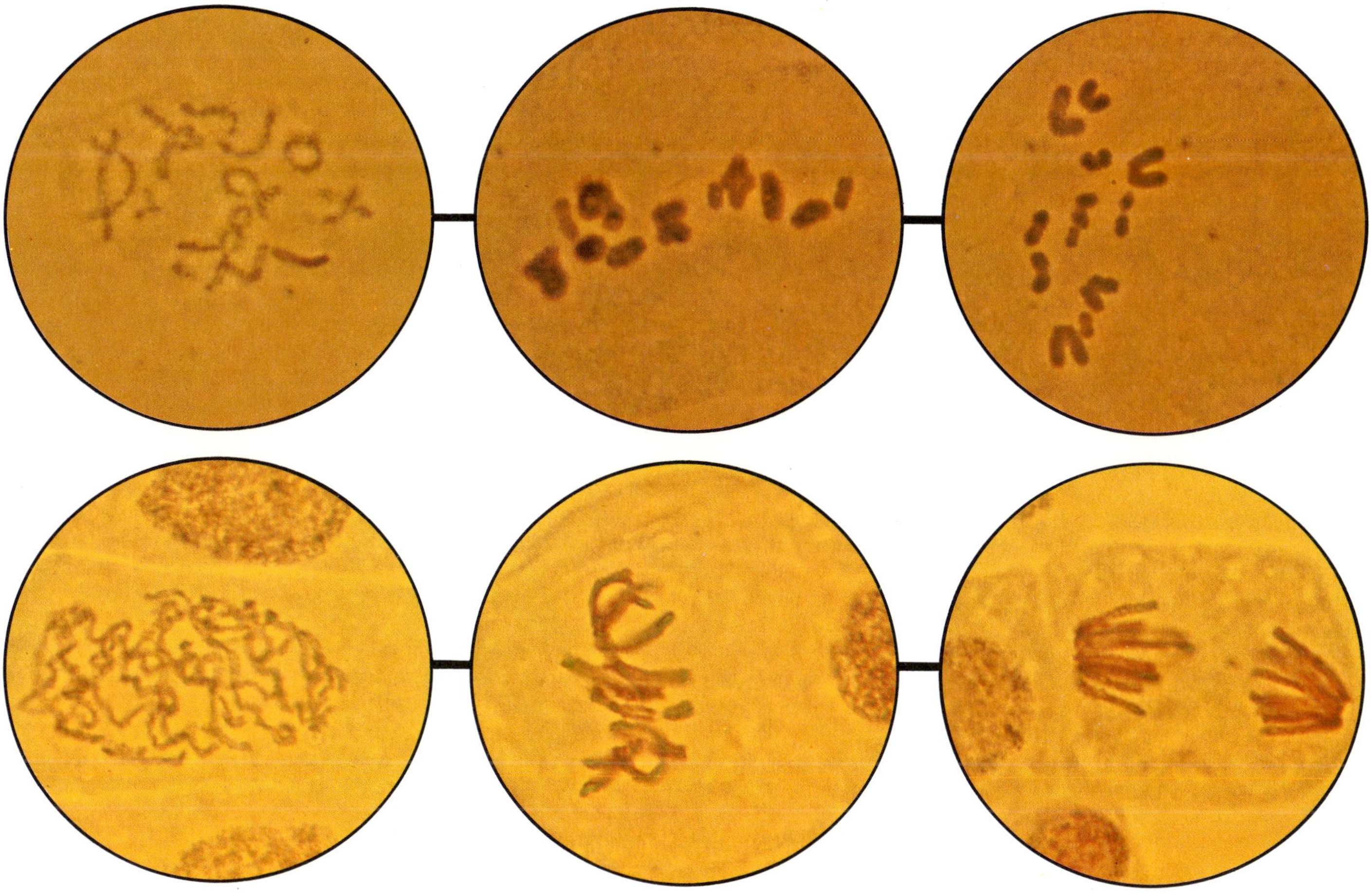

In den stark vergrößerten Bildausschnitten (oben) erkennt man den Unterschied beider Zellteilungsarten. Bei der Meiose (obere Bildreihe) ordnen sich die verdoppelten Chromosomenstränge paarweise an und treten miteinander in Kontakt, bevor die Paare bei der nächsten Zellteilung auseinandergezogen werden. Es entstehen zwei Zellen mit 23 doppelten Chromosomen, die sich anschließend nochmals teilen, so daß ingesamt vier Zellen mit jeweils 23 Chromosomen (halber Chromosomensatz) entstehen. Bei der Mitose (untere Bildreihe) lagern sich die 46 Chromosomen in einer Reihe in der Zellmitte an, und der jeweils verdoppelte Teil wird bei der folgenden Zellteilung zu den Polen hingezogen, so daß zwei Zellen mit jeweils einem kompletten Chromosomensatz von 46 Chromosomen entstehen. Das Bild rechts zeigt deren Struktur

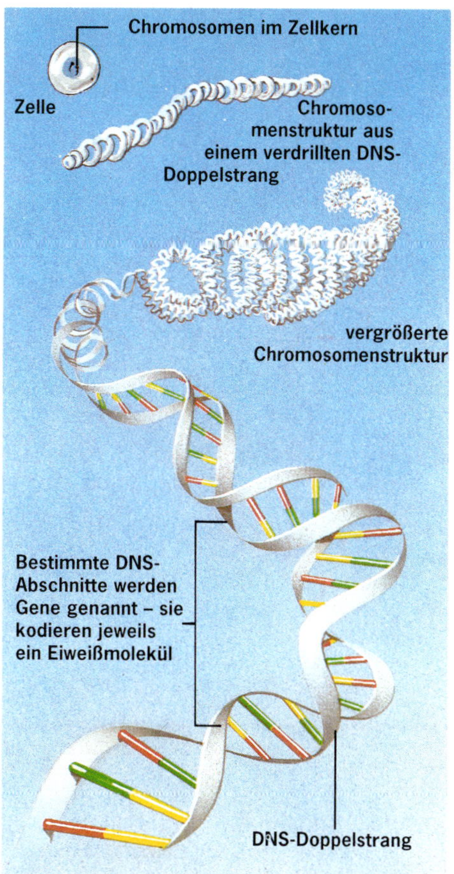

befruchtete Eizelle heranwächst und sich Körpergewebe regeneriert.
Nach abgeschlossener Zellteilung verteilen sich die Chromosomen im Zellkern und sind im Mikroskop nicht sichtbar. Zu Beginn einer neuen Zellteilung verkürzen und verdoppeln sich die Chromosomen, werden dicker, ordnen sich nach Auflösung des Zellkernes in der Zellmitte an und sind jetzt als in der Länge gespaltene Gebilde unter dem Mikroskop erkennbar. Von den verdoppelten Chromosomen wandert jeweils eines zu den entgegengesetzten Polen der Zelle, das Zellplasma schnürt sich ein, und es entstehen zwei Zellen mit jeweils 46 Chromosomen.
Täglich geht eine große Anzahl von Zellen zugrunde und wird durch Zellteilungen neu gebildet. Einmal zugrunde gegangene Nervenzellen können jedoch nicht ersetzt werden, Leberzellen nur zum Teil, Haut- und Blutzellen vollständig, und zwar mehrmals im Jahr.
Keimzellen mit halbem Chromosomensatz werden in einem speziellen Zellteilungsvorgang, der Reifeteilung (Meiose), gebildet. Hierbei verkürzen und verdoppeln sich die Chromosomen zunächst ähnlich der Mitose, lagern sich dann jedoch paarweise aneinander, so daß jeweils ein Chromosom väterlicher- einem Chromosom mütterlicherseits gegenüberliegt, es entstehen also Viererpaare. Die Paare verdrillen sich nun ineinander, treten in Kontakt und tauschen Erbinformationen aus (crossing over). Anschließend wandert jeweils ein Chromosom (verdoppelt) des Paares zu den Zellpolen, und die Zelle teilt sich. Hieran schließt sich nochmals eine Teilung beider Zellen an, so daß jetzt vier Zellen mit jeweils halbem Chromosomensatz entstanden sind. Die zufällige Anordnung der Paare und der Austausch von Erbinformationen während der Verdrillung erklärt, warum die Kinder ihren Eltern nicht vollständig gleichen und warum jedes Kind, mit Ausnahme der eineiigen Zwillinge, einen einzigartigen Chromosomensatz aufweist.

Der Stoffwechsel

Die komplexen Stoffwechselvorgänge zur Aufrechterhaltung aller Körperfunktionen werden von bestimmten chemischen Substanzen, den Enzymen und Hormonen, gesteuert. Die Enzymaktivität beeinflußt die chemische Umwandlung von Stoffen in für die Zelle verwertbare Substanzen, während die Hormone Vorgänge wie das Wachstum und die Ausnutzung von Energiereserven steuern.
Der Begriff Stoffwechsel bezieht sich auf alle chemischen Vorgänge des Körpers, die Wachstum, Überleben und Erneuerung ermöglichen. Er ist das Produkt zweier genau definierter und sich ergänzender Prozesse, des Aufbaus (Anabolismus) und des Abbaus (Katabolismus). Der Katabolismus erstreckt sich auf den Abbau von Kohlenhydraten, Fetten und Eiweißen und einer Anzahl von Produkten aus zugrunde gegangenen Zellen oder Geweben zur Energiegewinnung. Die hierbei gewonnene Energie wird zum Teil in Muskelarbeit umgesetzt, zum Teil als Wärme frei. Der Anabolismus umfaßt die Umwandlung und den Aufbau der zugeführten Nahrungsstoffe in spezielle Körpersubstanzen, die der Energiespeicherung, dem Wachstum und der Fortpflanzung sowie der Abwehr gegen Infektionen dienen.

Beim heranwachsenden Kind oder Jugendlichen übersteigt die Energiezufuhr mit der Nahrung die Energiefreisetzung, damit entsprechende Vorräte für das Wachstum zur Verfügung stehen. Beim Erwachsenen führt eine den Verbrauch übersteigende Energiezufuhr zu einer Speicherung als Fett und ein die Zufuhr übersteigender Verbrauch zu Gewichtsverlusten.

Der Kohlenhydratabbau

Ein großer Teil unseres Energiebedarfs wird durch den Kohlenhydratabbau gedeckt. Verwertbare Kohlenhydrate (Einfach- und Mehrfachzucker) kommen in den meisten Nahrungsmitteln vor, zu einem hohen Anteil in Süßspeisen, Brot und Kartoffeln. Den Hauptanteil der aus der Nahrung gewonnenen Kohlenhydrate bilden die Einfachzucker Glukose, Fruktose und Galaktose. Diese werden nach Aufnahme in die Blutbahn in die Leber transportiert, in der Fruktose und Galaktose in Glukose umgewandelt werden (siehe Seite 104). Die Zellen gewinnen ihre Energie aus dem Abbau der Glukose in Kohlendioxyd und Wasser. Die bei diesem Prozeß freiwerdende Energie wird vorübergehend als energiereiche Verbindung, dem ATP (Adenosintriphosphat), gespeichert.

Der Fett- und Eiweißabbau

Fette und Eiweiße liefern wichtige Bausteine. Fett ist ein ergiebiger Energielieferant, während Eiweiß nur bei kalorienarmer Ernährung als Energiequelle herangezogen wird.
Fette werden in Glyzerin und Fettsäuren gespalten, wobei die Leber Glyzerin in Glukose umwandelt und diese in den Kohlenhydratstoffwechsel einfließt. Fettsäuren werden vollständig unter Freisetzung der enthaltenen Energie gespalten.
Die mit der Nahrung zugeführten Eiweiße werden zu den Aminosäuren abgebaut, die dann dem Wachstum oder dem Aufbau von Enzymen dienen.
Viele Stoffwechselstörungen beruhen auf vererbten Enzymdefekten. Störungen der Hormonproduktion sind eine weitere häufige Ursache von Stoffwechselentgleisungen. Zum Beispiel wird die Zuckerkrankheit (Diabetes mellitus) durch eine verminderte Produktion des Pankreashormons Insulin verursacht.

Die Nahrungsverwertung

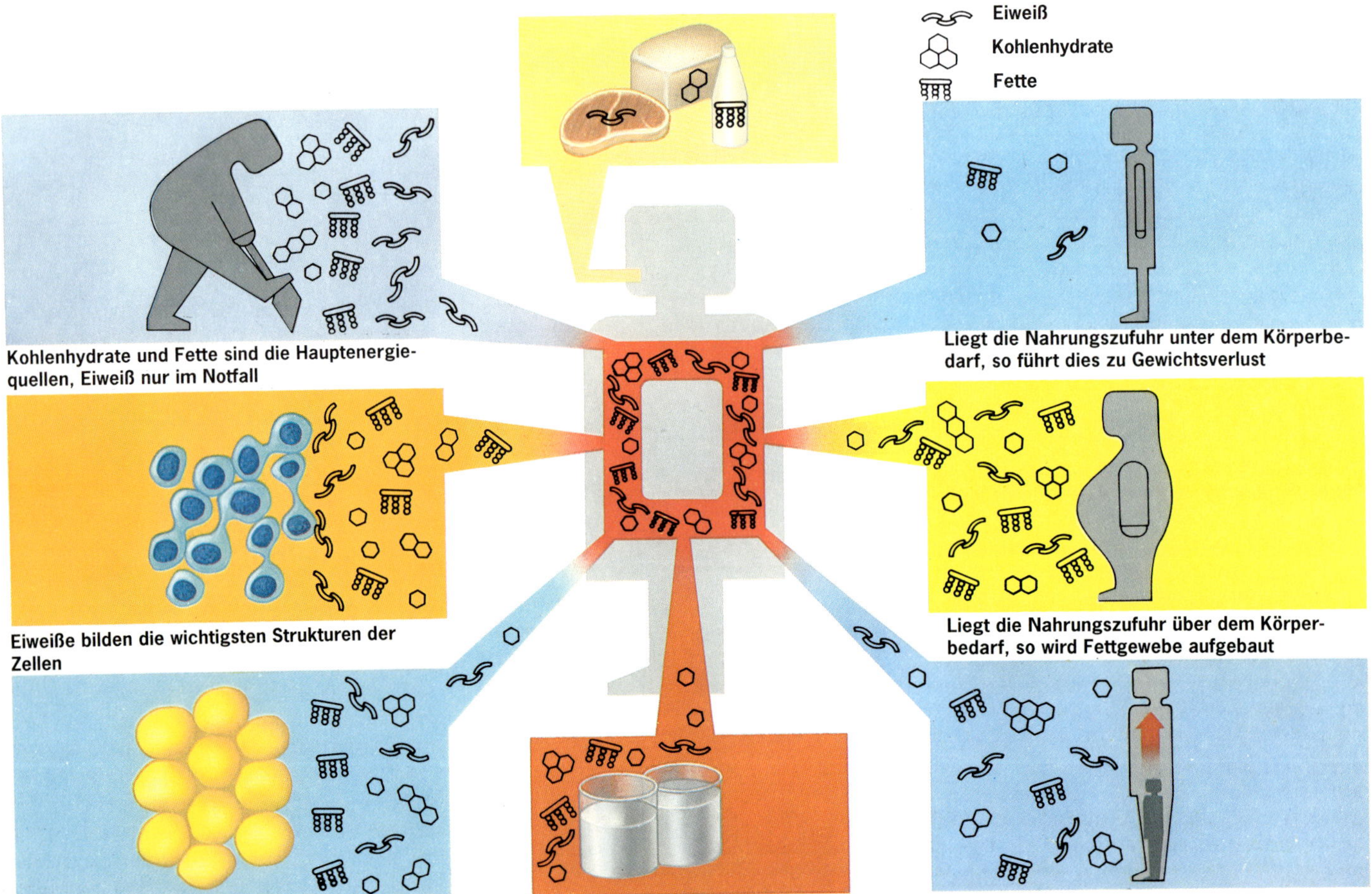

Kohlenhydrate und Fette sind die Hauptenergiequellen, Eiweiß nur im Notfall

Liegt die Nahrungszufuhr unter dem Körperbedarf, so führt dies zu Gewichtsverlust

Eiweiße bilden die wichtigsten Strukturen der Zellen

Liegt die Nahrungszufuhr über dem Körperbedarf, so wird Fettgewebe aufgebaut

Fette sind im Fettgewebe gespeichert. Kohlenhydrate können in Fett umgewandelt werden

Der Körper produziert ausscheidungspflichtige Stoffwechselprodukte

Das Kind verbraucht für das Wachstum im Verhältnis mehr Energie als der Erwachsene

Das innere Gleichgewicht

Alle Organe müssen so reguliert werden und koordiniert arbeiten, daß ein inneres Gleichgewicht (Homöostase) entsteht. Viele der Mechanismen, die die Wechselwirkungen zwischen Körper und Umwelt regulieren, kann man als eigenständige Funktionssysteme mit ihren spezifischen Aufgaben betrachten. Sie bilden jedoch alle in ihrer Gesamtheit ein gut funktionierendes System, den menschlichen Körper. Beispielsweise sind alle Körperzellen von einer Flüssigkeit umgeben (extrazelluläre Flüssigkeit), die ihnen Nährstoffe zuführt und Abfallprodukte beseitigt. Die Menge und Zusammensetzung dieser Flüssigkeit muß konstant gehalten werden, damit die Zellen leben und korrekt arbeiten können.

Gerät nun eines oder mehrere Systeme aus dem Gleichgewicht, so hat dies mehr oder weniger große Auswirkungen auf alle Körperzellen, es resultieren Fehlfunktionen und Krankheiten. Ein gesunder Körper widersteht Krankheiten, regeneriert Verletzungen und kompensiert Streßfaktoren. Bei Fehlfunktionen oder Krankheiten geht diese Steuerung verloren. Ein gutes Beispiel ist die Grippeanfälligkeit. Dies erklärt, warum nicht jeder, der mit den Grippeviren in Kontakt kommt, auch schließlich erkrankt.

Die Entstehung des inneren Gleichgewichtes ist mit technischen Abläufen vergleichbar. Die Herstellung eines Produkts wird von einer bestimmten Substanz gesteuert. Überschreitet nun die Produktion die festgesetzten Grenzen, so führt das vermehrte Produktangebot zu einer Blockade der Steuersubstanz und damit zu einer Verringerung der Produktion. Unterschreitet die Produktion die unteren Grenzwerte, so fällt der hemmende Einfluß auf die Steuersubstanz weg, und die Produktion wird gesteigert. Als Beispiel mag die thermostatgesteuerte Zentralheizung dienen. Sinkt die Raumtemperatur unter die vom Thermostaten festgelegte Temperatur, so springt die Heizung an, übersteigt sie den Wert, so schaltet sich die Heizung ab. Dem Körper stehen jedoch, im Gegensatz zur Zentralheizung, mehrere Mechanismen zur Verfügung, um ähnliche Aufgaben auf verschiedene Weise durchzuführen. Hierdurch werden die Systeme mehrfach gesichert, und die Ausfallquote wird herabgesetzt. Der Körper besitzt einige tausend Steuersysteme, die so zusammenarbeiten, daß letztlich alle Funktionen reguliert werden. Die lebenswichtigen Hauptregelstellen des Körpers sind das Nervensystem und das endokrine System. Da beide eng miteinander verknüpft und voneinander abhängig sind, faßt man sie manchmal auch unter dem Begriff neuroendokrines System zusammen.

Der Anteil des Nervensystems, der in erster Linie das innere Gleichgewicht regelt, wird als autonomes Nervensystem bezeichnet. Das autonome Nervensystem reguliert die unwillkürlich und automatisch ablaufenden Funktionen von Herz, Lungen, Magen, Darm, Harnblase, Fortpflanzungsorganen und Blutkörperchen. Das autonome Nervensystem ist aufgrund seiner Nervenverbindungen zu schnellster Reaktion befähigt, die oft nur von kurzer Dauer ist. Das endokrine System hingegen reagiert über die Freisetzung seiner Vermittlersubstanzen langsamer, die Wirkung erstreckt sich jedoch meist über einen längeren Zeitraum. Je nach Art und Schwere der Aufgabe arbeiten beide Systeme entweder getrennt oder gemeinsam.

Der Wasserhaushalt ist ein Beispiel des inneren Gleichgewichtes, an dessen Regulation gleich mehrere Systeme beteiligt sind. Der Körper besteht im Mittel aus 70 Prozent Wasser, wobei bestimmte Körpergewebe, wie die graue Hirnsubstanz, bis zu 85 Prozent Wasser, andere dagegen, wie das Fettgewebe, nur 25 Prozent Wasser enthalten. Wasser bildet auch mit einem Anteil von 80 Prozent die Grundlage für das größte Transportsystem des Körpers, das Blut. Sinkt nun der Wassergehalt des Körpers ab, so besitzt dieser bestimmte Regulationsmechanismen, um den Verlust auszugleichen.

Durst ist ein grundlegendes menschliches Bedürfnis, er signalisiert den Bedarf des Körpers an Wasser. Die Wassermenge, die zum Löschen des Durstes getrunken werden muß, hängt beim Gesunden vom jeweiligen Verlust ab. Das Hauptsteuerzentrum für das Durstgefühl liegt im Hypothalamus, dem Steuerzentrum des autonomen Nervensystems. Vereinfacht ausgedrückt melden bestimmte Rezeptoren diesem Zentrum den Wassergehalt des Blutes. Ist dieser im Vergleich zu den Salzen und anderen Stoffen des Blutes erniedrigt, so wird einerseits die Niere zu einer verminderten Wasserausscheidung veranlaßt, andererseits das Durstgefühl vermittelt.

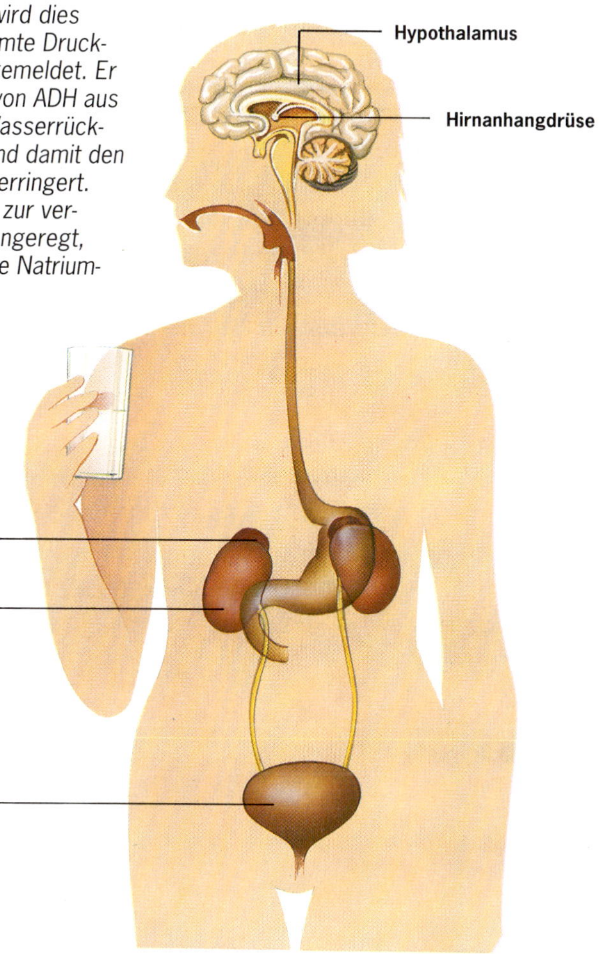

Besteht ein Wassermangel, so wird dies dem Hypothalamus über bestimmte Druckrezeptoren des Gefäßsystems gemeldet. Er veranlaßt dann die Freisetzung von ADH aus der Hirnanhangdrüse, das die Wasserrückresorption in der Niere erhöht und damit den Wasserverlust über die Nieren verringert. Zudem werden die Nebennieren zur vermehrten Aldosteronproduktion angeregt, das in den Nieren eine vermehrte Natrium- und dadurch Wasserrückresorption bewirkt. Das ebenfalls zentral hervorgerufene Durstgefühl veranlaßt zusätzlich eine vermehrte Flüssigkeitszufuhr

Kapitel 2

Das Skelett und die Haut

Der Stützapparat des menschlichen Körpers ist ein kompliziertes technisches Wunderwerk, abgestimmt auf optimale Beweglichkeit und Kraftübertragung. Jeder Knochen erfüllt seine eigene Funktion und weist eine den Anforderungen entsprechende besondere Form auf. An den Stellen höchster Flexibilität geht der Knochen in Knorpel über. Gelenke und Bänder geben dem Körper feinste und größtmögliche Beweglichkeit. Die äußere Hülle des menschlichen Körpers, die Haut, ist mit ihren mannigfaltigen Aufgaben ebenfalls ein Körperorgan, von der äußeren Flächenausdehnung das größte. Sie schützt nicht nur die inneren Teile vor Verletzungen, sondern auch vor Austrocknung, reguliert den Wasser- und Salzgehalt, die Körpertemperatur und stellt über die Sinneswahrnehmung den äußeren Kontakt mit der Umwelt her.

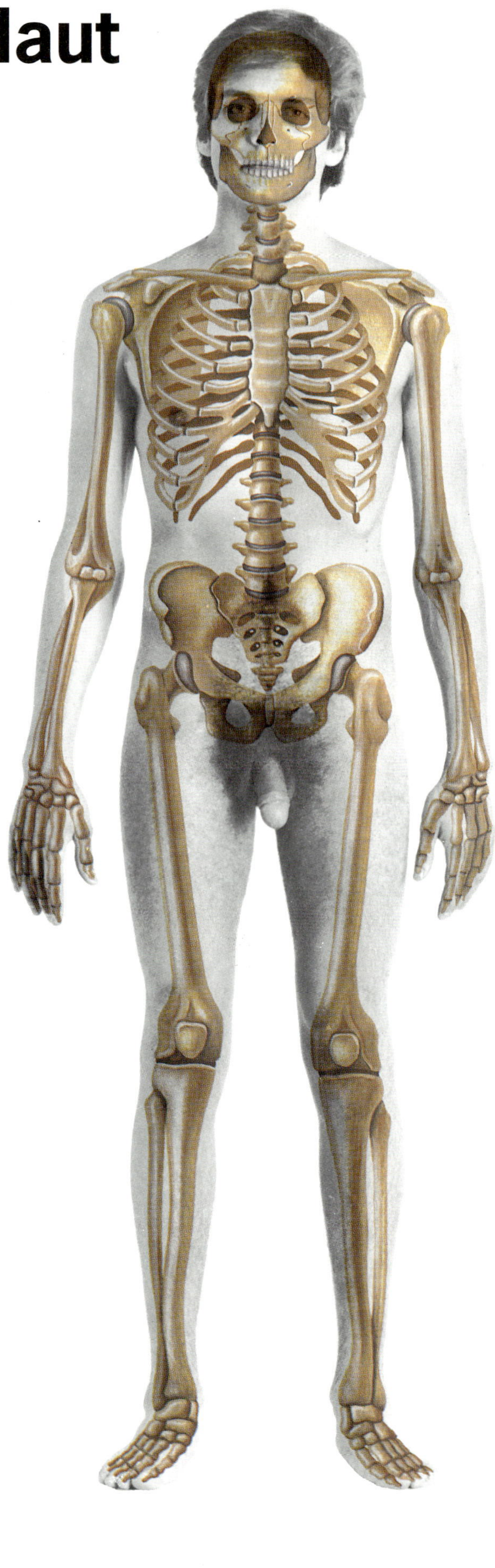

Erwachsene Männer und Frauen haben beide 206 Knochen. Das weibliche Skelett ist normalerweise schmaler, zierlicher und leichter. Der Beckengürtel ist bei Frauen zur Aufnahme der Schwangerschaft und zum Durchtritt des Kindes bei der Geburt ausladender, die Schultern hingegen sind schmal. Beim Mann sind die Verhältnisse umgekehrt, er besitzt breite Schultern und ein schmales Becken

Die Knochen und die Knorpel

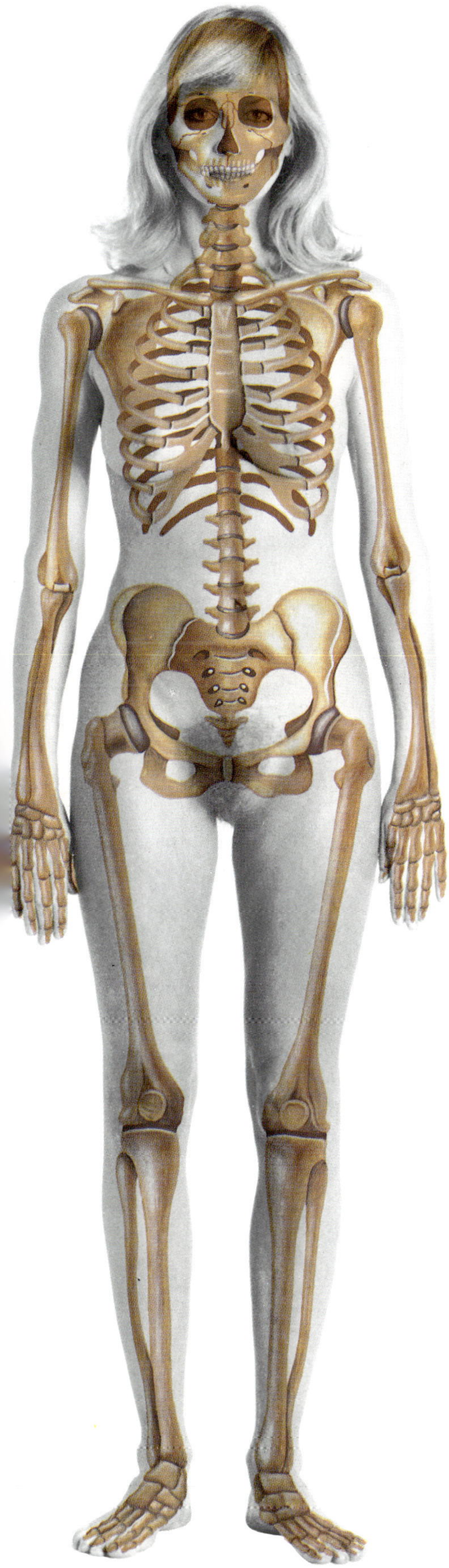

Am Skelettaufbau eines gesunden durchschnittlichen Erwachsenen sind 206 Knochen beteiligt. Die Knochen bestehen aus einer harten, unterschiedlich dicken, kompakten Außenschicht, die das weichere Innere, das Knochenmark, umschließt. Sie ähneln in ihrer Festigkeit dem Zement, sind jedoch von wesentlich höherer Flexibilität und können erheblichen Belastungen standhalten, ohne verbogen, zerbrochen oder zerdrückt zu werden. Mit den Gelenken untereinander verbunden und durch überbrückende Muskeln beweglich gemacht, bilden sie nicht nur eine Höhle zum Schutz der weichen und empfindlichen inneren Organe, sondern erlauben gleichzeitig größte Bewegungsfreiheit. Das Skelett ist ein großes Gerüst, an dem die übrigen Körperteile befestigt sind und miteinander verbunden werden.

Wie alle übrigen Strukturen des Körpers sind Knochen aus Zellsystemen aufgebaut. Spezielle Bindegewebszellen bilden ein weiches, elastisches und netzartiges Grundgerüst, in das Kalksalze als harte Substanz eingelagert werden. So entsteht eine extrem feste Struktur mit trotzdem beträchtlicher Flexibilität.

Das Knochenwachstum

Zu Beginn des Wachstums wird solider Knochen gebildet. Erst im zweiten Entwicklungsstadium treten in den Knochen zentrale Höhlungen auf, die insbesondere an den langen Röhrenknochen eine erhebliche Gewichtsverminderung bei nur geringem Stabilitätsverlust ermöglichen. Die Natur demonstriert beim Knochenaufbau die Grundprinzipien der Architektonik. Die zentral entstandenen Höhlen werden von Knochenmark ausgefüllt, in dem die Bildung der Blutzellen stattfindet.

Es mag zunächst überraschen, daß ein Neugeborenes mehr Knochen besitzt als ein Erwachsener. Bei der Geburt besteht das kleine Knochengerüst aus etwa 350 Knochen. Mit dem weiteren Wachstum verschmelzen etliche von ihnen zu größeren knöchernen Einheiten. Der Schädel des Säuglings ist dafür ein gutes Beispiel. Während der Geburt muß er den engen Geburtskanal passieren. Wäre er so fest wie der Schädel eines Erwachsenen, könnte er unmöglich durch das mütterliche Becken hindurchtreten. Die beiden Fontanellen, an denen die Schädelknochen noch nicht zusammengewachsen sind, und die noch flexiblen Haften zwischen den einzelnen Schädelknochen ermöglichen eine ausreichende Anpassung des Säuglingsschädels an

Die 14 Knochen des Gesichtsschädels schützen die verletzlichen Sinnesorgane des Kopfes. Auch geben die Knochen einen festen Rahmen für die Gesichtsmuskulatur, die uns die Nahrungsaufnahme, das Sprechen und den Ausdruck von Emotionen ermöglicht

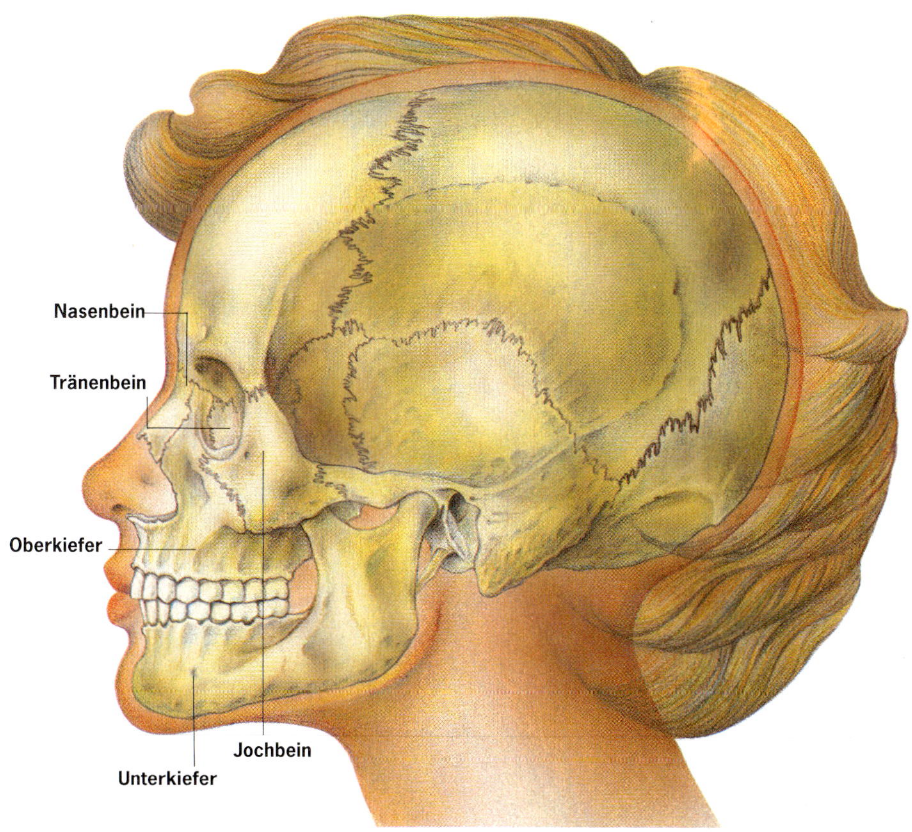

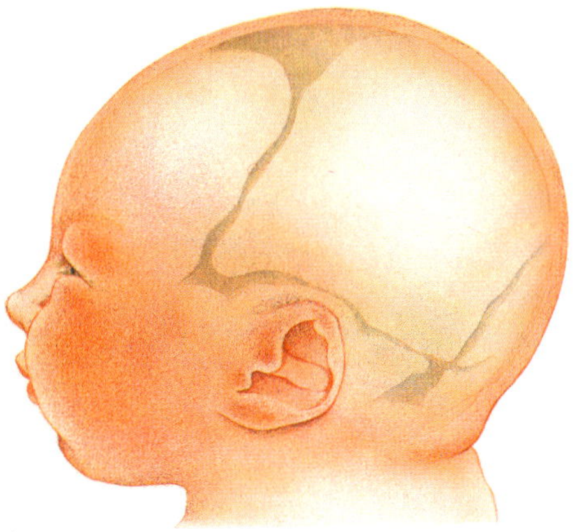

Fontanellen sind bindegewebige Verbindungen zwischen den einzelnen Schädelknochen, die die Beweglichkeit bei der Geburt gewährleisten

den Geburtskanal. Nach der Geburt schließen sich die Fontanellen allmählich, die verbindenden Haften verknöchern.

Das kindliche Skelett besteht zunächst nicht nur aus Knochen, sondern zum Teil noch aus wesentlich biegsamerem Knorpel. Während des Wachstums wandelt sich dieser allmählich in den härteren Knochen um. Dieser Prozeß, als Verknöcherung oder Ossifikation bezeichnet, hält bis ins Erwachsenenalter an.

Das Längenwachstum vollzieht sich hauptsächlich durch Verlängerung der Knochen von Armen, Beinen und Rücken. Die Röhrenknochen der Gliedmaßen weisen an beiden Enden Wachstumsfugen (Epiphysenfugen) auf. Diese bestehen hauptsächlich aus Knorpel und stellen sich nicht auf dem Röntgenbild dar. Sobald sich die Wachstumsfuge knöchern schließt, ist das Längenwachstum abgeschlossen. Dies erfolgt bei den einzelnen Knochen zu unterschiedlichen Zeitpunkten des Wachstumes, aber in einer genau festgelegten Reihenfolge. Zwischen dem 18. und 20. Lebensjahr ist das Skelett ausgereift.

Während des Skelettwachstums ändern sich die Körperproportionen erheblich. Der Kopf des sechs Wochen alten Embryos ist ebenso lang wie sein Körper, und selbst bei der Geburt ist der Kopf im Verhältnis zum Körper noch groß; der Körpermittelpunkt hat sich jedoch bereits vom Kinn zum Nabel verlagert. Beim Erwachsenen findet sich dann die Körpermitte in Höhe der Schambeinfuge oder knapp über den Genitalien. Im allgemeinen ist das Knochengerüst einer Frau weniger kräftig entwickelt und leichter als das eines Mannes. Ihr Becken ist im Verhältnis weiter und ausladender und bietet so dem wachsenden Kind während der Schwangerschaft und bei der Geburt Platz. Der männliche Schultergürtel ist breiter und der Brustkorb länger bei jedoch gleicher Rippenanzahl beider Geschlechter.

Eine wichtige und bemerkenswerte Eigenschaft der Knochen ist ihre Fähigkeit, in eine den Anfordernissen entsprechende Form zu wachsen. Dies läßt sich anschaulich an den Röhrenknochen der Gliedmaßen zeigen. Sie erweitern sich an ihren Enden und bieten so im Gelenkbereich ein erhebliches Mehr an Festigkeit. Diese Formgebung wird hauptsächlich in der Wachstumsphase gesteuert, setzt sich jedoch auch im weiteren Leben fort.

Verschiedene Formen und Größen

Den unterschiedlichen Anforderungen und Aufgaben entsprechend, gibt es verschiedene Knochenformen. Die langen Knochen der Gliedmaßen sind Röhrenknochen mit einer kompakten Außenschicht, die das spongiöse innere Knochenmark umschließt. Die kurzen Knochen, wie die Hand- und Fußwurzelknochen, weisen einen den Röhrenknochen ähnlichen Grundbau auf, sind jedoch kompakter und erlauben ein höheres Maß an Bewegungsfreiheit ohne Festigkeitsverlust. Die platten Knochen bestehen, einem Sandwich ähnlich, aus zwei äußeren Lagen kompakten und einer inneren Lage spongiösen Knochens. Sie sind flach angelegt, um entweder dem Schutz innerer Organe oder aber dem breiten Ansatz größerer Muskelgruppen zu dienen (Schulterblätter). Zuletzt gibt es noch die unregelmäßigen Knochen, die ihren Aufgaben entsprechend unterschiedlich geformt sind. So sind zum Beispiel die Knochen der Wirbelsäule kastenförmig, um bei hoher Stabilität einen großen Innenraum für das Knochenmark zu schaffen. Hierunter fallen auch die Knochen des Gesichtsschädels, die luftgefüllte Hohlräume zur Gewichtsminderung und Stimmresonanz bilden.

Der Knorpel

Der Knorpel bildet die festen, aber auch zugleich nachgiebigen und überaus flexiblen Anteile des Skelettsystems. Beim Erwachsenen findet man den Knorpel vorwiegend in den

Die Struktur eines Röhrenknochens

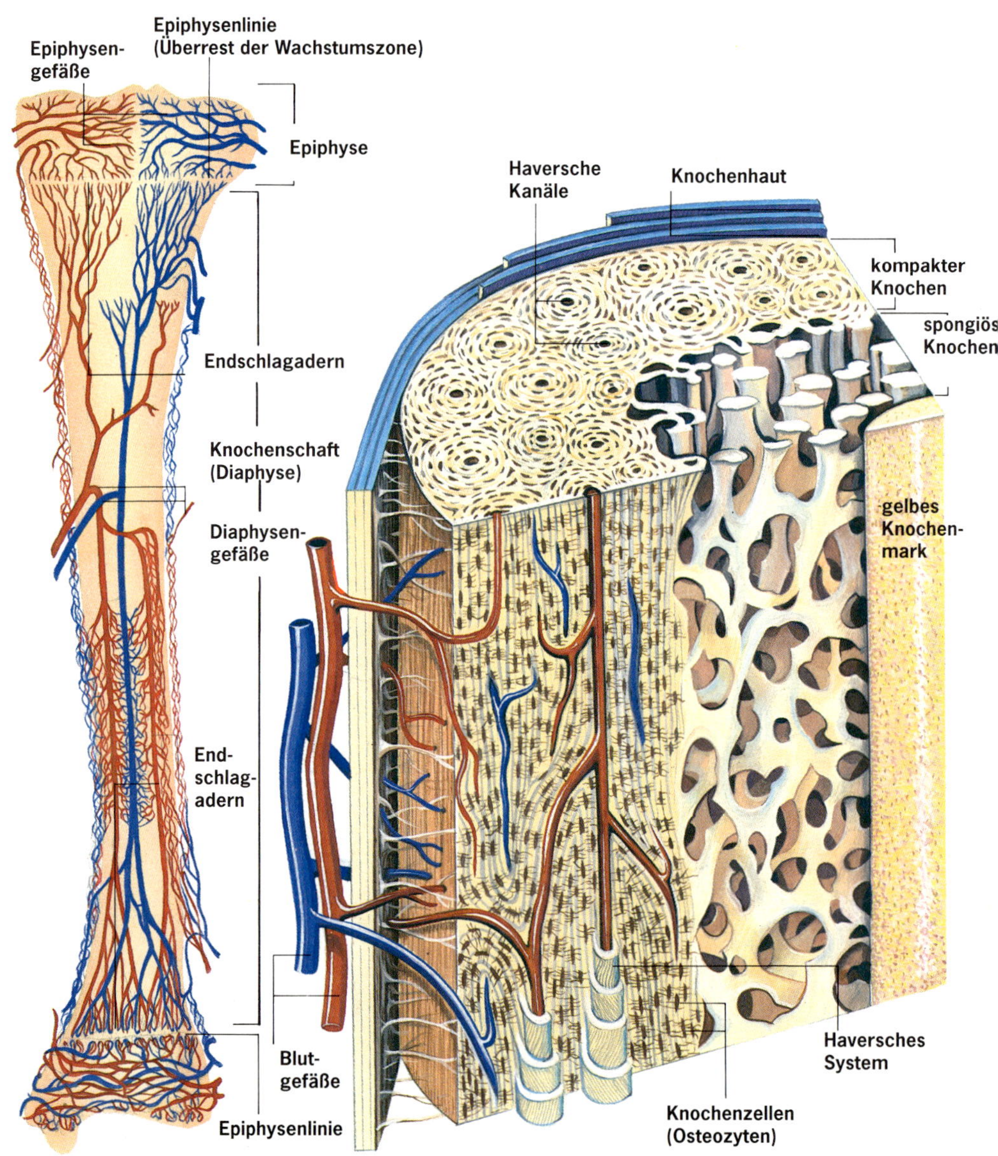

Die Lage der Knorpel im Kehlkopf

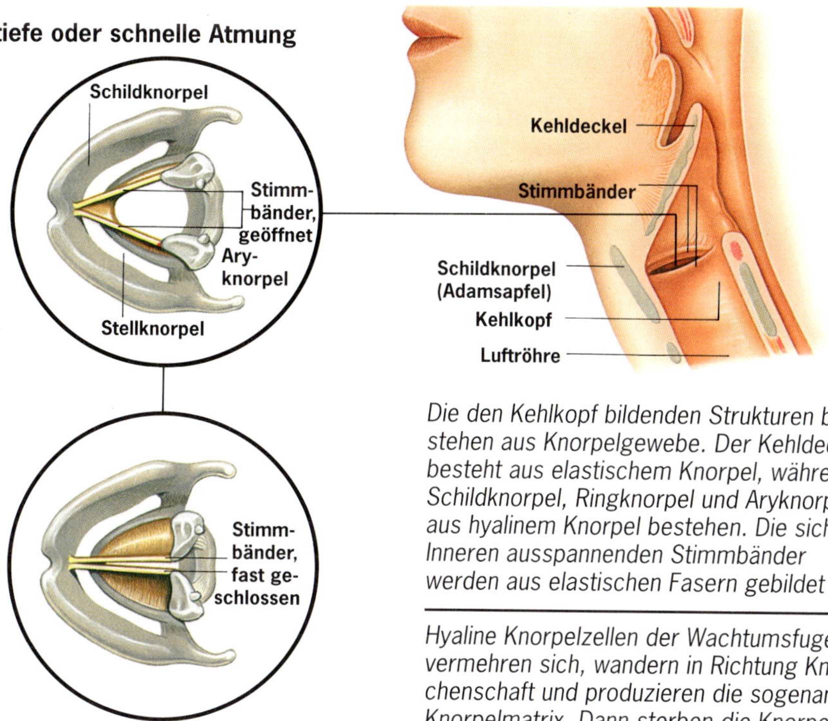

Die den Kehlkopf bildenden Strukturen bestehen aus Knorpelgewebe. Der Kehldeckel besteht aus elastischem Knorpel, während Schildknorpel, Ringknorpel und Aryknorpel aus hyalinem Knorpel bestehen. Die sich im Inneren ausspannenden Stimmbänder werden aus elastischen Fasern gebildet

Gelenken, den gelenkbildenden Knochen überziehend, ferner an den Stellen des Skelettsystems, an denen einerseits Festigkeit, andererseits hohe Elastizität und große Beweglichkeit gefordert wird.

Im Skelett sind die Knorpelstrukturen nicht überall gleich. Der Aufbau variiert vielmehr entsprechend den jeweils spezifischen Anforderungen. Allen gemeinsam ist eine Grundsubstanz oder Matrix, in die Zellen und Faserbündel, bestehend aus den Eiweißen (Proteinen), Kollagen und Elastin, eingelagert sind. Der Gehalt an Zellen und Fasern sowie deren Zusammensetzung variiert je nach Knorpelart. Gemeinsam ist allen das Fehlen von Blutgefäßen. Sie werden vielmehr mit Nährstoffen, die aus dem umliegenden Gewebe (Perichondrium) in den Knorpel diffundieren, versorgt. Die Aufrechterhaltung des spezifischen Flüssigkeitsgehaltes wird durch die umgebende Gelenkflüssigkeit (Synovialflüssigkeit) gewährleistet. Die Synovialflüssigkeit wird wiederum von den, die Gelenke auskleidenden Membranen (Synovialmembranen) gebildet. Man unterscheidet die Knorpel nach ihren jeweiligen physikalischen Eigenschaften in hyalinen Knorpel, Faserknorpel und elastischen Knorpel.

Der hyaline Knorpel

Hyaliner Knorpel ist ein bläulichweißes, durchscheinendes Gewebe. Er weist unter den drei Knorpelarten die geringste Anzahl von Zellen und Fasern auf. Die Fasern bestehen ausschließlich aus Kollagen.

Hyaliner Knorpel bildet das Embryonalskelett und ermöglicht das Längenwachstum bis zur Erwachsenengröße. Er verbleibt nach Abschluß des Wachstums an den gelenkbildenden Knochenenden. Hier überzieht er als 1 bis 2 Millimeter dicker Gelenkknorpel die Knochenenden.

Hyaliner Knorpel findet sich auch in den Atemwegen (Respirationstrakt). Hier bildet er die Nasenspitze und die Knorpelspangen der Luftröhre und der größeren Bronchien. Am Brustkorb bildet er Spangen aus, die die Verbindung zwischen Brustbein und Rippenenden herstellen. Sie spielen eine große Rolle bei der Entfaltung und Verkleinerung des Brustkorbes bei der Atmung.

Im Kehlkopf (Larynx) besitzt der hyaline Knorpel nicht nur Stützfunktionen, sondern ist auch wesentlich an der Stimmbildung beteiligt. Durch Muskeln in ihrer Bewegung gesteuert, bestimmen die Kehlkopfknorpel Öffnung und Spannung der Stimmbänder und damit die Menge der durchströmenden Luft und die Tonhöhe beim Sprechen.

Der Faserknorpel

Faserknorpel enthält viele Bündel fester kollagener Fasern, die ihm sowohl Elastizität als auch besonders hohe Druckfestigkeit verleihen. Er ist also vor allem an den Stellen zu finden, an denen beide Eigenschaften beson-

Das Längenwachstum der Knochen

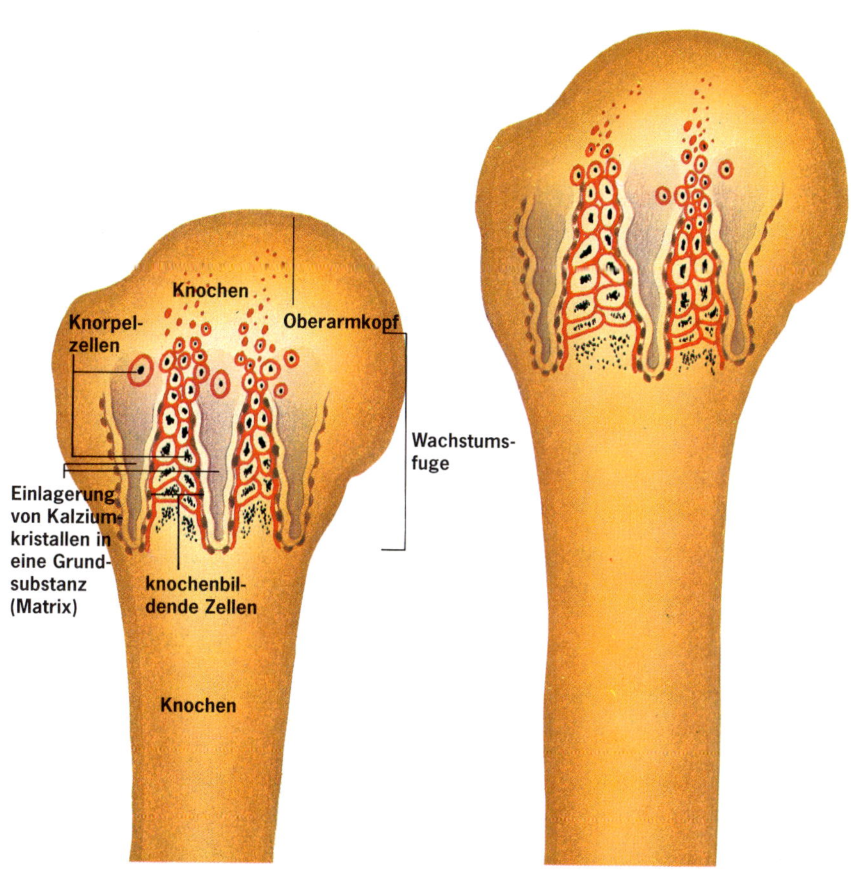

Hyaline Knorpelzellen der Wachtumsfugen vermehren sich, wandern in Richtung Knochenschaft und produzieren die sogenannte Knorpelmatrix. Dann sterben die Knorpelzellen ab, und an ihrer Stelle entwickeln sich knochenbildende Zellen (Osteoblasten), die die Matrix mit Knochensubstanz füllen

Die Armknochen setzen sich aus dem Oberarmknochen (Humerus) und den Unterarmknochen Speiche (Radius) und Elle (Ulna) zusammen. Das Ober- und Unterarmknochen verbindende Ellbogengelenk ist ein kombiniertes Gelenk. Es besteht aus einem Scharniergelenk zwischen Oberarmknochen und Elle, einem Scharnierdrehgelenk zwischen Oberarmknochen und Speiche und einem Zapfengelenk zwischen Elle und Speichenköpfchen

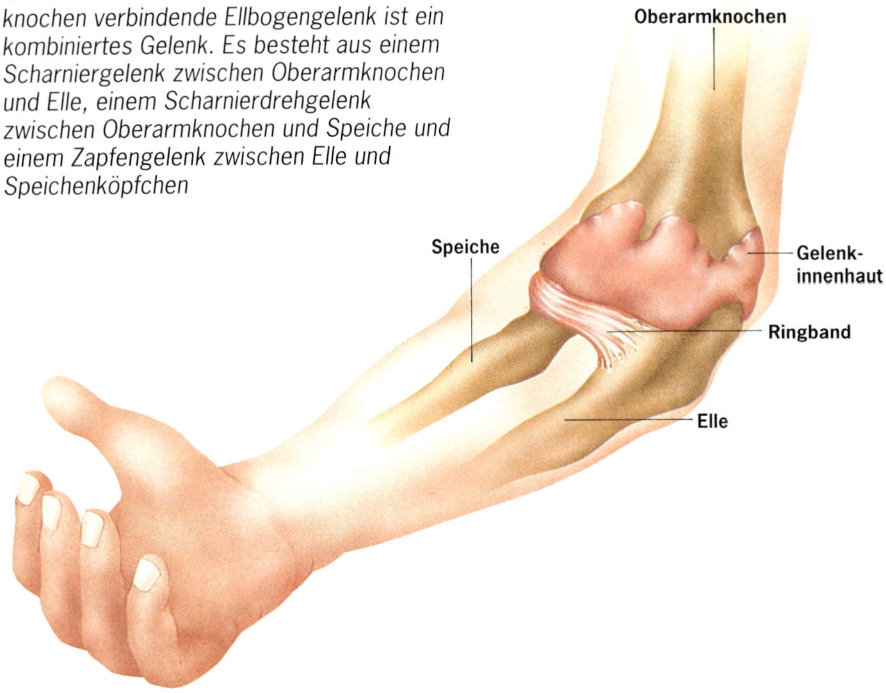

ders gefordert sind, so zum Beispiel zwischen den einzelnen Wirbeln der Wirbelsäule. Die einzelnen Wirbel werden durch regelrechte Scheiben aus Faserknorpel (Zwischenwirbelscheiben) voneinander getrennt. Diese Zwischenwirbelscheiben werden im Lendenwirbelsäulenbereich auch als Bandscheiben bezeichnet. Sie schützen die Wirbelsäule vor Erschütterungen und ermöglichen dem menschlichen Knochengerüst die aufrechte Haltung. Jede Zwischenwirbelscheibe besteht aus einer äußeren Faserknorpelschicht, die einen dickflüssigen, geleeartigen Innenkern umschließt. Der faserknorpelige Anteil mit seiner feuchten, geschmeidigen Oberfläche schützt die Knochen vor Abnutzung bei Bewegung, während der innere Flüssigkeitskern als eine Art natürlicher Stoßdämpfer fungiert.
Faserknorpel dient ferner als feste Verbindung zwischen Knochen und Bändern. So verbindet er zum Beispiel am Beckengürtel beide Schambeinäste in der Schambeinfuge. Gerade bei Frauen besitzt diese Knorpelhaft besondere Bedeutung, da sie sich unter hormoneller Wirkung lockert und die Beckenebene bei der Geburt nachgiebiger macht.

Der elastische Knorpel

Seine Bezeichnung erhielt der elastische Knorpel wegen seines großen Anteils an elastischen neben kollagenen Fasern. Die elastischen Fasern geben dem Knorpel seine charakteristische gelbe Farbe. Fest und doch überaus biegsam, bildet er den Kehldeckel (Epiglottis), der den Kehlkopf beim Schlucken gegen den Speiseweg verschließt.

Elastischer Knorpel findet sich weiterhin in der Ohrmuschel, in der Wandung des Gehörganges und der Ohrtrompete (Tuba auditiva, Eustachische Röhre), die das Mittelohr mit dem Rachenraum verbindet. Zusammen mit dem hyalinen Knorpel unterstützt er ferner die stimmproduzierenden Anteile des Kehlkopfes (Larynx).

Der Skelettaufbau

Jeder Knochen des Skelettes ist für eine bestimmte Aufgabe geschaffen. Der Schädel schützt Gehirn, Augen und Innenohr. Von den insgesamt 29 Schädelknochen bilden 14 das Gerüst für die Augen, die Nase, die Backen, den Ober- und Unterkiefer (Abbildung S. 23). Ein Blick auf den Schädel macht deutlich, wie die empfindlichen und verletzlichen Gesichtsteile durch die einzelnen Knochen geschützt werden. Die tiefen Augenhöhlen mit der darüber vorspringenden Stirn schützen den komplizierten und empfindlichen Augenapparat. Ebenso liegt das Geruchssystem hoch hinter den äußeren Nasenöffnungen am Boden der vorderen Schädelgrube.
Größe und Form des Unterkiefers (Mandibula) geben dem Schädel sein charakteristisches Aussehen. Drehend und klappend beweglich, bildet er über den Zahnkontakt mit dem Oberkiefer (Maxilla) ein ideales Mahlwerkzeug. Seine Lage unter Muskeln, Nerven und Haut läßt den überaus effektiven Aufbau von außen nicht gleich erkennen. Die Verstärkung der Gesichtsknochen um Augen und Nase ist ein weiteres Beispiel für die optimale Struktur der Gesichtsknochen. Sie verhindert im Falle des Anstoßens, daß die Gesichtsknochen nach hinten oder oben in den Schädel getrieben werden.
Die Wirbelsäule (Columna vertebralis) besteht aus einer Kette kleiner walzenähnlicher Knochen, den Wirbeln (Vertebrae). Sie bildet die Zentralachse des Skelettes. Die Wirbelsäule ist einerseits enorm stabil, andererseits durch den Aufbau aus vielen kleinen Knocheneinheiten hoch beweglich. Dies ermöglicht unseren

Die Wirbelsäule besteht aus Wirbeln, die nach der jeweiligen Körperregion benannt sind. Die hier abgebildeten Wirbel gehören zur Lendenregion und werden als Lendenwirbel bezeichnet. Die Wirbelkörper sind untereinander durch Bandscheiben getrennt, die wie Stoßdämpfer wirken

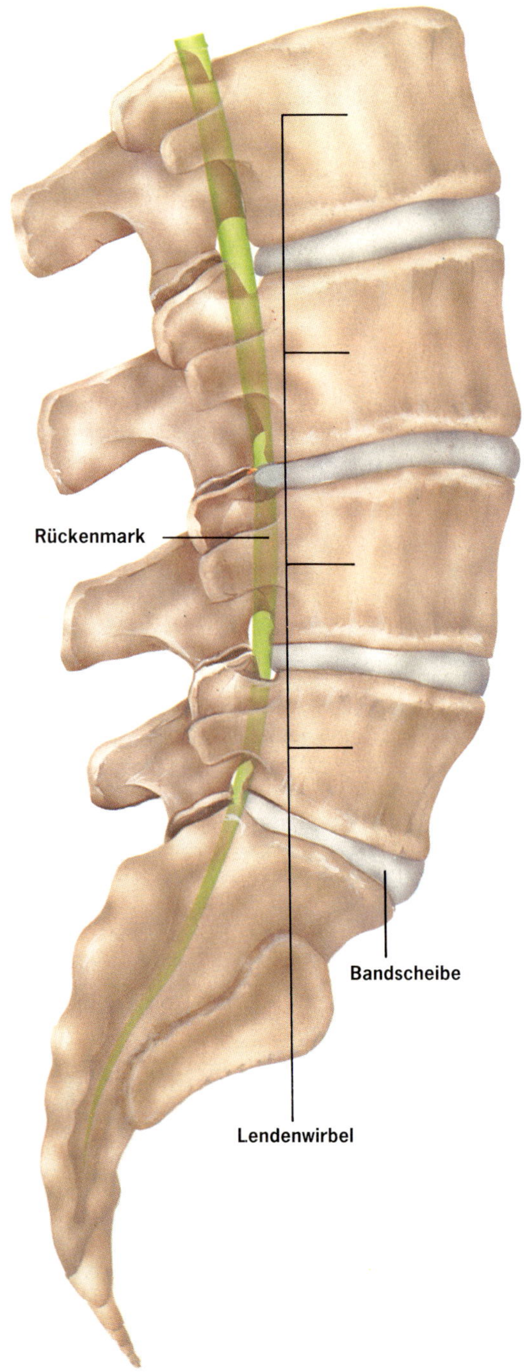

Der Brustkorb: Frontansicht

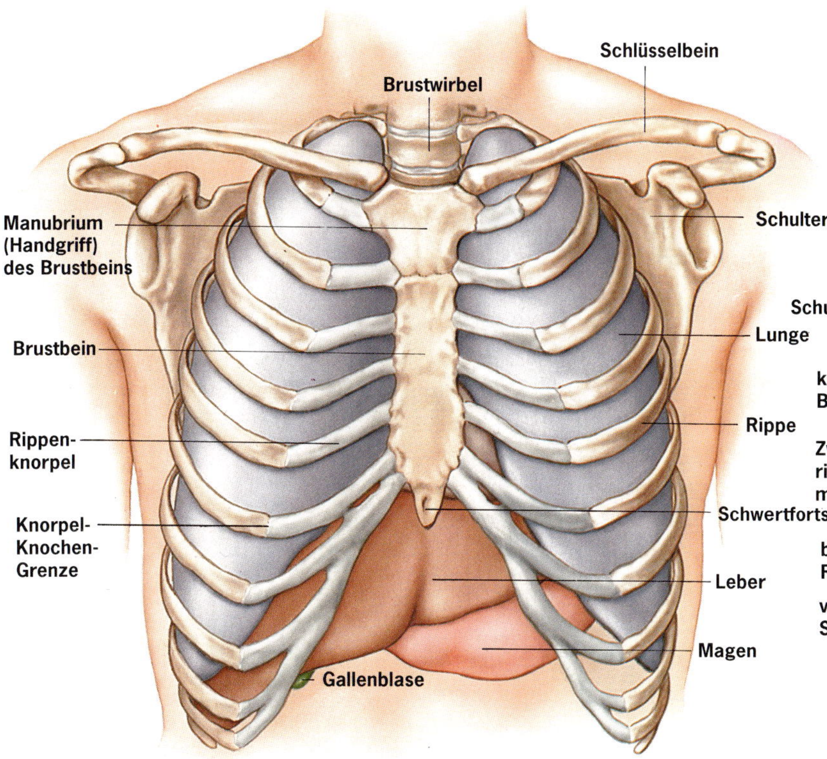

Die Rippenatmung

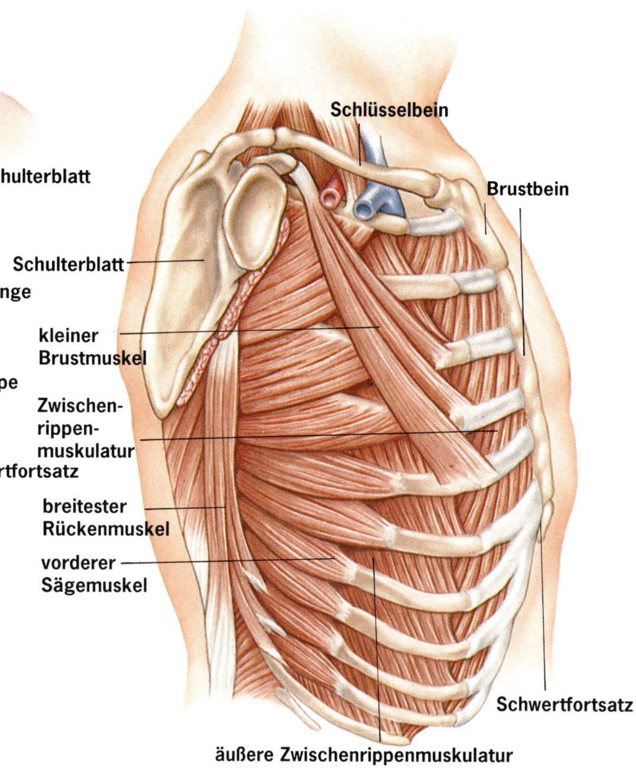

Die Einatmung

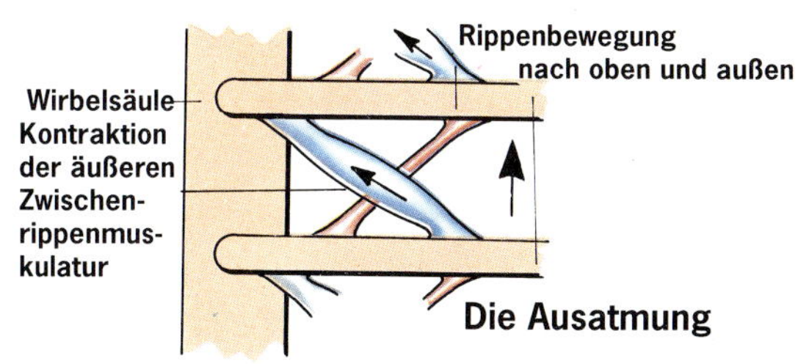

Die Ausatmung

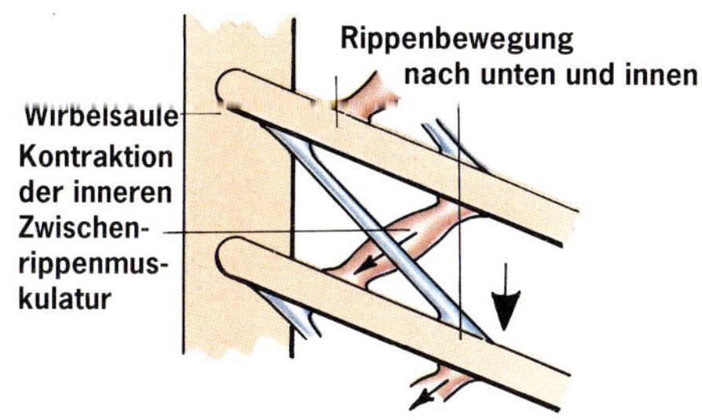

Der Brustkorb: Rückansicht

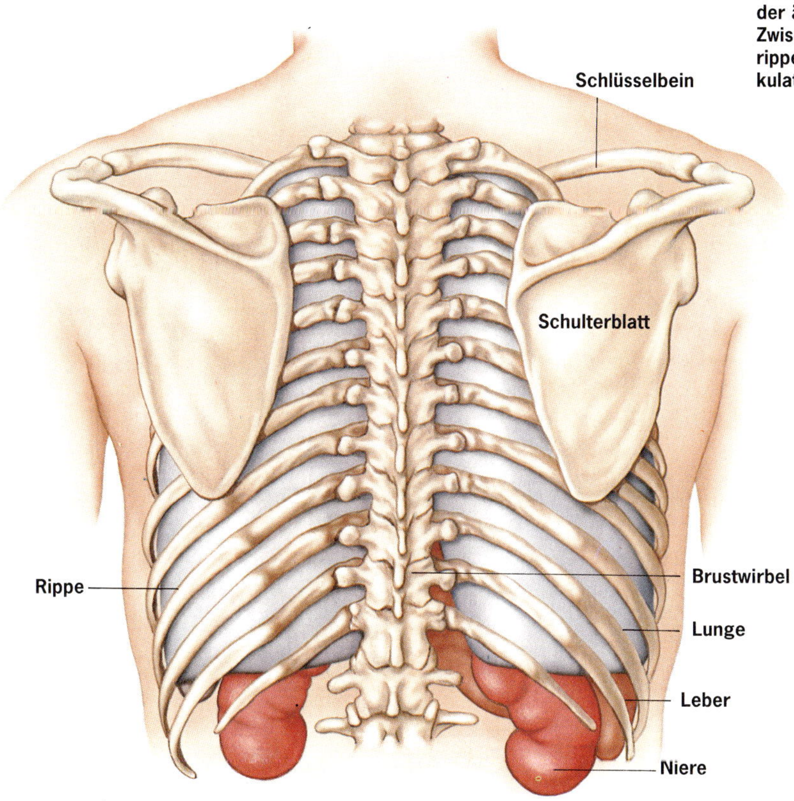

Der Brustkorb schützt lebenswichtige Organe, wie Lungen, Herz, Leber und Magen. Die Rippen erlauben durch ihre gelenkige Verbindung mit der Wirbelsäule und ihre Knorpelhaften mit dem Brustbein die zur Atmung nötige Erweiterung der Brusthöhle

aufrechten Stand und Gang ebenso wie das Bücken und Berühren der Zehen. Ferner geben die Wirbel dem durch sie verlaufenden empfindlichen Rückenmark den nötigen Schutz. Das untere Ende der Wirbelsäule, das Steißbein, ist bei bestimmten Wirbeltierarten (zum Beispiel Hund oder Katze) verlängert und bildet den Schwanz. Der Brustkorb wird aus 12 Rippenpaaren gebildet, die hinten mit der Wirbelsäule und vorne mit dem Brustbein (Sternum) verbunden sind. Die Rippen sind mit der Wirbelsäule durch kleine Gelenke verbunden, die ihre Beweglichkeit bei der Atmung ermöglichen. Mit dem Brustbein stehen sie über ein mehr oder weniger langes Knorpelstück in Verbindung. Die kurz ausgebildeten elften und zwölften Rippen setzen an der Wirbelsäule gelenkig an, nach vorne hin enden sie frei und werden daher auch als freie Rippen bezeichnet. Die erste und zweite Rippe stehen in enger Beziehung zum Schlüsselbein (Clavicula) und bilden die Basis des Halses. Hier verlaufen auch zahlreiche, zu den Armen führende, große Blutgefäße und Nerven. Der Brustkorb schützt die in ihm gelegenen Organe Herz und Lungen, deren Verletzung tödlich sein könnte.

Die Beinknochen sind die längsten und schwersten des Körpers. Der Oberschenkelknochen (Femur) bildet mit der Hüftpfanne (Acetabulum) des Beckens das Hüftgelenk, ein Kugelgelenk

Der Bau der Hand und der Handwurzel

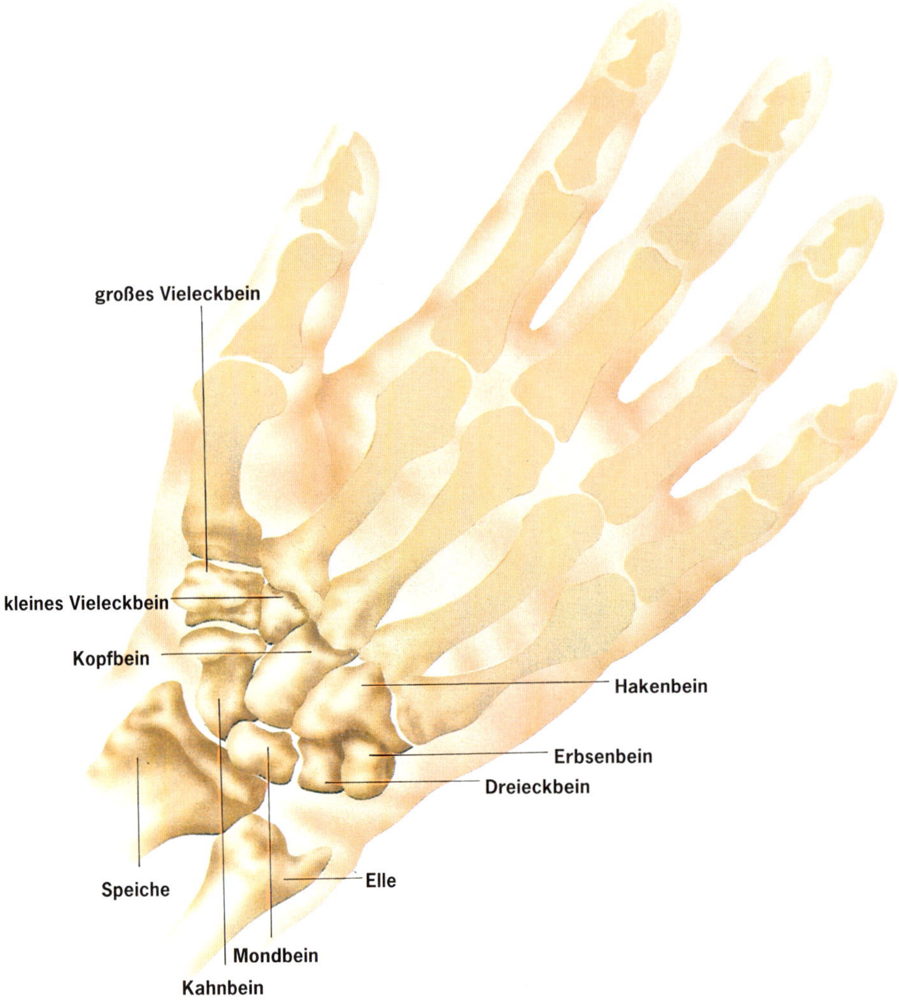

Die Bein- und Hüftknochen

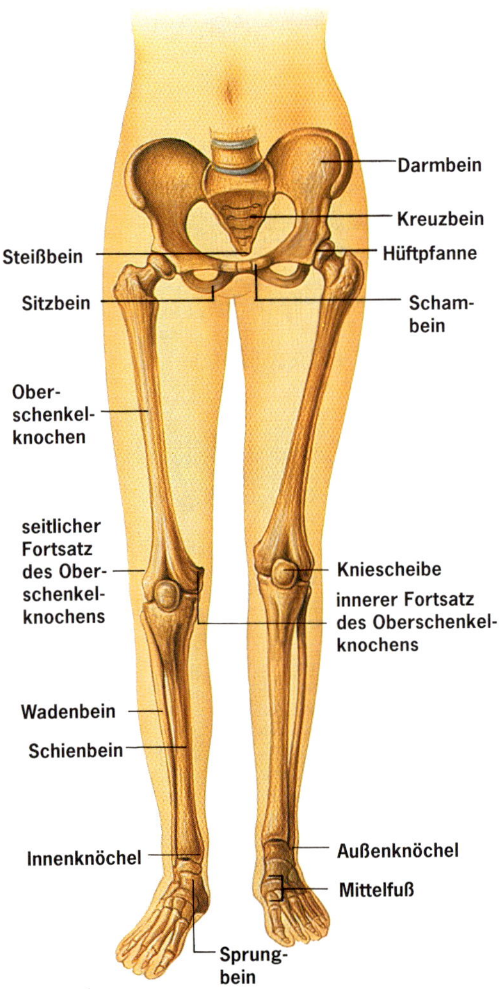

Die Gliedmaßen und das Becken

Die Arme sind über den Schultergürtel mit der Wirbelsäule als Zentralachse verbunden. Der Schultergürtel besteht aus Schulterblatt (Scapula) und Schlüsselbein (Clavicula). Der Oberarmknochen (Humerus) ist am Ellbogengelenk mit den beiden Unterarmknochen Elle (Ulna) und Speiche (Radius) verbunden. Die Hände bestehen aus einer Vielzahl kleinerer Knochen, die die verschiedensten Bewegungen erlauben. Gerade dieser Aufbau ermöglicht uns fein abgestimmte, hochkomplizierte Bewegungsmuster.

Die Beine sind über das Becken mit der Wirbelsäule verbunden. Das Kreuzbein (Os sacrum) bildet die Rückseite des Beckens. Mit ihm verbunden sind die ausladenden Darmbeinschaufeln (Os ilium), deren oberer gebogener Rand als sogenannter Beckenkamm durch die Haut zu tasten ist. Die vertikalen Kreuzbein-Darmbein-Gelenke (Iliosakralgelenke) sind mit Fasern fixiert und durch kreuzende Bandstrukturen verstärkt. Die Verzahnung der Gelenkoberflächen gewährleistet eine besondere Stabilität. Beide Darmbeine bilden unten seitlich eine große Gelenkpfanne aus (Acetabulum), die so geformt ist, daß sie den kugeligen Hüftkopf des Oberschenkelknochens (Femur) exakt aufnehmen kann. Nach vorne geht das Darmbein in das Schambein (Os pubis) über und wird nach unten hin von einem knöchernen Ring, dem Sitzbein (Os ischium), unterstützt. Das Sitzbein bildet die Gesäßbasis. Beide Schambeine treten vorne zur Symphyse zusammen und sind hier, wie bereits oben besprochen, durch eine Knorpelhaft miteinander verbunden. Verstärkende Bandzüge laufen auch von beiden Schambeinen zur vorderen Spitze der Darmbeinschaufel (Leistenbänder) und erhöhen die Stabilität des Beckengürtels. Im Unterschenkel finden sich zwei Knochen, das Schienbein (Tibia) und das wesentlich dünnere Wadenbein (Fibula). Der Fuß ist wie die Hand aus einer Reihe kompliziert angeordneter Knochen aufgebaut. Sie ermöglichen den festen und bequemen Stand sowie das Gehen und Laufen.

Die Hand besitzt 14 Fingerknochen, die Finger jeweils 3, der Daumen 2. Analog finden sich am Fuß 14 Zehenknochen. Die Knochen der einzelnen Finger oder Zehen sind gelenkig miteinander verbunden, ihre Bewegung wird durch eine Reihe von Muskeln ermöglicht

Das Handgelenk besteht aus 8 unterschiedlich geformten Handwurzelknochen, die in zwei Reihen angeordnet sind. Sie liegen zwischen Speiche und Elle einerseits und den Mittelhandknochen andererseits

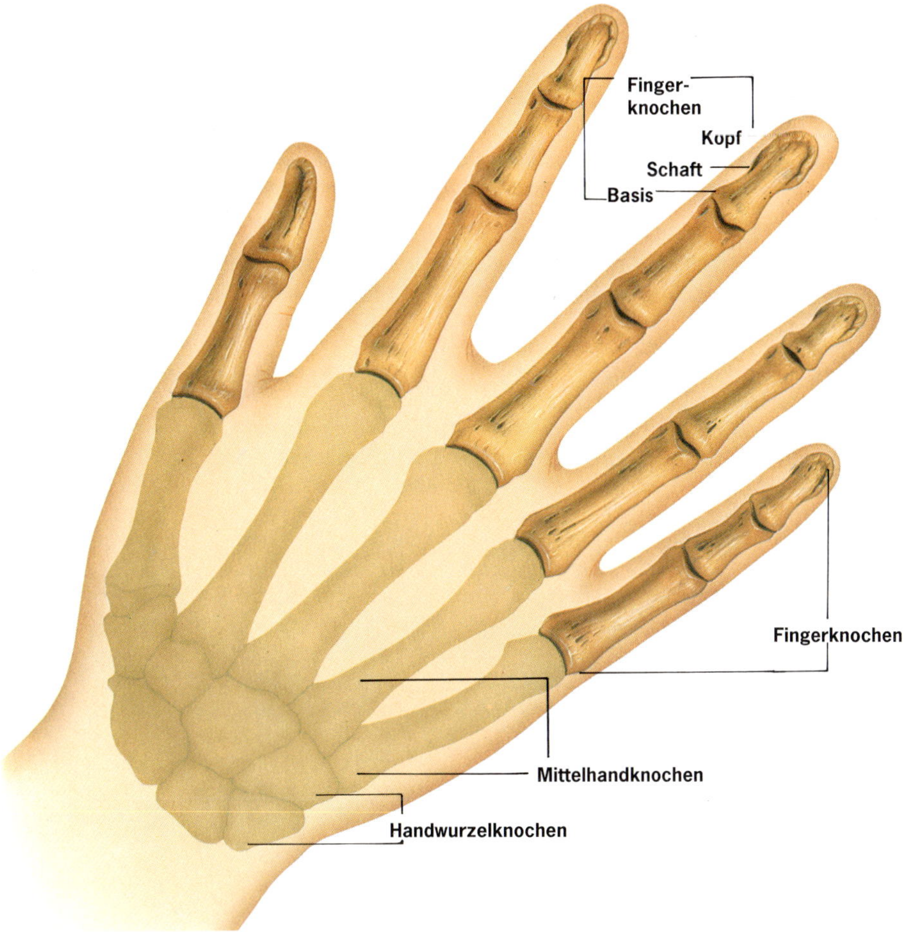

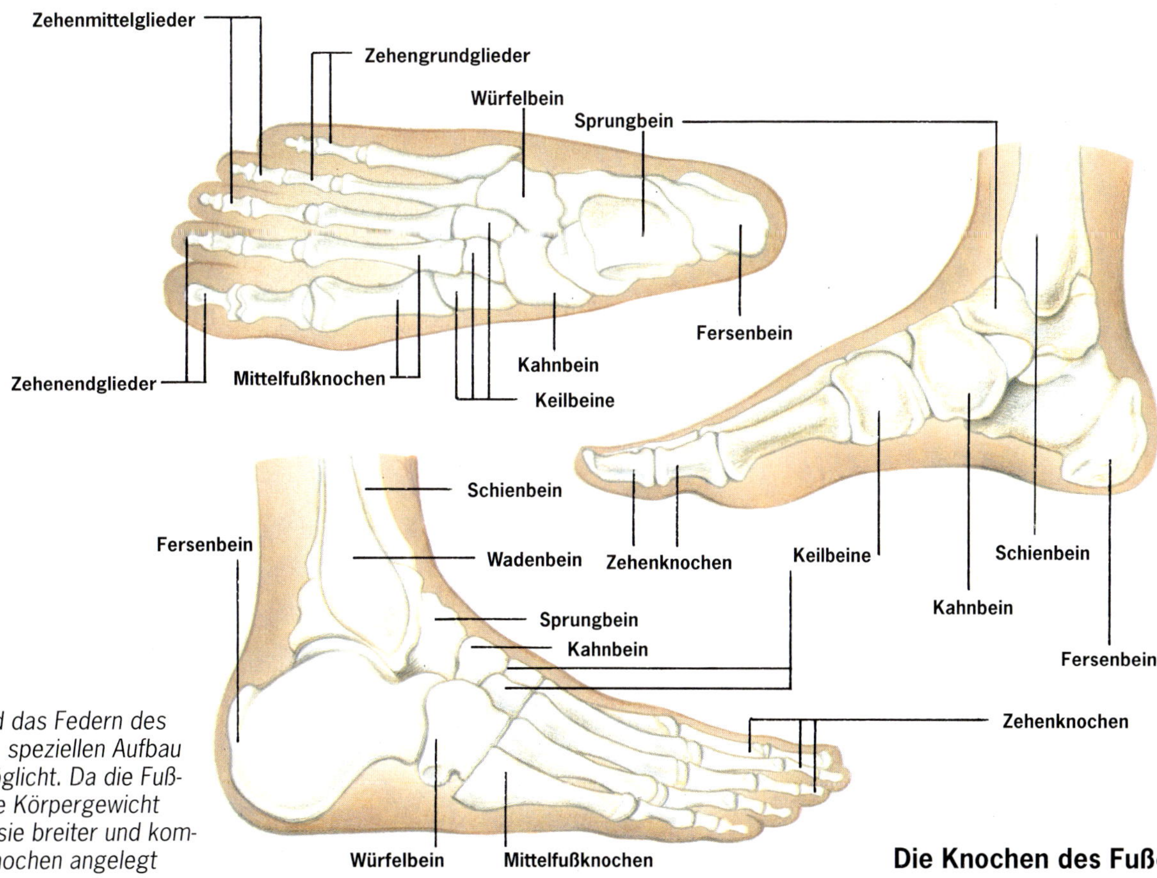

Die Beweglichkeit und das Federn des Fußes wird durch den speziellen Aufbau des Fußskeletts ermöglicht. Da die Fußknochen das gesamte Körpergewicht tragen müssen, sind sie breiter und kompakter als die Handknochen angelegt

Die Knochen des Fußes

Die Gelenke und die Bänder

Die Skelettknochen müssen einerseits fest miteinander verbunden, andererseits gut gegeneinander beweglich sein. Dieser feste und zugleich bewegliche Zusammenhalt wird durch die verschiedensten Gelenke gewährleistet. Sie erlauben dem Körper eine Vielfalt von Bewegungsmöglichkeiten.

Die Gelenke unterteilt man in zwei Hauptgruppen: die frei beweglichen oder echten Gelenke und die bindegewebigen und knöchernen Verbindungen (Haften). Die frei beweglichen Gelenke, die einen großen Bewegungsumfang gewährleisten, sind von einer Bindegewebskapsel umgeben, die innen mit einer flüssigkeitsabsondernden Membran (Synovialmembran) ausgekleidet ist. Das Bewegungsausmaß der festen Verbindungen wird durch das straffe Bindegewebe begrenzt. Neben diesen zwei Formen existieren noch Verbindungen zwischen Knochen und Knorpel. Die Flexibilität des Knorpels gewährleistet eine bestimmte Beweglichkeit, ohne die Notwendigkeit einer Gelenkbildung. Die Knorpelspangen zwischen Rippen und Brustbein sind hierfür ein gutes Beispiel.

Die freien Gelenke

Die freien Gelenke werden nach ihrem jeweiligen Bewegungsumfang weiter unterteilt. Scharniergelenke, wie das Ellbogen- und Kniegelenk, erlauben Beuge- und Streckbewegungen. Flache Gelenke erlauben begrenzte Bewegungen in allen drei Bewegungsrichtungen, da ihre Gelenkanteile flach oder leicht gewölbt ausgebildet sind. Beispiele sind die Gelenke der Wirbel, der Hand- und Fußwurzel. Zapfengelenke finden sich zwischen erstem und zweitem Halswirbel (Atlantodentalgelenk) und im Ellbogengelenk zwischen Speichenköpfchen und Elle (Radioulnargelenk). Hierbei handelt es sich um eine Abwandlung des Scharniergelenkes, bei dem Drehbewegungen um den Zapfen möglich sind. Das Zapfengelenk zwischen erstem und zweitem Halswirbel ermöglicht die seitliche Drehung des Kopfes, das zwischen Speichenköpfchen und Elle die Ein- und Auswärtsdrehung des Unterarmes. Gelenke, die große Bewegungsumfänge in allen drei Bewegungsrichtungen erlauben, wie das Schulter- und Hüftgelenk, bezeichnet man als Kugelgelenke.

Die Fingergelenke sind typische Beispiele für Scharniergelenke. Die Knochenenden sind von festem Gelenkknorpel überzogen, und das gesamte Gelenk wird von festem Bindegewebe, der Gelenkkapsel, umschlossen. Die Gelenkkapsel fixiert das Gelenk und verhindert unnatürliche Bewegungen. Die Innenseite der Gelenkkapsel ist von der Gelenkinnenhaut (Synovialmembran) ausgekleidet. Diese Membran ist oft nur eine aus einer Zellage bestehende Gewebsschicht, die Flüssigkeit absondert. Diese Flüssigkeit schmiert das Gelenk und verhindert, daß es austrocknet.

Die Hand setzt sich aus zahlreichen echten Gelenken (Synovialgelenken) zusammen. Gerade in schweren Fällen der chronischen Polyarthritis erkennt man, zu welchen Deformationen Gelenkerkrankungen führen können

Synovialmembran und -flüssigkeit sind für die normale Gelenkfunktion nicht unabdingbar. Muß sie zum Beispiel bei einer sich an ihr abspielenden Erkrankung (zum Beispiel bei chronischer Polyarthritis) entfernt werden, so beeinträchtigt dies die Gelenkfunktion auf kurze Sicht nicht wesentlich. Auf lange Sicht hin vermindert die intakte Synovialmembran jedoch den vorzeitigen Gelenkverschleiß.

Das Kniegelenk

Das Kniegelenk ist ein hochkompliziertes Scharniergelenk. Das Ende des Oberschenkelknochens ist abgerundet und ruht mit seinen zwei Knochenhöckern (Kondylen) auf den zwei schalenförmigen Ausbuchtungen des Schienbeinplateaus. Auch hier sind die gelenkbildenden Knochenoberflächen mit Knorpel überzogen.

Um eine zusätzliche Stabilität des Kniegelenkes bei gleichzeitig großer Beweglichkeit zu erreichen, befinden sich am inneren und äußeren Kniegelenkspalt zwei halbmondförmige Knorpelkeile (Innen- und Außenmeniskus). Diese Menisken werden oft durch sportliche Extrembelastungen verletzt und müssen dann operativ entfernt werden. Ohne sie ist das Kniegelenk zwar weiterhin funktionstüchtig, der Verschleiß ist jedoch erhöht.

Zur Erhaltung der Gleitfähigkeit des Gelenkes werden die Gelenkoberflächen wiederum von einer Synovialflüssigkeit überzogen. Zusätzlich finden sich im Gelenkbereich noch einige flüssigkeitsgefüllte Säckchen oder Schleimbeutel (Bursae), die zur Abpufferung dienen.

Die Hand- und Fingergelenke

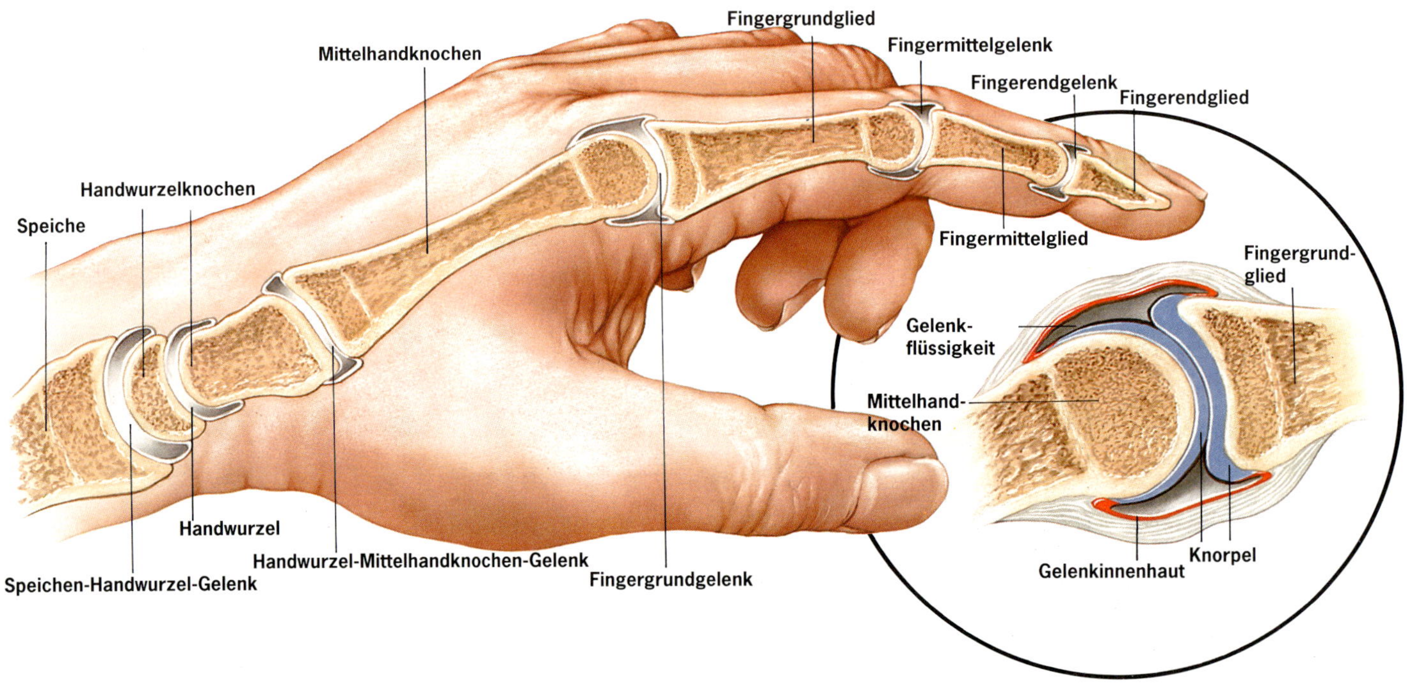

Das Kniegelenk

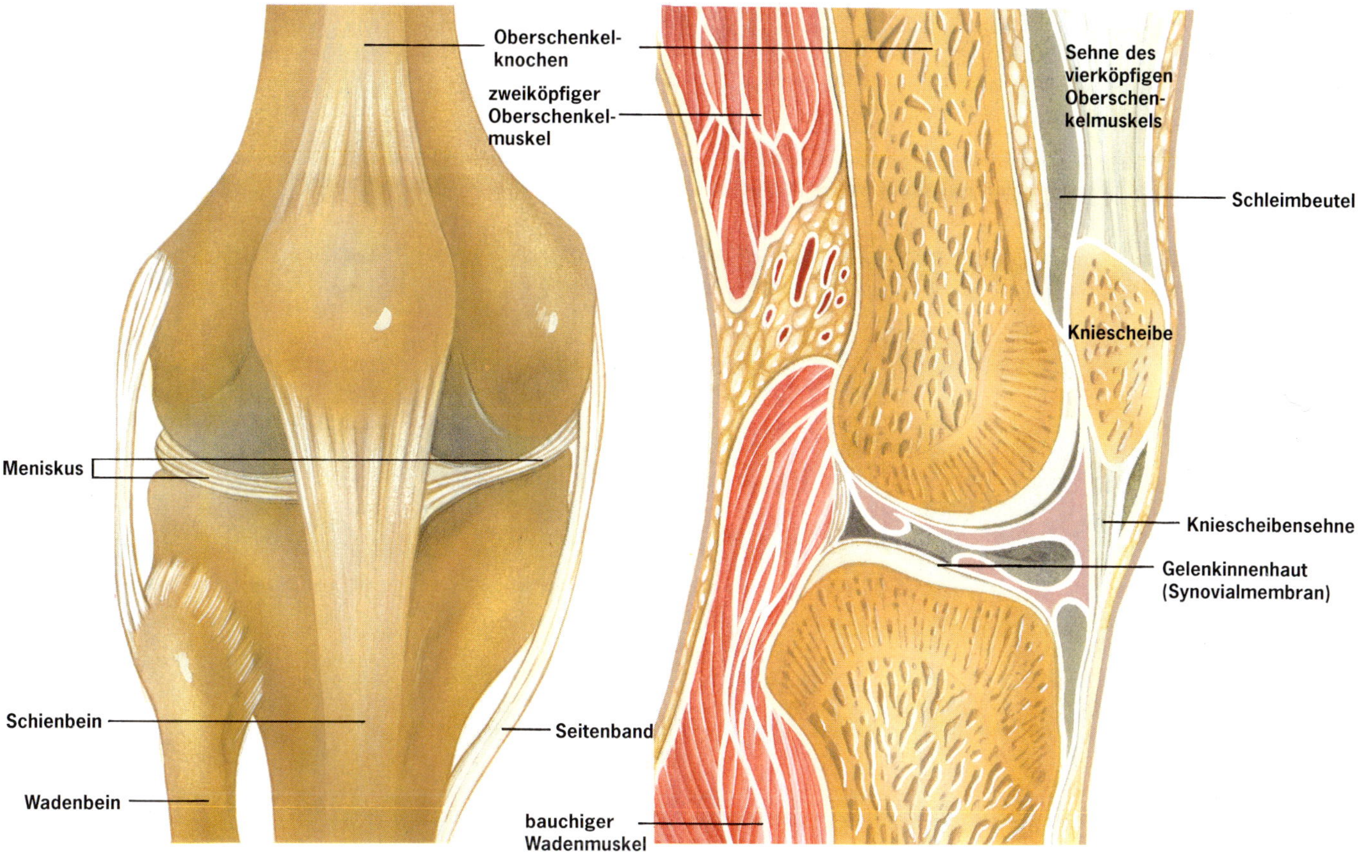

Die Vorderansicht (links) zeigt die am Aufbau des Kniegelenks beteiligten Knochen, Knorpel und Bänder. Seitlich erkennt man im Längsschnitt (rechts) die Strukturen in ihren Einzelheiten einschließlich des Schleimbeutels und der Gelenkschleimhaut

Stabilität und Festigkeit erhält das Kniegelenk durch zusätzliche Bandstrukturen (Ligamente). An der Innen- und Außenseite sowie in der Kniemitte gelegen, sichern sie das Kniegelenk, ohne die Beweglichkeit zu behindern. Die Kniegelenkbewegungen werden durch die Oberschenkelmuskeln gesteuert. Die Muskeln an der Vorderseite strecken, die an der Rückseite des Oberschenkels beugen das Kniegelenk. Kopfwärts setzen diese Muskeln an der Hüfte oder im Rollhügelbereich des Oberschenkelknochens an, fußwärts gehen sie in Sehnen über, die das Gelenk überziehen und am Schienenbeinkopf und Wadenbein ansetzen (siehe Kapitel 3).

Um zu verhindern, daß sich die Sehnen bei der Gelenküberbrückung vorne am Knochen zerreiben, ist hier ein Knochen in die Sehnenstruktur eingebaut, die Kniescheibe (Patella). Sie ist in der Streckersehne, nicht aber am eigentlichen Gelenk fixiert. Sie gleitet mit ihrer knorpeligen Rückfläche in einer ebenfalls knorpelig ausgekleideten Furche am Ende des Oberschenkelknochens und wird ebenso von Synovialflüssigkeit umspült.

Das Kniegelenk wird bei jedem Schritt gebeugt und ermöglicht so die Vorbringung des Beines, ohne den Boden zu berühren. Ansonsten wäre man gezwungen, das Becken zu neigen und das Bein in einem Halbkreis auswärts zu schwingen, typisch für den steifbeinigen Gang. Hat sich das Bein gebeugt nach vorne bewegt, wird es im Kniegelenk wieder gestreckt und aufgesetzt.

Die Haften

Die bindegewebigen Knochenverbindungen oder Haften findet man unter anderem an Wirbelsäule, Kreuzbein, Becken und Schädel. Diese Knochenverbindungen besitzen keine synoviale Gelenkkapsel, die Knochen werden vielmehr durch festes Bindegewebe miteinander verbunden (Bandhaften). Sie können im Laufe des Wachstums verknöchern (Knochenhaften, zum Beispiel am Schädel), oder es können Knorpelscheiben zwischengelagert sein (Knorpelhaften, zum Beispiel an der Wirbelsäule), die mehr Beweglichkeit erlauben.

Die Bänder

Die Knochen werden im Gelenk durch Muskeln bewegt. Die Muskeln setzen am Knochen mit Sehnen an, letztere besitzen nur eine minimale Dehnbarkeit. Bänder, deren Dehnbarkeit etwas größer ist, verbinden die gelenkbildenden Knochen miteinander und ermöglichen die feste Führung. Sie erlauben nur Bewegungen in den Bewegungsrichtungen, die dem Gelenk aufgrund seines Aufbaues vorgegeben sind, und verhindern das Abrutschen oder Herausgleiten der Knochen.

Bänder finden sich auch im Bauchraum. Hier halten sie die inneren Organe, wie die Leber oder die Gebärmutter, in ihrer Lage und erlauben gleichzeitig bestimmte notwendige Lageveränderungen bei Atmung, Darmbewegungen oder dem Gebärmutterwachstum während der Schwangerschaft. Auch im Brustgewebe spannen sich Faserzüge, die das Eigengewicht unterstützen und die Brust in Form halten.

Normalerweise werden uns die Bandstrukturen erst bei Verletzungen bewußt. Bandzerrungen zeigen deutlich ihre Lage und können fast genauso schmerzvoll sein wie Knochenbrüche.

Die Struktur

Die Bänder sind eine besondere Form des Bindegewebes. Sie bestehen zum größten Teil aus den festen weißen Fasern des Proteins Kollagen (kollagene Fasern) und zum geringeren Teil aus den gelben elastischen Fasern des Eiweißes Elastin (elastische Fasern). Die meisten Bänder bestehen aus gebündelten Fasern (Fibern). Diese Faserbündel sind bei den jeweiligen Bandtypen in unterschiedlicher Verlaufsrichtung angeordnet. In langen, zylindrisch geformten Bändern verlaufen die einzelnen Faserbündel in Längsrichtung und gewährleisten eine erhebliche Zugfestigkeit. In den mehr breiten und flachen Bändern, die zum Beispiel Gelenke vor dem Abrutschen sichern, verlaufen die Faserzüge kreuzweise als eine Art Scherengitter und verhindern Bewegungen gegen das Band. Zwischen den einzelnen Fasern liegen spezialisierte, faserbildende Bindegewebszellen, sogenannte Fibroblasten, die die Bandstrukturen erneuern und zerstörte ersetzen. Zwischen den einzelnen Faserbündeln findet man ein lockeres Füllgewebe, das den Durchtritt von Blut-, Lymphgefäßen und Nerven ermöglicht. Die Bänder sind an der Knochenhaut (Periost) befestigt, in die sie mit Faserzügen einstrahlen. Die blutgefäß- und nervenreiche Knochenhaut dient einerseits der Ernährung des Knochens und andererseits dem Ansatz von Bändern, Sehnen und Muskeln. Die Bänder gehen am Ansatz so kontinuierlich in die Knochenhaut über, daß sie oft bei Bandverletzungen mit einbezogen wird.

An den verschiedenen Körpergelenken sind je nach ihrer Funktion unterschiedliche Bandstrukturen ausgebildet. In den großen Gelenken, wie den Hüft-, Knie-, Schulter-, Ellbogen-, Finger- und Zwischenwirbelgelenken, wird die Gelenkkapsel durch spezielle Bandzüge, auch innere Gelenkbänder genannt, verstärkt. Zusätzlich finden sich außerhalb der Gelenkkapsel noch Bänder, auch äußere Gelenkbänder genannt, die nur Bewegungen in den vorgegebenen Richtungen erlauben.

Alle Bewegungen hängen vom Zusammenspiel der Knochen, Gelenke, Bänder, Muskeln und Sehnen ab. Im Bildausschnitt unten sieht man die Hauptbandstrukturen des Schultergelenkes und oben rechts die des Ellbogengelenkes am Beispiel der Bewegungen des Olympiasiegers Daley Thompson

Die Bedeutung

Die Bewegungsvielfalt des Körpers ist abhängig von der Beschaffenheit der gelenkbildenden Knochen und den Bandstrukturen.

In einigen Gelenken wird die Führung durch die Knochenstruktur selbst gewährleistet. So bildet zum Beispiel am Ellbogengelenk die Elle eine Art Haken (Olecranon), der durch seine Führung in einer Furche des Oberarmknochens nur Beuge- und Streckbewegungen zuläßt (Scharniergelenk). Die Bänder verhindern hier nur die seitlichen Wackelbewegungen. Im Ellbogengelenk gibt es jedoch zusätzlich noch ein spezielles ringförmiges Band (Anularband), das sich wie ein Kragen um das Speichenköpfchen legt und dieses an einer kleinen Gelenkgrube der Elle befestigt. Die so mögliche Drehung des Speichenköpfchens im Ellbogengelenk erlaubt die Unterarm-Umwendebewegungen (Ein- und Auswärtsdrehung).

Am Kniegelenk, auch einem Scharniergelenk, werden hingegen die Bewegungsmöglichkeiten nicht durch eine bestimmte Knochenform begrenzt. Hier sichern spezielle Bänder im Inneren (Kreuzbänder) und an der Außenseite des Kniegelenkes (Seitenbänder) das Gelenk gegen das Abrutschen nach vorne, hinten und zur Seite. Sie gewährleisten eine regelrechte und straffe Gelenkführung.

Die Hautstruktur

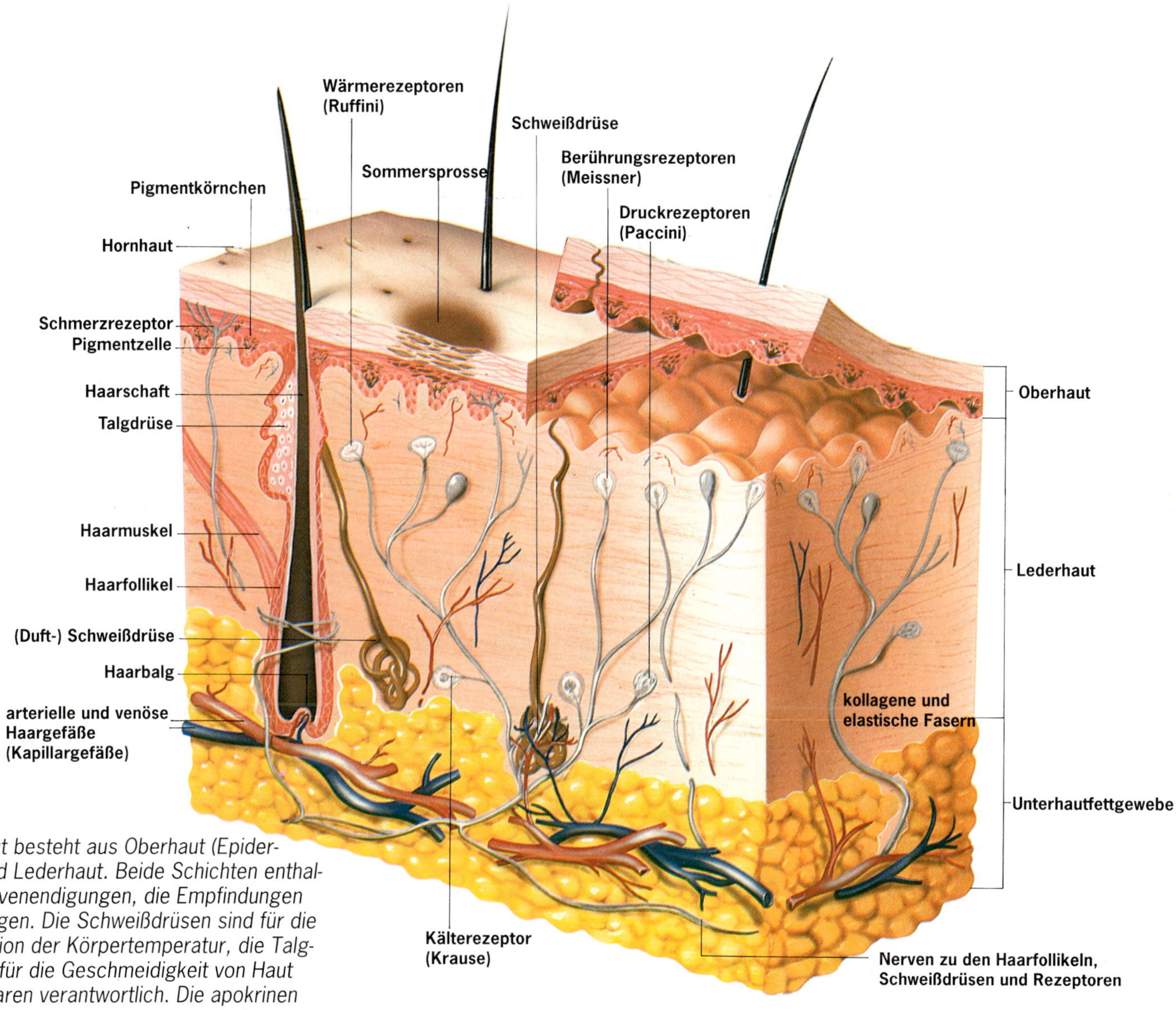

Die Haut besteht aus Oberhaut (Epidermis) und Lederhaut. Beide Schichten enthalten Nervenendigungen, die Empfindungen übertragen. Die Schweißdrüsen sind für die Regulation der Körpertemperatur, die Talgdrüsen für die Geschmeidigkeit von Haut und Haaren verantwortlich. Die apokrinen Drüsen entwickeln sich erst in der Pubertät und verursachen den charakteristischen körpereigenen Geruch. Die pigmentbildenden Zellen (Melanozyten) dienen dem Schutz vor ultravioletter Strahlung. Pigmentansammlungen führen zu Sommersprossen (Epheliden)

Die an einem Gelenk ansetzenden Muskelgruppen arbeiten wohlkoordiniert zusammen, während sich der eine, zum Beispiel der Beuger, anspannt, erschlafft sein Gegenspieler, der Strecker, und umgekehrt.
Bänder können sich jedoch nicht aktiv zusammenziehen. Sie besitzen, wie bereits erwähnt, eine statische Funktion. Wohl aber können sie bei Belastung in einem bestimmten Ausmaß eine passive Dehnung erfahren. Die einzelnen Faserbündel werden dadurch immer enger und fester zusammengezogen, bis schließlich keine weitere Dehnung mehr möglich ist.
Zuletzt seien noch die in den oder um die Gelenke herum verlaufenden Faserzüge genannt, die durch die Gelenkbewegungen weitgehend unbeeinflußt bleiben und den Blutgefäßen als Halt und Führung dienen.

Die Haut

Die Haut ist nicht nur eine bloße Hülle unseres Körpers, sie ist vielmehr ein aktives und vielseitiges Organ. Ihre wasserdichte Struktur schützt den Körper sowohl vor Überwässerung als auch vor Austrocknung und ihre Dichte die tiefer gelegenen Strukturen vor den schädlichen Sonnenstrahlen. Sie ist fest genug, um Schutz vor Verletzungen zu bieten, jedoch auch gleichzeitig elastisch genug, um Bewegungen zu ermöglichen. Indem sie Wärme speichert oder abgibt, hält sie ferner die Körperkerntemperatur konstant.

Der Hautaufbau

Die Haut (Cutis) ist aus zwei Hauptteilen, der Oberhaut (Epidermis) und der Lederhaut (Corium, Dermis) aufgebaut. Die außen gelegene Oberhaut besteht aus mehreren Zellschichten, deren unterste Schicht Mutterzellschicht oder Regenerationsschicht genannt wird. Hier finden ständige Zellteilungen statt. Die Zellen wandern zur Oberfläche, werden flacher, sterben ab und wandeln sich in Keratin um, das schließlich als dünne, kaum sichtbare Schuppen abgestoßen wird. Es dauert etwa drei bis vier Wochen von der Neubildung einer Zelle bis zu ihrem Abstoßen an der Hautoberfläche. Auf diese Weise wird die Haut ständig erneuert. Die schützende Oberhaut ist fest mit der darunter liegenden Lederhaut verbunden, ihre unregelmäßig welligen Oberflächen passen genau aufeinander und verzahnen sich. Eben durch diese welligen Verbindungen entstehen Furchen, die an den Fingerbeeren am deutlichsten ausgeprägt sind und hier unsere individuellen Fingerabdrücke bilden. Die Lederhaut wird aus Bündeln kollagener und

Die Schädelstruktur

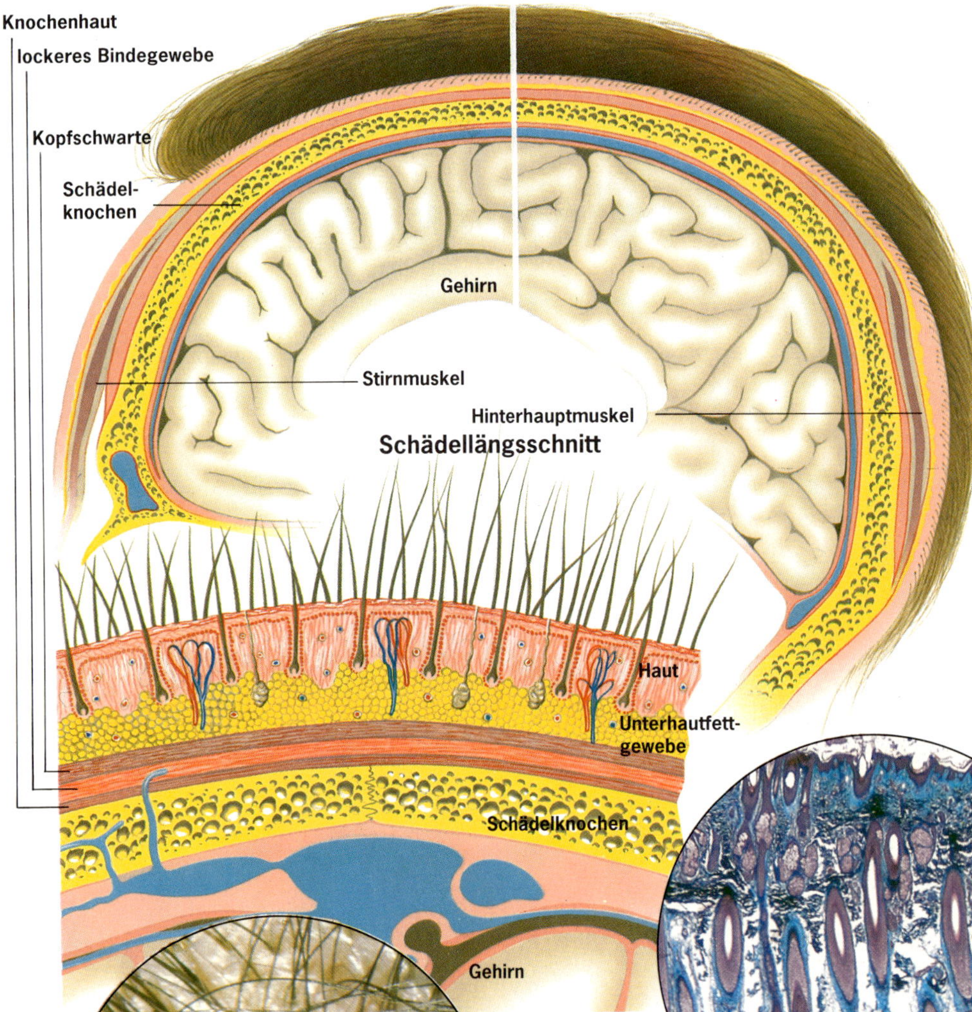

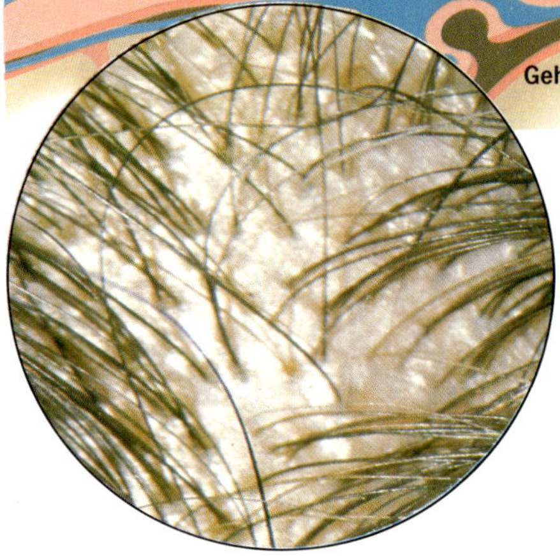

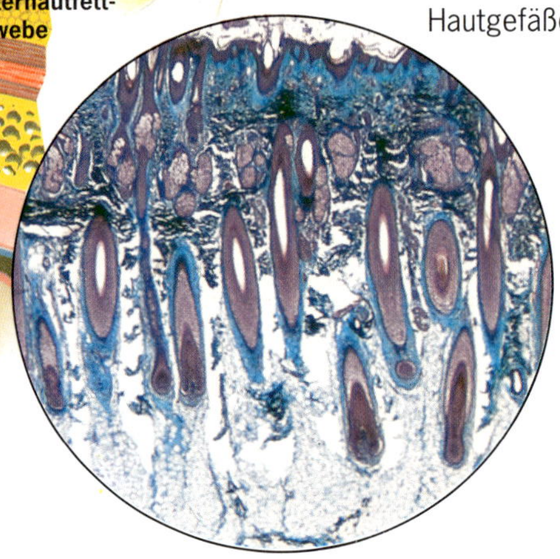

Der Längsschnitt durch die Kopfhaut zeigt die verschiedenen Hautschichten nochmals deutlich. Lockeres Bindegewebe ermöglicht die Bewegungen der Kopfhaut durch die Kopfmuskulatur. Die Haarfollikel (Außenansicht unten links, Schnittbild unten rechts) sind verantwortlich für das Wachstum der Haare

Die Haare und die Nägel

Haare und Nägel bestehen aus Horn (Keratin) und sind in einer bestimmten Weise geformt. Obwohl sie von lebenden Hautzellen gebildet werden, bestehen sie selbst aus totem Gewebe und bluten oder schmerzen bei Verletzung nicht. Den sichtbaren Teil des Nagels bezeichnet man als Nagelkörper, seine Formgebung wird durch Erbfaktoren bestimmt. Den hinteren, in einer Hautfalte eingelagerten Teil des Nagels bezeichnet man als die Nagelwurzel. Die äußeren Schichten dieser Hautfalte überziehen als Nagelhäutchen den Nagelmond (Lunula) an der Nagelwurzel. Der vor allem am Daumennagel gut sichtbare Nagelmond ist etwas dicker als der Rest des Nagels und erscheint weiß, da die darunter liegenden Hautgefäße nicht durchscheinen.

Unten: *Der Nagel wird von Zellen der Nagelwurzel gebildet, ist selbst jedoch eine zelllose Hornstruktur. Der Nagel dient einerseits dem Schutz der Fingerspitzen, andererseits als Widerlager der feinen Berührungs- und Druckempfindungen der Fingerspitzen*

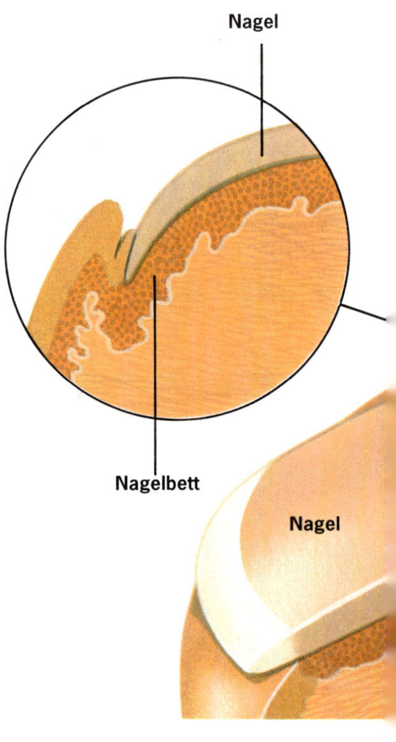

elastischer Fasern aufgebaut und enthält Schweiß-, Talg- und Duftdrüsen, Haarfollikel, Blutgefäße und Nerven.
Während die Blutgefäße in der Lederhaut enden, durchsetzen bestimmte Nervenendigungen die Grenze zur Oberhaut und enden in dieser. Haare und Drüsenausführungsgänge treten durch die Oberhaut.
Jede Schweißdrüse besteht aus einer kleinen, knäuelig gewundenen Röhre aus Epithelzellen, die mit dem Schweißdrüsengang zur Hautoberfläche führt. Die Schweißdrüsentätigkeit wird vom Nervensystem gesteuert und bei bestimmten Emotionen und einem Anstieg der Körperkerntemperatur zur Schweißabgabe angeregt (siehe Seite 129).

Die Talgdrüsen bestehen aus spezialisierten, talgabsondernden Epithelzellen. Sie münden in die Haarfollikel. Besonders zahlreich sind sie auf dem Kopf, im Gesicht, auf der Brust und am Rücken. Der Talg (Sebum) fettet Haut und Haare ein, hält sie so geschmeidig und macht sie widerstandsfähig gegen Wasser, schützt so vor Austrocknung und übermäßiger Wasseraufnahme. Ihre Tätigkeit wird unter anderem von verschiedenen Sexualhormonen beeinflußt.
Die Duftdrüsen (apokrine Drüsen) entwickeln sich während der Pubertät in der Achsel-, Brust- und Genitalregion. Sie produzieren eine zähe, milchige Flüssigkeit mit einem bestimmten sexuell charakteristischen Geruch.
In beiden Hautschichten findet sich ein feines Netzwerk aus Nervenendigungen, die besonders zahlreich in den Fingerspitzen vorkommen. Sie übertragen Wärme- und Berührungsempfindungen genauso wie Kälte, Druck, Juckreiz und Schmerz und können Schutzreflexe auslösen.

Die unterste Zellschicht der Haut bildet unter dem Nagel das Nagelbett (Nagelmatrix). Die Zellen des Nagelbettes teilen sich, werden dicker und durch Keratin verstärkt, sterben schließlich ab und werden Teil des Nagels. Bei vollständiger Zerstörung des Nagelbettes geht der gesamte Nagel verloren.

Die Haare werden von den Zellen der Haarfollikel gebildet. Am Körper findet man zwei verschiedene Haartypen, zum einen das weiche Flaumhaar, das mit Ausnahme von Handflächen und Fußsohlen überall am Körper vorkommt, zum anderen die dicken, pigmentierten Haare von Kopfhaut, Augenbrauen, Bart, Achselhöhlen und Genitalbereich.

Das Haar besteht ebenso wie die Nägel aus Horn (Keratin), also aus totem Gewebe. Der Haarschaft überragt die Haut und wurzelt in einer röhrenartigen Einbuchtung der Haut, dem Haarfollikel. Das Haar wird an der Basis, der Haarwurzel, aus Epithelzellen gebildet, die dann ähnlich der Nagelbildung unter Keratineinlagerung absterben. Die Haarwurzel wird durch ein Blutgefäß ernährt. Kommt es zu einer Schädigung, so steht das Wachstum eventuell für immer still.

In den Haarfollikel mündet eine Talgdrüse, und knapp unterhalb dieser entspringt auf der Seite der Haarneigung der Haarmuskel, der schräg aufwärts unter die Oberhaut zieht. Bei Kälte, im Angst- oder Alarmzustand kontrahieren diese Muskeln, richten die Haare auf und wellen die Haut zur »Gänsehaut«.

Die Kopfhaut des Erwachsenen enthält etwa 120000 Haare, Rothaarige weisen weniger, Blonde mehr auf. Die verschiedenen Haartypen ergeben sich aus ihrem unterschiedlichen Aufbau. Es gibt feine, weiche Flaumhaare, die an den meisten Körperstellen mehr oder weniger dicht wachsen, ferner lange feste Haare, die sich an der Kopfhaut finden, und kurze, steife Haare, die die Augenbrauen bilden. In der Regel ist blondes Haar am feinsten, schwarzes Haar am kräftigsten. Die vererbte Form des Haarschaftes bestimmt glattes oder lockiges Haar; ein röhrenförmiger Haarschaft bildet glattes, ein ovaler welliges und ein nierenförmiger lockiges Haar.

Die Zellen, die das Keratin für die Haare bilden, gehören zu den sich am schnellsten teilenden Zellen des Körpers. So wachsen Kopfhaare im Mittel 1,25 Zentimeter im Monat. Das Haarwachstum verläuft nicht kontinuierlich, sondern es tritt etwa alle 5 bis 6 Monate eine Ruhephase ein, in der kein Wachstum stattfindet. Die Haarwurzeln werden in der Ruhephase kolbenförmig, daher die Bezeichnung Kolbenhaar, verlieren ihre normale Pigmentierung, und das Haar wird schließlich abgestoßen. Bei den Haaren, die beim Haarwaschen in Mengen verlorengehen, handelt es sich um Kolbenhaare. Zu jedem Zeitpunkt befinden sich etwa 10 Prozent aller Haare in der Ruhephase. Die Haarwurzel wird während der Ruhephase nicht geschädigt, sie beginnt mit dem Wachstum eines neuen Haares.

Die Hautfarbe

Die Hautfarbe ist auf das schwarze Pigment Melanin zurückzuführen, das man auch in den Haaren und der Iris des Auges findet. Es wird in den in der Mutterzellschicht der Oberhaut liegenden Pigmentzellen (Melanozyten) gebildet. Unabhängig von der Rasse, ist die Dichte der Pigmentzellen bei jedem Menschen etwa gleich, jedoch variiert ihre Melaninproduktion erheblich. Bei dunkelhäutigen Rassen sind die Pigmentzellen größer und bilden mehr Melanin. Das dunkle Melanin dient dem Schutz der Haut vor schädlicher Sonneneinstrahlung; je dunkler die Haut, desto geringer ist die Wahrscheinlichkeit einer Schädigung, also eines Sonnenbrandes.

Die komplizierte chemische Reaktion, bei der die Aminosäure Tyrosin in Melanin umgewandelt wird, findet in den äußeren Bezirken der Pigmentzellen statt. Das so gebildete und abgegebene Melanin überzieht die Zellen der Regenerationsschicht und schützt die hochempfindlichen Zellkerne vor Strahlung. Ist die Haut den ultravioletten Strahlen des Sonnenlichts oder einer künstlichen Lichtquelle ausgesetzt, so wird vermehrt Melanin gebildet und freigesetzt, die Hautfarbe wird dunkler. Diesen Vorgang bezeichnet man als Bräunung der Haut. Die Reaktionen sind von Mensch zu Mensch verschieden, doch führt ultraviolettes Licht bei allen mit Ausnahme der Albinos zu einer wenn auch unterschiedlich ausgeprägten Pigmentierung.

Weitere Faktoren, die die Hautfarbe mitbestimmen, sind das durch die Blutgefäße durchscheinende Blut und die natürliche gelbliche Farbe des Gewebes. Die unterschiedliche Durchblutung der Haut beeinflußt die Hautfarbe stark. So wird sie zum Beispiel weiß, wenn der Organismus bei Angst- oder Alarmzuständen die Hautdurchblutung drosselt, rot, wenn bei Zorn, Hitze oder Entzündung die Hautdurchblutung gesteigert wird, oder blau, wenn bei Kälte die Sauerstoffausnutzung des Gewebes größer und der Blutdurchfluß geringer ist.

Die verschiedenen Hautfarben werden durch die unterschiedliche Menge und Farbe des gebildeten Pigments hervorgerufen. Die pigmentbildenden Zellen der Oberhaut bezeichnet man als Melanozyten, die Pigmentbildung wird durch UV-Licht stimuliert

Die Anatomie des Nagels

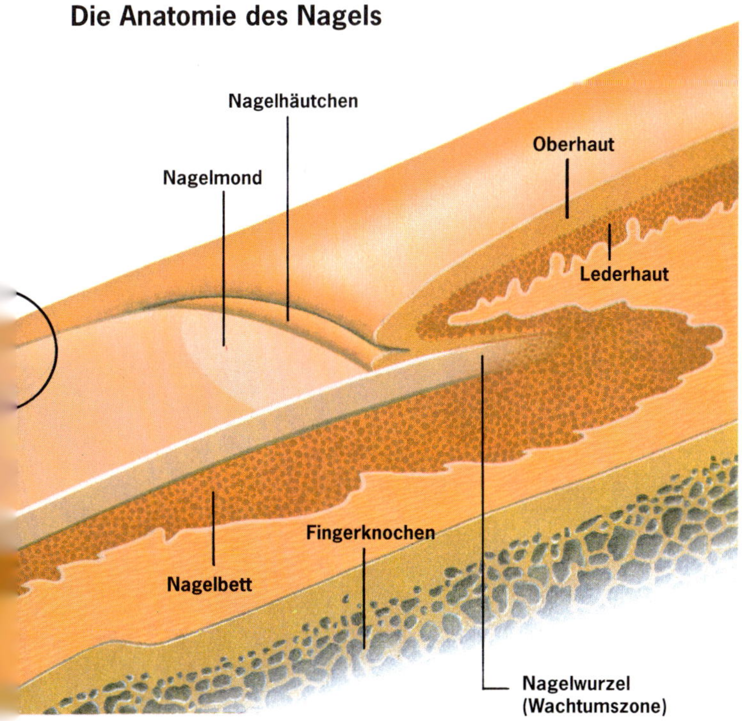

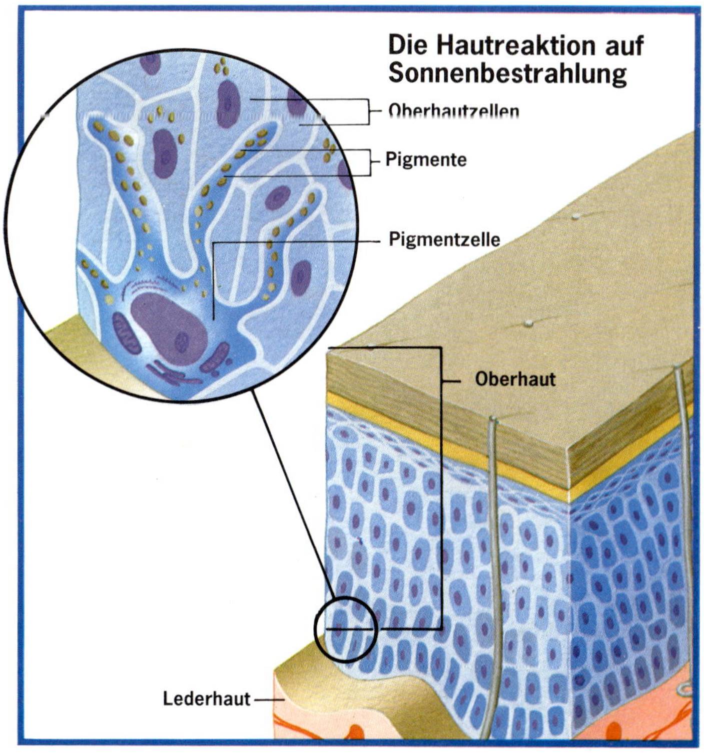

Kapitel 3

Die Muskeln und die Sehnen

Vom Lidschlag bis zum Luftsprung wird jede Körperbewegung durch Muskeln und Sehnen ermöglicht. Letztere sind feste, bindegewebige Muskelverlängerungen, die der Kraftübertragung auf die bewegten Knochen dienen. Den einzelnen Bewegungen liegen hochentwickelte Mechanismen zugrunde; die einfache Kopfdrehung beispielsweise ist ein komplizierter, koordinierter Vorgang, an dem unter anderem Gehirn, Nerven, Sinnesorgane, Muskeln und Sehnen beteiligt sind.

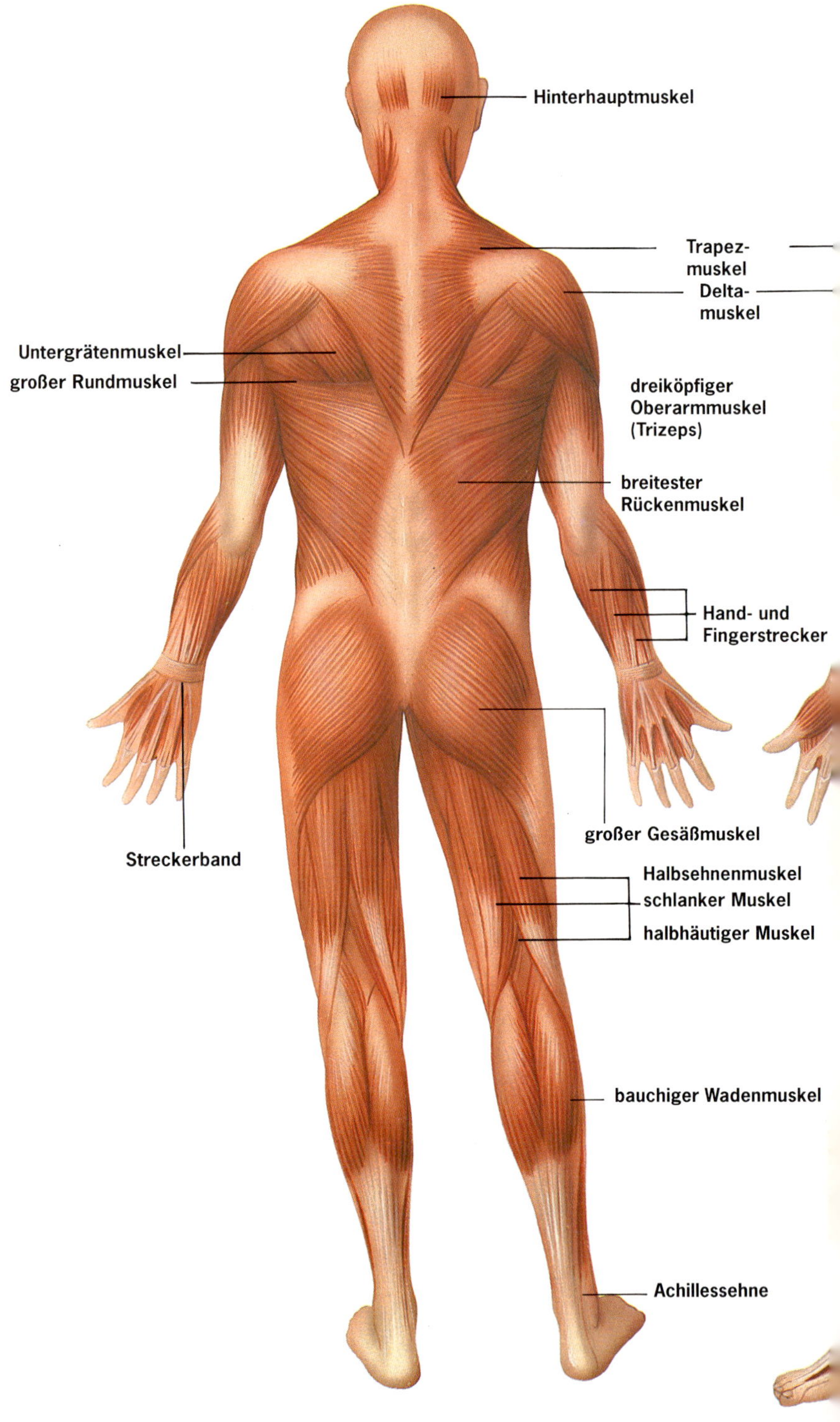

Die Skelettmuskulatur ermöglicht die Bewegungen von Knochen und Gelenken. Sie steht unter der Kontrolle des Willens, doch können bestimmte Bewegungen auch unbewußt ablaufen (Reflexe)

Die Muskulatur

Im Körper gibt es drei verschiedene Muskelarten, die willkürliche, die unwillkürliche und die Herzmuskulatur. Die willkürliche oder Skelettmuskulatur ist zusammen mit den Sehnen und Knochen für alle willentlich gesteuerten Bewegungen verantwortlich und wirkt außerdem bei automatischen Reaktionen, den Reflexen, mit. Die unwillkürliche, nach ihrem mikroskopischen Aufbau auch als glatte Muskulatur bezeichnet, führt die unwillkürlichen Bewegungen der inneren Organe, beispielsweise des Darmes und der Harnblase, aus. Die Herzmuskulatur bildet den Hauptstrukturanteil des Herzens.

Die willkürliche Muskulatur wird auch als quergestreifte Muskulatur bezeichnet, weil ihre kontraktilen Elemente so angeordnet sind, daß sie unter dem Mikroskop eine bandförmige Struktur oder Querstreifung aufweisen. Sie arbeitet durch Längsverkürzung, ein Vorgang, den man als Kontraktion bezeichnet. Die quergestreiften Muskeln sind in der Lage, augenblicklich schnellste Bewegungen durchzuführen, zum Beispiel beim Sprung in die Luft, oder eine konstante Spannung zu erzeugen, die den Körper in Position hält.

Quergestreifte Muskulatur findet sich am gesamten Körperskelett verteilt. Sie macht bis zu 25 Prozent des Körpergewichtes aus, sogar beim Neugeborenen. Diese Muskeln ähneln an Knochen befestigten Federn und steuern die einzelnen Knochenbewegungen, angefangen vom winzigen Steigbügelmuskel, der das gleichnamige Gehörknöchelchen im Mittelohr bewegt, bis hin zum großen Gesäßmuskel, der das Gesäß formt und die Hüftgelenkbeweglichkeit ermöglicht.

Jede Faser der glatten oder unwillkürlichen Muskulatur besteht aus einer langen, spindelförmigen Zelle. Die glatte Muskulatur unterliegt nicht der willkürlichen Kontrolle des Gehirns. Sie ist beispielsweise im Verdauungstrakt verantwortlich für die langsamen rhythmischen und vorantreibenden Bewegungen des Darmes (Peristaltik).

Die Herzmuskulatur ähnelt in ihrem Aufbau der quergestreiften, jedoch sind hier die Fasern kürzer und breiter und bilden ein dichtes Netzwerk.

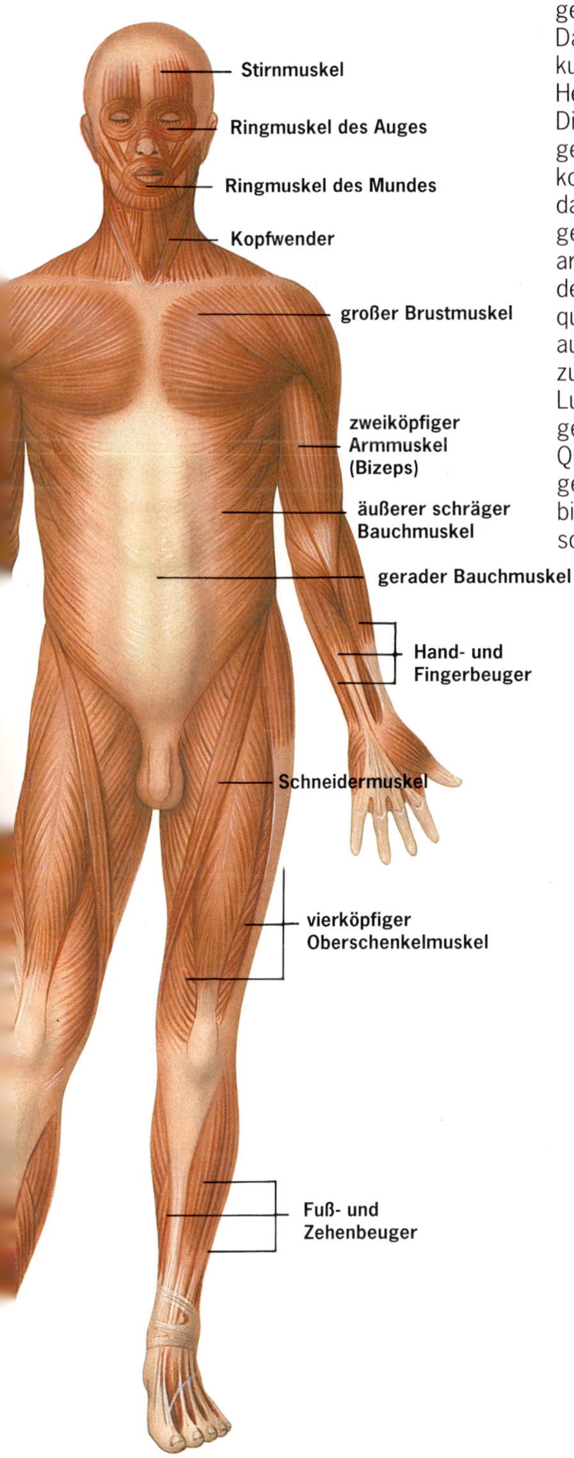

Das Herz ist die einzige Struktur des Körpers, die aus einer speziellen Muskelart, dem Herzmuskel, aufgebaut ist. Die Herzmuskelkontraktionen unterliegen der Steuerung des sogenannten Herzschrittmachers, die Erregungsausbreitung erfolgt über ein spezielles Reizleitungsgewebe. Das Schrittmacherzentrum wiederum wird zentral durch Sympathikus und Parasympathikus gesteuert

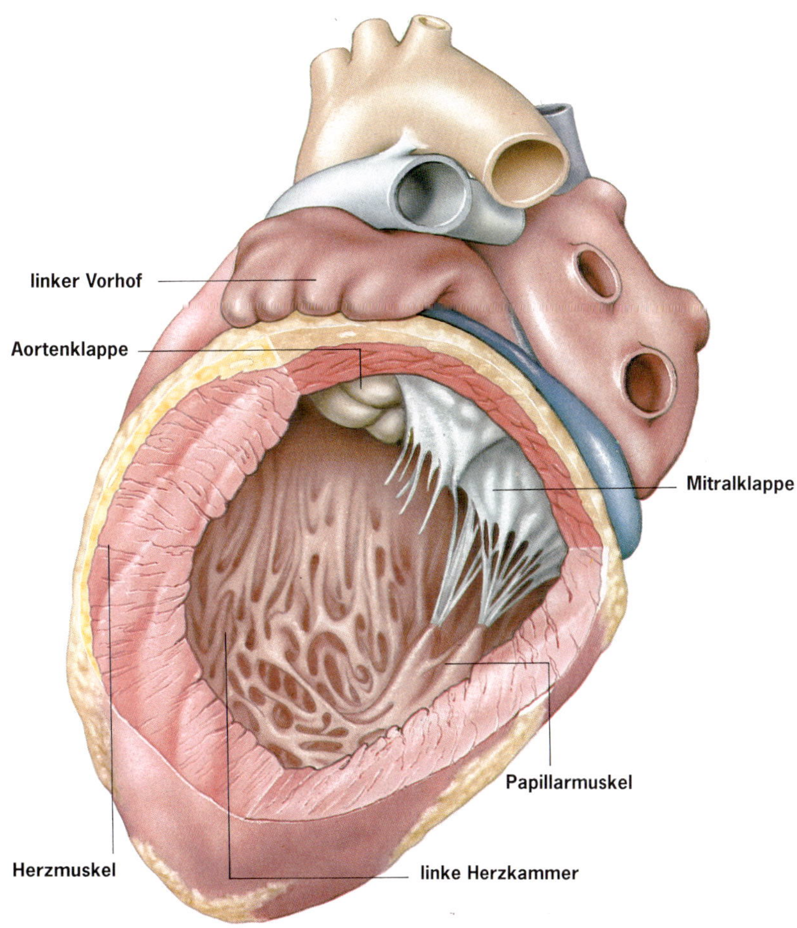

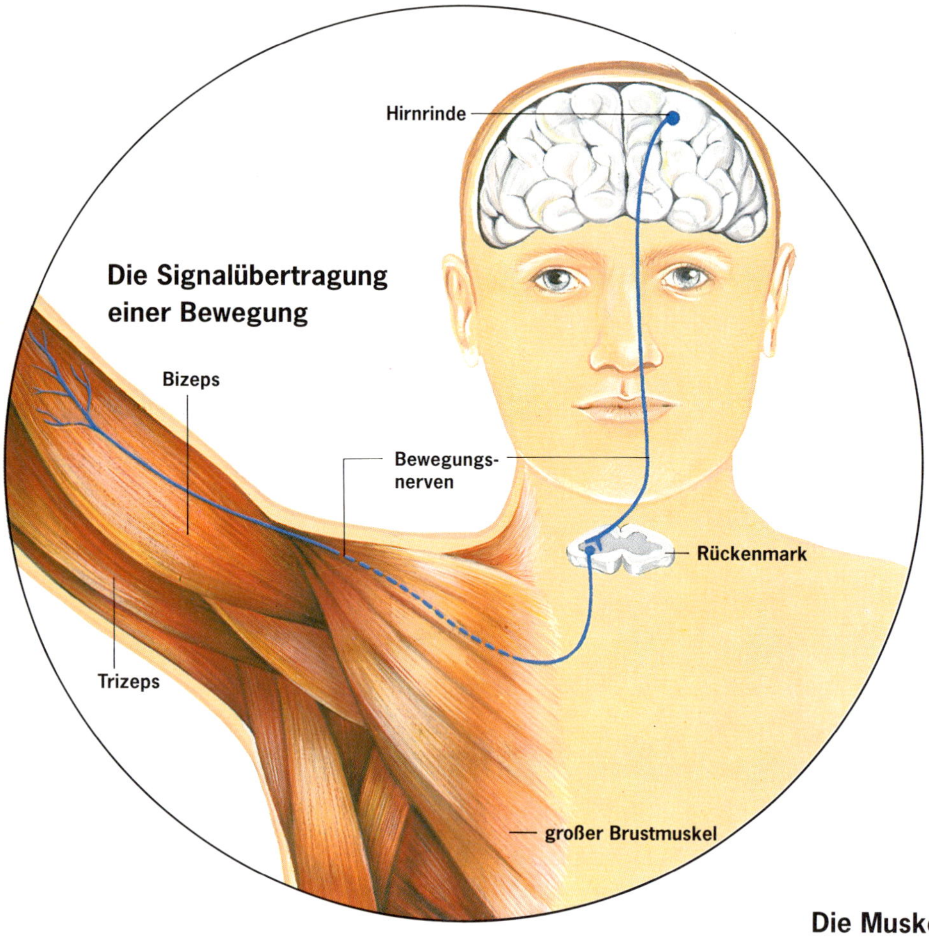

Willkürliche Bewegungen der Muskulatur werden in der motorischen Großhirnrinde der Gegenseite entworfen, von hier über Nervenbahnen, die sich im verlängerten Mark kreuzen, an die motorischen Zellen in der grauen Substanz des Rückenmarks weitergegeben, hier umgeschaltet und über motorische Nerven an die Muskulatur übermittelt. Gleichzeitig mit der Übermittlung der Kontraktion bestimmter Muskeln wird die Erschlaffung der jeweiligen Gegenspieler über spezifische Hemmzellen veranlaßt

Der Muskelaufbau

Willkürliche Muskulatur kann man sich als eine Aneinanderreihung von parallel verlaufenden Faserbündeln vorstellen, die zusammen eine vollständige Einheit bilden. Die Strukturelemente, die für die Muskelkontraktionen verantwortlich sind, bestehen aus kleinsten Fasern, den Aktin- und Myosinfilamenten. Die aufgrund ihrer geringen Größe nur im Elektronenmikroskop sichtbaren Filamente bestehen aus Eiweiß und werden daher oft auch als kontraktile Eiweiße (kontraktile Proteine) bezeichnet. Die Muskelkontraktion erfolgt durch das Ineinandergleiten von Aktin- und Myosinfilamenten in deren Längsrichtung.
Die einzelnen Filamente werden zu Myofibrillen gebündelt. Zwischen ihnen befinden sich Speicher des Energielieferanten Glykogen (Mehrfachzucker, Stärke) und die Mitochondrien, Energiebildungsstätten, in denen Zukker und Sauerstoff durch chemische Reaktionen in Energie umgewandelt werden.
Die Myofibrillen sind wiederum bündelweise zu Muskelfasern, die Muskelfasern bündelweise in einem Bindegewebsverband zum Muskel angeordnet. Die Muskelfasern stellen die eigentlichen Muskelzellen dar. Sie besitzen einen randständigen, das heißt an der Innenseite der Zellmembran gelegenen Zellkern. Die Bündelung und der Zusammenhalt der Muskelfasern im Muskel werden durch Bindegewebe gewährleistet, das die Muskelfasern schlauchförmig, ähnlich der Isolierung eines Elektrokabels, umhüllt und untereinander verbindet. Kleinere Muskeln bestehen aus wenigen Muskelfasern, während größere aus Hunderten aufgebaut sind.
Der Muskel wird von einer festen Bindegewebshülle umschlossen. Er besitzt einen zentralen Muskelbauch und geht an seinen kegelförmig zulaufenden Enden in Sehnen über, die dann am Knochen ansetzen.
Die glatte Muskulatur zeigt nicht den gleichen komplizierten geometrischen Aufbau aus Filamenten und Fasern. Sie besteht vielmehr aus locker angeordneten, spindelförmigen Zellen mit Aktin- und Myosinfilamenten.
Die Struktur des Herzmuskels gleicht der der quergestreiften Muskulatur, nur daß die einzelnen Fasern gekreuzt verlaufen.

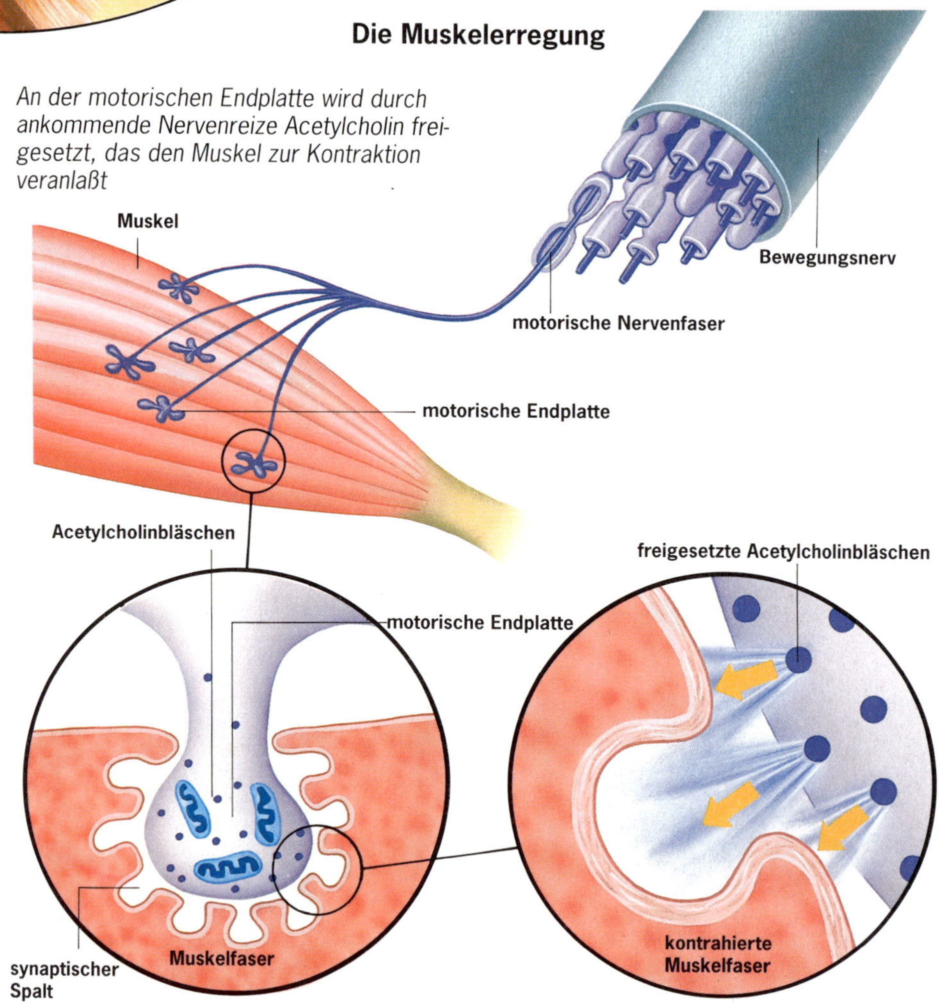

An der motorischen Endplatte wird durch ankommende Nervenreize Acetylcholin freigesetzt, das den Muskel zur Kontraktion veranlaßt

Die Struktur der quergestreiften Muskeln

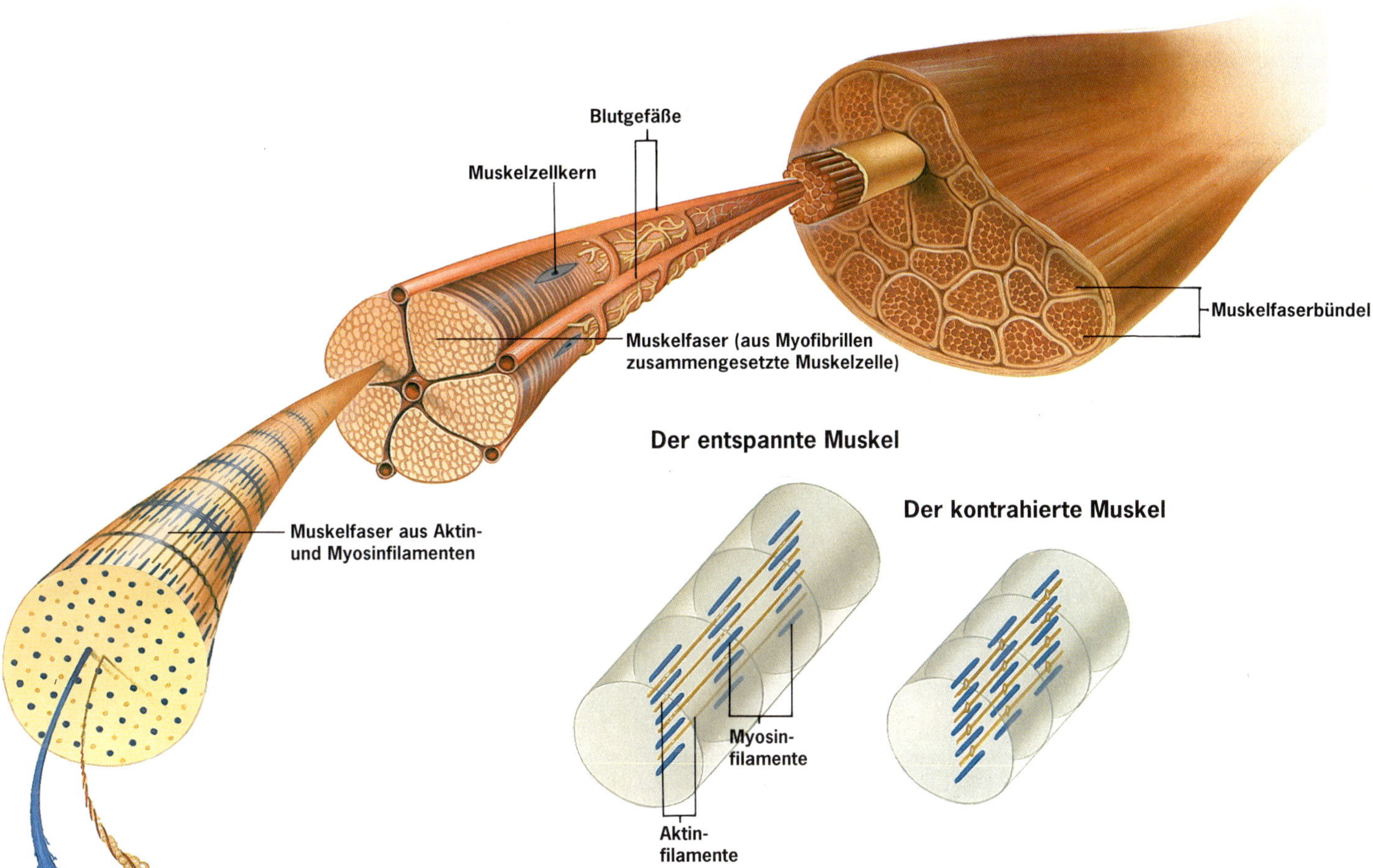

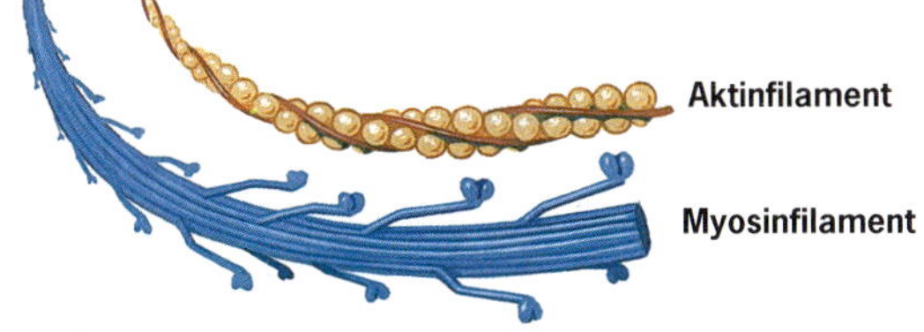

In der willkürlichen, quergestreiften Muskulatur formen die gebündelten Aktin- und Myosinfilamente sogenannte Myofibrillen, die wiederum gebündelt eine Muskelfaser, die eigentliche Muskelzelle, bilden. Die Muskelzellen besitzen einen randständigen, das heißt, einen an die Außenwand gedrückten, platten Zellkern. Die einzelnen Muskelfasern werden durch Bindegewebe zum eigentlichen Muskel zusammengefaßt

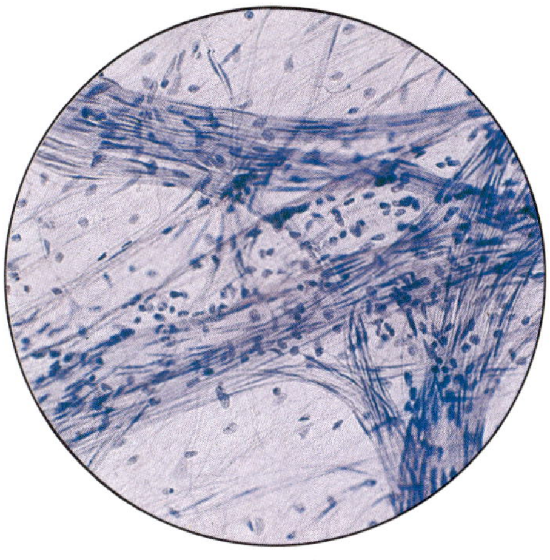

Die unwillkürliche, glatte Muskulatur besteht aus langen, spindelförmigen Zellen mit Aktin- und Myosinfilamenten

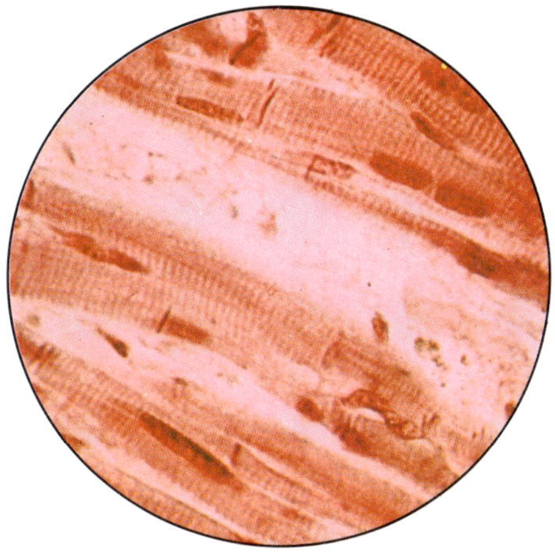

Die Herzmuskulatur besteht aus sich überkreuzenden, quergestreiften Muskelfasern

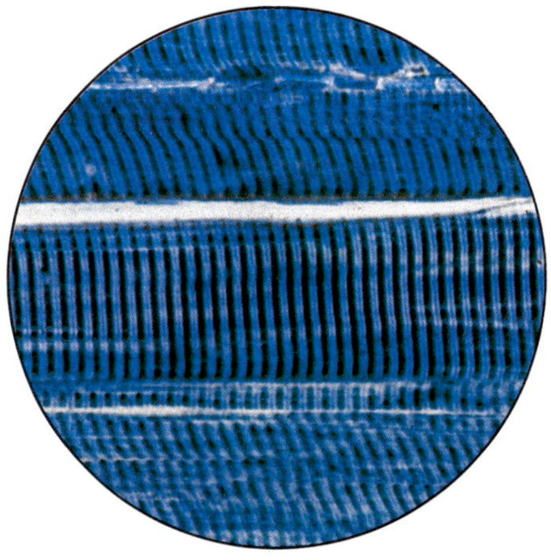

Die regelmäßige Anordnung der Aktin- und Myosinfilamente verursacht die Querstreifung der willkürlichen Muskulatur

Die Muskelfunktion

Die willkürliche oder Skelettmuskulatur wird von Bewegungsnerven versorgt (innerviert). Sie nehmen ihren Ursprung im Gehirn und erreichen über das Rückenmark die verschiedenen Körperregionen. Beim Eintritt in den Muskel spalten sich die Bewegungsnerven (motorische Nerven) in einzelne Fasern auf und treten mit jeder Muskelzelle in Kontakt. Ein vom Gehirn ausgehender elektrischer Impuls läuft entlang des Nervs bis zu den speziell ausgebildeten Kontaktstellen zwischen dem Nervenfaserende und der Muskelzelle (motorische Endplatte). Aus dem Nervenfaserende wird dann eine bestimmte Menge der Substanz Acetylcholin, die dort in kleinen Bläschen (Granula) vorliegt, in den schmalen Spalt zwischen Nerv und Muskel freigesetzt und nach Überbrückung des Spaltraumes an einen spezifischen Rezeptor der Muskelzelle angelagert. Sobald hier Acetylcholin angelagert ist, kontrahiert der Muskel, solange der Kontakt besteht. Das freigesetzte Acetylcholin wird kontinuierlich durch ein bestimmtes Enzym abgebaut. Die Zeitdauer der Muskelkontraktion hängt also von der Menge des freigesetzten Acetylcholins und seiner Abbaugeschwindigkeit ab.

Die Muskeleigenreflexe sind unwillkürliche Kontraktionen der Skelettmuskulatur, die durch direkte Umschaltung eines sensiblen Reizes auf eine im Rückenmark zwischengeschaltete motorische Nervenzelle (Motoneuron) erfolgen. Die Eigenreflexe stellen untergeordnete Bewegungsmuster dar, die hauptsächlich dem Aufrechterhalten einer bestimmten Körperstellung dienen. Ein Beispiel ist der Kniesehnenreflex (Patellarsehnenreflex, PSR). Eine plötzliche Anspannung der Kniesehne, zum Beispiel durch einen kurzen Hammerschlag, wird über Dehnungsrezeptoren und sensible Nervenfasern dem Gehirn gemeldet. Die sensiblen Nervenfasern besitzen im Rückenmark jedoch auf Höhe ihres Eintritts eine Zwischenschaltung zu der motorischen Nervenzelle des dazugehörigen Muskels. Der einlaufende Impuls führt zur direkten Erregung dieses Motoneurons und damit in unserem Beispiel zur Kontraktion der Oberschenkelstreckmuskulatur, die dem Einknicken des Kniegelenkes entgegenwirkt und so die vom Gehirn vorprogrammierte Körperstellung beibehält.

Die willkürlichen Bewegungen hingegen werden von elektrischen Impulsen des Gehirns ausgelöst, die über das Rückenmark und die Bewegungsnerven zu den Skelettmuskeln laufen. Das Gehirn sendet gleichzeitig Impulse, die bestimmte Erregungsnerven erregen und andere hemmen, so daß durch Kontraktion bestimmter Muskelgruppen und Erschlaffung ihrer Gegenspieler komplexe Bewegungsmuster entstehen. Die Bewegungen der Aktin- und Myosinfilamente gegeneinander während der Muskelkontraktion ist ein komplizierter Vorgang, bei dem chemische Brückenbindungen kontinuierlich auf- und wieder abgebaut werden. Die für diesen Vorgang nötige Energie wird durch die Verbrennung von Sauerstoff und Nährstoffen in den Mitochondrien durch die Bildung einer energiereichen Substanz, dem ATP (Adenosintriphosphat), bereitgestellt. Der Kontraktionsvorgang selbst wird ausgelöst, wenn auf einen Reiz hin Kalziumionen aus einer ganzen Reihe kleinster Röhren der Zelle, den Mikrotubuli, freigesetzt werden. Zu jedem Zeitpunkt befindet sich eine Reihe von Muskelzellen in kontrahiertem Zustand und verleiht so dem Muskel eine gewisse Spannung (Tonus). Sobald sich genügend Muskelfasern zusammenziehen, verkürzt sich der ganze Muskel, und die Knochen werden bewegt.

Da Muskeln sich aktiv kontrahieren, können sie den Abstand zwischen zwei Ansatzpunkten verkürzen, nicht aber verlängern, das heißt,

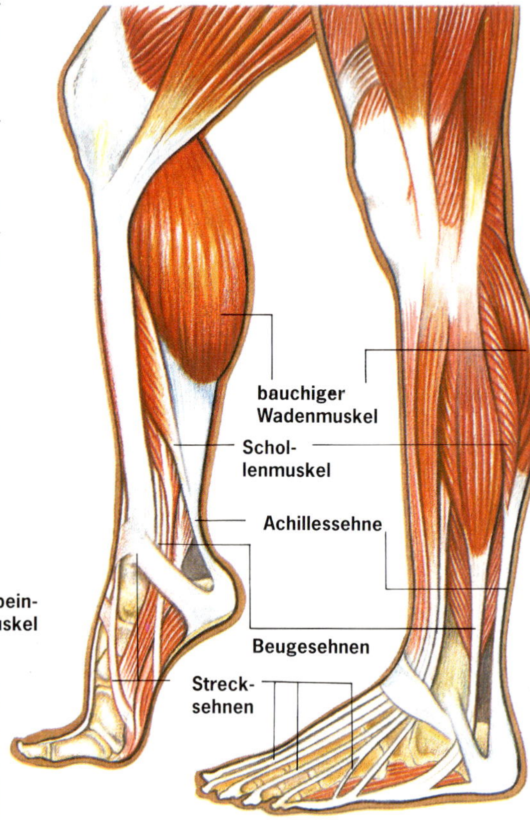

Oben: *Muskeln des Unterschenkels und des Fußes. Beim Gehen wird der Fuß durch die kräftige Wadenmuskulatur als eine Art Hebel benutzt und unter gleichzeitiger Vorwärtsbewegung des Körpers abgehoben. Unterschenkel- und Fußmuskulatur sorgen dann für eine entsprechende Abrollbewegung beim Wiederaufsetzen des Fußes*

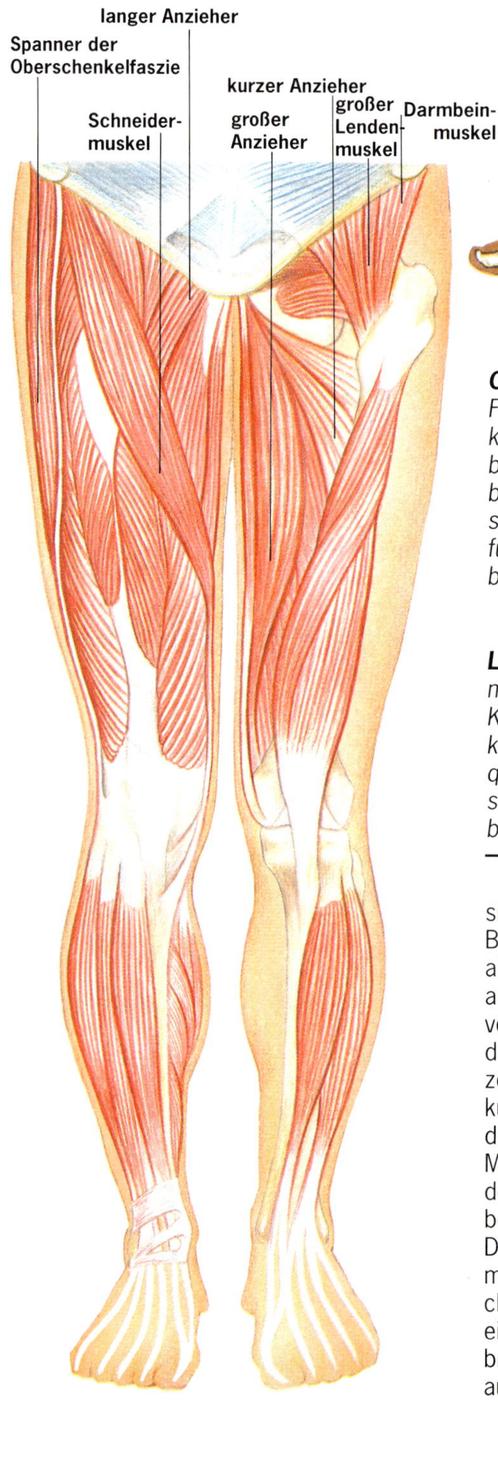

Links: *Vorderansicht der Oberschenkelmuskulatur. An der Streckbewegung im Kniegelenk ist beim Gehen neben dem vierköpfigen Oberschenkelmuskel (Musculus quadriceps) der Schneidermuskel (Musculus sartorius), der längste Muskel des Körpers, beteiligt*

sie können ziehen, aber nicht drücken. Für die Bewegungen in der anderen Richtung muß also ein zweiter Muskel mit entsprechend anderer Lage und anderen Ansatzpunkten vorhanden sein. Beispielsweise beugt der an der Vorderseite des Oberarms gelegene Bizeps den Arm im Ellbogengelenk, die Streckung wird jedoch durch den an der Rückseite des Oberarms gelegenen Trizeps ermöglicht. Muskeln wie der Bizeps und der Trizeps werden auch als Gegenspieler (Antagonisten) bezeichnet, da sie gegensinnig wirken.

Die glatte Muskulatur wird von unwillkürlichen motorischen Nervenfasern versorgt. Ein solcher motorischer Nerv erregt jedoch nicht nur eine Muskelzelle, sondern seine Erregung breitet sich wellenförmig über mehrere Zellen aus. Die so entstehenden wellenförmigen

Muskelbewegungen transportieren beispielsweise Nahrungsbestandteile im Verdauungstrakt.
Die Kontraktion der Herzmuskulatur erfolgt nicht über Impulse von motorischen Nerven, sondern geht von einem speziellen, im Herzgewebe gelegenen Erregungsbildungszentrum (Schrittmacher) aus. Die hier etwa 70- bis 80mal pro Minute ausgesandten Nervenimpulse breiten sich über die Herzmuskeln aus, führen zur Kontraktion und damit zum Bluttransport.

Die Sehnenscheiden

Damit sich Sehnen glatt und ohne Reibung und Verschleiß bewegen können, sind sie vor allem in der Knöchel- und Handgelenkregion, an Stellen, an denen sie über oder unter anderen Gewebestrukturen verlaufen, von Sehnenscheiden umgeben. Die Sehnenscheiden sind doppelwandige Gewebshülsen, die die Sehnen isolieren, schützen und gleitfähig halten und damit die Schädigung durch Druck und Reibung auf ein Minimum begrenzen. Der Spalt zwischen beiden Schichten der Sehnenscheiden enthält Flüssigkeit, um das Gleiten der Schichten gegeneinander zu ermöglichen. Dennoch kann der menschliche Körper sich ständig wiederholende, gleiche Bewegungsmuster nicht über einen langen Zeitraum hinweg durchführen, ohne daß Überlastungserscheinungen auftreten. Ruhephasen sind erforderlich, damit sich der Flüssigkeitsfilm immer wieder erneuern kann. Findet dies nicht statt, so gleiten die Schichten ohne entsprechenden Flüssigkeitsfilm gegeneinander, es kommt zu vermehrter Reibung und zu Verschleiß. Die Bewegungen werden dann schmerzhaft und verursachen mitunter knirschende Geräusche. Es entsteht das Krankheitsbild einer Sehnenscheidenentzündung. Sehnenscheidenentzündungen treten besonders nach langer ungewohnter Muskeltätigkeit auf.

Die Sehnen

Sehnen spielen bei einer Vielzahl von Bewegungen eine wichtige Rolle. Sie verbinden das Ende des Muskels mit dem dazugehörigen Knochen. Der bei der Muskelkontraktion entstehende Muskelzug ermöglicht durch seine Übertragung auf den Knochen Bewegungen. Sehnen sind spezielle Verlängerungen der Muskelenden. Sie bestehen aus festem Bindegewebe und fassen die Muskelfaserbündel an ihren Enden zu einer festen, seilähnlichen Struktur zusammen. Am knöchernen Ansatz strahlen die Sehnenfaserzüge in die Knochenhaut, zum Teil auch in den Knochen selbst aus und bilden so eine überaus feste Verbindung. Sehnen bestehen aus relativ inaktivem Bindegewebe mit nur wenigen Nervenfasern und Blutgefäßen.
Viele Sehnen liegen nahe an der Körperoberfläche und können leicht durch die Haut getastet werden. Beispielsweise kann man die Sehnen der Kniebeuger in der Kniekehle tasten. Sehnen findet man besonders zahlreich dort, wo viele Gelenke auf einem relativ kleinen Raum bewegt werden müssen, da sie einen wesentlich geringeren Platz beanspruchen als die Muskulatur. Beispiele sind die sehnigen Hände und Füße, bei denen sich der Hauptteil der bewegenden Muskulatur an Unterarmen und Unterschenkeln befindet.

Die Sehnen und die Sehnenscheiden

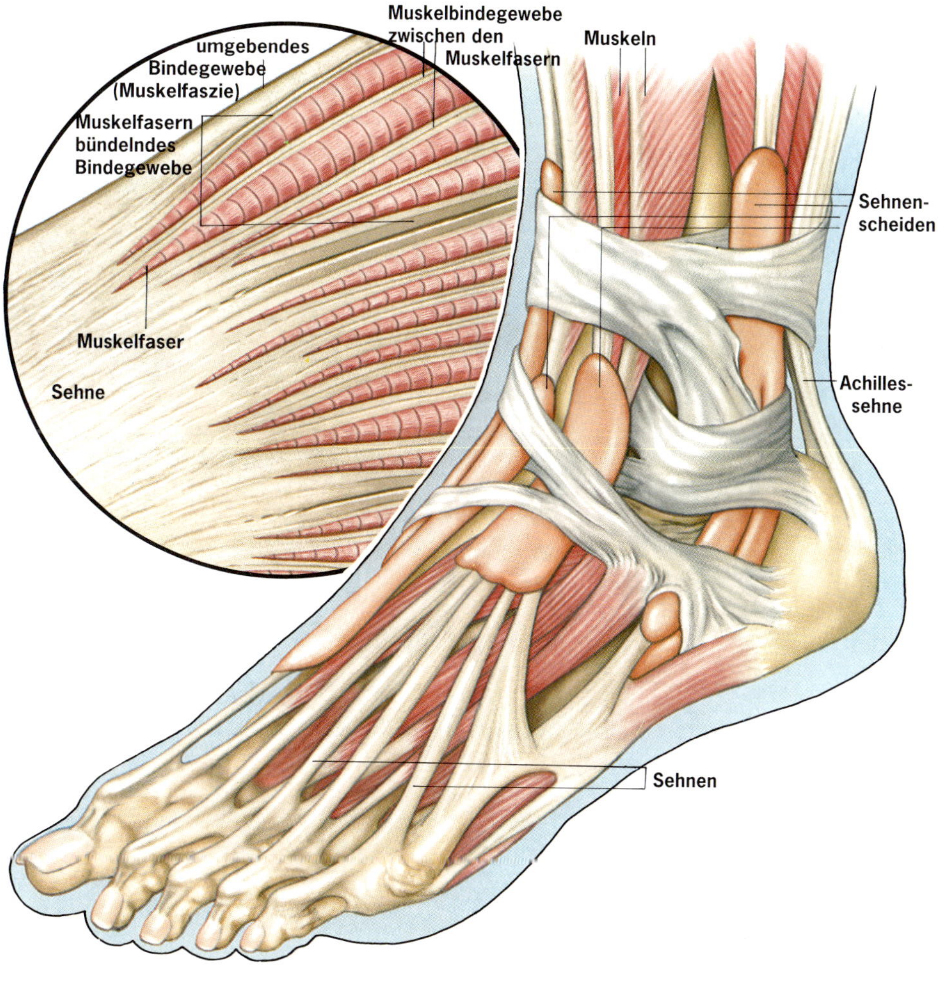

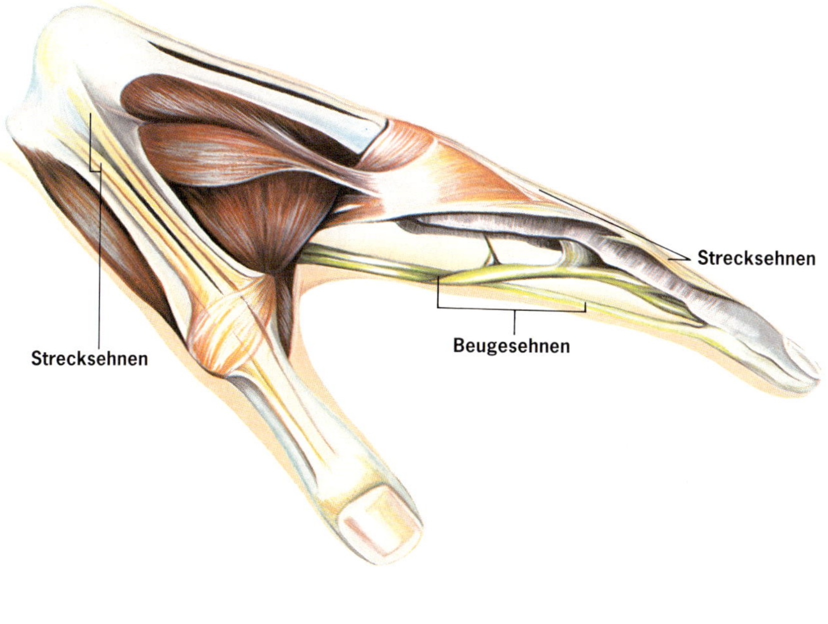

Sehnen bilden die bindegewebige Verlängerung des Muskels. Sie gehen aus dem die einzelnen Muskelfasern umgebenden Bindegewebe hervor. Sehnenscheiden schützen die Sehnen dort, wo sie über knöcherne Strukturen oder unter Bandstrukturen laufen, vor Reibung

Kapitel 4

Das Nervensystem

Das Nervensystem dient der Sinneswahrnehmung, dem Ausdruck seelischer Empfindungen, wie Freude und Schmerz, der Steuerung und Ausführung von Bewegungen und der Regulation aller Organfunktionen. Als des Körpers kompliziertestes Netzwerk ist es auch verantwortlich für die Entwicklung der Sprache, der Gedanken und des Gedächtnisses. Seine Zentren sind das Gehirn und das Rückenmark, von hier aus werden die Nervengewebe aller Körperteile gesteuert.

Das zentrale und das periphere Nervensystem

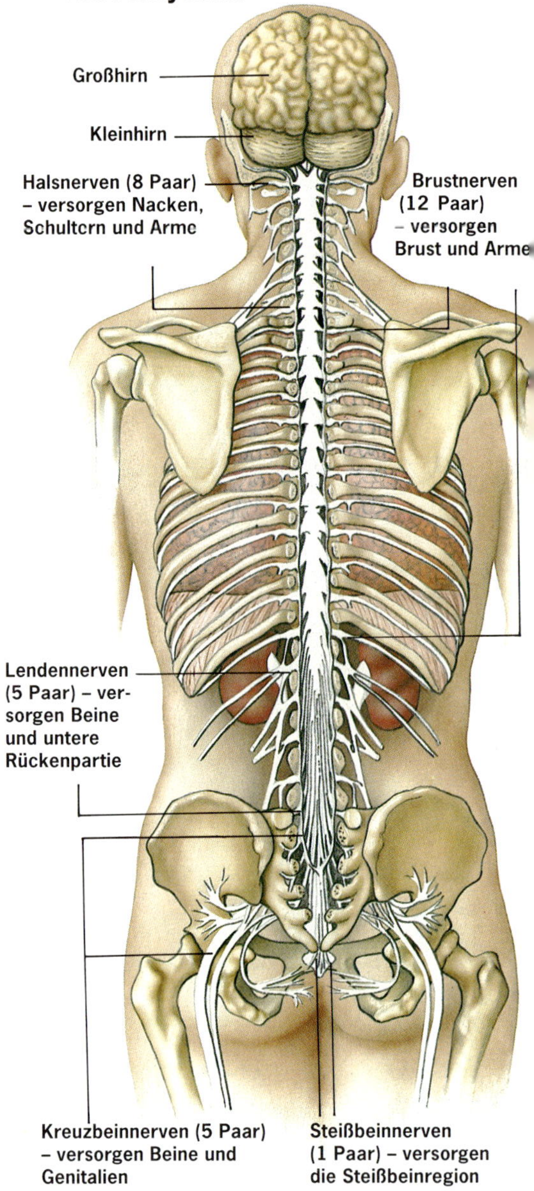

Der Aufbau einer Nervenzelle

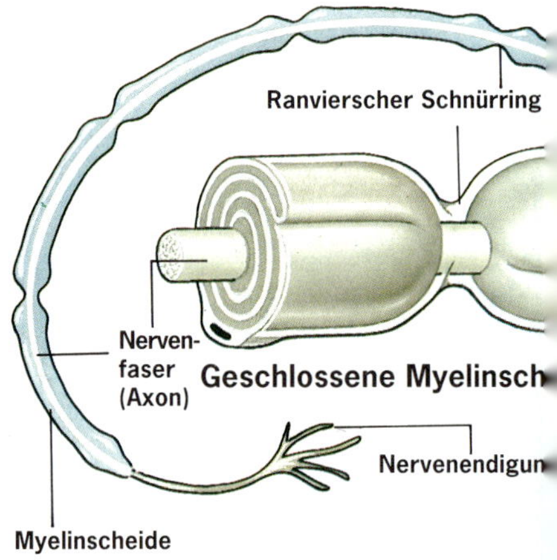

Oben rechts: *Rückansicht von Gehirn, Rückenmark und peripherem Nervensystem*

Unten rechts: *Dargestellt ist die Nervenzelle (Neuron) mit ihrer von einer Myelinscheide umgebenen Nervenfaser (Axon). Man erkennt an der Myelinscheide sogenannte Ranviersche Schnürringe, die der Beschleunigung der Nervenimpulsausbreitung dienen*

Seite 43 oben: *Die einzelnen Nervenverbindungen sind überaus kompliziert. Abgehende (efferente) und ankommende (afferente) Nervenfasern laufen gemeinsam in den peripheren Nerven, es bestehen Verbindungen zum autonomen Nervensystem*

Seite 43 unten: *Ein Wirbelsäulenquerschnitt zeigt die geschützte Lage des Rückenmarks*

Die Nervenzellen und ihr Aufbau

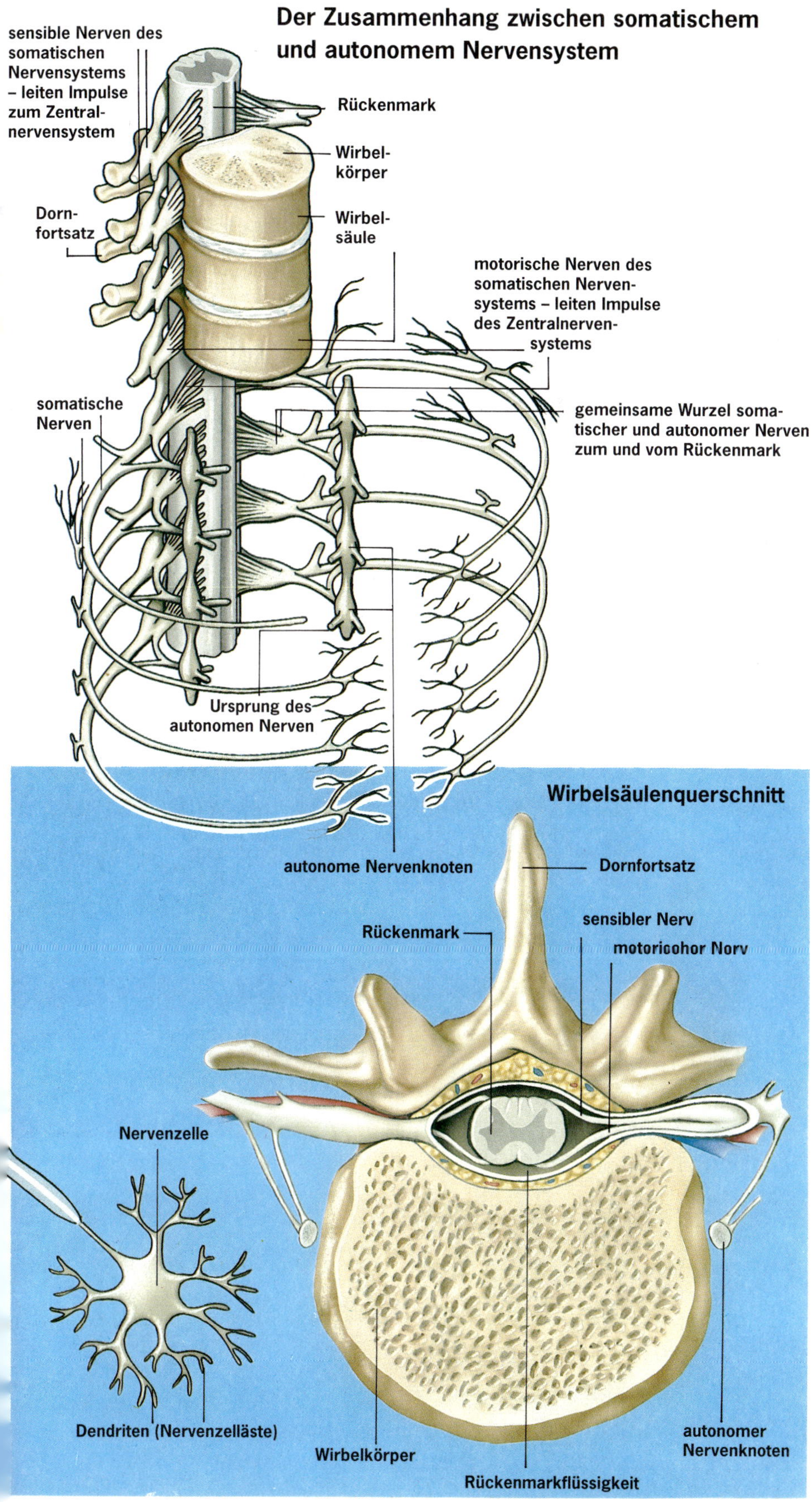

Der aktive Teil des Nervensystems besteht aus Abermillionen miteinander verbundener Nervenzellen (Neuronen). In ihrer Funktion ähneln sie den Mikrochips eines Computers: Eingehende Signale werden verarbeitet, an andere Zentren weitergegeben, gespeichert oder auch direkt in einen Aktionsimpuls umgesetzt.

Man gliedert die Nervenzellen entsprechend ihrer Funktion in drei Hauptgruppen: Die sensorischen Nervenzellen, die Impulse von allen Rezeptoren des Körpers an das Zentralnervensystem weitergeben, zwischengeschaltete Nervenzellen (Interneurone), die Impulse verarbeiten, und motorische Nervenzellen (Motoneurone), die willkürliche und unwillkürliche Bewegungen veranlassen.

Nervenzellen kommen in unterschiedlichen Formen und Größen vor, weisen jedoch alle eine gemeinsame Grundstruktur auf. Wie andere Körperzellen besitzen sie einen Zellkern, der sich im Zentrum der Zelle befindet. Nervenzellen weisen zudem einen oder mehrere, wurzelähnliche Ausläufer auf, die sogenannten Dendriten. Des weiteren einen charakteristischen Fortsatz, das Axon, eine einzelne lange Faser, die Impulse weiterzuleiten vermag. An seinem Ende teilt sich das Axon in eine Anzahl kleinerer Äste, die jeweils mit einer kolbenartigen Verdickung enden. Jeder dieser Endkolben liegt entweder unmittelbar am Dendriten einer anderen Nervenzelle oder an speziell ausgebildeten Rezeptoren der Zellen des Erfolgsorgans. Diese Verbindungen, die einen kleinen Spaltraum freilassen, bezeichnet man als Synapsen. Hier werden die ankommenden Nervenimpulse durch Freisetzung chemischer Überträgersubstanzen (Transmittersubstanzen) über den Spalt auf den Dendriten übertragen und weitergeleitet oder auf die Erfolgszelle übertragen, um hier eine spezifische Reaktion auszulösen. Jede Nervenzelle ist von einer halbdurchlässigen (semipermeablen) Membran umgeben, die wiederum eine bedeutende Rolle bei der Impulsübertragung spielt. Nervenimpulse entstehen vorwiegend in den Dendriten, werden zur Zelle und von dort über das Axon weitergeleitet. Um die Leitgeschwindigkeit zu erhöhen, sind viele Axone von Nervenscheiden umgeben. Der elektrische Impuls kann in bestimmten Fällen auch unter Umgehung der Transmitterfreisetzung direkt auf den Dendriten überspringen und weitergeleitet werden. Die Nervenzellen stellen nicht die einzige Zellart des Nervensystems dar. Im Zentralnervensystem finden sich spezialisierte Zellen, die man als Neuroglia oder einfach Glia bezeichnet, im peripheren Nervensystem findet man hauptsächlich sogenannte Schwannsche Zellen. Die Glia und Schwannschen Zellen dienen dem Stofftransport, der Markscheidenbildung, dem Aufbau bestimmter Strukturen, der Isolierung und Narbenbildung.

Das periphere Nervensystem

Das periphere Nervensystem besteht vorwiegend aus Nerven, die das Zentralnervensystem mit allen anderen Körperteilen verbinden, und den Ganglien, Gruppen von Nervenzellen, die zwischengeschaltet sind.

Ein Nerv ist ein Bündel aus motorischen und sensiblen Nervenfasern, Bindegewebe und Blutgefäßen. Die 43 paarigen Hauptnerven entspringen im Zentralnervensystem, 12 Paare verlassen den Schädel an der Schädelbasis (Hirnnerven), 31 Paare ziehen durch das Rückenmark (Spinalnerven).

Die Hirnnerven versorgen in der Hauptsache die Sinnesorgane und Muskeln des Kopfes mit Ausnahme des Eingeweidenervs (Nervus vagus), der Herz, Lungen und Verdauungsorgane beeinflußt. Einige Hirnnerven, wie der Sehnerv (Nervus opticus), enthalten nur Sinnesfasern. Die Rückenmarksnerven (Spinalnerven), die alle Körperteile vom Hals abwärts versorgen, verlassen das Rückenmark intervallartig zwischen den einzelnen Wirbeln. Sie enthalten immer motorische und sensible Fasern und sind über zwei Wurzeln mit dem Rückenmark verbunden, wovon die eine die motorischen Fasern vom Rückenmark weg, die andere die sensiblen Fasern zum Rückenmark hin führt. Beide Wurzeln vereinigen sich dann nach kurzer Strecke zum gemeinsamen Rückenmarknerv. In unterschiedlichem Abstand zum Rückenmark teilt sich der Rückenmarknerv, die einzelnen Äste verzweigen sich wieder und bilden schließlich ein Netzwerk, das alle Körpergewebe erreicht. Sensible und motorische Fasern sind jeweils Teile (Axone) einer sensiblen oder motorischen Nervenzelle. Sie sind die längsten Nervenfasern des Körpers, sie erstrecken sich beispielsweise von einer motorischen Nervenzelle (Motoneuron) im Rückenmark bis zu den Fußmuskeln oder von Tastrezeptoren der Zehen bis zu einer sensiblen Nervenzelle im Rückenmark.

Das willkürliche und das unwillkürliche Nervensystem

Beim peripheren Nervensystem unterscheidet man einen willkürlichen oder somatischen Teil, der der willentlichen Steuerung unterliegt, und einen unwillkürlichen oder autonomen Teil, der unbewußt gesteuert wird.

Das somatische System spielt eine Doppelrolle. Zum einen sammelt es Informationen der Umwelt über die Sinnesorgane, wie die Augen, die spezielle Sinneswahrnehmungszellen besitzen. Signale dieser Sinnesrezeptoren werden über sensible Nervenfasern an das Zentralnervensystem (ZNS) weitergegeben, in dem die eigentliche Sinneswahrnehmung verarbeitet wird. Zum anderen übermittelt es Signale des Zentralnervensystems über motorische Nervenfasern zu den einzelnen Skelettmuskeln, um dort eine Muskelkontraktion, das heißt eine Bewegung, auszulösen.

Das autonome Nervensystem bestreitet alle unwillkürlichen Funktionsabläufe von Herz, Lungen, Magen, Darm, Harnblase und Blutgefäßen. Es funktioniert hauptsächlich durch Reflexbögen: Bestimmte, von den Rezeptoren innerer Organe zentralwärts gemeldete Impulse lösen reflektorisch vorwiegend motorische Impulse an den betreffenden Organen aus.

Im autonomen (vegetativen) Nervensystem unterscheidet man zwei Hauptteile, den Sympathikus und seinen Gegenspieler, den Parasympathikus. Sympathikus und Parasympathikus setzen am Erfolgsorgan unterschiedliche Überträgersubstanzen frei, sind unterschiedlich aufgebaut und lösen meist gegensätzliche Reaktionen aus. Beispielsweise führt Parasympathikusaktivität in den Lungen zu einer Kontraktion der Bronchialmuskulatur und damit zur Verengung der Atemwege, während sympathische Aktivität eine Erschlaffung der Bronchialmuskulatur und damit eine Erweiterung der Atemwege bewirkt.

Das gesamte autonome Nervensystem wird vom Hypothalamus im Gehirn gesteuert. Im Hypothalamus laufen die Informationen der verschiedenen Organe ein, und er reguliert mit Hilfe des endokrinen Systems und des autonomen Nervensystems die Organfunktionen und ihr Zusammenspiel. Wird dem Hypothalamus beispielsweise bei starker körperlicher Arbeit ein Sauerstoffmangel des Gewebes gemeldet, so steigert er die Atemfrequenz und Atemtiefe und gleichzeitig die Herzfrequenz und damit den Blutumlauf; die Folge ist ein erhöhtes Angebot an sauerstoffreichem Blut.

Die Abbildung zeigt die Wege, mit denen das Zentralnervensystem die Herzschlagfolge kontrolliert und steuert

Die Kontrolle des Herzschlags

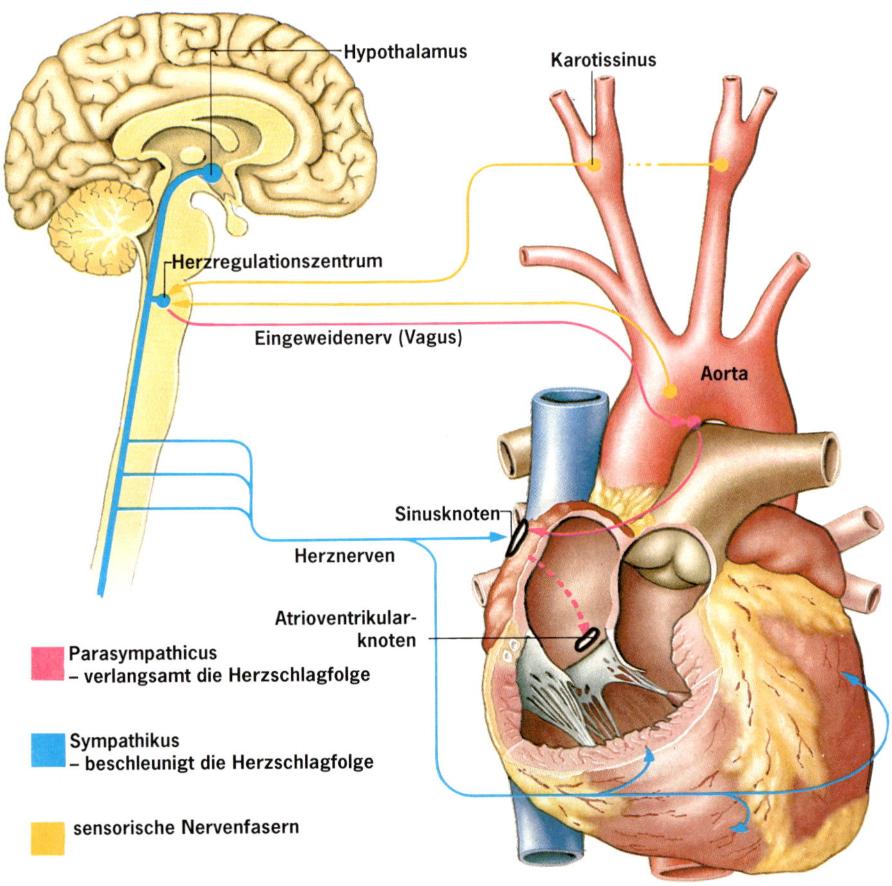

Das periphere Nervensystem

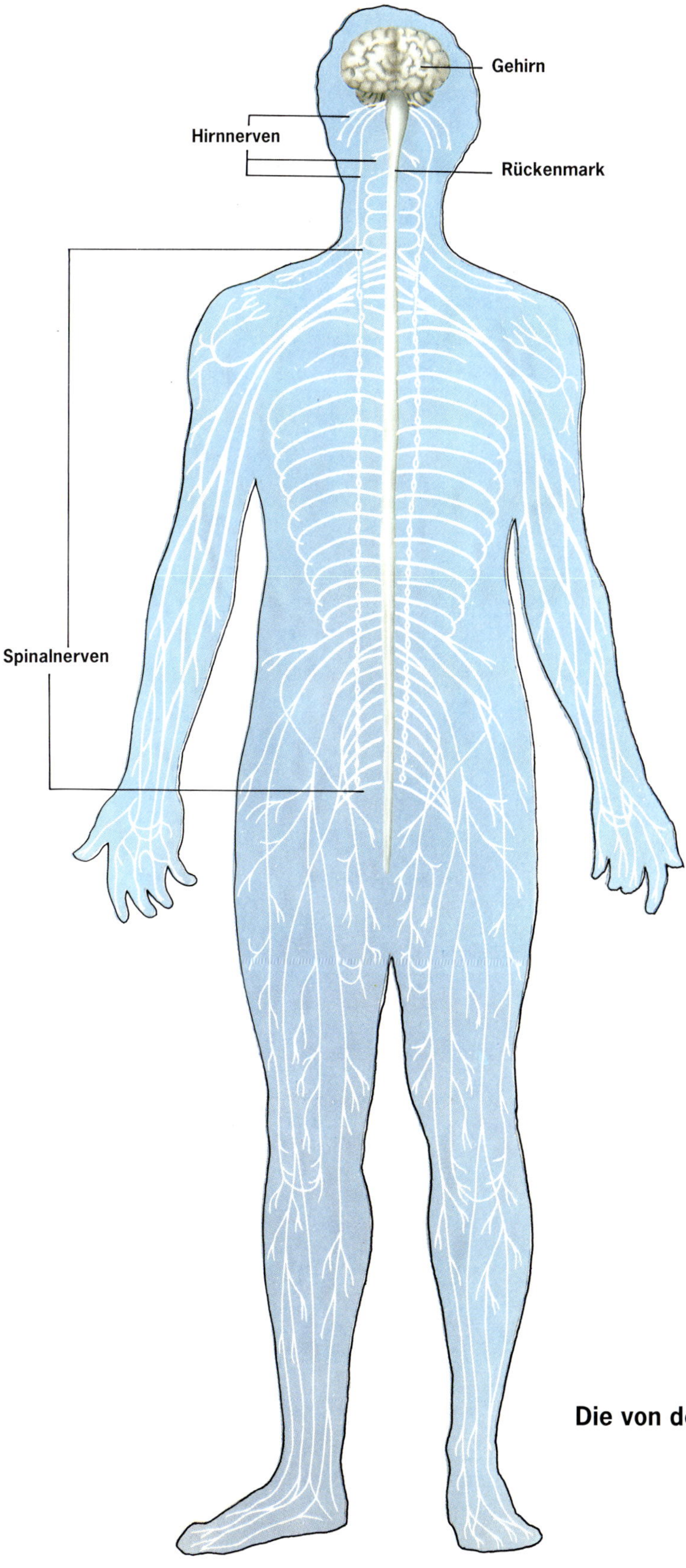

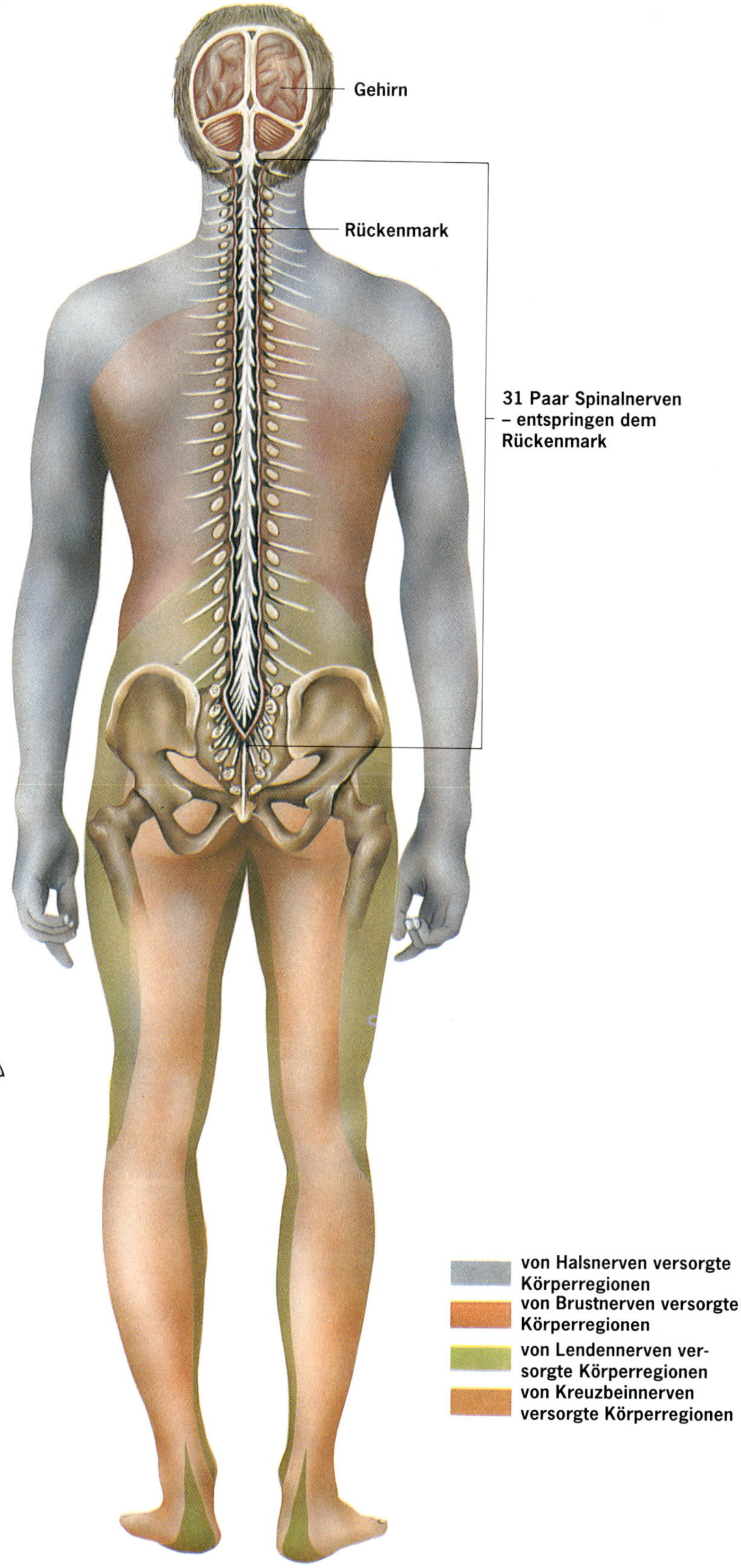

Die von den Spinalnerven versorgten Körperregionen

Das Zentralnervensystem

Das periphere Nervensystem dient der Übertragung sensibler und motorischer Botschaften zwischen dem Zentralnervensystem und der Körpermuskulatur, den Drüsen und Sinnesorganen. Es spielt hingegen keine Rolle bei der Analyse der sensiblen Signale, ihrer Verarbeitung und möglichen Speicherung oder bei der Entstehung der motorischen Signale. Diese Aufgaben werden wie viele andere ausschließlich vom Zentralnervensystem übernommen. Es besteht aus Gehirn und Rückenmark und ist die zentrale Verarbeitungsstelle des gesamten Nervensystems. Die Gehirnzellen erhalten Nachrichten von den Sinnesorganen und den übrigen Rezeptoren des Körpers, filtern, analysieren und verarbeiten sie und geben als Antwort Signale an das periphere Nervensystem, übermitteln beispielsweise über motorische Nervenfasern den Muskeln bestimmte Bewegungsmuster.
Während die Signalverarbeitung im Rückenmark für bestimmte, von ihm durchgeführte Leistungen (Reflexe) sehr einfach erscheint, so ist die Signalverarbeitung im Gehirn ein komplizierter Vorgang, der die Zusammenarbeit Tausender von Nervenzellen erfordert.
Obwohl im Gehirn viele sensible Nervenzellen enden und viele motorische Nervenzellen beginnen, bilden die zwischengeschalteten Nervenzellen (Interneurone) die Mehrzahl der Hirnnervenzellen. Sie dienen der Filterung, Verarbeitung und Speicherung von Signalen.
Das Zentralnervensystem wird von einem großen Gefäßnetz versorgt, das die ausreichende Zufuhr von Sauerstoff und Nährstoffen gewährleistet. Es wird durch den außenliegenden Knochen geschützt, der als Schädel das Gehirn und als Wirbelsäule das Rückenmark umschließt. Innen befinden sich drei schützende Bindegewebsschichten, die als Hirnhäute (Meningen) das Gehirn und als Rückenmarkshäute das Rückenmark vollständig umgeben. Hirn- und Rückenmarkhäute gehen kontinuierlich ineinander über, ihre Zwischenräume stehen in Verbindung.
In diesen Zwischenräumen, ebenso wie im Kammersystem des Gehirns (Ventrikelsystem), fließt die klare Hirn- beziehungsweise Rückenmarkflüssigkeit (Liquor cerebrospinalis), auch kurz Liquor genannt. Diese Hirn-Rückenmark-Flüssigkeit hat neben anderen Aufgaben vor allem eine Pufferfunktion, die das Gehirn vor Verletzungen schützt. Sie wird kontinuierlich von spezialisierten Zellen, die um ein Adergeflecht (Plexus choroideus) der Hirnkammern liegen, aus dem Blut gebildet.
Die Hirnkammern werden numeriert: Die beiden ersten und größten liegen seitlich im Großhirn und werden als Seitenventrikel bezeichnet. Die Hirnflüssigkeit fließt von einer Verbindung zwischen beiden Seitenventrikeln über einen schmalen Gang in den dritten Ventrikel im Zwischenhirn und von da über wiederum einen schmalen Gang (Aquaeductus cerebri) in den vierten Ventrikel im Rautenhirn. Von hier gelangt die Hirnflüssigkeit über Öffnungen im Dach des vierten Ventrikels in die flüssigkeitsgefüllten Räume (Zisternen), die den Hirnstamm umgeben und fließt dann in den Raum zwischen den Hirn- und Rückenmarkshäuten (Subarachnoidalraum), wo sie über spezielle kleine Fortsätze (Villi) der Spinngewebshaut (Arachnoidea) resorbiert und an das venöse Gefäßsystem abgegeben wird.

Die Hauptgehirnregionen

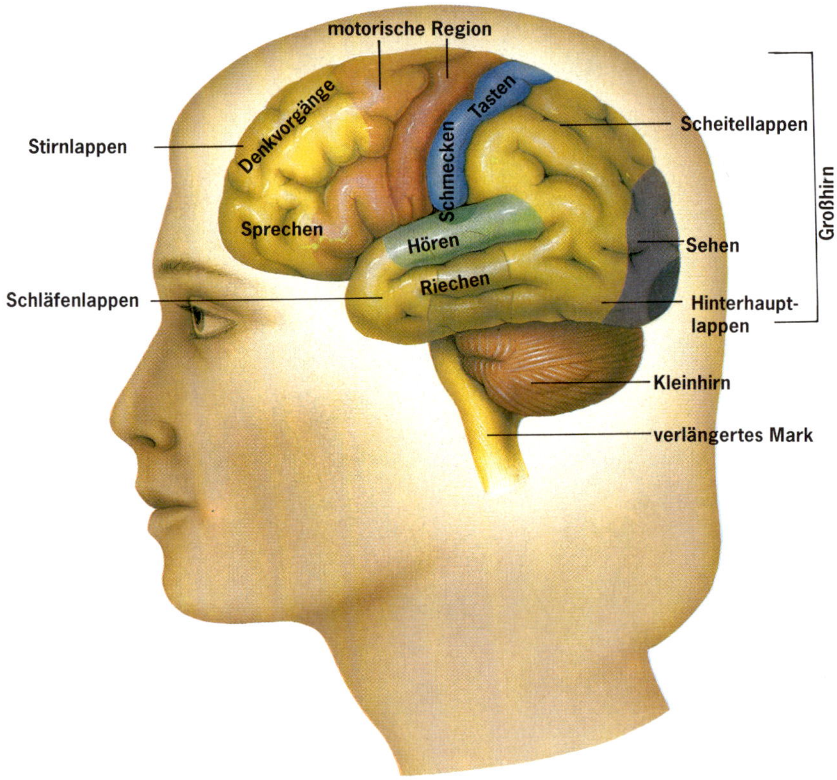

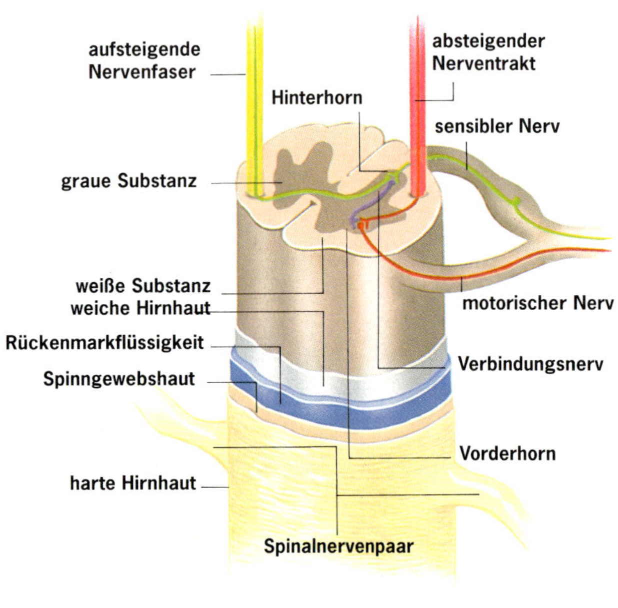

Der Querschnitt durch das Rückenmark zeigt die motorischen und sensiblen Wege vom und zum Gehirn. Reflexe entstehen durch unmittelbare Umschaltung eingegangener sensibler Informationen auf motorische Nervenzellen

Die inneren Gehirnstrukturen

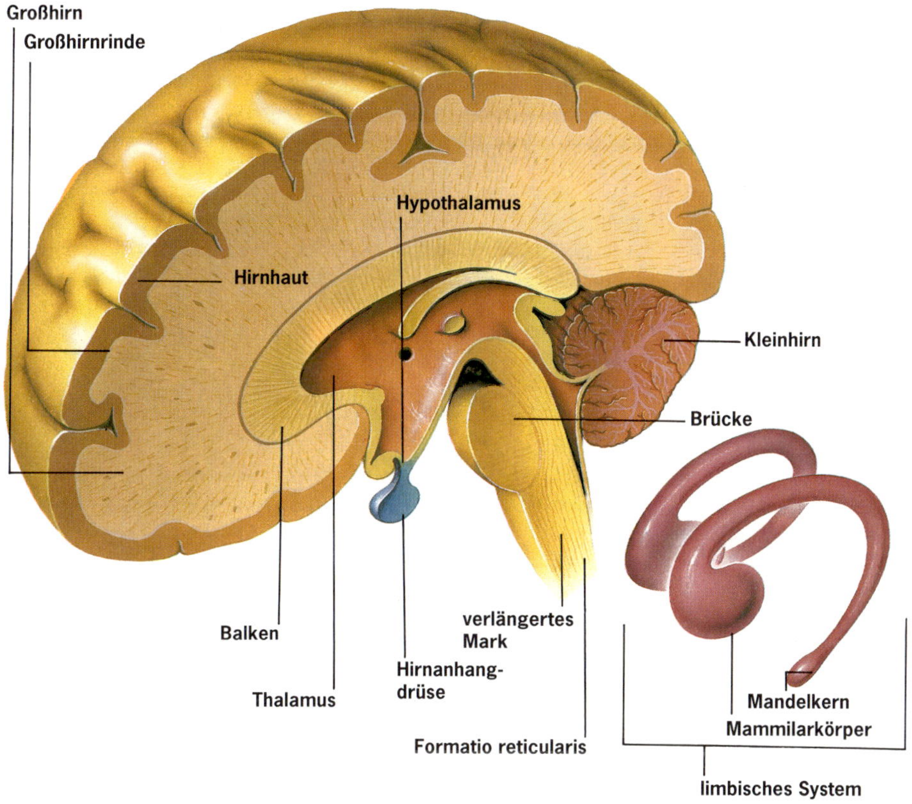

schen Nervenzellen, deren Fasern vom Gehirn zum peripheren Nervensystem und umgekehrt verlaufen. Die einzelnen Nervenfasern verlaufen in unterschiedlichen Abständen im Rückenmark, werden in sensiblen oder motorischen Nervenzellen des Rückenmarks umgeschaltet und ziehen mit der Aufzweigung der Spinalnerven entweder zu ihren Erfolgsorganen, zum Beispiel der Muskulatur, oder gelangen von Rezeptoren zurück zum Spinalnerv und damit ins Rückenmark. Die ankommenden oder weggehenden Impulse werden von Nervenfasern auf Nervenzellen oder Zellen des Erfolgsorgans durch spezialisierte Verbindungstellen, Synapsen, übertragen.

Die zweite Aufgabe des Rückenmarks besteht in der Steuerung einfacher Reflexe. Diese Steuerung wird durch Nervenzellen ermöglicht, deren Fasern sich in kurzen Abständen entlang des Rückenmarks nach oben und unten erstrecken und durch zwischengeschaltete Nervenzellen (Interneurone), die sensible und motorische Nervenzellen direkt miteinander verbinden. Berührt man beispielsweise mit der Hand versehentlich einen heißen Ofen, dann senden die Schmerzrezeptoren der Haut

Der Längsschnitt durch das Gehirn zeigt seine Hauptstrukturen. Das limbische System (Ausschnitt) ist verantwortlich für Gedächtnis, Lernfähigkeit und Emotionen

Das Rückenmark

Das Rückenmark ist eine etwa 40 Zentimeter lange, annähernd zylindrische Säule aus Nervengewebe, die vom Gehirn in den Wirbelkanal bis in Höhe des zweiten und dritten Lendenwirbels zieht. Die nervenzellhaltige graue Substanz des Rückenmarks ist im Querschnitt etwa H-förmig, in jeder Hälfte mit einem Vorder- und Hinterhorn. Beide Vorderhörner enthalten die motorischen Nervenzellen, beide Hinterhörner die sensiblen Nervenzellen und Verbindungsnervenzellen. Die graue zellhaltige Nervensubstanz ist von einer weißen faserhaltigen umgeben. Letztere wird in beiden Hälften in drei Säulen unterteilt und enthält auf- und absteigende Nervenfasern, die Gehirn, Rückenmark und peripheres Nervensystem in beiden Richtungen miteinander verbinden. Die absteigenden Nervenfasern senden motorische Impulse vom Gehirn zum peripheren Nervensystem, während die aufsteigenden Fasern die sensiblen Impulse des peripheren Nervensystems an das Gehirn übermitteln.

Die Aufgaben des Rückenmarks

Das Rückenmark übernimmt zwei Hauptaufgaben. Zum einen arbeitet es als Leitungssystem zwischen Gehirn und peripherem Nervensystem in beiden Richtungen. Dies geschieht mit Hilfe der sensiblen und motori-

Die Lage der Basalganglien

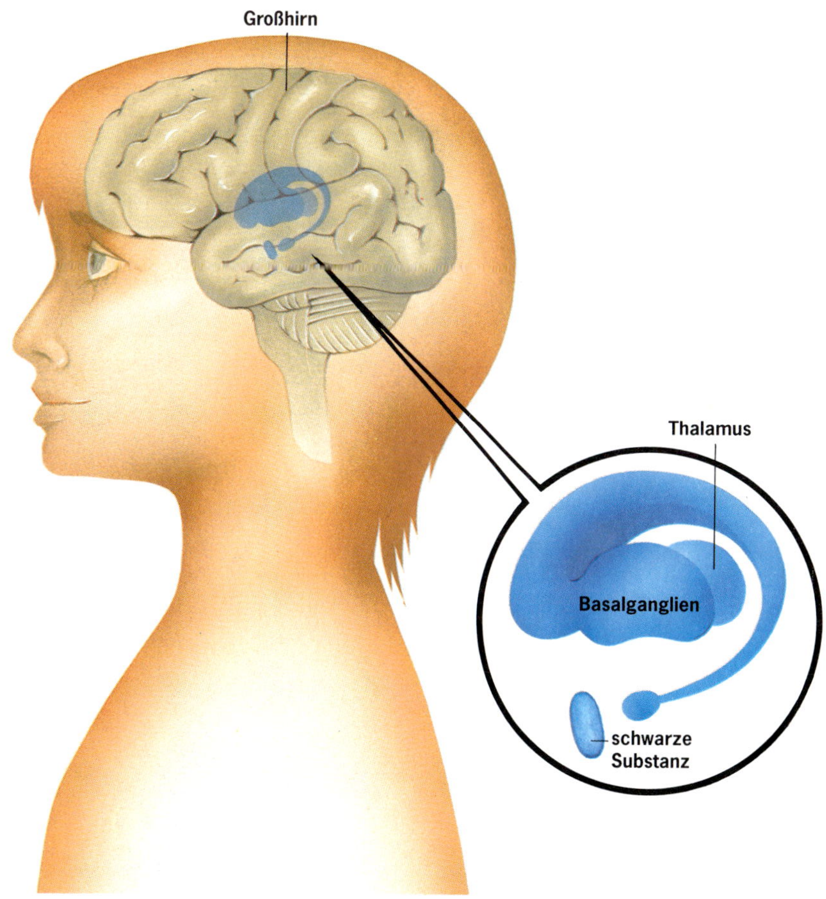

Impulse entlang der sensiblen Fasern zum Rückenmark. Die Schmerzsignale werden nun gleichzeitig an das Gehirn weitergegeben und über Interneurone direkt auf die motorischen Nervenzellen der entsprechenden Regionen, hier also der Arm- und Handmuskulatur, umgeschaltet. Es erfolgen Muskelkontraktionen nach einem Reflexmuster, die zum augenblicklichen Zurückziehen der Hand führen. Auch im Halsmark werden die einlaufenden Schmerzreize nochmals über Interneurone an motorische Nervenzellen der Halsmuskulatur weitergegeben, und durch die Kontraktion der von ihnen gesteuerten Muskulatur dreht sich der Kopf augenblicklich in Richtung des empfundenen Schmerzes.

Das Gehirn

Grundsätzlich kann man das Gehirn in drei verschiedene Regionen einteilen: in Vorderhirn, Mittelhirn und Nachhirn. Jede dieser Regionen gliedert sich dann in bestimmte, für spezielle Aufgaben verantwortliche Bereiche auf, die untereinander in Kontakt stehen.
Die größte Struktur des Nachhirns ist das Kleinhirn (Cerebellum), das sich hauptsächlich mit der Koordination von motorischen Abläufen beschäftigt. Es kontrolliert über zahlreiche sensible Nerven ständig die Körperstellung, sendet Impulse aus, die dann über unbewußte Muskelkontraktionen der Erhaltung des Gleichgewichtes und der Körperposition dienen. Zudem verarbeitet es Signale der motorischen Großhirnrinde zu komplexen koordinierten Bewegungsmustern.
Der Hirnstamm, der Gehirn und Rückenmark miteinander verbindet, umfaßt Teile des Nachhirns, das gesamte Mittelhirn und Teile des Vorderhirns. Hier laufen alle auf- und absteigenden Informationen zusammen und überkreuzen sich im unteren Teil, denn die linke Körperhälfte wird von der rechten Gehirnhälfte gesteuert und umgekehrt.
Die verschiedenen Strukturen des Hirnstamms, einschließlich verlängertem Mark, Brücke und Formatio reticularis, sind für die allgemeinen Lebensfunktionen verantwortlich. Sie kontrollieren beispielsweise die Herzfrequenz, den Blutdruck, die Atmung, Husten und Schlucken und die Bewußtseinslage. Eine der wichtigsten Aufgaben des Hirnstamms ist die Kontrolle der Bewußtseinslage. Die Formatio reticularis überprüft die Vielzahl der eintreffenden Informationen und entscheidet, welche Meldungen für das Gehirn wichtig sind. Die Nervenfasern aus dem Körper verzweigen sich zur Formatio reticularis und liefern ihr ständig eine Vielzahl elektrischer Signale, die zu einer konstanten Erregung ihrer Nervenzellen führt. Die hohe Aktivität dieser Nervenzellen führt zur Aktivierung höherer Gehirnzentren, speziell der Zentren, in denen ankommende Signale gesammelt, interpretiert und entweder gespeichert werden oder eine entsprechende Reaktion hervorrufen. Dieser Erregungszustand zeichnet das Wachstadium aus. Der Schlaf tritt nun nicht etwa durch ein Abschalten der erregenden Impulse der Formatio reticularis ein, sondern vielmehr durch Änderung des Gesamterregungsmusters.

Das Großhirn und der Hypothalamus

Den größten Raum des menschlichen Gehirns nimmt das Großhirn, ein Teil des Vorderhirns, ein. Es ist beim Menschen stärker entwickelt als bei allen anderen Lebewesen und ist verantwortlich für Bewußtsein, Gedanken, Gedächtnis und alle höheren Hirnleistungen. Hier laufen auch Nachrichten aus untergeordneten Hirnzentren zur Beurteilung und Entscheidung ein. Das Großhirn wird durch eine Längsfurche in zwei gleiche Hälften, die sogenannten Großhirnhemisphären, geteilt. Diese sind an ihrer Unterseite durch ein dickes Nervenfaserbündel (Corpus callosum) miteinander verbunden. Obwohl beide Großhirnhemisphären wie ein Spiegelbild einander gleichen, so können sie doch gleichzeitig unterschiedliche Funktionen ausführen, die dann über die Nervenverbindungen des Corpus callosum abgestimmt werden. Im Zentrum der Großhirnhemisphären findet man innerhalb der weißen Substanz auch Ansammlungen nervenzellhaltiger grauer Substanz, die sogenannten Basalganglien (Abbildung S. 47). Die Basalganglien bilden ein kompliziertes Steuersystem für komplexe, unwillkürlich ablaufende Bewegungsmuster der Skelettmuskulatur. Beispielsweise werden hier die Stellungen der Gliedmaßen beim Stehen, Sitzen oder Laufen oder auch das Mitschwingen der Arme beim Gehen und die entsprechende Kopfhaltung koordiniert.
Der Hypothalamus liegt an der Hirnbasis unter beiden Großhirnhemisphären und hier unmittelbar unter dem Thalamus, der für den Nachrichtenaustausch zwischen Gehirn und Rükenmark verantwortlich ist. Die große Anzahl spezialisierter Nervenzellen und -zentren des Hypothalamus besitzt Verbindung zum Gehirn einerseits und zur Hirnanhangdrüse und dem autonomen Nervensystem andererseits. Von hier aus werden die unbewußten Körperfunktionen und über das endokrine System die Stoffwechselvorgänge des Körpers gesteuert

Die Kontrolle des Schlafes

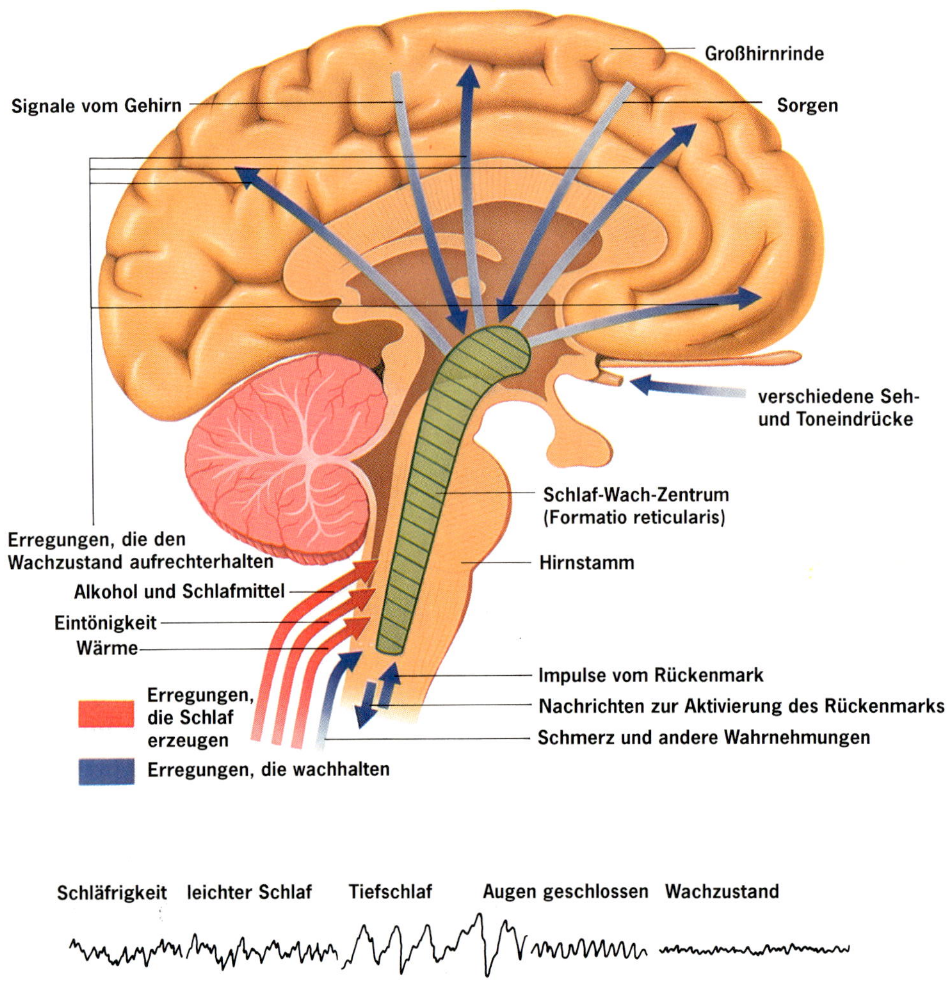

Das Schlaf-Wach-Zentrum liegt in der Formatio reticularis des Hirnstamms. Der Schlaf entsteht durch eine vom Hirnstamm gesteuerte Änderung des Erregungsmusters des Großhirns

Die Reaktion des Körpers bei Kälte

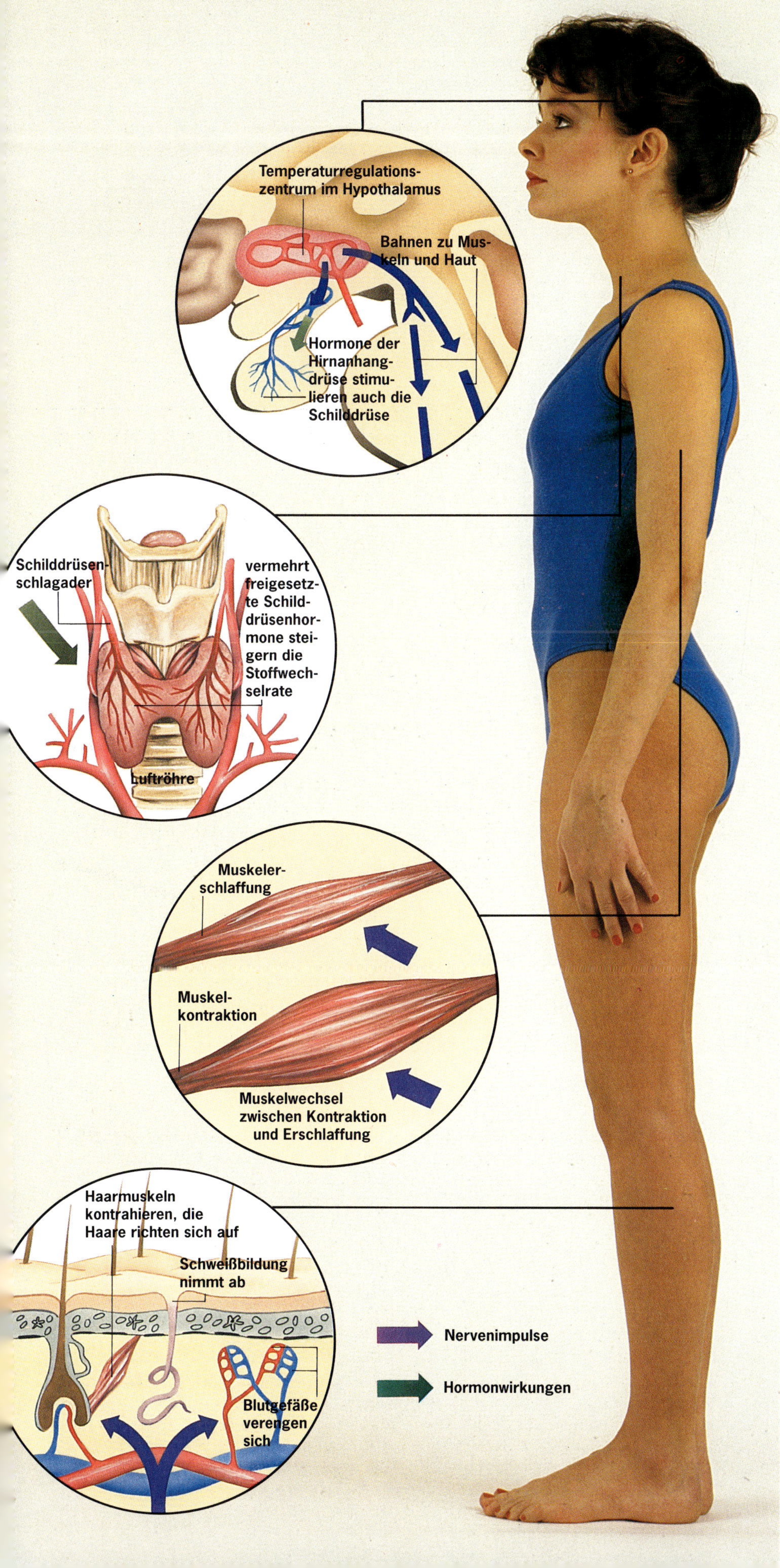

(siehe Kapitel 5). Auch besitzt der Hypothalamus Verbindung zum limbischen System, das wiederum mit dem Geruchszentrum und anderen Sinneszentren verbunden ist und Verhalten und Gedächtnis mitbestimmt.

Die Großhirnrinde

Die etwa 3 Millimeter dicke, äußere Nervenzellschicht des stark gefurchten und gewundenen Großhirns bezeichnet man als graue Substanz oder auch Großhirnrinde. Windungen und Furchen führen zu einer enormen Oberflächenvergrößerung der höchstentwickelten Großhirnrinde.

Neben vielen kleineren Furchen gibt es auch große, die die Großhirnhemisphären in jeweils vier Teile, die Lappen, gliedern. Jeder Lappen besitzt eine mehr oder weniger spezifische Funktion. Der Schläfenlappen (Lobus temporalis) dient Geruch, Gehör und Sprache, der Scheitellappen (Lobus parietalis) Tastsinn und Geschmack, der Hinterhauptlappen (Lobus occipitalis) dem Sehen und der Stirnlappen (Lobus frontalis) der Bewegung, Sprache und den Denkvorgängen. In letzterem wird auch der Sitz des Bewußtseins vermutet.

In den einzelnen Gehirnregionen laufen die Informationen genau gegliedert zu bestimmten Arealen. Beispielsweise entspricht für den Tastsinn im Scheitellappen jedem Körperareal ein bestimmtes Gehirnareal, wobei die Größe dieser Areale von der Anzahl der Rezeptoren im betreffenden Körperareal bestimmt wird. Die gleiche Gliederung besteht auch für die motorischen und weniger eindeutig für die sensorischen Areale des Gehirns.

In der Großhirnrinde werden die Informationen der fünf Sinne – Sehen, Hören, Fühlen, Schmecken und Riechen – aufgenommen, analysiert und verarbeitet, so daß andere Teile des Nervensystems auf diese Informationen hin tätig werden können. Zusätzlich arbeiten die prämotorischen und motorischen Areale der Großhirnrinde mit anderen Bereichen des zentralen und peripheren Nervensystems zusammen, um koordinierte Bewegungsmuster zu erstellen.

Bei niedrigen Außentemperaturen wird ein Abfall der Körpertemperatur über entsprechende Rezeptoren an den Hypothalamus gemeldet. Dieser regt durch Übermittlung eines Hormons der Hirnanhangdrüse (TSH) die Freisetzung von Thyroxin aus der Schilddrüse an. Das Thyroxin führt zu einer Erhöhung des Körperumsatzes und damit zur Freisetzung innerer Wärme. Gleichzeitig werden über das Großhirn Muskelkontraktionen angeregt, die zum sogenannten Kältezittern führen. Hierdurch wird ebenfalls ein entsprechender Prozentsatz innerer Wärme freigesetzt. Ebenfalls gleichzeitig kommt es zu einer Verengung der Hautgefäße, die über die Verminderung der Hautdurchblutung den Rückstrom des in der Haut abgekühlten Blutes reduziert

Die Augen

Zur Erklärung des Sehvorganges wird das Auge oft mit einer hochentwickelten Kamera verglichen. Am besten stellt man sich das Licht als eine Art Übermittler oder Übertragungsmedium vor. Das einfallende Licht wird von den Gegenständen in allen Richtungen reflektiert. Erst diese Reflexionen ermöglichen, daß man die Gegenstände sieht.
Das Licht pflanzt sich normalerweise geradlinig fort. Eine wichtige physikalische Eigenschaft ist jedoch die Lichtbrechung beim Durchgang durch verschiedene Stoffe (Medien). Dies bedeutet, daß beispielsweise ein Lichtstrahl, der auf einen durchsichtigen Stoff trifft, bei seinem Durchtritt seine Ausbreitungsrichtung ändert. Dadurch können die Lichtstrahlen durch speziell geformte durchsichtige Stoffe entweder gebündelt oder auch zerstreut werden. Im Falle einer Kameralinse oder auch der aus durchsichtigem Gewebe geformten Linse des menschlichen Auges wird das Licht gebündelt, wobei die Krümmung der Linsenoberfläche den Grad der Bündelung bestimmt. Die Augenlinse ermöglicht durch ihre Verformbarkeit nicht nur die verkleinerte Abbildung vergrößerter Objekte, sondern auch durch die Bestimmung des Grades ihrer Oberflächenkrümmung die Scharfeinstellung.

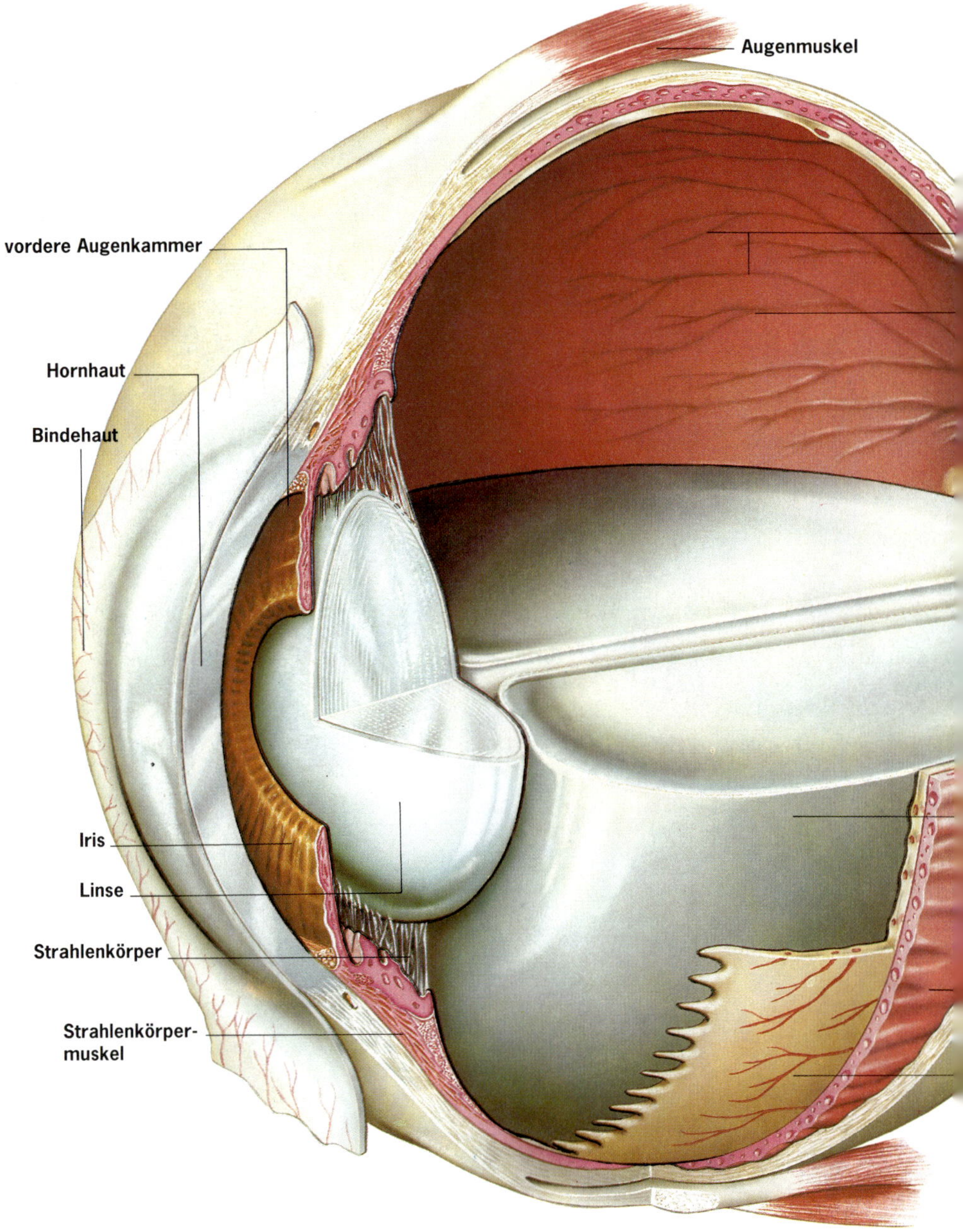

Die Hornhaut

Die Lichtstrahlen, die das Auge erreichen, treffen zunächst auf ein rundes, gewölbtes Fenster, die Hornhaut (Cornea). Sie bildet mit ihrer durchsichtigen Oberfläche die erste der beiden Augenlinsen. Ihr Wölbungsgrad bestimmt etwa zwei Drittel der Gesamtbrechkraft des Auges, und ihre relative Starre macht sie zu einer Linse mit konstantem Brennpunkt. Die Hornhaut ist in der Mitte 0,5 Millimeter und an ihrem Übergang in die weiße Lederhaut (Sklera) 1 Millimeter stark. Sie ist aus insgesamt fünf Schichten aufgebaut; bemerkenswert ist ihre Durchsichtigkeit. Die Hauptmasse besteht aus einer mittleren Bindegewebsschicht mit gestreckten kollagenen Fasern (Substantia propria corneae), die ihre Formbeständigkeit ausmachen.
Diese Bindegewebsschicht wird auf der Vorderseite von einem fünfschichtigen Pflasterepithel, dem vorderen Hornhautepithel, und auf der Rückseite von Hornhautendothel bekleidet. Schließlich liegt zwischen Hornhautepithel und Bindegewebe eine Grenzmembran, die Baumannsche Membran, und zwischen Hornhautendothel und Bindegewebe eine weitere, die Descemetsche Membran.
Die bemerkenswerte Durchsichtigkeit der Hornhaut setzt einen konstanten Wasser- und Salzgehalt voraus, für dessen Einhaltung wahrscheinlich die äußeren und inneren Zellschichten verantwortlich sind. Das sehr regenerationsfähige vordere Hornhautepithel wird kontinuierlich von der Tränenflüssigkeit benetzt und feucht gehalten. Aufgrund des Nervenreichtums ist das Epithel empfindlich gegen Berührung, Verletzung, Austrocknung und chemische Reize (Brennen und Tränen der Augen). Die Baumannsche Membran ist eine gegen Verletzungen und bakterielle Schädigung sehr widerstandsfähige Membran. Wird sie durch einen Entzündungsprozeß durchbrochen, so entsteht ein Hornhautgeschwür. Da sie nicht regenerationsfähig ist, entstehen bei Verletzungen Narben. Die mittlere Bindegewebsschicht ist eine spezielle Gewebsschicht aus Bindegewebszellen, längsgerichteten kollagenen Fasern und speziell eingelagerten Substanzen (saure Mukopolysaccharide), deren Wassergehalt die Durchsichtigkeit bestimmt. Die hintere Grenzmembran ist reich an elastischen Fasern und bildet bei äußeren Entzündungen die letzte Barriere gegen das Auslaufen des Kammerwassers. Das innere Hornhautendothel bildet die Grenzschicht zur vorderen Augenkammer und dient dem Stofftransport und der Ernährung.
Den nun folgenden Raum zwischen Hornhautrückfläche und Iris-Linsen-Grenze bezeichnet man als vordere Augenkammer. Sie ist mit Kammerwasser (Humor aquosus) gefüllt, das einem ständigen Zu- und Abfluß unterliegt. Da ihre Weite mit dem Krümmungsgrad der Augenlinse variiert, ist der freie Zu- und Abfluß der Kammerflüssigkeit über die Kammerwinkel für die Aufrechterhaltung eines konstanten Augeninnendrucks unbedingt erforderlich.

Der Aufbau des Auges

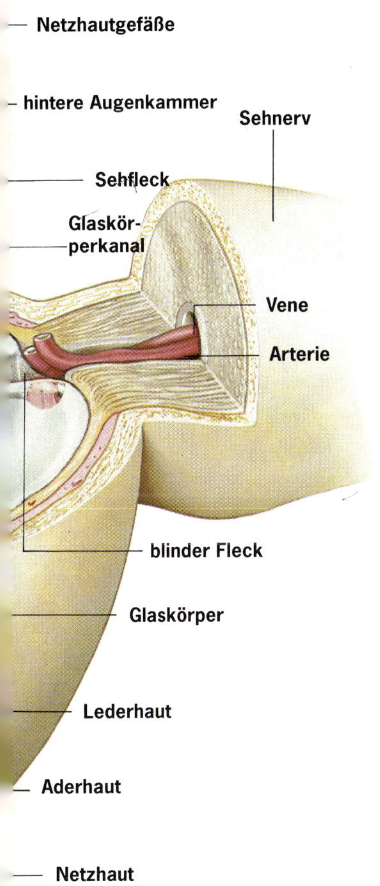

Rechts: *Blick in das Auge auf das Blutgefäßnetz der Aderhaut nach Entfernung der Lederhaut*

Die Gefäßhaut

Aderhaut (Chorioidea), Strahlenkörper (Corpus ciliare) und Regenbogenhaut (Iris) werden zusammen als Gefäßhaut (Uvea) bezeichnet. Die Aderhaut ist eine dünne Gewebsschicht zwischen Lederhaut und Netzhaut. Sie ist reich an Blutgefäßen, die ein ausgedehntes Netzwerk bilden und Netzhaut und übrige Strukturen ernähren. Zwischen den Gefäßen liegt stützendes Bindegewebe, in das Pigmentzellen eingelagert sind, die Lichtreflexionen im Augeninneren verhindern.

Der Strahlenkörper bildet einen Gewebering um die Basis der Regenbogenhaut. Sein Ziliarmuskel ist über einen speziellen Aufhängeapparat, das Linsenbändchen, mit der eigentlichen Augenlinse verbunden. Durch seine Kontraktion kann die Linsenspannung und damit die Wölbung der Linsenoberfläche verändert werden, was die Naheinstellung (Akkommodation) ermöglicht. Die von einem ausgedehnten Kapillarnetz durchzogenen Ziliarfortsätze dienen der Produktion von Kammerwasser.

Die Regenbogenhaut (Iris), die zusammen mit der Linse die hintere Begrenzung der vorderen Augenkammer darstellt, ist an ihrer Basis mit dem Strahlenkörper verbunden. Eine doppelte Pigmentzellschicht an ihrer Rückseite bestimmt die Augenfarbe. Die Iris gleicht einer Kamerablende, die Weite der Blendenöffnung (Pupille) wird durch zwei entgegengesetzt wirkende Muskeln (Sphinkter und Dilatator) je nach Helligkeit geregelt. Die Pupillenverengung bei starkem Lichteinfall oder die Pupillenerweiterung bei Dunkelheit werden unwillkürlich gesteuert. Aufregung, Angst und eine Reihe zentral wirkender Medikamente und Gifte beeinflussen zudem die Pupillenweite.

Die bikonvexe Augenlinse ist, wie bereits erwähnt, durch den Linsenaufhängungsapparat mit dem Strahlenkörper verbunden. Sie liegt mit ihrer Vorderfläche zur vorderen, mit ihrer hinteren Fläche zur hinteren Augenkammer. Durch Variationen ihrer Wölbung kann die Brennweite des Auges verstellt und damit eine Naheinstellung erreicht werden.

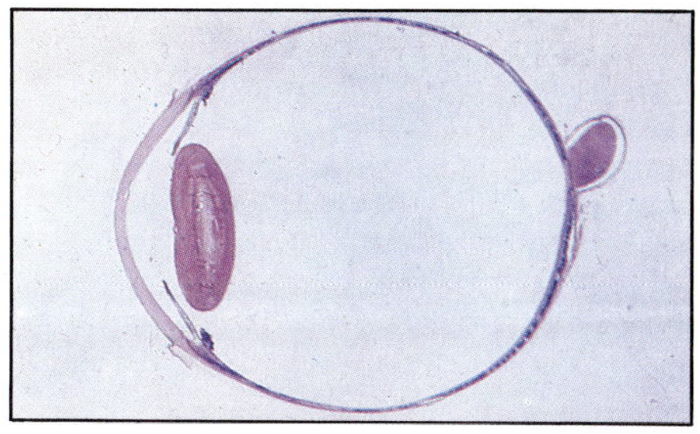

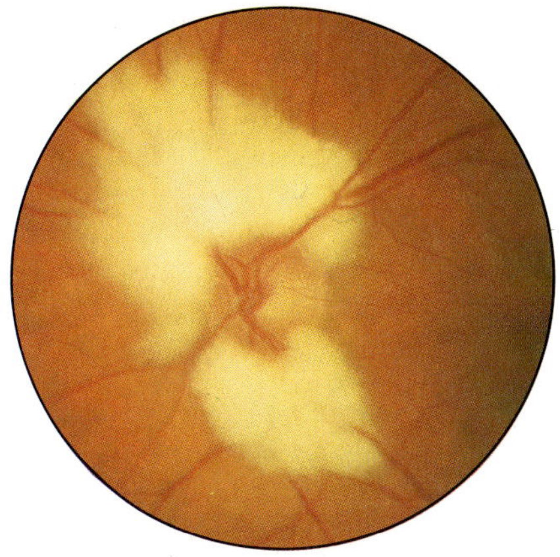

Oben: *Längsschnitt durch das Auge zur Darstellung der Augenstruktur und des Sehnervs*
Darunter: *Im Zentrum der blinde Fleck, jener Teil der Netzhaut, an dem der Sehnerv eintritt*

Die Blutversorgung der Gefäßhaut

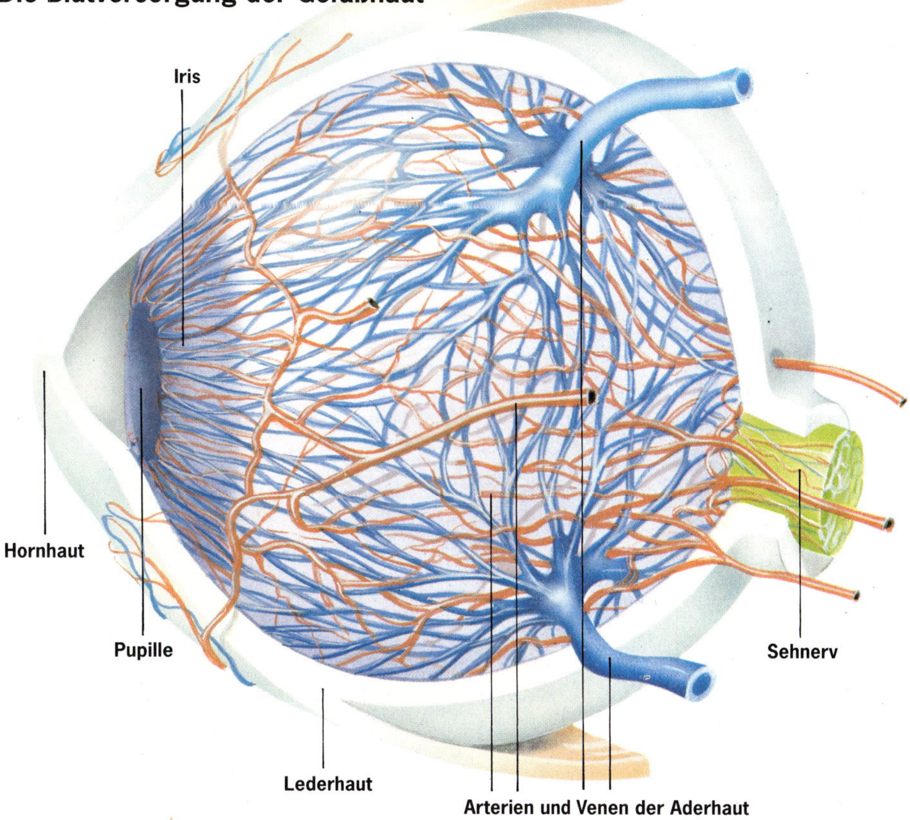

Die Scharfeinstellung

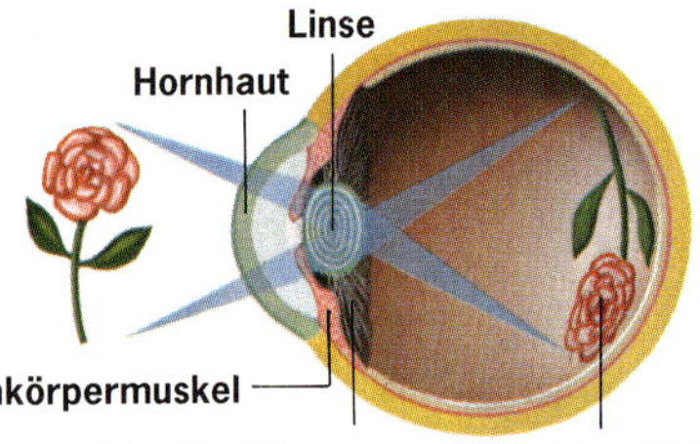

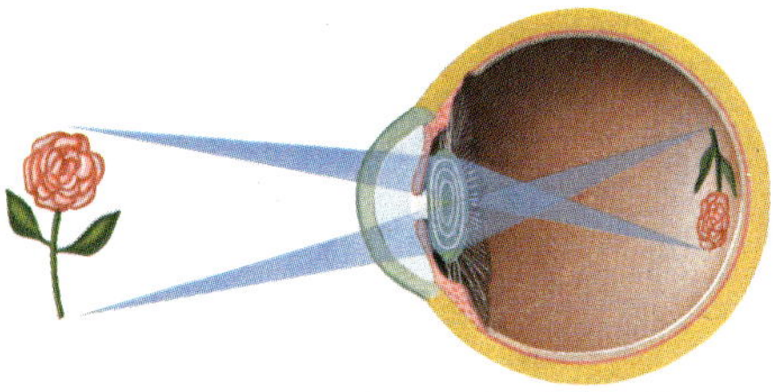

Ein nahes Objekt muß von der Augenlinse stärker gebrochen werden, damit ein scharfes Abbild auf der Netzhaut entsteht. Weit entfernte Gegenstände benötigen eine geringere Brechung

Der Glaskörper und die Netzhaut

Hinter der Linse beginnt die große hintere Augenkammer. Sie wird fast vollständig vom Glaskörper (Corpus vitreum), einem durchsichtigen, zu 98 Prozent aus Wasser bestehenden Gel, ausgefüllt. Sein Wassergehalt ist zum einen für die Durchsichtigkeit, zum anderen für die Aufrechterhaltung eines bestimmten Augendruckes verantwortlich. Durch seine Mitte läuft der Glaskörperkanal, ein Überbleibsel einer den Fetus versorgenden Arterie. Die innere Auskleidung der hinteren Augenkammer bildet die Netzhaut (Retina), die vom Sehnerv bis zum Pupillenrand der Iris zieht. Ihr über der Aderhaut gelegener Abschnitt ist hoch differenziert und enthält Sinnesepithelzellen zweierlei Typs, genannt Stäbchen und Zapfen. Die Stäbchen reagieren bereits auf Licht geringer Intensität, können jedoch keine

Die Entstehung des Sehbildes

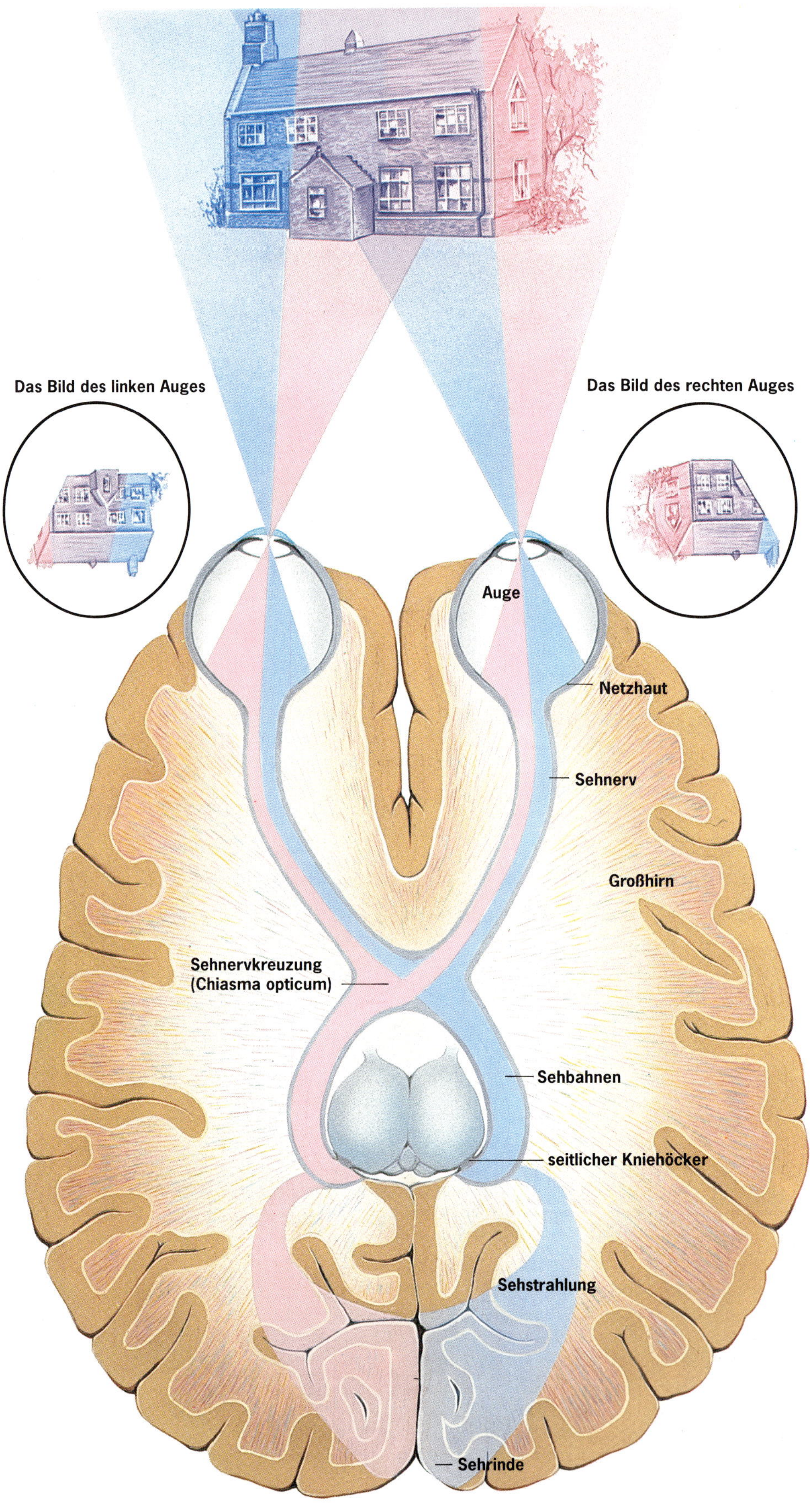

Rechtes und linkes Auge besitzen ein unterschiedliches Sehfeld. Das Sehfeld eines jeden Auges ist in eine schläfen- und nasenseitige Hälfte geteilt (temporales und nasales Gesichtsfeld). Die Lichtsignale werden von den Sehnerven übertragen, die sich in der sogenannten Sehnervenkreuzung (Chiasma opticum) vor der Hirnanhangdrüse treffen und dann wieder in zwei getrennte Bahnen zur Sehrinde ziehen. In der Sehnervenkreuzung kreuzen jeweils die Fasern des nasalen Gesichtsfeldes beider Augen auf die Gegenseite. Dadurch wird in der weiterführenden rechten Sehbahn (Tractus opticus) das linke Gesichtsfeld und in der linken das rechte Gesichtsfeld ans Gehirn übermittelt

Die Bewegungen des Auges

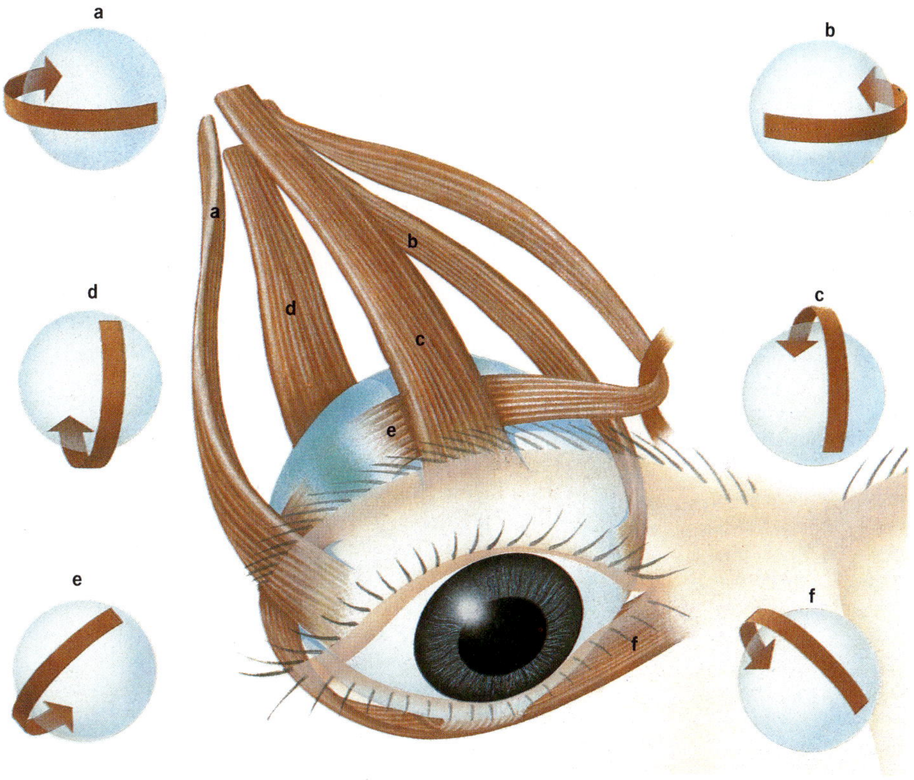

Sechs Muskeln bewegen den Augapfel:
M. rectus lateralis (a): Außendrehung,
M. rectus medialis (b): Innendrehung,
M. rectus superior (c): Hebung,
M. rectus inferior (d): Senkung,
M. obliquus superior (e): Außendrehung und Senkung,
M. obliquus inferior (f): Außendrehung und Hebung

Farben unterscheiden und werden daher allgemein als Träger des Dämmerungssehens bezeichnet. Das Tages- und Farbsehen wird durch die Zapfen ermöglicht, auch sind sie verantwortlich für das Scharfsehen. Sie sind besonders zahlreich im sogenannten gelben Fleck (Macula lutea, Fovea centralis), dem Ort des schärfsten Bildsehens auf der Netzhaut. Zwar sieht man die Bilder im unmittelbar um den gelben Fleck gelegenen Bereich noch klar, zum Rand der Netzhaut hin nimmt die Sehschärfe jedoch ab.

Der Sehnerv

Jede lichtempfindliche Zelle der Netzhaut ist über eine Nervenfaser mit der optischen Region des Gehirns verbunden, in der alle Informationen über Muster, Form und Farben zusammengesetzt und verarbeitet werden. Alle Nervenfasern sammeln sich im Augenhintergrund zu einer Hauptleitung, dem Sehnerv (Nervus opticus). Dieser zieht durch einen Kanal in der knöchernen Augenhöhle (Canalis opticus) in die Schädelhöhle und kreuzt den Sehnerv der Gegenseite vor dem Stiel der Hirnanhangdrüse. Die Fasern der inneren Netzhauthälfte beider Augen kreuzen zur Gegenseite, während die Fasern der beiden äußeren Netzhauthälften ungekreuzt auf ihrer Seite zur Sehrinde ziehen. Da äußerer Netzhautanteil des linken Auges und innerer Netzhautanteil des rechten Auges das rechte Gesichtsfeld und äußerer Netzhautanteil des rechten Auges und innerer Netzhautanteil des linken Auges das linke Gesichtsfeld bestimmen, wird durch die Besonderheit der Kreuzung das rechte Gesichtsfeld in die Sehrinde der linken Großhirnhemisphäre und das linke in die der rechten Hemisphäre projiziert.

Der Sehnerv ist ein Bündel von Nervenfasern, die einzeln, von einer Myelinschicht isoliert, die Impulse der Sehsinneszellen an die Sehrinde übermitteln. In der Mitte des Sehnervs verläuft die Arterie, die die Netzhaut versorgt (Arteria centralis retinae), einschließlich ihrer abführenden Vene.
Die sensorischen Nervenfasern der Netzhaut besitzen auf ihrem Weg zur Großhirnrinde im Hinterhauptlappen zahlreiche Zwischenverbindungen zu anderen Hirnzentren. Der erste Schaltkern der Sehbahn, der seitliche Kniehöcker (Corpus geniculatum laterale), liegt unmittelbar hinter der Kreuzungsstelle beider Sehnerven (Chiasma opticum). Von hier bestehen Verbindungen zum Mittelhirn und zum Hirnstamm, die Pupillenreflexe auslösen.
Von den seitlichen Kniehöckern ziehen die Nervenfasern als sogenannte Sehstrahlung durch die innere Kapsel (Capsula interna), das mächtige Nervenfasersystem, das unter anderem die motorischen und sensiblen Verbindungen von Großhirnrinde und Körperperipherie enthält. Von hier aus gelangt die Sehstrahlung zur Sehrinde im Hinterhauptlappen des Großhirns, der Verbindung zu anderen Hirnzentren hat.

Unten: *Hauptursache der Kurzsichtigkeit (1) ist ein zu langer Augapfel, der Fernpunkt (Abbildung eines entfernten Gegenstandes) liegt vor der Netzhaut. Die Korrektur (2) erfolgt mittels einer Zerstreuungslinse (Konkavglas).*
Hauptursache der Weitsichtigkeit (3) ist ein zu kurzer Augapfel, der Fernpunkt liegt hinter der Netzhaut. Die Korrektur (4) erfolgt mittels einer Sammellinse (Konvexglas)

Die Kurzsichtigkeit

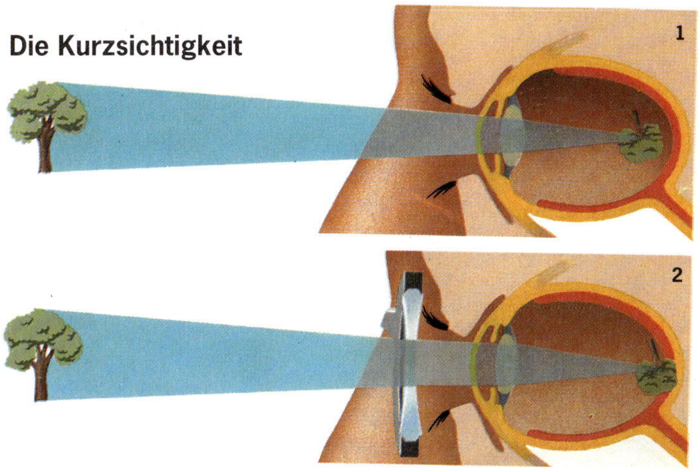

Die Weitsichtigkeit

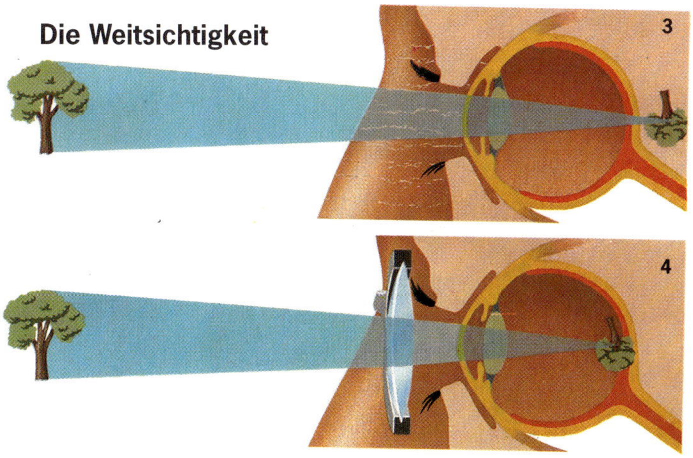

Die Ohren

Im Ohr liegt nicht nur das Gehör, sondern auch der Gleichgewichtssinn. Das Ohr ist ein kompliziertes Organ, das sich in drei Teile gliedert: das äußere Ohr, das dem Schallauffang dient, das Mittelohr, dessen Gehörknöchelchen eine Schallverstärkung bewirken und das Innenohr, das die Schallwellen in elektrische Impulse umwandelt und auch gleichzeitig durch das Gleichgewichtsorgan Informationen über die Lage des Körpers vermittelt.
Die entstandenen Informationen werden über zwei, zunächst eng beieinander liegende Nerven, den Gehörnerv (Nervus cochlearis) und den Gleichgewichtsnerv (Nervus vestibularis), an das Gehirn übermittelt. Äußeres und Mittelohr dienen also durch die Schallübermittlung dem Gehörsinn, das Innenohr mit seinen zwei räumlich zusammenliegenden, aber dennoch getrennt arbeitenden Strukturen, ist für Gehör- und Gleichgewichtssinn zuständig.

Der Gehörsinn

Das äußere Ohr nimmt die Schwingungen der Luftmoleküle, die Schallwellen, auf. Größe und Intensität der Schallwellen bestimmen ihre Lautstärke, die in Dezibel (dB) gemessen wird. Die Anzahl der Amplituden oder Schwingungen pro Minute bestimmen die Frequenz: je mehr Schwingungen, desto höher ist der Ton. Maßeinheit der Schallfrequenz ist das Hertz, ein Hertz entspricht einer Schwingung pro Sekunde.
Die Hörempfindlichkeit ist zwischen 500 und 4000 Hertz am größten. Junge Menschen haben annähernd eine Hörbreite zwischen 20 und 20000 Hertz, im Alter nimmt das Hörvermögen in den hohen und tiefen Frequenzen ab. Dies kann auch passieren, wenn man längere Zeit größeren Lautstärken ausgesetzt ist. Um Hörverluste messen zu können, werden die durchschnittlichen Hörbereiche nach einem internationalen Standard definiert. Der jeweilige Hörbereich ergibt sich aus der Dezibeldifferenz zwischen einem Ton, den man gerade noch hören kann, und dem Standardmeßton des speziell tonerzeugenden Apparates, dem Audiometer.
Das Ohr wirkt als Empfänger (äußeres Ohr), als Verstärker (Mittelohr) und als Reizübermittler (Innenohr). Den Empfänger bildet die Ohrmuschel, in deren Zentrum der Gehörgang zum Trommelfell führt. Drüsen in der Wand des Gehörganges sondern eine wachsartige Substanz ab, die die Haut vor Austrocknung und Schuppung schützt.
Das Mittelohr enthält drei Gehörknöchelchen, die gelenkig miteinander verbunden sind: Zunächst kommt der Hammer (Malleus), der mit dem Trommelfell verbunden ist, dann der Amboß (Incus), der den Hammer mit dem letzten Gehörknöchelchen, dem Steigbügel (Stapes), verbindet. Der Steigbügel steht mit seiner Platte über das sogenannte ovale Fenster mit dem Innenohr in Verbindung. Die spezielle Anordnung der drei Gehörknöchelchen erlaubt eine 20fache Schallverstärkung. Das Mittelohr ist über einen schmalen Kanal, die Ohrtrompete (Tuba auditiva, Eustachische Röhre), mit dem Nasenrachen verbunden. Sie dient dem Druckausgleich des Mittelohrs. Das

Das äußere Ohr empfängt Schallwellen, das Mittelohr verstärkt sie, und das Innenohr dient der Umsetzung der Schallwellen in Nervenimpulse, die dann an das Gehirn übermittelt werden

Der Aufbau des Ohres

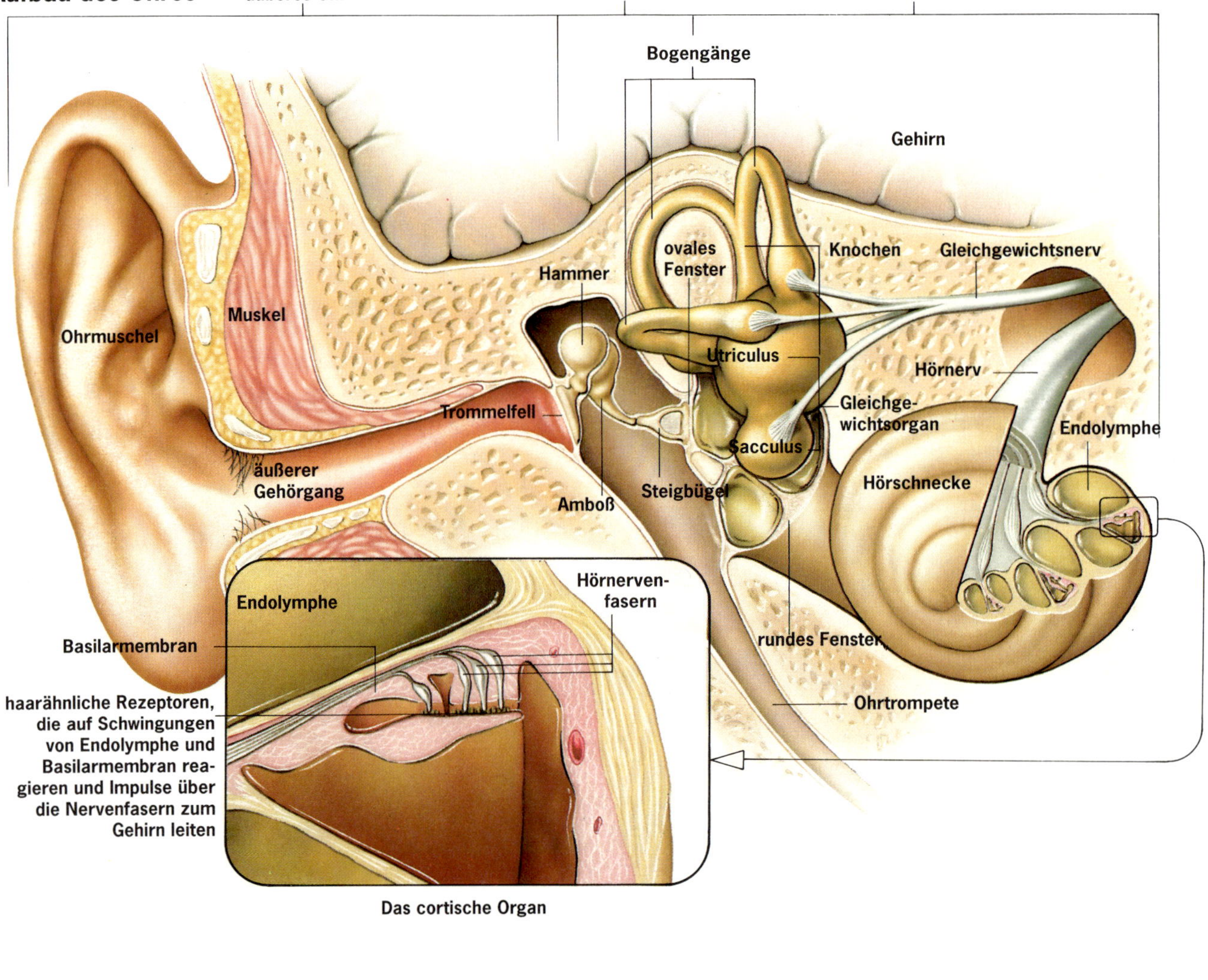

Das cortische Organ

Die Lage und der Bau des Warzenfortsatzes

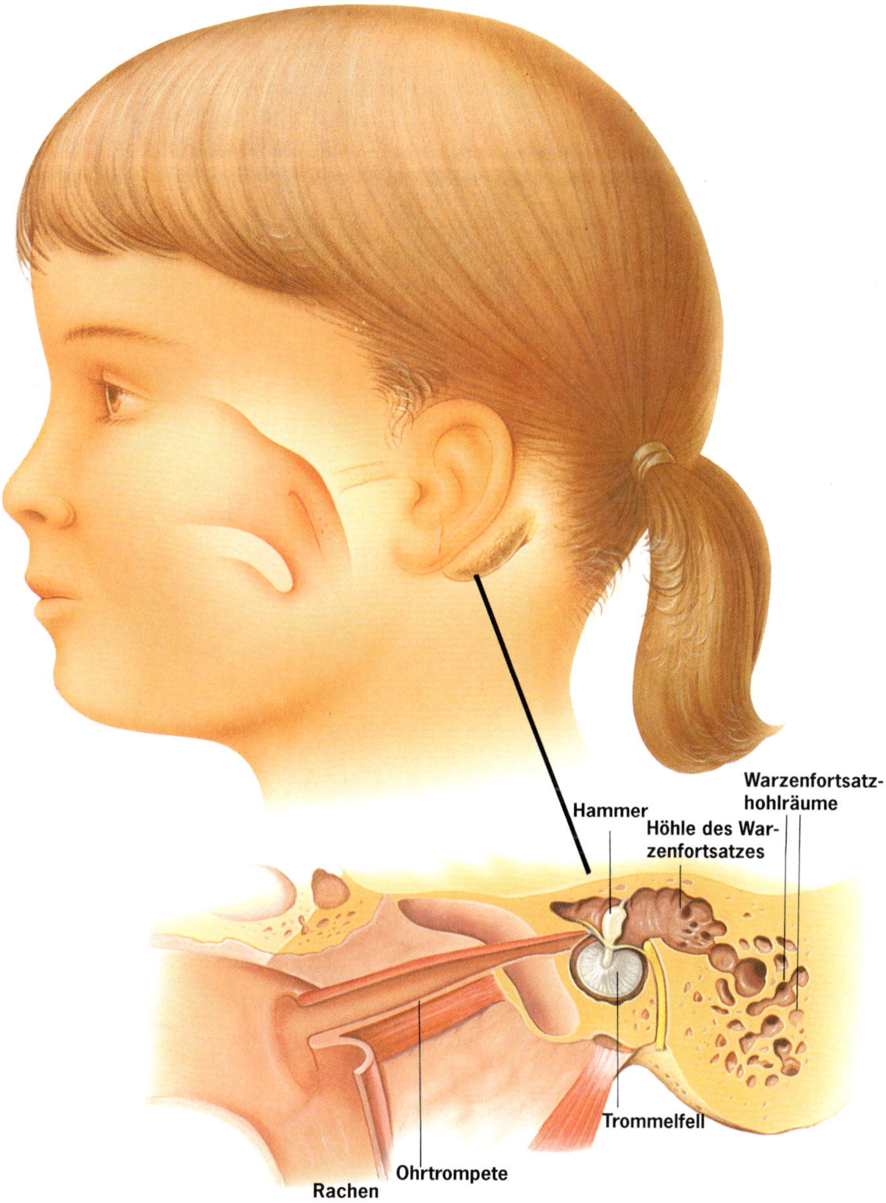

Links: *Der Warzenfortsatz des Schläfenbeins (Processus mastoideus ossis temporalis, Mastoid) ist ein mit Luftkammern versehener Schädelknochen. Die Aufgabe dieser Hohlräume ist nicht bis ins Detail geklärt, wahrscheinlich dienen sie ähnlich den Nasennebenhöhlen der Pneumatisation des Schädelknochens. Es besteht eine Verbindung der Zellen zum Mittelohr*

Knacken in den Ohren, zum Beispiel beim raschen Abfahren des Liftes, wird durch die Druckschwankungen des Mittelohrs und damit des Trommelfells und den Druckausgleich über die Ohrtrompete verursacht.
Die übertragenden Strukturen im Mittelohr sind hoch kompliziert. Sie bestehen aus einer besonderen knöchernen Struktur, die man als Gehörschnecke (Cochlea) bezeichnet. Das Gangsystem der Gehörschnecke ist mit einer Flüssigkeit (Endolymphe) gefüllt. Die Schwingungen des Steigbügels werden am ovalen Fenster in Schwingungen der Endolymphe umgesetzt und so an das Innenohr weitergegeben.
Durch den gewundenen Schneckengang zieht sich in seiner Länge eine dünne Membran, die Basilarmembran, in der Tausende von Sinneszellen liegen, die über kleine Nervenfasern mit dem Hörnerv verbunden sind. Die durch Frequenz und Lautstärke unterschiedlichen

Unten: *Im äußeren Gehörgang fortgeleitete Schallwellen führen zu Schwingungen des Trommelfells, die über die Gehörknöchelchenreihe verstärkt und an das ovale Fenster des Innenohres weitergegeben werden. Diese Schwingungen führen nun zu Bewegungen der Innenohrflüssigkeit (Endolymphe), diese wiederum zu Schwingungen der Basilarmembran im sogenannten Schneckengang. Dadurch werden hier gelegene Nervenzellen (Cortisches Organ) erregt und Nervenimpulse über den Hörnerv an das Gehirn weitergeleitet*

Die Tonübermittlung

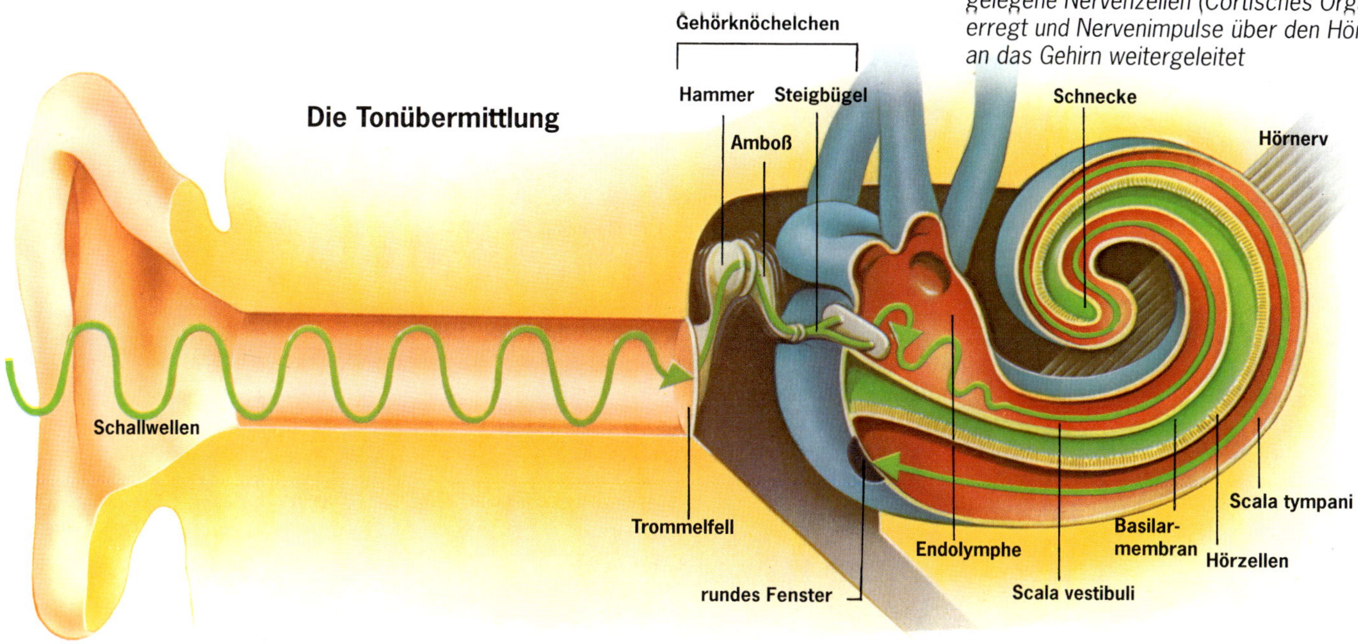

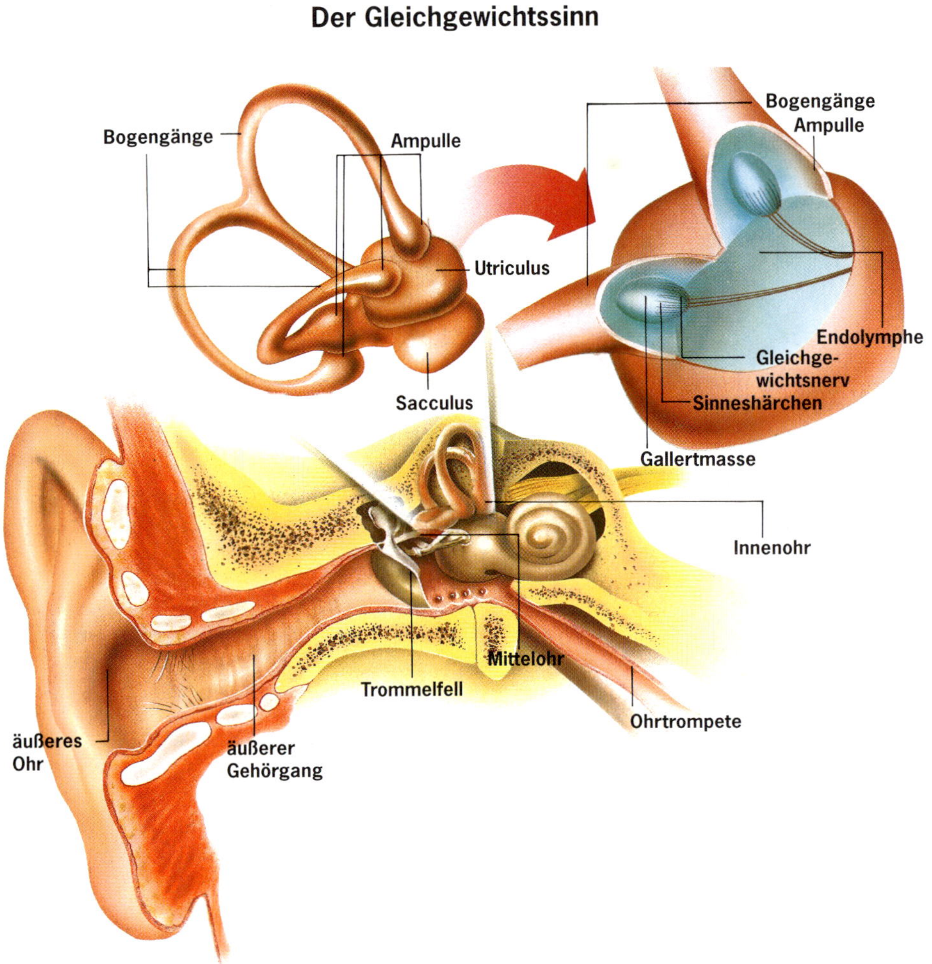

Bei entsprechenden Körperbewegungen kommt es zu Relativbewegungen der Endolymphe in den Bogengängen und zur Abscherung der Sinneshärchen der Gleichgewichtszellen. Hierdurch werden Impulse in den Sinneszellen ausgelöst, die der Gleichgewichtsnerv an das Gehirn weitergibt

Schwingungen der Endolymphe werden auf die haarförmigen Fortsätze der Sinneszellen übertragen und in den Sinneszellen in elektrische Impulse umgewandelt. Diese werden dann über den Hörnerv an das Hörzentrum des Gehirns geleitet. Auf welche Weise die Schwingungen in elektrische Impulse umgesetzt und vom Gehirn verarbeitet werden, ist nicht bis ins Detail geklärt. Die Umwandlung der Schwingungen in elektrische Impulse der Nervenzellen scheint klar; doch unklar ist die genaue Übermittlung von Lautstärke und Frequenz.

Das Gleichgewicht

Das Gleichgewichtsorgan im Innenohr übermittelt dem Gehirn zu jedem Zeitpunkt die Lage und die Bewegung des Kopfes. Ist die Stellung des Kopfes bekannt, so kann das Gehirn Anweisungen an die Skelettmuskulatur geben, um den Gesamtkörper im Gleichgewicht zu halten.
Das Gleichgewichtsorgan liegt vom umgebenden Schädelknochen gut geschützt im Innenohr. Es besteht aus einem Labyrinth flüssigkeitsgefüllter Säckchen (Utriculus und Sacculus) und bogenförmiger Röhren, den Bogengängen, die in verschiedenen Winkeln und unterschiedlichen Ebenen zueinander stehen. Utriculus und Sacculus dienen der Lagebestimmung des Kopfes. Ihre säckchenförmigen Höhlen enthalten eine Schicht von Sinneszellen, über der eine gallertartige Masse mit eingelagerten feinen Kalkpartikeln liegt.
Bei aufrechtgehaltenem Kopf drücken die Kalkpartikel auf die empfindsamen Härchen der Sinneszellen, und diese melden die Impulse für ›aufrecht‹ an das Gehirn. Wird der Kopf nach vorne, hinten oder zur Seite gehalten, so bringen die Granula die Härchen in eine andere Gleitrichtung, das Impulsmuster ändert sich, und im Gehirn wird hieraus die Position bestimmt. Falls notwendig, werden Impulse an die Muskulatur weitergegeben, um die Stellung des Kopfes zu korrigieren oder die des Körpers anzupassen.
Auch der Utriculus dient der Kontrolle von Vor- und Rückwärtsbewegungen. Beim Start einer Vorwärtsbewegung, beispielsweise beim Gehen oder Laufen, werden die gegen Bewegungsänderung trägen Partikel nach hinten gegen die Sinneshärchen bewegt. Auf die so übermittelte Information werden vom Gehirn Impulse an die Muskulatur abgegeben, die den Körper dann bei der Bewegung stabilisieren, daß der Kopf aufrecht gehalten und die Balance des Körpers hergestellt wird. Fällt zum Beispiel ein Kind nach hinten vom Stuhl, so führen die Impulse zu einer sofortigen Bewegung des Oberkörpers nach vorn.

Komplexe Kopfbewegungen

Aus dem Utriculus entspringen die drei ebenfalls flüssigkeitsgefüllten Bogengänge, die in drei 90 Grad zueinander stehenden Ebenen angeordnet sind. Am Boden jedes Bogenganges befindet sich eine Gallertmasse, in die Sinneshärchen der darunter liegenden Sinneszellen hineinragen. Die relativen Flüssigkeitsbewegungen bei entsprechenden Kopfdrehungen, -neigungen oder komplexeren Bewegungen führen auch hier zur Abscherung der Sinneshärchen und damit zur Entstehung elektrischer Impulse. Die Bogengänge dienen vor allem der Kontrolle von Bewegungsänderungen, Drehbewegungen oder komplizierten Dreh-Neigungs-Bewegungen.
Nicht nur zu Beginn einer Bewegung, sondern auch an deren Ende kommt es zu einer Relativbewegung der Endolymphe gegen die in den Bogengängen fixierten Sinneshärchen. Besonders deutlich wird dies, wenn man nach mehrfachen Drehungen um die Körperachse plötzlich abstoppt. Es entsteht ein Schwindelgefühl, und schließt man die Augen, so meint man, sich noch weiter zu drehen.

Das Kontrollzentrum

Die Steuerung der Muskulatur, die das Gleichgewicht aufrechterhält, erfolgt vor allem über das Kleinhirn. Auch die Augen liefern zusätzliche wichtige Informationen über die Stellung von Kopf und Körper zur Umwelt und spielen demzufolge ebenfalls eine Rolle bei der Erhaltung des Gleichgewichts. Augenbewegungen und Gleichgewichtszentrum sind zudem eng miteinander verbunden. Dreht man beispielsweise den Kopf, so werden die Augen durch die Erregungen in den Bogengängen über die Verbindungen im Gehirn entsprechend der Drehrichtung des Kopfes nachkorrigiert. Der Blick folgt automatisch den Drehbewegungen. Dies erklärt beispielsweise, warum manchen Menschen beim Lesen während einer Auto- oder Bahnfahrt schlecht wird. Das Lesen unterdrückt die automatischen Augenbewegungen zur Korrektur der Fahrzeugbewegung, der Körper verliert hierdurch seinen Fixpunkt und kann seine Position nicht mehr korrekt bestimmen. Es entsteht eine Gleichgewichtsstörung mit Übelkeit, die »Reisekrankheit«.

Die Entwicklung

Das Gleichgewicht aufrechtzuerhalten muß in einem langen Prozeß, der fast die ersten zwei Lebensjahre beansprucht, erlernt werden. Es dauert etwa ein weiteres Jahr, bis das Kind auf einem Bein sicher stehen kann. Gehirn und Muskulatur müssen ausreichend entwickelt sein, um die Muskelkoordination und -kraft zur Gleichgewichtssteuerung zu gewährleisten.

Der Geruch und der Geschmack

Der Geruchssinn ist wahrscheinlich der am längsten erforschte und doch am geringsten geklärte unserer fünf Sinne. Während der Evolution blieb seine Verbindung mit dem die Emotionen kontrollierenden limbischen System des Gehirns bestehen, so daß der Geruch bestimmter Dinge auch eng mit Gefühlen verknüpft ist. Auch spielt der Geruch bei der sexuellen Anziehung eine bestimmte Rolle, obwohl dies während der menschlichen Entwicklung an Bedeutung verloren hat.
Neben seiner Kontrollfunktion bei Nahrungsaufnahme dient der Geruch hauptsächlich als Warn- und Informationssystem, er warnt vor Gefahren und liefert wertvolle Informationen über die Außenwelt. Die enge Verbindung zwischen Geruchs- und Geschmackssinn wird uns meist erst bei einer Erkältung bewußt. Sowohl Geruch als auch Geschmack der aufgenommenen Nahrung sind dann herabgesetzt oder gar aufgehoben.

Der Geruch

Wie viele andere Organe des Körpers, so ist auch der Geruchssinn doppelt angelegt. Die Geruchsinneszellen liegen im Dach der Nasenhöhle, unmittelbar unter dem Stirnlappen des Großhirns. Diese als Riechschleimhaut (Regio olfactoria) bezeichnete Region enthält Millionen von Riechzellen (olfaktorische Zellen), die mit ihren feinen, haarförmigen Fortsätzen, den Zilien, in die Schleimschicht der Nasenschleimhaut hineinragen. Der Schleim hält die Sinneshärchen feucht und trägt ihnen Geruchsstoffe zu. Die vielen Sinneshärchen der Riechzellen, bis zu zwölf pro Zelle, vergrößern die Aufnahmefläche für Geruchsempfindungen und erhöhen das Geruchsvermögen.
Es ist nicht vollständig geklärt, wie die geringen Mengen chemischer Substanzen, die den Geruch ausmachen, aufgenommen und in Impulse der Sinneszellen umgewandelt werden. Es wird angenommen, daß sich die Geruchssubstanzen im Schleim lösen, dadurch in Kontakt mit den Sinneshärchen kommen und nun Impulse der Riechzelle auslösen.
Die Nervenfasern der Riechzellen leiten die Signale dann durch kleine Kanäle im Schädelknochen (Lamina cribrosa) an die erste Nervenzellstation im sogenannten Bulbus olfactorius weiter, der auf dem Boden der vorderen Schädelgrube direkt unter dem Stirnlappen des Großhirns liegt. Hier werden die ankommenden Impulse gesammelt und umgeschaltet und dann über komplizierte Faserverbindungen an den als Riechhirn bezeichneten Teil des Großhirns weitergegeben. Nach entsprechender Informationsverarbeitung werden die verschiedenen Gerüche nun bewußt.
Die molekulare Reaktion, mit der Geruch aufgenommen wird und Hunderte verschiedener Geruchsempfindungen unterschieden werden können, ist nach wie vor unbekannt.

Die Geruchssubstanzen

Um eine Geruchsempfindung auszulösen, muß ein Stoff, wie bereits erwähnt, chemische Substanzen freisetzen. Hierbei handelt es sich überwiegend um gasförmige Komplexverbindungen, die vom Schleim aufgenommen oder in ihm gelöst werden und so in Kontakt mit den Riechzellen gelangen.
Leichtflüchtige Substanzen, wie Benzin, gehen leicht in den gasförmigen Zustand über, und man kann sie daher leicht riechen.
Wasserlöslichkeit erhöht die Geruchsfähigkeit, da die Moleküle bei Verdunstung mit in die Luft gelangen, leicht aufgenommen und gut

Gasmoleküle und mit ihnen Geruchsubstanzen werden im Schleim der Nasenhöhle gelöst und treten in Kontakt mit den Sinneshärchen der Riechzellen am Boden des Nasendaches. Durch den Kontakt werden wahrscheinlich chemische Reaktionen ausgelöst, die dann zu einer Erregung der Riechzellen führen, die über Nervenfasern zunächst an den Riechknoten (Bulbus olfactorius) an der Basis des Stirnhirns weitergegeben werden. Von hier werden sie dann an die Großhirnrinde und an Teile des limbischen Systems übermittelt

Der Geruchssinn

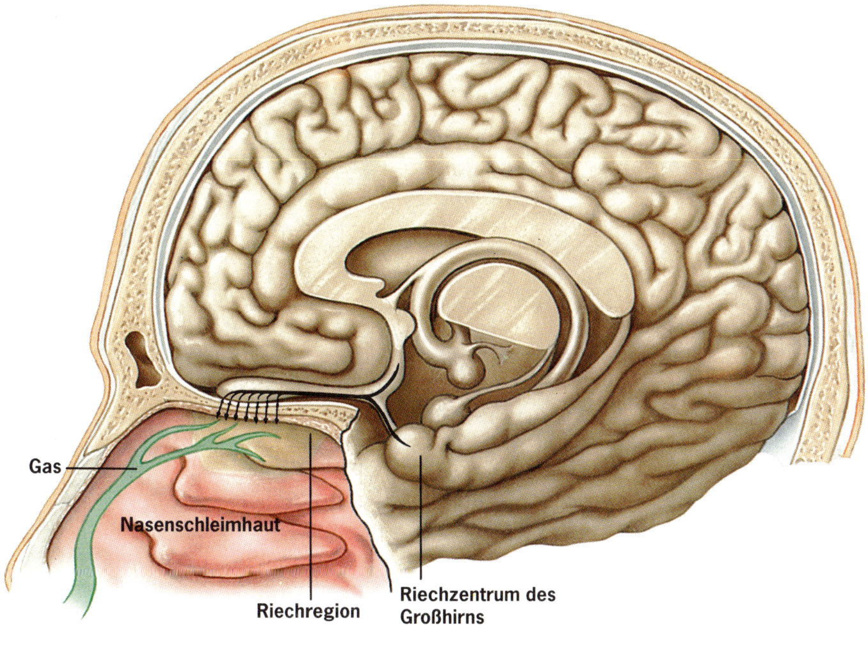

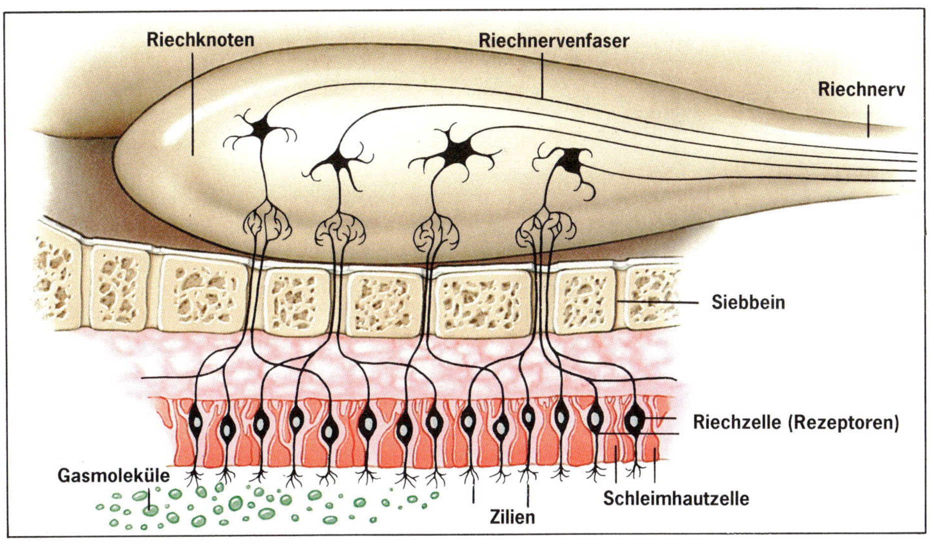

wieder im Schleim gelöst werden können. Auf diesem Prinzip basieren die Parfüms, ihre wasser- oder alkohollöslichen Komplexe verflüchtigen sich mehr oder weniger leicht und können so gut wahrgenommen werden.

Die Geruchsempfindung und das Geruchsgedächtnis

Der Gesamtkomplex des Gehirnes, der die Geruchsreize sammelt und verarbeitet, wird auch als Riechhirn bezeichnet und gehört entwicklungsgeschichtlich zu den ursprünglichsten Gehirnanteilen. Er ist eng mit dem limbischen System verbunden, jenem Gehirnteil, der für Emotionen und Gedächtnis verantwortlich ist. Seine Verbindungen erklären auch die engen Beziehungen zwischen Geruch, Gefühl und Gedächtnis. So werden bestimmte Gerüche als angenehm empfunden oder mit ihnen angenehme Ereignisse verknüpft, andere rufen Mißempfindungen oder gar Ekel hervor oder werden mit unangenehmen Begebenheiten in Zusammenhang gebracht. Auch können Geruchsempfindungen Hungergefühle, Abwehr- oder Alarmreaktionen auslösen.

Der Geschmack

Von den fünf Sinnen ist der Geschmackssinn am einfachsten aufgebaut. Er ist in seiner Vielseitigkeit eingeschränkt und vermittelt uns weniger Informationen über die Umwelt als alle anderen Sinne. Seine Aufgabe besteht in der Auswahl und Annahme der Nahrung, sie wird wesentlich ergänzt durch den weitaus differenzierteren Geruchssinn. Letzterer liefert über die vier Geschmacksqualitäten bitter, sauer, süß und salzig hinaus alle Informationen, die den Geruch der Nahrung ausmachen und letztlich den Gesamtgeschmackseindruck geben. Daher ist der Verlust des Geruchssinnes wesentlich problematischer als der des Geschmackssinnes.

Die Geschmacksknospen

Wie der Geruch so wird auch der Geschmack über den Kontakt mit chemischen Substanzen ausgelöst. In den Geschmackssinneszellen erfolgt die Umwandlung in entsprechende Nervenimpulse, die dann an das Gehirn zur Verarbeitung weitergegeben werden.
Die Geschmacksknospen bilden den Kern dieses Systems. Auf der Zunge findet man viele kleinste Fortsätze, die Papillen, in denen die Geschmacksknospen liegen. Die etwa 9000 Geschmacksknospen des Erwachsenen sitzen hauptsächlich auf der Zungenoberfläche, aber auch vereinzelt am weichen Gaumen und im Rachen. Jede dieser Geschmacksknospen enthält eine Gruppe von Rezeptorzellen, die Geschmackszellen. Sie ragen mit ihren feinen haarförmigen Fortsätzen, den Mikrovilli, durch Poren der Geschmacksknospen an die Papillenoberfläche. Ein kompliziertes Netzwerk von Nervenfasern führt von den Geschmackszellen über zwischengeschaltete Nervenzellen zum Gehirn. Die Nervenfasern schließen sich auf ihrem Weg zu Bündeln zusammen, die den beiden Hirnnerven Nervus facialis (siebter Hirnnerv) und dem Nervus glossopharyngeus (neunter Hirnnerv) folgen.
Die Geschmackszellen reagieren nur auf vier Qualitäten: süß, sauer, bitter und salzig. Sie liegen an unterschiedlichen Stellen der Zunge, süß an der Zungenspitze, salzig und sauer an den seitlichen Zungenrändern und bitter an der Zungenbasis.
Auch hier ist nach wie vor ungeklärt, auf welche Weise die Geschmackszellen auf die chemischen Substanzen reagieren und dann die Kontakte in Nervenimpulse umsetzen. Sicher ist unterdies, daß die Substanzen in Wasser gelöst sein müssen. Trockenes Essen gibt nur wenig Geschmack, erst die Durchmischung mit Speichel läßt die Geschmacksqualitäten deutlich hervortreten. Man nimmt heute an, daß die gelösten Substanzen die elektrische Ladung an der Oberfläche der Geschmackszellen ändern und so zur Entstehung von Impulsen in der Zelle führen.

Die Geschmacksanalyse

Die Nervenfasern ziehen von den Geschmackszellen über die Nervenfaserbündel mit dem Gesichtsnerv (Nervus facialis) und dem Zungen-Rachen-Nerv (Nervus glossopharyngeus) zu spezialisierten Nervenzellen im Hirnstamm. Hier folgt die erste Umschaltung der Nervenimpulse und die Weiterleitung über Nervenfasern, die auf die Gegenseite kreuzen und zum Thalamus ziehen. Nach weiterer Verarbeitung in den Thalamusnervenzellen werden die Impulse dann an die Großhirnrinde weitergegeben, in der die Endverarbeitung und Geschmackswahrnehmung stattfindet.
In der Großhirnrinde werden auch die übrigen sensiblen Empfindungen von der Zunge, wie Nahrungsbeschaffenheit und Temperatur, verarbeitet. Diese Verarbeitung geschieht hauptsächlich im Scheitellappen des Großhirns und wird durch die Geruchsinformationen ergänzt, die der benachbarte Schläfenlappen erhält. Die Geschmacks-, Geruchs- und sensiblen Empfindungen ergeben ein Bild von der zugeführten Nahrung.
Es sei nochmals erwähnt, daß der größte Teil der allgemein unter dem Begriff Geschmack zusammengefaßten Empfindungen durch den Geruch der Nahrung vermittelt wird.
Verglichen mit anderen Sinnesempfindungen, beispielsweise dem Geruch, ist die Geschmacksempfindung nicht hochsensibel. Man schätzt, daß für den Geschmack eine 25000fach höhere Konzentration einer bestimmten Substanz im Mund vorhanden sein muß, als sie für eine Geruchsempfindung notwendig wäre.
Trotzdem ermöglicht die Kombination der vier Geschmacksqualitäten süß, salzig, sauer und bitter, insbesondere durch die Konzentrationsanalyse der einzelnen Substanzen, eine größere Empfindungsbreite.

Der Geschmackssinn

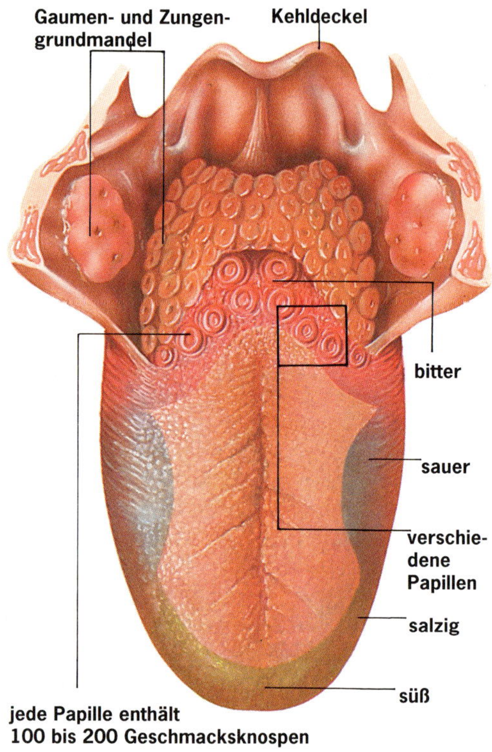

Die Zungenoberfläche ist durch verschiedenartig geformte Papillen vergrößert. In ihnen sind die Geschmacksknospen untergebracht, die wiederum die Geschmackszellen enthalten. Diese auf verschiedene Teile der Zunge verstreuten Geschmacksknospen erlauben die Empfindung der Geschmacksqualitäten süß, salzig, sauer und bitter

Einige der stärksten Geschmacksempfindungen, wie der scharfe Geschmack von stark gewürzten Speisen, wird durch einen Reiz der Schmerzrezeptoren der Zunge vermittelt.

Querschnitt durch die Zunge

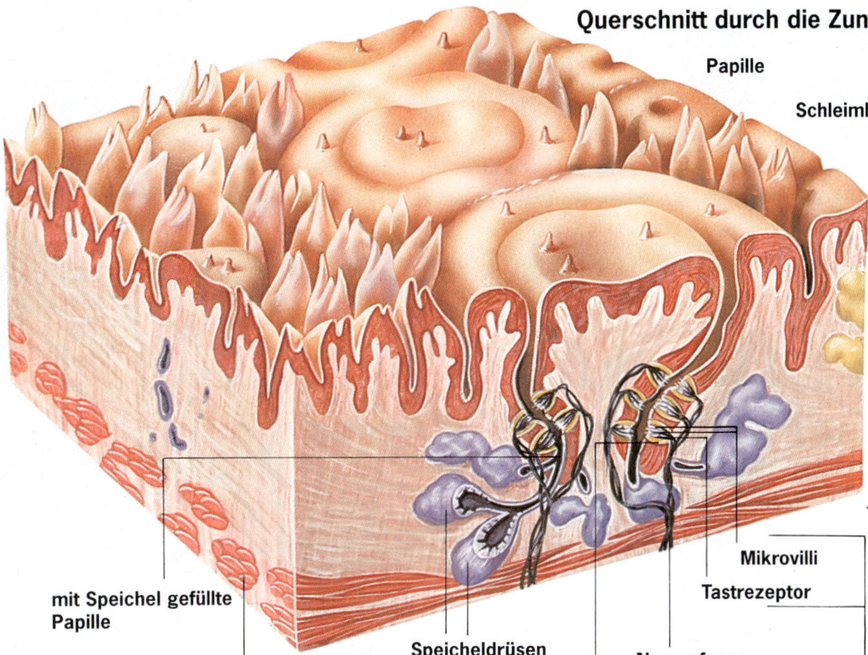

Der Geruch macht den größten Teil der allgemein unter dem Begriff Geschmack der Nahrung zusammengefaßten Empfindungen aus. Bei Ausfall des Geruchs bleiben lediglich die vier Geschmacksqualitäten übrig, die Nahrung schmeckt mehr oder weniger fade. Austern beispielsweise hätten keinerlei «Geschmack» mehr

Der Tastsinn

Um den Haarschaft der feinen Hauthärchen wickeln sich freie Nervenendigungen, die auf jede Bewegung der Härchen reagieren. Diese Nervenenden sind einfach in ihrem Aufbau und stellen ihre Impulsübermittlung bei anhaltender Haarbewegung rasch wieder ein. In der unbehaarten Haut, beispielsweise den Fingerspitzen und Lippen, finden sich viele Tastrezeptoren, die in einem diskusähnlichen Körperchen enden. Die Nervenfasern sind in dieses Körperchen eingelagert und reagieren langsamer auf Druck, stellen ihre Impulsgebung bei anhaltendem Druck jedoch nicht ein. Es existieren hier noch weitere, komplizierter aufgebaute Rezeptoren, bei denen sich die Membranschichten wie Zwiebelhäute um das Nervenende wickeln. Sie reagieren auf lang anhaltenden Druck. Zusätzlich wird die Impulsübermittlung dieser Tastrezeptoren durch die Hauttemperatur verändert. Dies erklärt auch, warum unser Tastsinn bei kalter Witterung eingeschränkt ist.

Die Nervenverbindungen

Jene Rezeptoren, die für bestimmte Druckempfindungen verantwortlich sind, übermitteln ihre Impulse über Nervenfasern an das Rückenmark und hier auf direktem Weg ohne Unterbrechung an den Hirnstamm. Diese direkte Verbindung zu höhergelegenen Hirnzentren erlaubt eine schnelle und korrekte Übertragung ohne Überschneidung mit anderen Nervenimpulsen durch Zwischenschaltung im Rückenmark.
Die Nervenfasern der Tastsinneszellen, die ein eher großflächiges Tastempfinden vermitteln, werden in der grauen Substanz des Rückenmarks in einem Netzwerk von Nervenzellen zunächst umgeschaltet und vorsortiert. Diese Nervenzellregion erhält auch Impulse der Schmerzrezeptoren. Hierdurch sind Überschneidungen von Impulsen beider Empfindungen möglich.
Die Rückenmarkszellen gleichen einer elektronischen Schranke, hier werden die ankommenden Nervenimpulse je nach ihrer Wertigkeit gefiltert und weitergeleitet, auch können sich bestimmte Reize gegenseitig beeinflussen. So erlaubt beispielsweise die Verminderung der Schmerzreizübermittlung durch Überlagerung der Nervenimpulse bestimmter Druckrezeptoren eine Reduzierung einfach strukturierter Meldungen zugunsten feinerer Empfindungen.
Die beiden unterschiedlichen Übertragungswege der Tastempfindungen, einerseits direkt zum Hirnstamm, andererseits über vorherige Umschaltung in Rückenmarknervenzellen, ermöglichen die Ermittlung feinster Tastunterschiede. So können die Stärke, die Zeitdauer und der Ort des jeweiligen Druckes exakt bestimmt werden.

Ist der Druck auf die Haut zu stark, so werden über die Verbindungen der Rückenmarkszellen Schmerzfasern mit erregt, und es entsteht zusätzlich ein Schmerzreiz.

Die Empfindungskoordination

Sowohl die direkt aufsteigenden als auch die im Rückenmark zunächst umgeschalteten Nervenfasern der Tastrezeptoren erreichen schließlich das Kerngebiet des Thalamus im Großhirn. Hier werden die Impulse gesammelt und zusammengesetzt und dann an den Scheitellappen des Großhirns weitergegeben, indem sie zunächst in einem primären und nach weiterer Übermittlung in einem sekundären und tertiären sensorischen Feld verarbeitet. So entsteht schließlich der komplexe Gesamteindruck der Tastempfindung. Lage, Stärke und Bedeutung sind ermittelt, mit anderen Sinneseindrücken von Augen und Ohren sowie mit gespeicherten Erinnerungen verglichen, und Reaktionen werden ausgearbeitet.
Die ebenfalls eintreffenden Informationen über die Stellung des Körpers, der Gliedmaßen und Gelenke ermöglichen zudem eine Bestimmung der Größe und Form der berührten Objekte und ihre Unterscheidung voneinander.

Berührungs- und Druckrezeptoren der Haut geben ihre Impulse an das Gehirn über zwei verschiedene Wege im Rückenmark weiter. Die direkte Bahn übermittelt die genau lokalisierbaren Tastempfindungen, die indirekte mehr diffuse Druckempfindungen

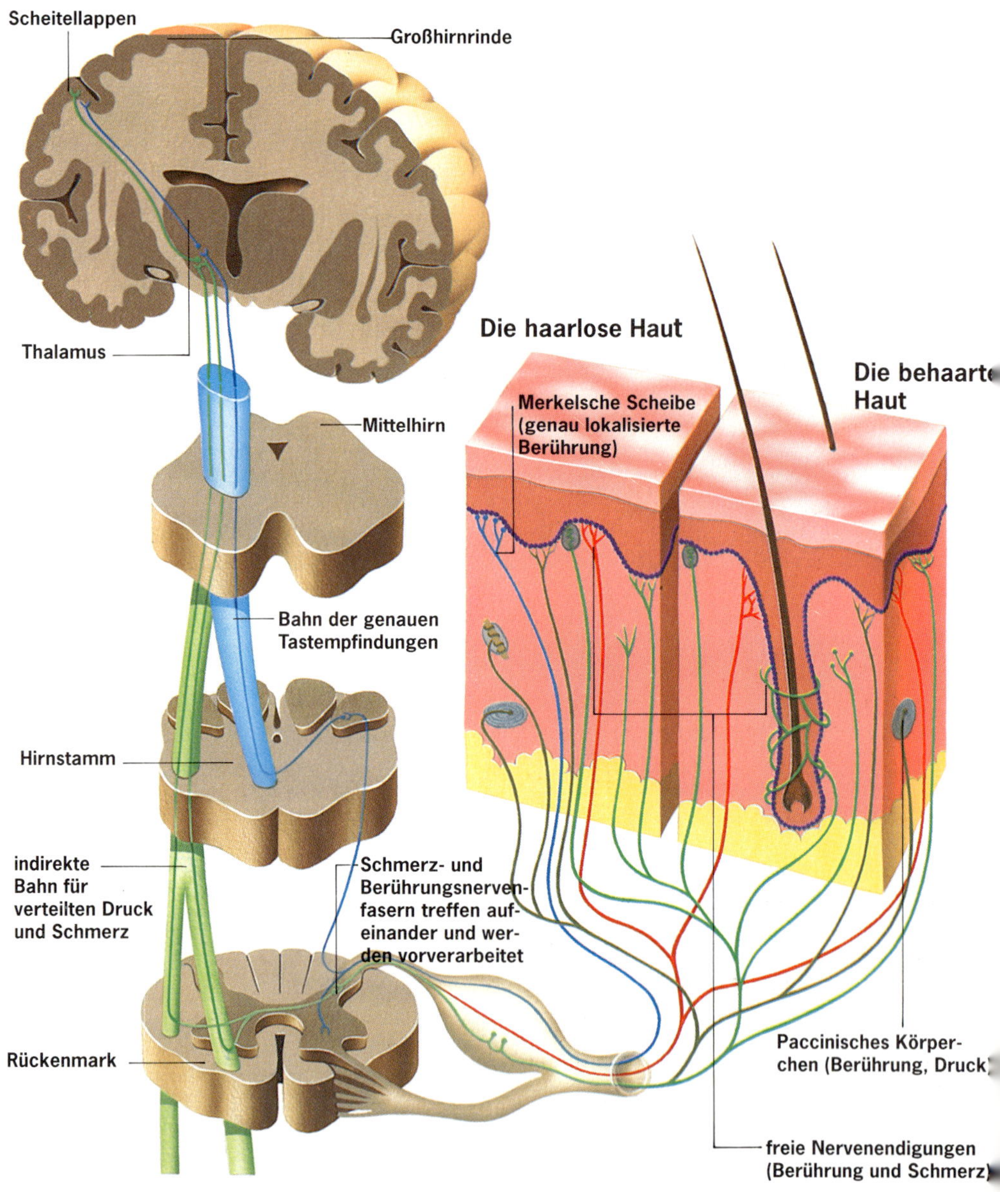

Die Sprache

Die Sprache ist eine der kompliziertesten Leistungen, die vom menschlichen Körper erbracht werden. Letztlich wird die Sprache, ihr Entwurf, Ausdruck und Verstehen, vom Großhirn koordiniert. In der Großhirnrinde gibt es sogenannte Sprachzentren, in denen Worte, Sätze und Zusammenhänge geformt und als Signale an die Vielzahl der an der Sprache beteiligten Muskeln von Lunge, Kehlkopf, Rachen und Mund übermittelt werden.
Die Muskeln des gesamten Atemwegsystems und auch zum Teil der Bauchmuskulatur spielen eine Rolle bei der Stimm- und Sprachbildung. Die wichtigsten sind jedoch die des Kehlkopfes, der Zunge, des weichen Gaumens und der Lippen.

Der Kehlkopf

Der Kehlkopf ist bildlich gesprochen der Lautsprecher des Körpers. Er enthält die Stimmbänder, die durch ihre Schwingungen den Ton erzeugen.
In weitaus weniger komplizierter Form dient er noch dem Abschluß des Atemweges vom Speiseweg. Beim Schlucken schließt der Kehldeckel den Kehlkopf vollständig ab, so daß Nahrung und Flüssigkeit auf dem richtigen Weg in die Speiseröhre und schließlich in den Magen gelangen. Bei der Atmung hebt sich der Kehldeckel und gibt den Atemweg zu den Lungen frei.
Der Kehlkopf liegt an der Vorderseite des Halses, etwa im oberen bis mittleren Drittel, im unteren Drittel geht er in die Luftröhre über. Den oberen Abschluß bildet der Kehldeckel (Epiglottis), der den Kehlkopfeingang freigibt oder verschließt.
Der Schlußmechanismus des Kehldeckels wird zentral gesteuert. Geht diese Steuerung bei der Nahrungsaufnahme fehl, allgemein unter dem Begriff Verschlucken bekannt, so können Flüssigkeit oder kleine Nahrungspartikel in den Kehlkopf gelangen. Die Berührung mit dem Kehlkopf führt zu einem reflektorischen Schluß der Stimmlippen und dann ebenfalls reflektorisch zu mehreren Hustenstößen, die die eingedrungenen Partikelchen wieder austreiben.
Die Stimmbänder haben eine ähnliche Funktion wie die schwingenden Anteile der Mundstücke von Rohrblasinstrumenten, beispielsweise einer Klarinette. Wird Luft hindurchgeblasen, so schwingt das Holz- oder Plastikstück des Blasinstruments und erzeugt einen Grundton, der dann durch die Länge des Instruments und die verschiedenen Öffnungen in der Höhe variiert wird. Ähnlich erzeugen die Stimmbänder durch ihre Schwingungen bei Austritt der Atemluft einen Grundton, den dann Rachen, Mund und Nase variieren.
Die Stimmbänder bestehen aus zwei feinen, lippenähnlichen Bändern, die sich beim Luftdurchtritt öffnen und schließen können. Das eine Bandende ist nach hinten jeweils an einem beweglichen kleinen Knorpel, dem Stellknorpel, befestigt, während das vordere Bandende an der Innenseite des Schildknorpels fixiert ist, der Stelle, die nach außen als sogenannter Adamsapfel vorspringt. Durch Drehung der Stellknorpel kann der Spalt zwischen beiden Stimmbändern, die Stimmritze, zwischen einem schmalen Schlitz und einem weiten, nach hinten offenen Spalt variiert werden. Wird die Stimmritze beim Luftaustritt aus den Lungen verkleinert, so geraten die Stimmbänder in Schwingungen, und es wird ein Grundton erzeugt, ein Vorgang, den man als Phonation bezeichnet. Die Lautstärke wird durch die Stärke des austretenden Luftstromes, die Tonhöhe durch die Lage und Spannung der Stimmbänder bestimmt. Stimmklang und natürliche Stimmlage sind durch die Form und Größe von Kehlkopf, Rachen, Nase und Mund sowie dem Resonanzkörper der Nasennebenhöhlen festgelegt. Hierin liegt auch der Grund für die im allgemeinen tiefere Stimme des Mannes: Der Kehlkopf ist größer und weiter, die Stimmbänder sind länger und von geringerer Spannung. Mund, Zunge und Gaumensegel sind ausschlaggebend für die Umformung des im Kehlkopf erzeugten Grundtones. Um beispielsweise Konsonanten wie k oder t zu bilden, muß die aus dem Kehlkopf tretende Luft durch Zunge und Gaumen scharf unterbrochen werden, während die Erzeugung der Vokale a und e eine bestimmte Position von Lippen, Zähnen und Zunge bei konstant austretendem Luftstrom erfordert.

Die Lage und der Bau des Kehlkopfes

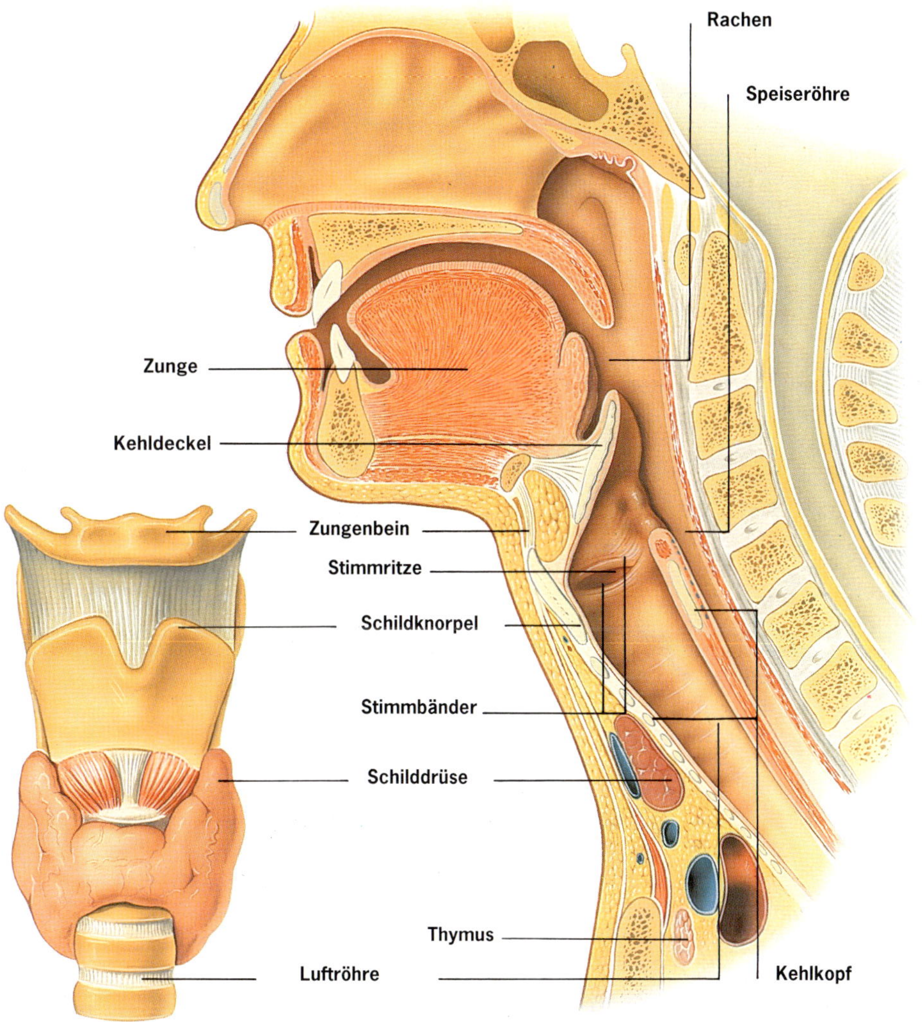

Der Kehlkopf in Front- und Seitansicht. Man erkennt die Stimmbänder, die bei Durchtritt des Luftstromes in Schwingungen geraten und so den Ton erzeugen. Der feine Aufbau und die Beweglichkeit verschiedener Knorpel ermöglichen die Weitstellung, Verengung und Spannungsregelung der Stimmbänder

Das motorische Areal der Großhirnrinde steuert das komplizierte Zusammenspiel der vielen Muskeln, die an der Stimmbildung beteiligt sind

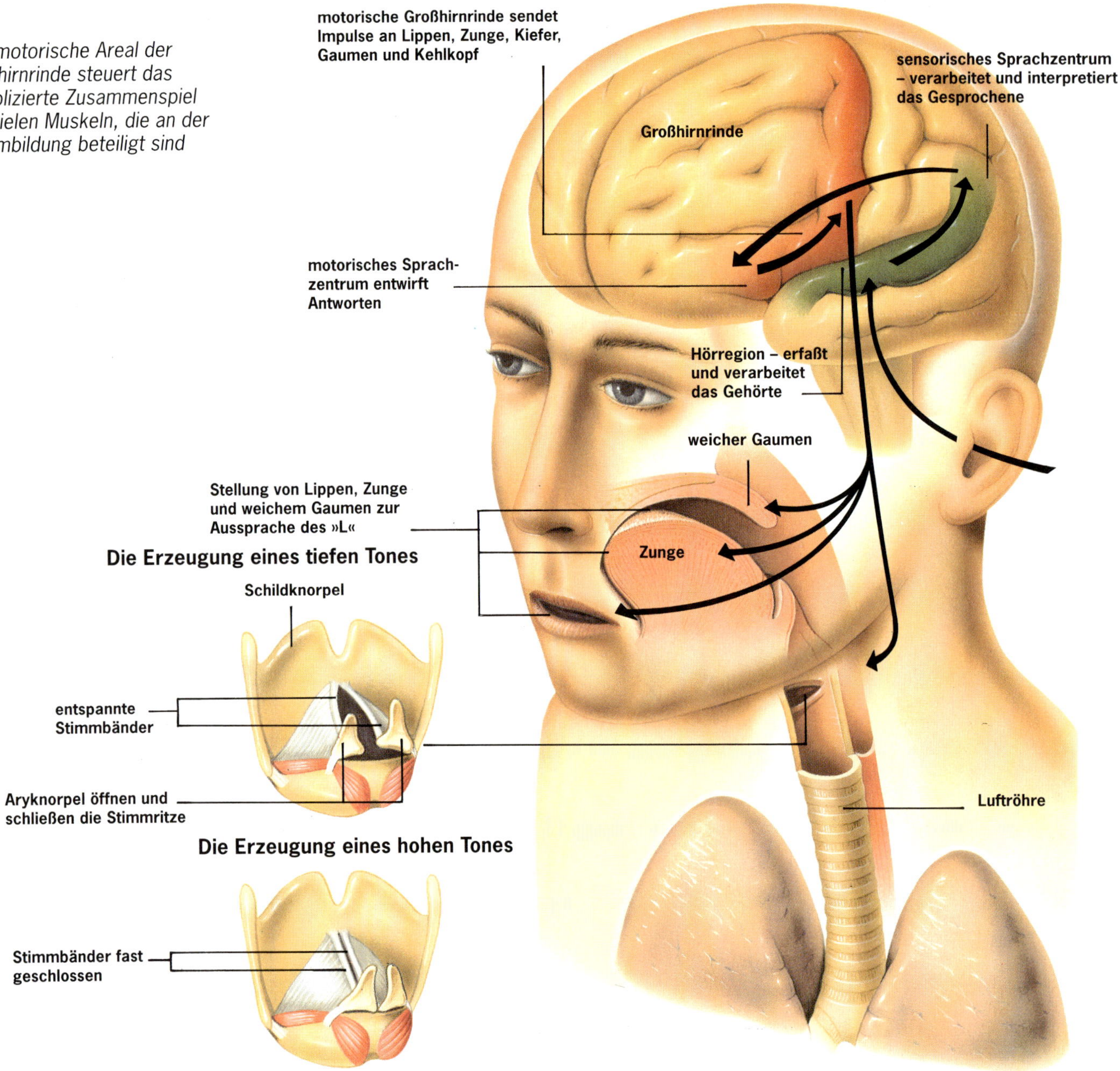

Jede Sprache wird durch unterschiedliche Stellung von Lippen, Zähnen und Zunge erzeugt. Die herausragende Bedeutung von Lippen und Mund bei der Sprachentstehung wird durch die Möglichkeit des Lippenlesens tauber Menschen dokumentiert.

Die Sprachbildung

An der Umwandlung des im Kehlkopf gebildeten Grundtones in die Sprache sind, wie bereits erwähnt, die Lippen, die Zunge, der weiche Gaumen und die verschiedenen Resonanzkörper beteiligt. Als Resonanzkörper dienen der Kehlkopf, der Rachen, die Mundhöhle, die Nasenhöhle und die Nasennebenhöhlen und zu einem geringen Anteil auch die Brusthöhle.

Die Kontrolle und Koordination dieser Strukturen wird durch eine Vielzahl größerer und kleinerer Muskeln gewährleistet, die in einer unglaublichen Geschwindigkeit eng zusammenarbeiten.

Einfach ausgedrückt, entsteht die Sprache durch Bildung von Konsonanten und Vokalen. Die Resonanzqualitäten der oben angesprochenen, verschiedenen Hohlraumsysteme ermöglichen die Individualität der Stimme. So hängt beispielsweise die Aussprache der Nasallaute m, n und ng von der freien Resonanz im Nasenraum ab. Drückt man die Nase beim Sprechen zu, so wird durch Ausfall dieses Resonanzkörpers erst deutlich, wie die Sprache durch ihn abgerundet wird und ihre Klarheit erhält.

Bei der Stimmbildung gerät auch der Schädelknochen in feinste Schwingungen, und der Gesamteindruck, den wir selbst von unserer Stimme erhalten, ist eine Kombination von Gehör und übermittelten Schädelschwingungen. Dies ist auch der Grund, warum die eigene Stimme nach Aufzeichnung auf einem Magnetband verändert erscheint, denn aufgezeichnet werden hier lediglich die von der Luft übertragenen Töne.

Die Aufgaben des Gehirns

Die Sprache und die damit verbundenen Funktionsabläufe sind normalerweise auf eine Großhirnhemisphäre konzentriert, bei Rechtshändern gewöhnlich auf die linke und bei Linkshändern gewöhnlich auf die rechte. In der Großhirnrinde selbst kann man zwei Zentren unterscheiden: Das motorische Sprachzentrum, das die Muskeln von Mund, Kehlkopf und Brustkorb bei der Sprachbildung steuert, und das sensorische Sprachzentrum, das die vom Gehör übermittelten Tonsignale verarbeitet und interpretiert. In unmittelbarer Nachbar-

Die Muskeln für die Lippenbewegung

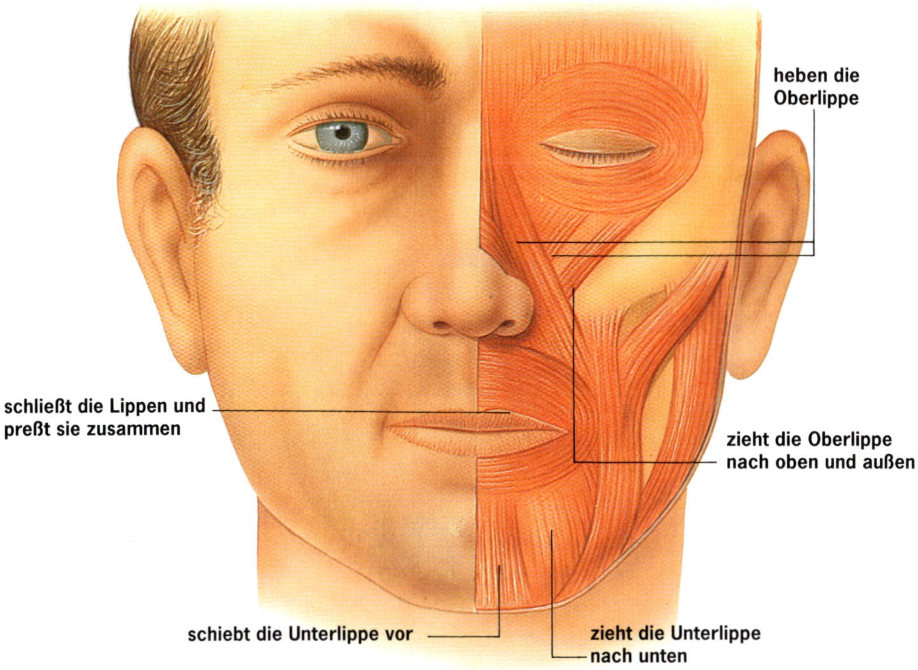

Links: *Die feinen Lippenbewegungen werden durch die in der Abbildung bezeichneten Gesichtsmuskeln ermöglicht. Die Lippenbewegungen spielen eine große Rolle bei der Stimmbildung.*

Unten: *Die Lage der Zunge und der sie umgebenden Muskeln. Zusammen mit Rachen, Lippen und Zähnen ist die Zunge an der Stimmbildung beteiligt*

schaft liegen auch jene Gehirnareale, die das Gehör (Sprache anderer Personen), das Sehen (geschriebene Worte) und die komplexen Hand- und Fingerbewegungen beim Schreiben oder Spielen eines Instrumentes steuern.

Die Unterhaltung beispielsweise ist ein hochkomplizierter Vorgang. Die Sprache einer anderen Person wird über das Gehör und die hierüber vermittelten Signale an das sensorische Sprachzentrum weitergegeben. Durch Verarbeitung und Weitergabe an höhere Hirnzentren wird die Sprache bewußt und die Bedeutung der aufgenommenen Worte erfaßt, dann über Verknüpfungen mit Gedächtnisspeicherungen und Persönlichkeitsstrukturen verarbeitet und eine Antwort geformt. Die so entstandenen antwortenden Impulse werden an das motorische Sprachzentrum weitergegeben, das die Bewegungsmuster zur notwendigen Sprachbildung entwirft. Übertragen und koordiniert erreichen die Impulse über den Hirnstamm schließlich die Sprachmuskulatur und werden in die eigentliche Antwort umgesetzt. Zentren im Hirnstamm steuern die Zwischenrippen, das Zwerchfell- und die Bauchmuskulatur, die den Ein- und Ausstrom der Luft regulieren.

Der in den Lungen erzeugte Druck ist für die Menge und Geschwindigkeit der austretenden Luft und damit für die Lautstärke verantwortlich. Je schneller die Luft über die Stimmbänder streicht, desto lauter wird der erzeugte Ton. Beim Flüstern liegen die Stimmbänder weit auseinander und vibrieren kaum mehr in dem jetzt langsamen Luftstrom, es entsteht der sogenannte Flüsterton.

Die Lage der Zunge

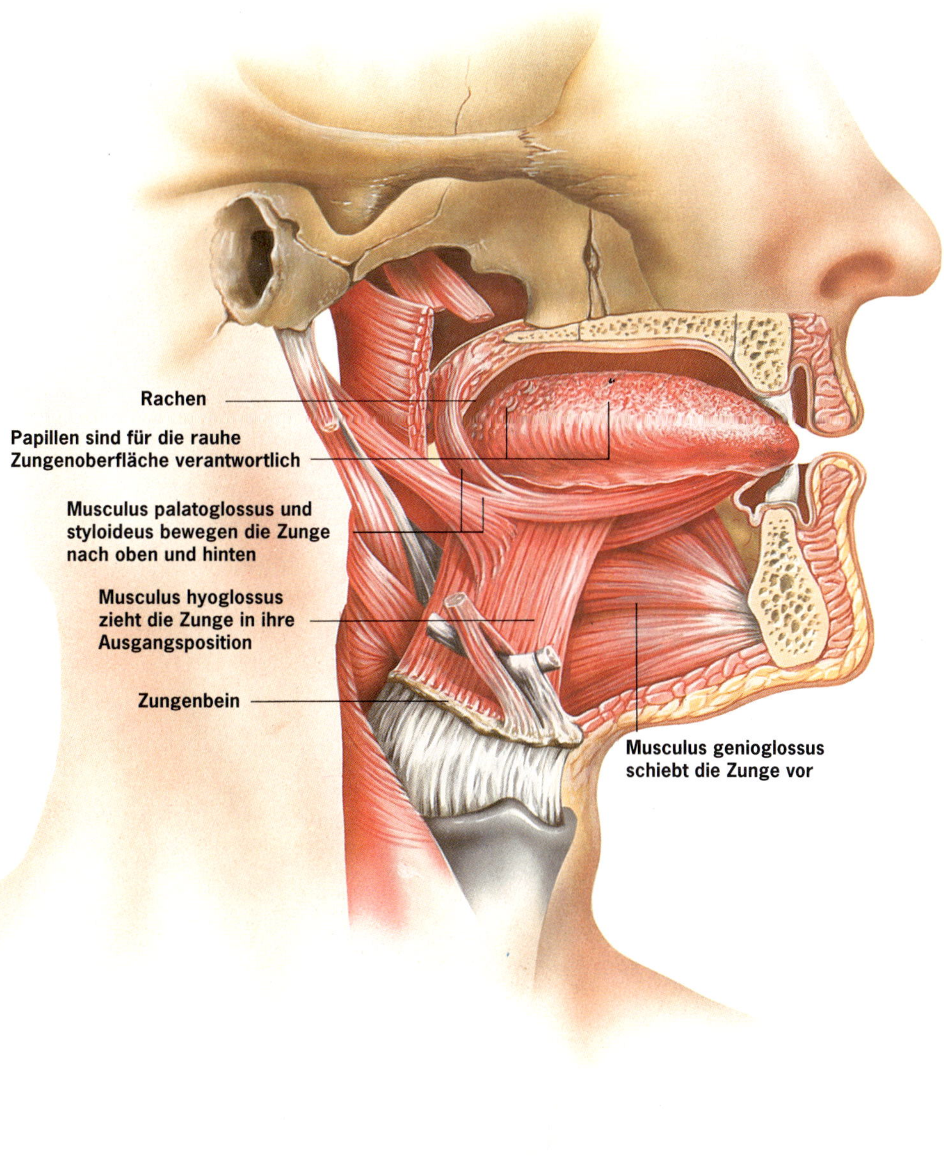

Die Koordination

Die geschmeidigen Bewegungen eines Kunstturners oder Athleten zeigen, wie genau koordiniert das menschliche Gehirn die Muskelgruppen von Rumpf und Gliedmaßen steuern kann. Für diese komplizierten Bewegungsabläufe steht im Gehirn ein hochentwickeltes Regelungs- und Steuersystem zur Verfügung, das selbst unsere heutigen fortschrittlichen Computer primitiv erscheinen läßt.
Bereits beim Säugling sind viele Reflexmuster entwickelt. Ein Reflexbeispiel des Erwachsenen sei die Schnelligkeit, mit der die Hand bei Berührung eines heißen Gegenstandes zurückgezogen wird. Den Reflexbewegungen sind die vom Gehirn gesteuerten Bewegungen übergeordnet. Bei jeder Bewegung kontrahieren bestimmte Muskelgruppen und erschlaffen ihre Gegenspieler, während andere Muskelgruppen einen bestimmten Spannungszustand aufrechterhalten, um Körperstellung und Gleichgewicht zu gewährleisten. Der Vorgang, bei dem alle Muskelkontraktionen vom Gehirn aufeinander abgestimmt werden, um einen harmonischen Bewegungsablauf zu ermöglichen, wird als Koordination bezeichnet.

Der Koordinationsablauf

Der Ablauf der Gesamtkoordination läßt sich am besten an einem Beispiel verdeutlichen, dem Ergreifen einer Tasse. Bevor es überhaupt zum Bewegungsablauf kommt, müssen Lage der Tasse und Stellung der Hand und ihre räumliche Beziehung zueinander ermittelt werden. Zunächst muß also dem Gehirn ein genauer Plan der Umwelt vorliegen, dies bezeichnet man als räumliche Wahrnehmung. Sie muß nun vom Gehirn interpretiert und ein Plan zur Erreichung der Tasse entworfen werden. Dieser Plan wird dann in zeitlicher Reihenfolge in abgestimmte Bewegungsmuster umgesetzt, damit die Muskulatur im richtigen Ablauf kontrahiert und erschlafft. Während des dann ausgeführten Bewegungsablaufes gehen dem Gehirn kontinuierlich Meldungen der Muskeln, Sehnen und Gelenkrezeptoren sowie der Augen zu, so daß jeder Augenblick der Bewegung kontrolliert wird und gegebenenfalls korrigiert werden kann.
Um mit der Hand die Tasse zu ergreifen, muß sich möglicherweise noch der Körper vorlehnen. Da sich durch diese Bewegung der Körperschwerpunkt verlagert, muß auch die Spannung bestimmter Muskelgruppen verändert werden, um insgesamt das Gleichgewicht zu erhalten.
Zum Ergreifen der Tasse sind also neben den eigentlichen Bewegungen von Hand, Arm und Oberkörper eine Reihe weiterer, zum Teil reflektorisch ablaufender Muskelkontraktionen und Spannungsänderungen notwendig, die zum größten Teil unbewußt ablaufen.

Die Entwicklung der Koordination

Für alle beabsichtigten Bewegungen benötigt man eine gewisse Übung, bevor sie koordiniert ablaufen. So stellt beispielsweise das später als einfach empfundene Laufen für das sich entwickelnde Kind zunächst ein großes motorisches Problem dar. Mit der Reifung des Kindes entwickeln sich Gehirn und Nervenverbindungen, und die einfachen angeborenen

Die komplizierten Bewegungsabläufe, die beispielsweise beim Hürdenlauf notwendig sind, erfordern die fein abgestimmte Zusammenarbeit zahlreicher Gehirnteile

Abläufe im Gehirn beim Ergreifen einer Tasse

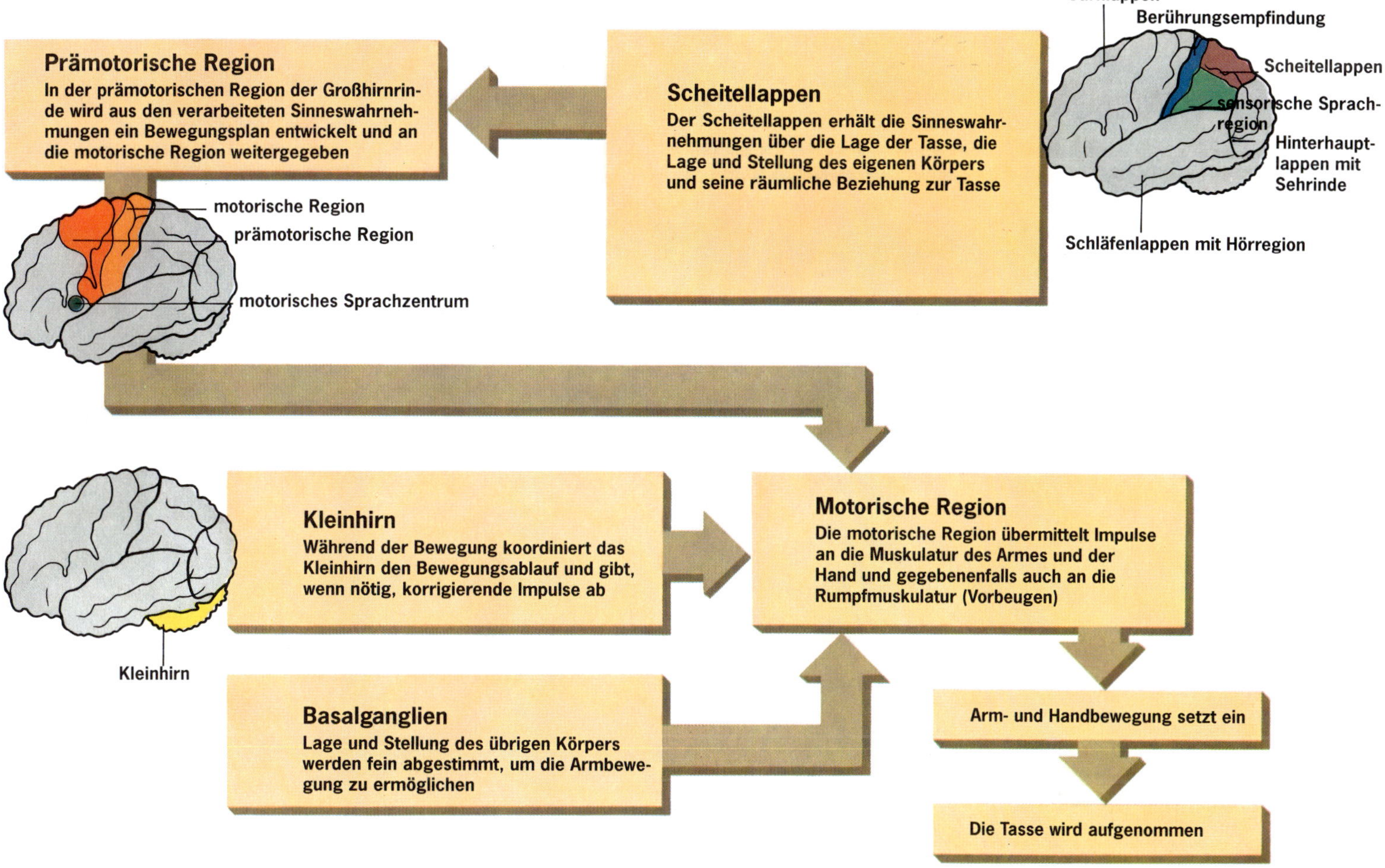

Die Abbildung zeigt die fein abgestimmte Zusammenarbeit vieler Körperstrukturen, hier der Sinnesorgane, des Gehirns, des Rückenmarks und der Nerven, schließlich der Muskeln, Sehnen, Gelenke und Bänder

Reflexe, beispielsweise der Saugreflex und die Schreckreaktion, werden nach und nach von komplizierteren Bewegungsmustern überlagert.
Sie treten gleichzeitig mit den zunehmenden Sinneswahrnehmungen des Kindes ein. Ein Spielzeug mag zum Beispiel durch seine leuchtende Farbe die Aufmerksamkeit des Kindes erregen, da es ein starkes Signal an das Gehirn übermittelt. Kann der Gegenstand nun nicht durch bloße Armbewegungen erreicht werden, so wird der Impuls erzeugt, sich auf den Gegenstand zuzubewegen. Die ersten Bewegungsversuche sind keineswegs koordiniert, die Gliedmaßen werden nur wild und ungezielt bewegt.
Diese Bewegungen sind jedoch für jene Gehirnverbindungen notwendig, die dann das koordinierte Krabbeln ermöglichen. Ist das Krabbeln erlernt, so werden die Gehirnverbindungen und Nachrichten an die Muskeln weiter verbessert, so daß das Kind bald alles erreichen und greifen kann, was auf dem Boden liegt.

Kann sich das Baby dann aufrichten, so muß vorwiegend das Kleinhirn die nun eintreffenden, veränderten und komplizierten Meldungen des Gleichgewichtszentrums verarbeiten. Das Erlernen des Laufens ist nun ein weiterer Lernvorgang, der viele Versuche erfordert, bis in Kleinhirn und Großhirn entsprechende Bewegungsmuster entwickelt sind, die ein koordiniertes Zusammenspiel der Muskulatur und damit einen harmonischen Bewegungsablauf ermöglichen. Diese so erlernten Bewegungsmuster werden einzeln, sozusagen vorprogrammiert in den Nervenzellen des Rückenmarks gespeichert, sie bedürfen jedoch eines vom Gehirn entworfenen zusammenhängenden Musters, um koordiniert arbeiten zu können, ähnlich den Orchestermusikern, die einen Dirigenten benötigen, um abgestimmt zusammenspielen zu können. Sobald diese einfacheren Bewegungsmuster voll entwickelt und im Gehirn programmiert sind, benötigt der Ablauf dieser Bewegungen keine spezielle Konzentration mehr. Gibt das Großhirn nun die Anweisung ›Gehen‹, so laufen die koordinierten Muskelbewegungen automatisch ab. Das Kleinhirn steuert und koordiniert die Bewegungsabläufe, dieser Vorgang wird jedoch auch mehr und mehr unbewußt. Taucht beispielsweise ein neues Problem, wie das Tragen hoher Schuhe auf, so müssen die Bewegungsmuster und auch der gleichgewichtserhaltende Tonus der Muskulatur neu programmiert werden, da durch die veränderte Fußstellung auch die Stellung des Beines und letztendlich der gesamte Körperschwerpunkt etwas verlagert werden.

Die fortgeschrittenen Koordinationen

Hierunter versteht man die Koordination der Augenbewegungen und Wahrnehmung der visuellen Großhirnzentren mit den Bewegungen der übrigen Skelettmuskulatur. Es ist offensichtlich, daß diese komplizierte Koordination, die den größten Teil des Gehirnes beansprucht, sich in der Kindheit als letzte entwickelt. Sie bildet die Grundlage für das Erlernen komplexer Bewegungsmuster, die für komplizierte Arbeiten, Sport oder das Spielen eines Instruments erforderlich sind.
Der sogenannten Veranlagung nach scheint das Gehirn mancher Menschen für bestimmte Leistungen besonders gut entwickelt zu sein. Doch hängt das Erlernen komplizierter Bewegungsmuster in der Hauptsache vom Willen und der Beharrlichkeit des Menschen ab, diese zu üben.

Kapitel 5

Das endokrine System

Viele Körperfunktionen werden durch innersekretorische (endokrine) Drüsen gesteuert. Sie tragen dazu bei, daß die verschiedenen Organsysteme harmonisch zusammenarbeiten. Durch die Abgabe chemischer Substanzen (Hormone) in die Blutbahn sind sie in der Lage, Informationen an Organe weiterzugeben und sie zu bestimmten spezifischen Leistungen anzuregen. Hierin eingeschlossen sind die entscheidenden Fähigkeiten zu Wachstum und Fortpflanzung. Da alle Hormone an Stoffwechselvorgängen beteiligt sind, sind gerade ihre Wechselwirkungen für den Gesamtablauf entscheidend.

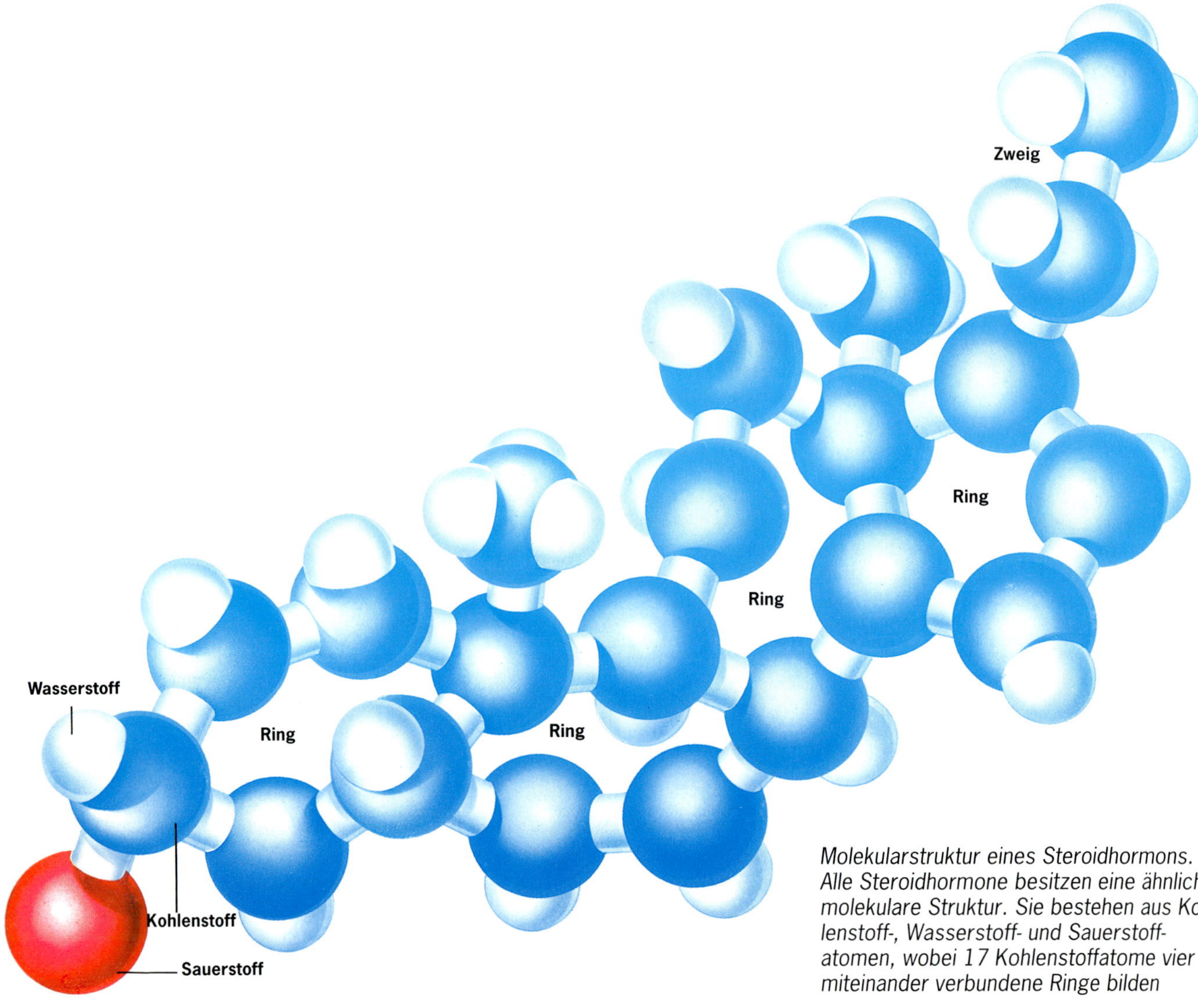

Molekularstruktur eines Steroidhormons. Alle Steroidhormone besitzen eine ähnliche molekulare Struktur. Sie bestehen aus Kohlenstoff-, Wasserstoff- und Sauerstoffatomen, wobei 17 Kohlenstoffatome vier miteinander verbundene Ringe bilden

Die Hormone

Hormone sind die chemischen Überträgersubstanzen des Körpers. Sie werden in speziellen Drüsen bestimmter Körperregionen gebildet und erreichen auf dem Blutweg die Zellen ihrer Zielorgane, um dort ihre Wirkung zu entfalten. Die innersekretorischen Drüsen, die den größten Teil menschlicher Hormone produzieren und abgeben, bestehen aus einer Ansammlung von Drüsenzellen. Sie besitzen im Gegensatz zu den außersekretorischen (exokrinen) Drüsen keine Ausführungsgänge und geben ihre Hormone direkt in die umgebenden Blutgefäße ab.

Die Hormonwirkung

Im Gegensatz zu der Nervenübertragung tritt die Hormonwirkung meist verzögert ein und hält über einen längeren Zeitraum an. Der Wirkungseintritt variiert bei den verschiedenen Hormonen beträchtlich. Jene mit stark verzögert einsetzender und lang anhaltender Wirkung beeinflussen grundlegende Lebensvorgänge, wie Wachstum und Fortpflanzung. Im allgemeinen beeinflussen die Hormone den Zellstoffwechsel der Zielorgane, zum Beispiel in welchem Umfang Nährstoffe aufgenommen, gespeichert oder wieder freigesetzt werden.

Aufgrund ihrer großen Wirkungsbreite und der vielseitigen Angriffspunkte werden bestimmte Hormone als Steuerhormone bezeichnet. Hierzu zählen das Insulin und die Sexualhormone. Daneben gibt es einige andere Hormone, deren Wirkung wesentlich enger an den Bildungsort gebunden ist. Ein Beispiel hierfür ist das Hormon Sekretin, das in Drüsen des Dünndarms gebildet wird, wenn er mit Nahrung gefüllt ist, und dann auf kurzem Weg über die Blutbahn die Bauchspeicheldrüse erreicht, wo es die Freisetzung des enzymreichen Bauchspeicheldrüsensaftes auslöst.

Ein weiteres Beispiel für die ortsgebundene Hormonwirkung ist das auch als Transmittersubstanz bezeichnete Acetylcholin, das an der Nervenendplatte freigesetzt wird und den Reiz zur Muskelkontraktion übermittelt.

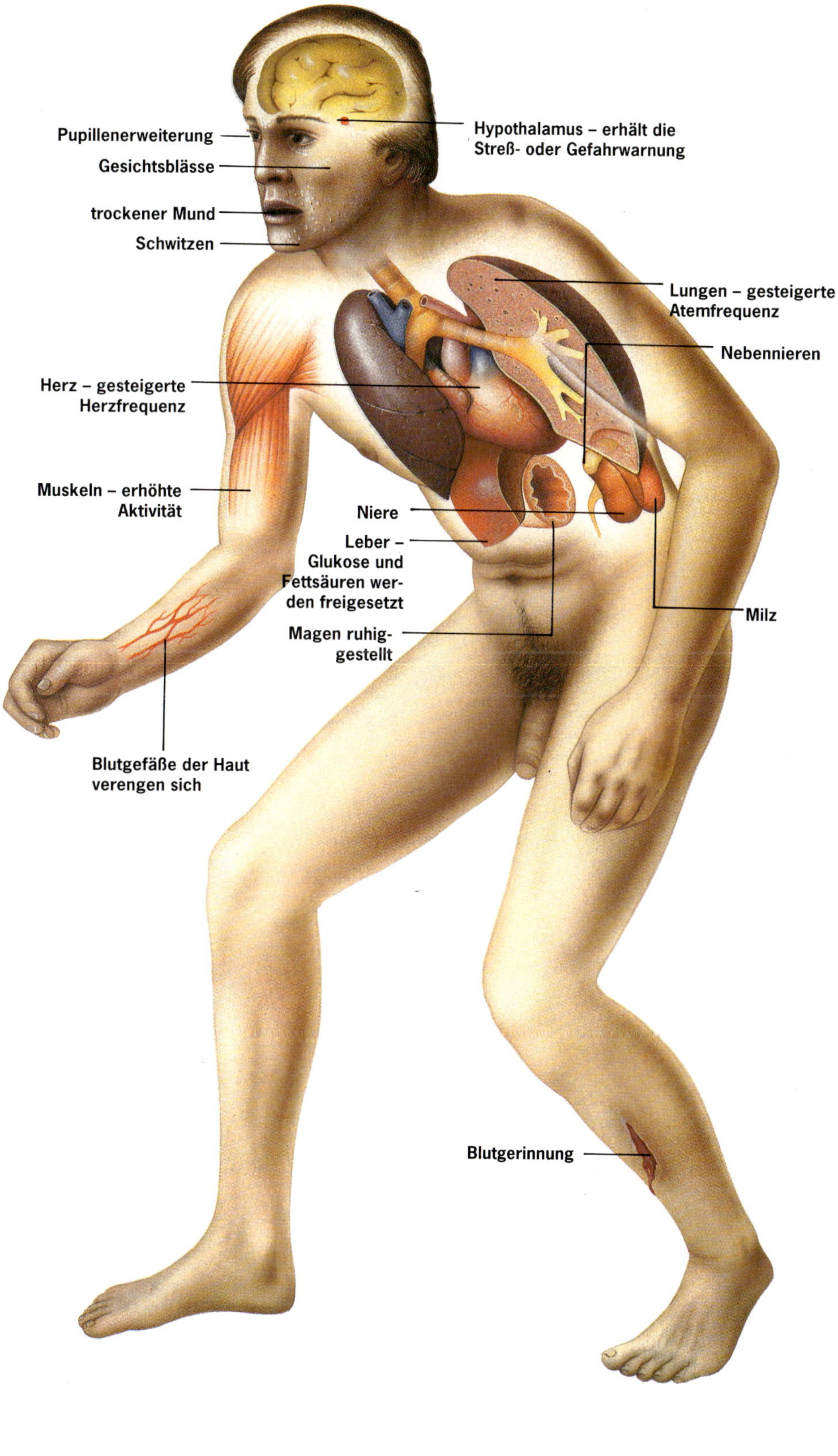

Rechts: *Das Adrenalin des Nebennierenmarks ist bekannt als Aktions-, Kampf- oder Abwehrhormon. An den Blutstrom abgegeben, führt es zur sofortigen Wirkung auf verschiedene Organe: Steigerung von Herzfrequenz und Herzminutenvolumen, Steigerung der Atemfrequenz, Steigerung des Körperumsatzes und Bereitstellung von Nährstoffen zur Energiegewinnung. Adrenalin wird in Gefahren- oder Streßsituationen freigesetzt. Ein über lange Zeit erhöhter Adrenalinspiegel, beispielsweise in lang anhaltenden Streßsituationen, kann zu körperlichen Schäden führen*

Die Eiweiß- und Steroidhormone

Hormone sind in geringer Konzentration wirksam. In einigen Fällen reicht bereits 1 Millionstel Gramm aus, um eine entsprechende Wirkung zu erzielen.
Aufgrund ihrer chemischen Struktur werden die Hormone in zwei Hauptgruppen unterteilt: die Eiweiße oder Eiweißabkömmlinge und die Hormone, die sich von einer speziellen chemischen Ringstruktur (Steroid) ableiten. Die Sexualhormone und die Hormone der Nebennierenrinde sind Steroidhormone oder kurz Steroide. Das Insulin ist ein Eiweiß, die Schilddrüsenhormone sind Eiweißabkömmlinge (Proteinderivate). Erreicht ein Hormon sein Zielorgan, so kann es seine Information nur dann übermitteln, wenn an der entsprechenden Zelloberfläche eine spezifische Rezeptorstelle ausgebildet ist (Schlüssel-Schloß-Prinzip). Lagert sich nun das Hormon an den spezifischen Rezeptor an, so führt es in dieser Zelle zur Freisetzung einer bestimmten Substanz, dem zyklischen AMP (Adenosinmonophosphat). Das zyklische AMP wiederum aktiviert eine Reihe von Enzymsystemen innerhalb der Zelle und löst damit den Ablauf bestimmter Stoffwechselvorgänge aus.
Die ablaufenden Stoffwechselvorgänge sind von der jeweiligen Zellstruktur abhängig. So werden zum Beispiel durch zyklisches AMP in Anwesenheit von Insulin die Zuckeraufnahme in die Zelle und die Zuckerverarbeitung, in Anwesenheit von Glukagon hingegen der Zuckerabbau und die Zuckerfreisetzung aus der Zelle gesteigert. In letzterem Fall dient der freigesetzte und an das Blut abgegebene Zucker der Energiebereitstellung für die arbeitenden Zellen.
Die Hormone werden entweder an der Zelle selbst inaktiviert oder aber in der Leber abgebaut und entweder ausgeschieden oder für die erneute Hormonproduktion verwendet.

Der Hypothalamus

Der Hypothalamus stellt die Verbindung zwischen Nervensystem und endokrinen Drüsen her. Eine seiner Hauptaufgaben besteht in der Umschaltung von Impulsen zwischen dem Gehirn und den entsprechenden Organen, wie den Nieren. Von den Nervenzellen des Gehirns abgegebene Überträgersubstanzen (Transmittersubstanzen) führen zur Freisetzung weiterer zwischengeschalteter Überträgersubstanzen oder Hormone aus der Hypophyse, den sogenannten Releasing-Hormonen.
Die Hormone ADH (antidiuretisches Hormon) und Oxytozin werden aus dem Hypophysenhinterlappen durch direkte Nervenstimulation des Hypothalamus freigesetzt. Auch zwischen den Zellen des Hypophysenvorderlappens und dem Hypothalamus besteht eine Verbindung. Im Hypothalamus werden bestimmte Substanzen freigesetzt, die über ein spezielles Gefäßsystem den Hypophysenvorderlappen erreichen und die Hormonfreisetzung stimulieren.

Die Bildung der wichtigsten Hormone im endokrinen System

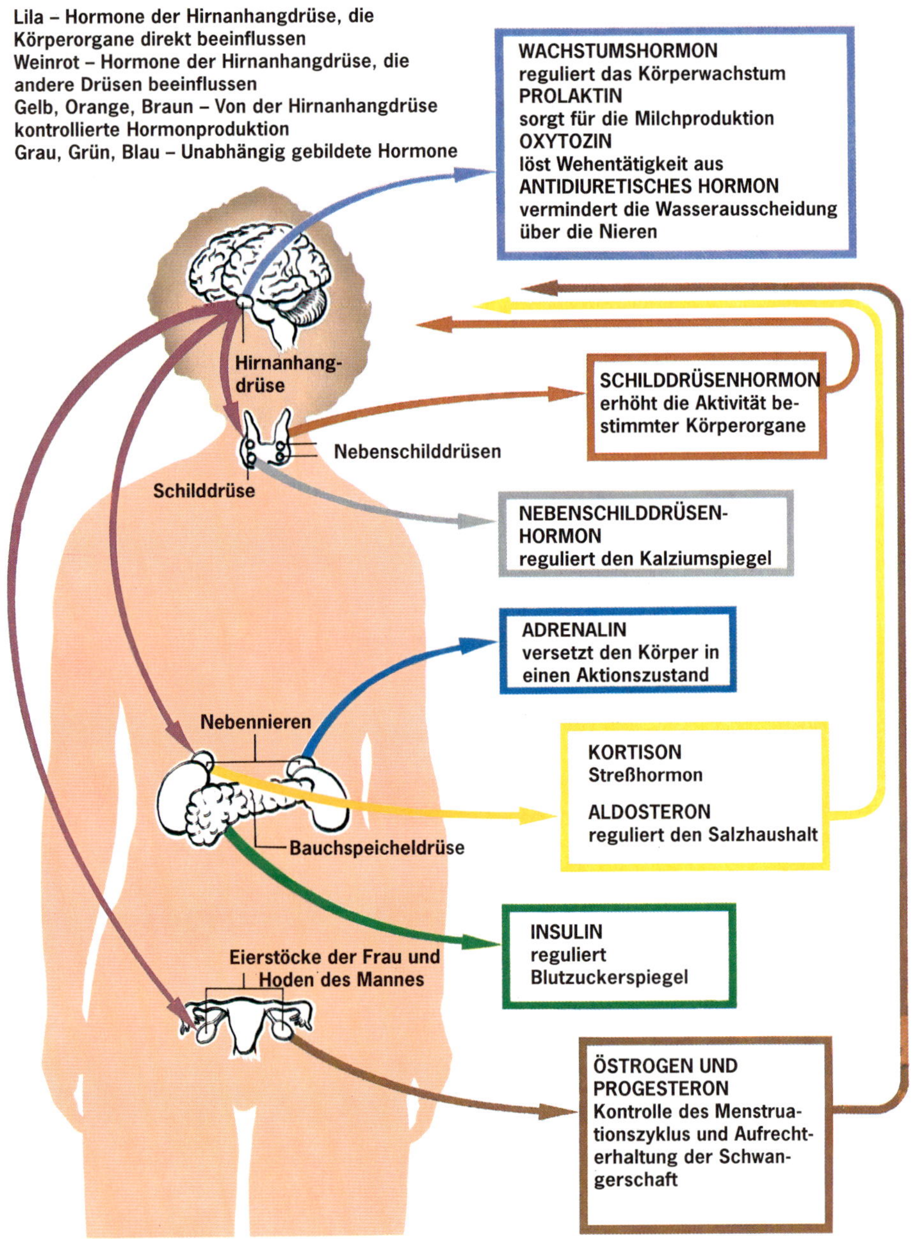

Neben ihrer Funktion als Hormonproduzent, beeinflußt die Hirnanhangdrüse zahlreiche andere endokrine Drüsen. Hormone der Hirnanhangdrüse steuern die Aktivität der Nebennieren, der Schilddrüse und der Fortpflanzungsorgane, auch die Produktion des Parathormons

Der Einfluß auf die Gefühlslage

Es bedarf einer langen und tiefgehenden Erklärung, um die mannigfaltigen Beziehungen zwischen Gehirn und Hypophyse darzustellen und die enge Beziehung zwischen Hormonen und Gefühlen zu erklären. So stellen zum Beispiel viele Frauen fest, daß sich der Zeitpunkt der Periode durch Angstzustände oder Aufregungen verschieben kann. Auch können dieselben Hormone, die die Periode regeln, Oestrogen und Gestagen, die Stimmungslage der Frau tiefgreifend beeinflussen. Man nimmt an, daß der plötzliche Abfall des Hormonspiegels, der kurz vor der Menstruation auftritt, eine große Rolle bei der Entstehung der Symptome spielt, die man als sogenannte prämenstruelle Anspannung bezeichnet. Der Hormonanstieg in Zyklusmitte wird hingegen für das Wohlbefinden vieler Frauen während dieser Zeit verantwortlich gemacht. Auch ist es kein Zufall, daß Frauen in Zyklusmitte befruchtbar sind und sexuell besonders ansprechen. Umgekehrt können aber auch die Hormonspiegel durch Gefühle beeinflußt werden. Man nimmt beispielsweise an, daß die

Die Vergrößerung einer Milchdrüse

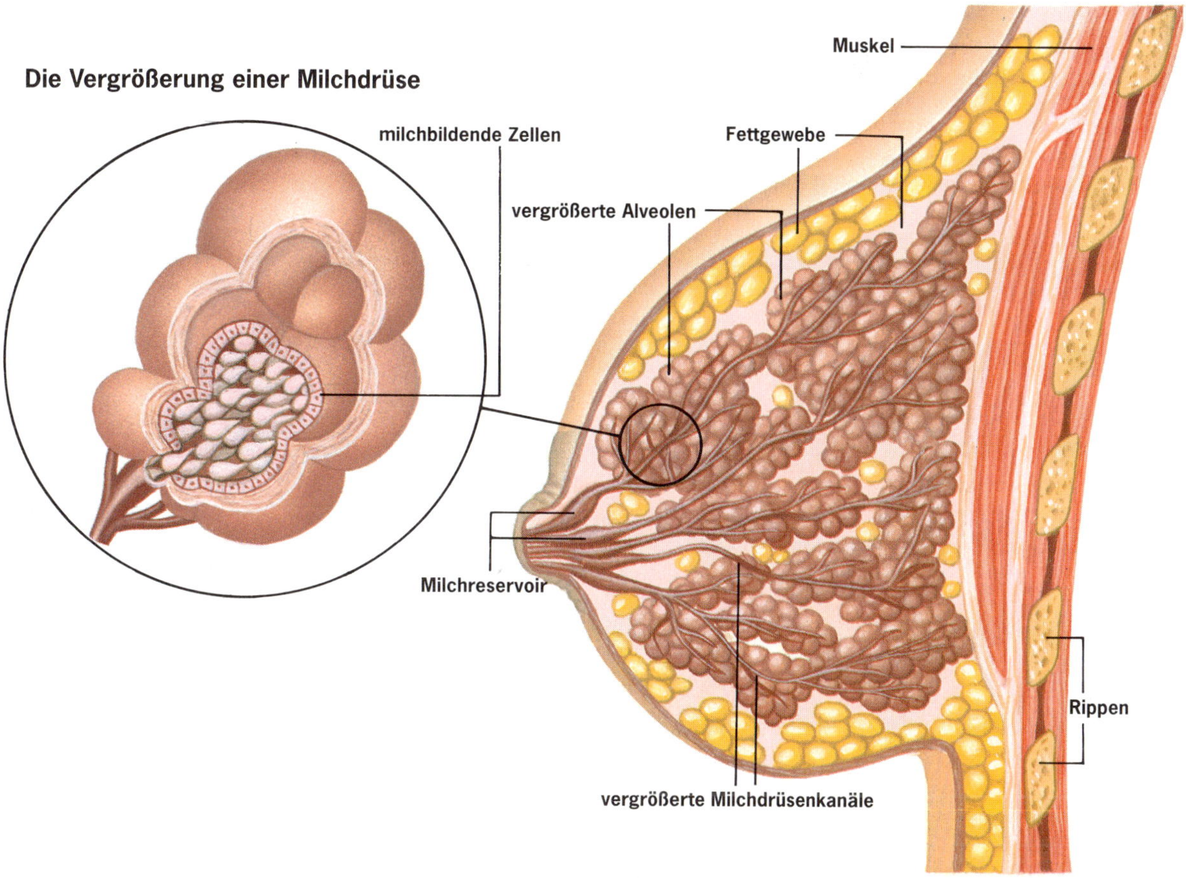

Zwei Hormone der Hirnanhangdrüse sind für die Milchproduktion und -abgabe verantwortlich. Prolaktin stimuliert die Milchdrüsen der Brust zur Milchbildung, und Oxytozin regt den Milchfluß an. Die Milch wird in den Milchdrüsenbläschen (Alveolen) gebildet (Abbildung oben). Während des Stillens wird die Milch entlang der Milchgänge gesogen und über die Brustwarze abgegeben

angenehmen Gefühle während des sexuellen Vorspiels über direkte Impulse zum Gehirn zu einem Anstieg des Oestrogen- und Progesteronspiegels führen, während der bloße Gedanke an einen sexuellen Kontakt mit einem körperlich abstoßenden Menschen ein buchstäbliches »Abschalten« bewirkt, da die Hormonproduktion verhindert wird.

Gegen Ende des fortpflanzungsfähigen Alters, in den sogenannten Wechseljahren (Menopause), kann die Frau erheblichen gefühlsmäßigen Schwankungen unterliegen. Dies wird damit erklärt, daß die Eierstöcke nicht mehr auf das follikelstimulierende Hormon (FSH) ansprechen und ihre Oestrogen- und Progesteronproduktion einstellen. Auch mögen psychische Faktoren eine Ursache der genannten Stimmungsschwankungen sein. Es ist jedoch interessant, festzustellen, daß die plötzliche Senkung des Hormonspiegels unmittelbar nach der Geburt, der Menopause ähnliche emotionale Veränderungen hervorrufen kann.

Die endokrinen Drüsen

Die Hypophyse (Hirnanhangdrüse) nimmt unter den Drüsen des Körpers eine zentrale Stellung ein. Sie produziert nicht nur ihre eigenen Hormone, sondern beeinflußt auch die Hormonproduktion anderer Drüsen. Sie liegt an der Basis des Großhirns und ist mit dem Hypothalamus durch einen Stiel aus Nervengewebe (Hypophysenstiel) verbunden. Hypothalamus und Hypophyse kontrollieren den größten Teil der Stoffwechselvorgänge.

Der Aufbau und die Funktion

Die Hypophyse liegt in einer schützenden knöchernen Grube an der Hirnbasis, die aufgrund ihrer Form als Türkensattel (Sella turcica) bezeichnet wird. Der Türkensattel ist auf der seitlichen Röntgenaufnahme des Schädels deutlich zu sehen. Eine Vergrößerung dieser Region weist auf Veränderungen der Hirnanhangdrüse hin und muß weiter untersucht werden.

Die Hypophyse ist in zwei Hälften unterteilt, die voneinander unabhängig wirken. Der hintere Teil der Hirnanhangdrüse, der Hypophysenhinterlappen, ist durch den Hypophysenstiel mit dem Hypothalamus direkt verbunden. Hier werden zwei Hormone gebildet, deren Freisetzung über die Nervenverbindung mit dem Hypothalamus von dort direkt gesteuert wird. Hypophysenhinterlappen und Hypothalamus stellen daher ein in sich geschlossenes System dar.

Im Hypophysenvorderlappen werden verschiedene Hormone gebildet, die sowohl auf andere Drüsen als auch auf Körpergewebe direkt Einfluß nehmen. Auch wenn hier keine unmittelbaren Nervenverbindungen zum Hypothalamus bestehen, so ist die Beziehung zu ihm doch sehr eng. Die Steuerung der Hormone erfolgt durch auslösende oder hemmende Faktoren (releasing und inhibiting factors). Einige dieser im Hypothalamus gebildeten Faktoren sind selbst spezialisierte Hormone, die auf die nur wenige Millimeter entfernte Hypophyse wirken. Ihr Transport erfolgt über ein spezielles Gefäßnetz, das sogenannte Pfortadersystem der Hypophyse, das den Hypothalamus mit dem Hypophysenvorderlappen verbindet.

Obwohl der Hypothalamus den größten Teil der Hormonfreisetzung steuert, besitzt der Hypophysenvorderlappen noch eine bestimmte Eigenständigkeit. So kann beispielsweise die Freisetzung des Hormones TSH (Thyreoidea-stimulierendes Hormon), das die Schilddrüse zur Hormonproduktion anregt, durch einen hohen Schilddrüsenhormonspiegel im Blut direkt gehemmt werden. Dieser Vorgang ist bedeutungsvoll für die Steuerung einiger Schilddrüsenhormone. Er wird wegen seines hemmenden Einflusses auf die Hypophyse auch als negative Rückkopplung oder negatives Feedback bezeichnet. Durch diesen Effekt kann die Produktion entfernterer, hypophysenabhängiger Drüsen nie unkontrollierte Ausmaße annehmen, da ein zu hoher Blutspiegel der betreffenden Substanz sofort zu einem Abschalten der Produktion des betreffenden Hypophysenhormons führt.

Die Hormone der Hypophyse

Der Hypophysenhinterlappen bildet zwei Hormone, das ADH (antidiuretisches Hormon) und das Oxytozin. In ihm sollen auch noch weitere Substanzen (Neurophysine) gebildet werden, deren Aufgabe und Bedeutung noch nicht geklärt sind. Eine Hormonwirkung ist ihnen jedoch nicht zuzuschreiben.

ADH reguliert den Wasserhaushalt des Körpers. Es wirkt auf die Nierentubuli und beeinflußt deren Fähigkeit zur verminderten oder vermehrten Wasserausscheidung. Die Niere

Die Lage und die Struktur der Hirnanhangdrüse

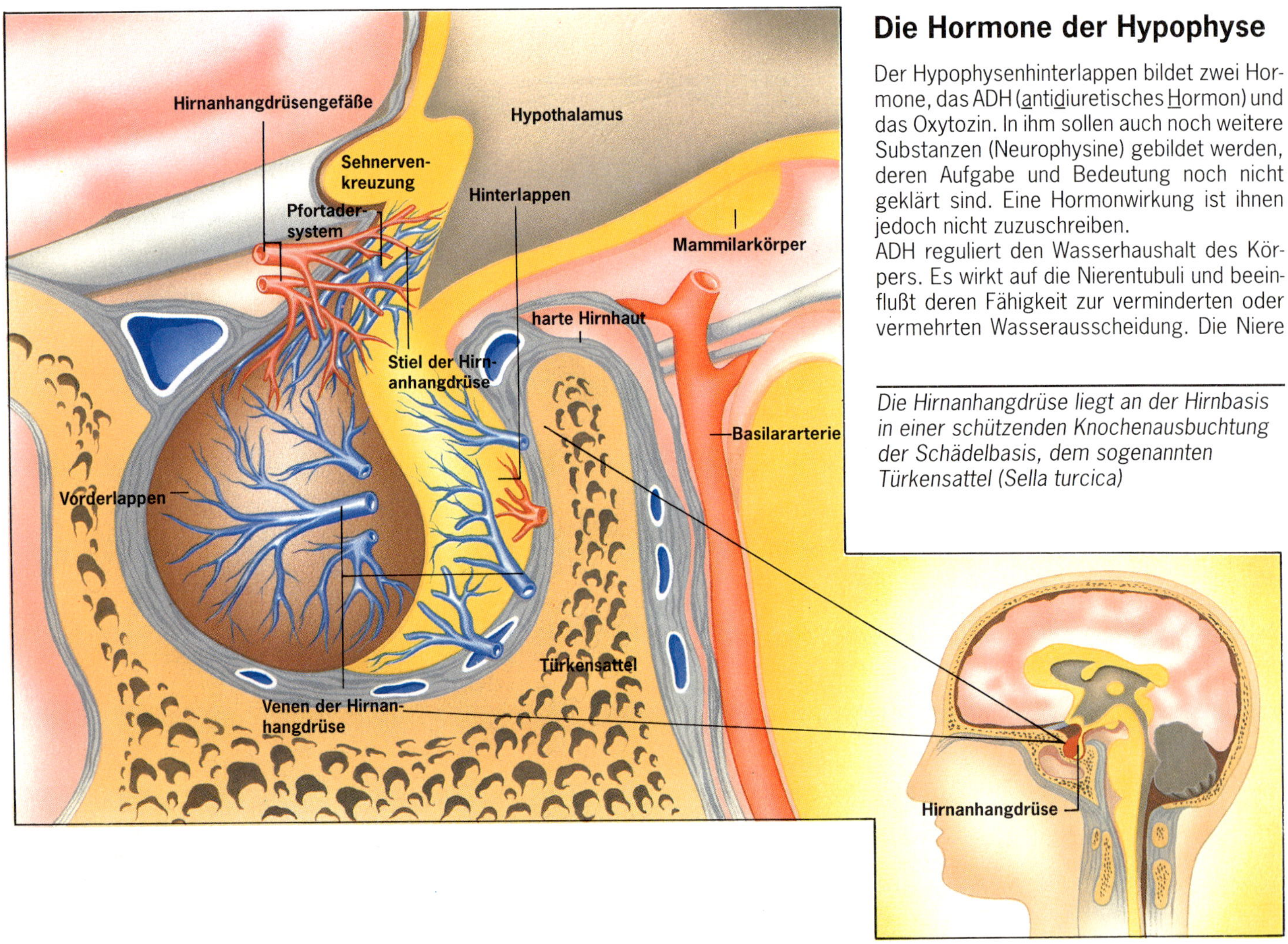

Die Hirnanhangdrüse liegt an der Hirnbasis in einer schützenden Knochenausbuchtung der Schädelbasis, dem sogenannten Türkensattel (Sella turcica)

Die hormonelle Aktivität der Hirnanhangdrüse

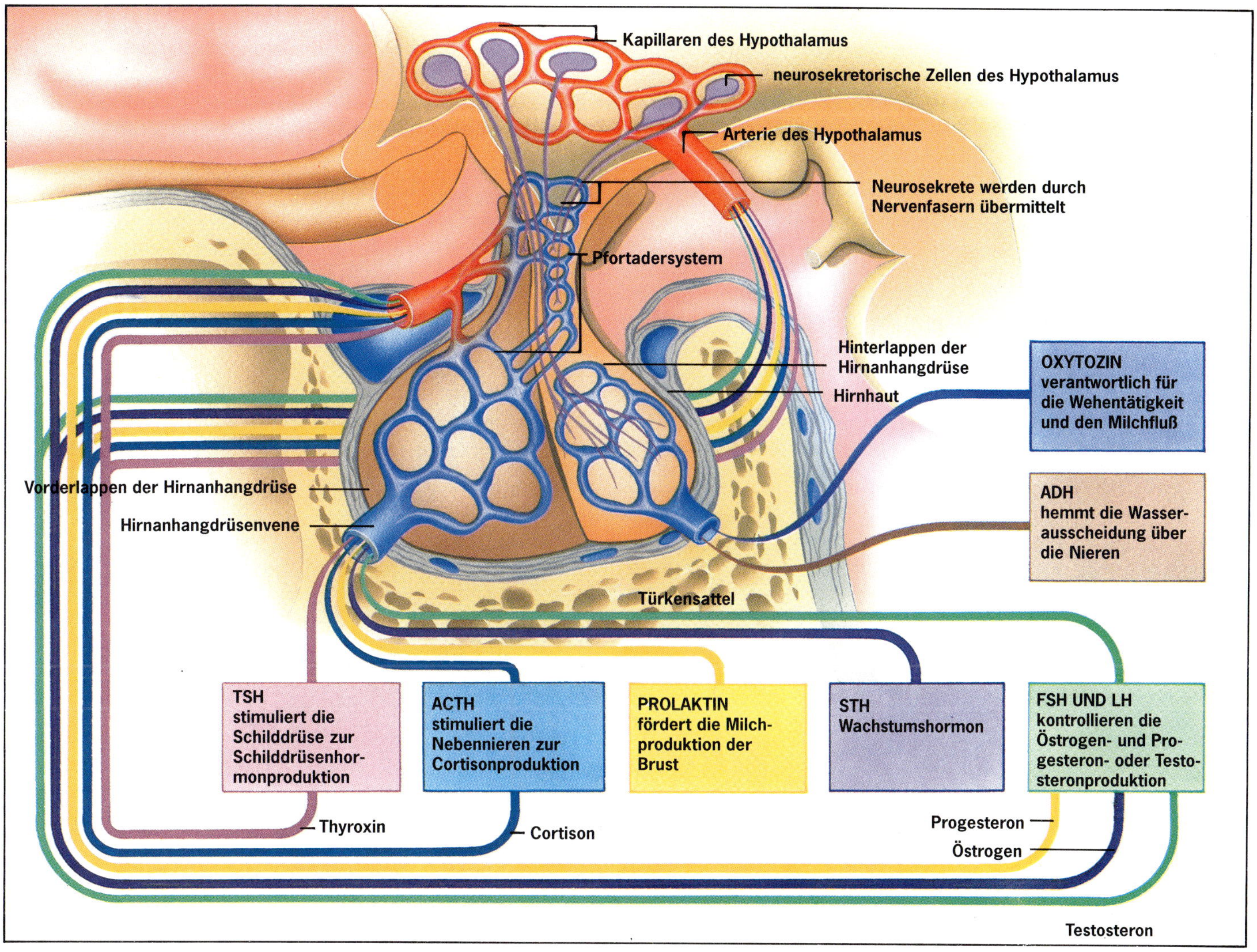

kann dadurch die Wasserausscheidung am jeweiligen Bedarf orientieren. Wird nun ADH freigesetzt, ist die Wasserausscheidung über die Niere vermindert, fehlt ADH, so ist sie erhöht.
Die Rolle des Oxytozins ist weniger geklärt. Es leitet den Geburtsvorgang ein und bestimmt die Gebärmutterkontraktionen (Wehen). Es sorgt auch für die Milchabgabe der Brüste während der Stillzeit. Beim Mann scheint das Oxytozin an der Entstehung des Orgasmus beteiligt zu sein.
Der Hypophysenvorderlappen produziert sechs wichtige Hormone. Sie steuern die Tätigkeit anderer Körperdrüsen: Schilddrüse, Nebennieren und Gonaden (die Hoden des Mannes, die Eierstöcke der Frau).
Die Schilddrüse wird durch TSH aktiviert, während das Hormon ACTH (adrenocorticotropes Hormon) die Nebennierenrindentätigkeit beeinflußt. Die Hormonspiegel von Schilddrüsenhormon und dem in der Nebennierenrinde gebildeten Kortison werden durch Signale aus dem Hypothalamus und die negative Rückkopplung auf Hypophysenvorderlappen und Hypothalamus gesteuert.
Der Hypophysenvorderlappen setzt ferner die Hormone FSH (follikelstimulierendes Hormon) und LH (luteinisierendes Hormon) frei. Diese auch als Gonadotropine bekannten Hormone beeinflussen die Tätigkeit der Geschlechtsdrüsen (Gonaden). Beim weiblichen Geschlecht stimulieren sie die Produktion der beiden Sexualhormone Oestrogen und Progesteron, die den Menstruationszyklus bestimmen. Beim männlichen Geschlecht führen die Hormone FSH und LH zur Produktion männlicher Geschlechtshormone (Androgene) und von Samenzellen (Spermien).
Das Hormon Prolaktin ist eines der beiden Hypophysenvorderlappenhormone, die direkt und ohne Zwischenschaltung weiterer Drüsen auf das Gewebe wirken. Ähnlich den Gonadotropinen ist das Prolaktin wichtig für die Fortpflanzungsvorgänge. Auch spielt das Prolaktin offensichtlich beim weiblichen Geschlecht

Vier der Hirnanhangdrüsenhormone stimulieren weitere endokrine Drüsen zur Hormonproduktion. Die Bluthormonspiegel und damit die gesamte Hormonproduktion werden in einer Art Feedback-Mechanismus durch Rückmeldungen an die Hirnanhangdrüse selbst oder den Hypothalamus kontrolliert

eine größere Rolle als beim männlichen. Bei letzterem ist seine Funktion nicht geklärt, wenngleich die Überproduktion zu einer Erkrankung führt. Beim weiblichen Geschlecht regt Prolaktin die Milchproduktion der Brust während der Stillzeit an. In höheren Spiegeln hemmt es auch den Eisprung und den Ablauf des Menstruationszyklus. Dies erklärt die Tatsache, daß bei stillenden Müttern die Empfängnis sehr unwahrscheinlich ist (obgleich das Stillen kein wirklich sicheres Mittel zur Verhütung einer Empfängnis ist).
Das zweite, wohl direkt auf die Gewebe wirkende Hormon des Hypophysenvorderlappens

ist das Wachstumshormon STH (somatotropes Hormon oder Somatotropin). Wie der Name bereits ausdrückt, fördert es den normalen Ablauf des Wachstums. Obwohl das Hormon während des Wachstumsalters von größter Bedeutung ist, erfüllt es auch im späteren Erwachsenenalter noch bestimmte Funktionen. So ist es zum Beispiel am Kohlenhydratstoffwechsel der Gewebe beteiligt.

Die Schilddrüse

Die Schilddrüse liegt im vorderen Halsbereich unterhalb des Kehlkopfes. Sie besteht aus zwei Lappen, die sich zu beiden Seiten der Luftröhre erstrecken und mit einem vor der Luftröhre verlaufenden Steg miteinander verbunden sind. Manchmal existiert noch ein dritter kleinerer Lappen, der sich von der Luftröhre bis hin zum Schildknorpel erstreckt und nach seiner Form als Lobus pyramidalis bezeichnet wird. Die Schilddrüse des Erwachsenen wiegt etwa 20 Gramm.

Die Abbildung zeigt die anatomische Lage der Schilddrüse und ihre Beziehung zu den Nachbarstrukturen, wie Gefäßen, Kehlkopf und Luftröhre. Der Bildausschnitt rechts zeigt die Schilddrüsenzellen, die das Schilddrüsenhormon Thyroxin bilden und in sogenannten Schilddrüsenfollikeln speichern

Die Schilddrüse bildet das Schilddrüsenhormon Thyroxin. Unter dem Mikroskop betrachtet, erkennt man im Schildrüsengewebe viele kleine Bläschen (Follikel). Diese Follikel sind Gewebeinseln, die zentral gelegenes Kolloid umschließen. Das Kolloid ist eine Eiweißsubstanz, die Schilddrüsenhormon speichert und dieses unter enzymatischer Wirkung freisetzen kann.

Es ist nicht möglich, dem Schilddrüsenhormon Thyroxin eine einzelne Wirkung zuzuweisen, seine Aufgaben sind vielfältig. Es wird aus der Schilddrüse ins Blut freigesetzt und mit dem Blutstrom in die verschiedenen Körperzellen transportiert. Hier gibt es wahrscheinlich einen spezifischen Rezeptor an der Membran des Zellkerns, an dem das Hormon ansetzt. Grundsätzlich wird dadurch der Energieumsatz der Zelle gesteigert und die Eiweißproduktion erhöht. Obwohl die einzelnen Abläufe und Ansatzpunkte des Hormons nicht bis ins letzte geklärt sind, ist seine lebensnotwendige Funktion unumstritten.

Die Schilddrüse speichert das zur Hormonproduktion notwendige Jod; sie ist das einzige jodverwertende Organ des Körpers, und ihre Jodaufnahme aus dem Blut ist beträchtlich. Eine Jodmangelernährung führt zu einer Fehlfunktion der Schilddrüse und ihrem kompensatorischen Wachstum. Diese Vergrößerung wird dann als Kropf oder endemische Struma bezeichnet. Wie viele andere endokrine Drüsen, so steht auch die Schilddrüse unter Hypophysenkontrolle. Die TSH-Freisetzung der Hypophyse führt zu einer Ausschüttung von Thyroxin aus der Schilddrüse. Die TSH-Freisetzung wiederum ist abhängig vom jeweiligen Körperbedarf. Ist der Thyroxinspiegel zu niedrig, steigt die TSH-Freisetzung, ist er zu hoch, so sinkt sie. Auf diese Weise wird der Thyroxinspiegel relativ konstant gehalten und dem jeweiligen Bedarf angepaßt.

Die Hypophyse selbst steht schließlich unter dem Einfluß des Hypothalamus, die Freisetzung des hier gebildeten Releasing-factors TRH (TSH releasing hormone) steigert die Ausschüttung des TSH.

Die gesamten Wechselwirkungen werden noch dadurch kompliziert, daß in der Schilddrüse zwei Arten von Schilddrüsenhormonen produziert werden, die sich durch die jeweilige Anzahl der Jodatome voneinander unterscheiden. Der Hauptbestandteil des in der Schilddrüse gebildeten Hormons besteht aus dem vier Jodatome enthaltenden Tetrajodthyronin, auch als Thyroxin oder T4 bekannt. Das drei Atome enthaltende Trijodthyronin oder T3 ist das auf Zellebene aktive Hormon. Zwar gibt die Schilddrüse auch eine geringe Menge T3 an das Blut ab, in der Hauptsache wird jedoch in ihr T4 gebildet und freigesetzt. Das T4 wird dann in den Geweben in das aktive T3 umgewandelt. In bestimmten Fällen wandelt das Gewebe T4 nicht in das aktive T3, sondern in

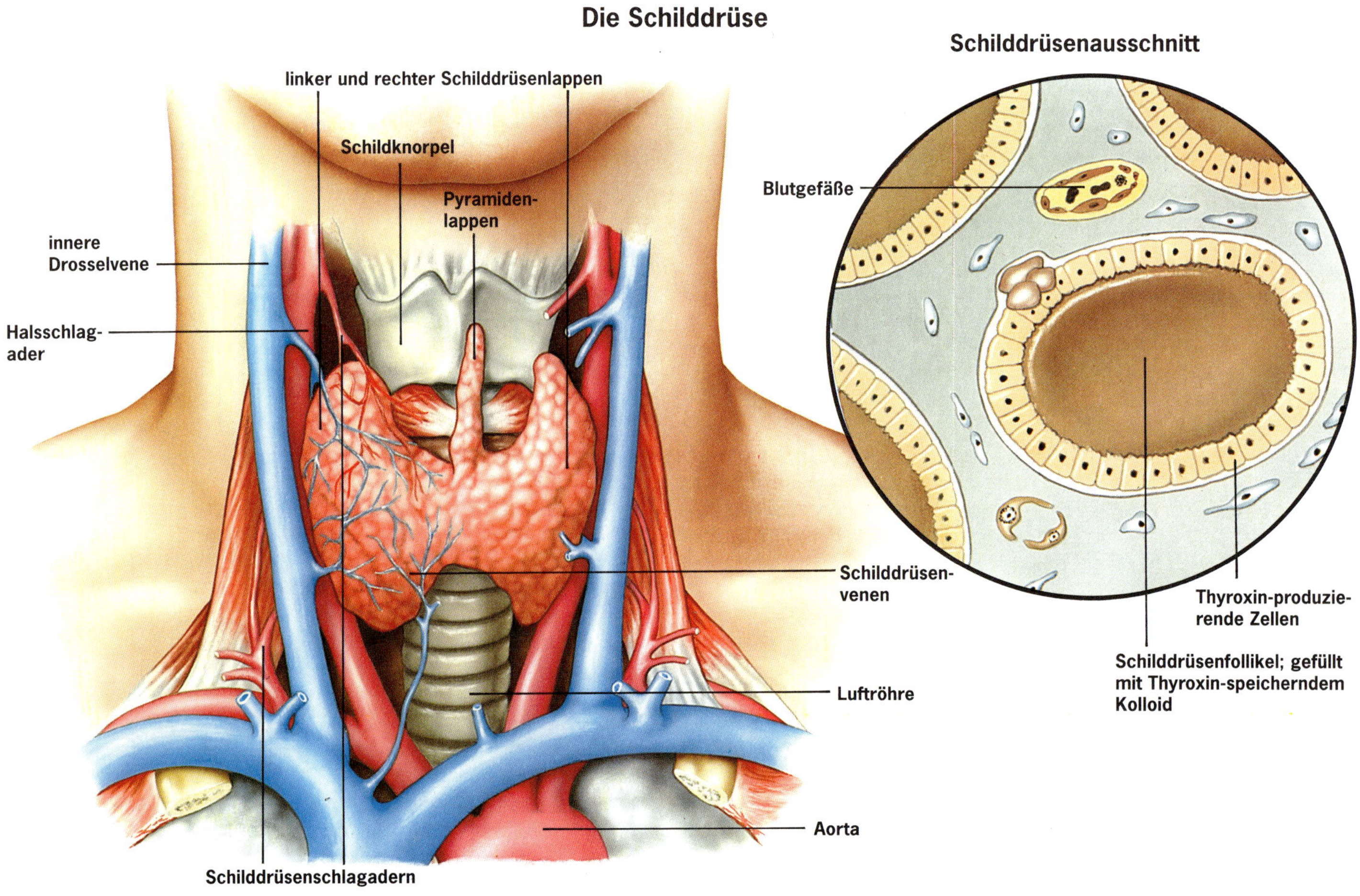

eine inaktive, als reverses T3 bezeichnete Form um. Die Folge ist eine verminderte T3-Aktivität des Gewebes bei ausreichender Höhe der Bluthormonspiegel.

Die Nebenschilddrüsen

Die Nebenschilddrüsen sind vier kleine Drüsenkörper, die an der Rückseite der Schilddrüse liegen. Sie spielen eine bedeutende Rolle bei der Regelung des Kalziumhaushalts. Kalzium ist ein für den Körper lebensnotwendiger Mineralstoff. Es ist nicht nur das wichtigste Bauelement in der Hartsubstanz von Knochen und Zähnen, sondern auch für die normale Zellfunktion unabdingbar. Membranstabilität, Muskelkontraktionen, Nervenleitung und Blutgerinnung sind nur wenige der kalziumabhängigen Vorgänge. Der Kalziumspiegel des Körpers muß recht konstant gehalten werden, da sonst Störungen der Reizleitung des Herzens, Muskelkrämpfe und ähnliches auftreten. Die Kalziumaufnahme aus der Nahrung vollzieht sich in Abhängigkeit von dem in den Nebenschilddrüsen gebildeten PTH (Parathormon) und dem in der Haut unter Lichteinfluß gebildeten Vitamin D. Ist der Blutkalziumspiegel erniedrigt, so wird Parathormon aus den Nebenschilddrüsen freigesetzt. Die durch das Parathormon bewirkte Abgabe von Kalzium aus den Knochen führt wieder zu einer Steigerung des Blutkalziumspiegels. Bei erhöhtem Kalziumspiegel findet der umgekehrte Vorgang statt, die Ausschüttung von Parathormon sinkt oder kommt ganz zum Stillstand. Die Nebenschilddrüsen sind so klein, daß sie mitunter schwer zu finden sind. Die oberen beiden befinden sich direkt hinten an der Rückseite beider Schilddrüsenlappen, die unteren zwei können in der Schilddrüse oder gar im Kehlkopf liegen.

Die Bauchspeicheldrüse

Die Bauchspeicheldrüse (Pankreas) ist eine der größten Drüsen des menschlichen Körpers. Sie besteht eigentlich aus zwei unterschiedlichen Drüsensystemen: einem endokrinen Teil, der als wichtigste Hormone das Insulin und das Glukagon direkt in das Blut ausschüttet, und einem überwiegenden exokrinen Teil, der die Verdauungssekrete über Ausführungsgänge in den Darm abgibt.

Das Parathormon der Nebenschilddrüsen (Glandulae parathyreoideae) reguliert den Kalziumspiegel des Blutes

Die Nebenschilddrüsen (Epithelkörperchen)

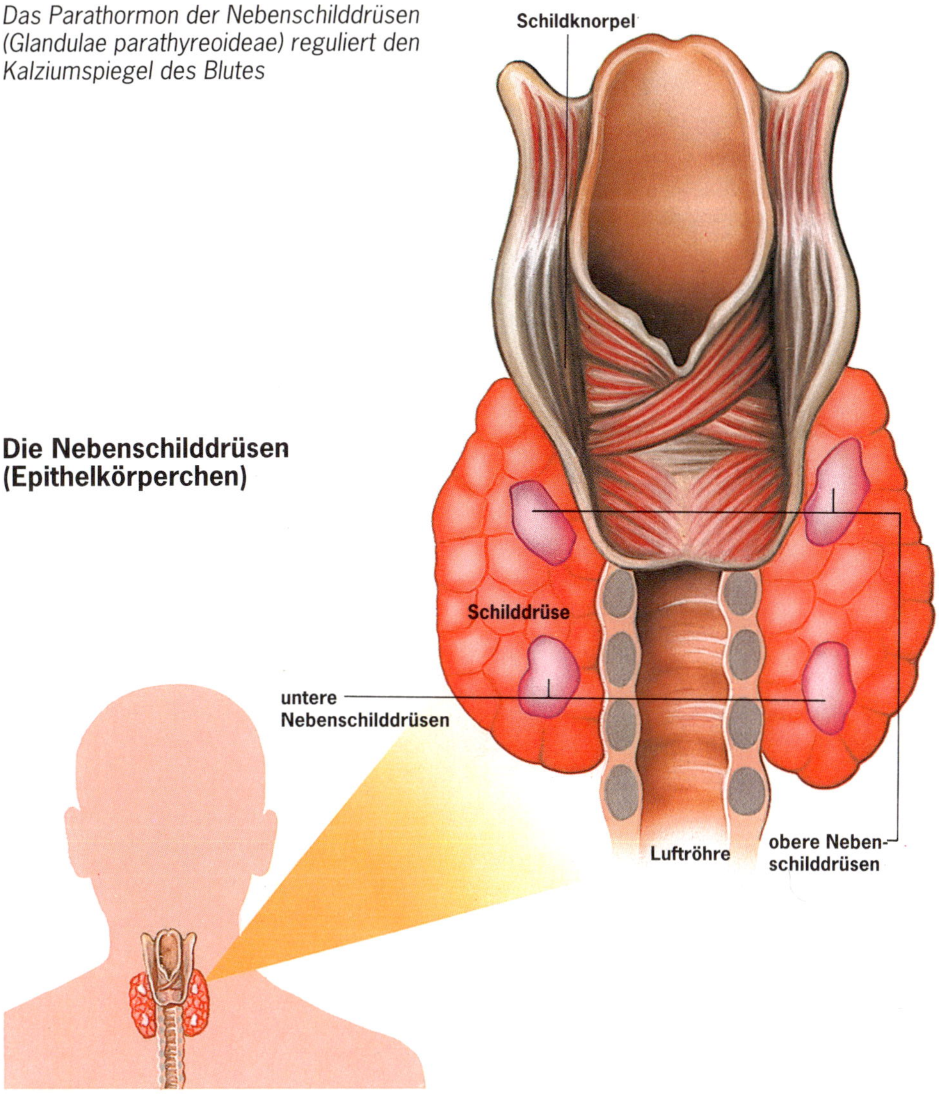

Das Zusammenwirken von Hirnanhangdrüse und Schilddrüse

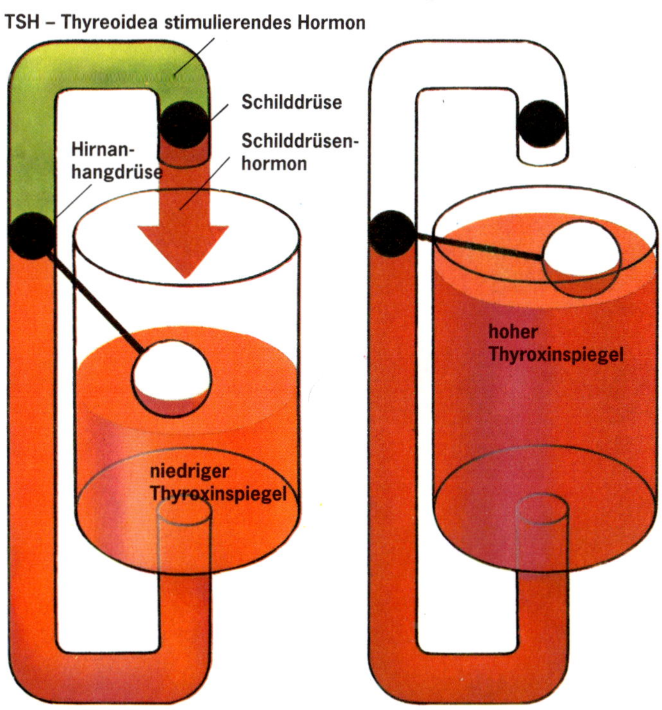

Ist der Schilddrüsenspiegel des Blutes niedrig, so setzt die Hirnanhangdrüse TSH (Thyreoidea-stimulierendes Hormon) frei, das die Schilddrüse zur Thyroxinproduktion anregt (links). Ist der Schilddrüsenhormonspiegel im Blut ausreichend hoch, so stellt die Hirnanhangdrüse die TSH-Produktion ein (rechts)

Die Bauchspeicheldrüse liegt quer im Oberbauch, vor Wirbelsäule, Aorta und unterer Hohlvene. Der Zwölffingerdarm windet sich halbkreisförmig um den Kopf der Bauchspeicheldrüse. Sie besteht weiter aus einem Körper- und Schwanzanteil, letzterer reicht im linken Oberbauch bis fast an die Milz.
Den Hauptanteil der Pankreasstruktur bilden Drüsenläppchen (Azini), Ansammlungen von Drüsenzellen, die in das blinde Ende kleiner Ausführungsgänge münden. Diese kleinen Ausführungsgänge vereinigen sich zu einem Hauptgang, der zentral durch die Längsachse der Bauchspeicheldrüse zieht. Zwischen den einzelnen Azini liegen in Gruppen bestimmte Zellen, die Langerhansschen Inseln. Diese Drüsenzellen stellen den endokrinen Anteil der Bauchspeicheldrüse und sind für die Regulation des Zuckerhaushaltes verantwortlich. Neben dem zuckersenkenden Hormon Insulin wird in den Inselzellen sein Gegenspieler, das blutzuckersteigernde Hormon Glukagon, gebildet. Die weitere Rolle des Glukagons ist jedoch noch nicht bis ins letzte geklärt.
Die Hauptaufgabe des Insulins ist die Senkung des Blutzuckerspiegels auf das Normalmaß durch gesteigerte Zuckeraufnahme in die Körperzelle. Insulinmangel führt zur Zuckerkrankheit (Diabetes mellitus), die durch Injektionen von tierischem oder menschlichem Insulin behandelt werden kann. Steigt der Blutzuckerspiegel, zum Beispiel nach Nahrungsaufnahme, so wird Insulin aus den Langerhansschen Inseln in die Blutbahn abgegeben. Das freigesetzte Insulin wirkt dann auch als Gegenspieler (Antagonist) anderer blutzuckersteigernder Hormone, wie dem Kortison oder Adrenalin.
Die Wirkung des Insulins liegt in einer gesteigerten Zuckeraufnahme in die Körperzellen und Verwertung in ihnen. Fehlt nun das Insulin, so ist die Zuckeraufnahme in die Zellen gestört, der Blutzuckerspiegel kann nicht mehr konstant gehalten werden und steigt. Es resultiert die Zuckerkrankheit, Diabetes mellitus oder kurz Diabetes genannt.
Nicht zu verwechseln ist dieser Diabetes mit einer anderen, weit selteneren Erkrankung, dem Diabetes insipidus. Hierbei handelt es sich um eine Erkrankung des Hypophysenhinterlappens. Das Fehlen von ADH (antidiuretisches Hormon) führt zu erheblichen Wasserverlusten durch gesteigerte Wasserausscheidung über die Nieren. Die Zuckerkrankheit entsteht durch Verlust oder Zerstörung der insulinproduzierenden Zellen oder durch ein vermindertes Ansprechen des Gewebes auf das Insulin bei ausreichender Insulinproduktion der Bauchspeicheldrüse. Die einzelnen Mechanismen sind jedoch noch nicht bis ins kleinste erforscht. Bei einigen Menschen besteht eine Neigung zur Zuckerkrankheit, und bestimmte Ereignisse, wie eine Infektion, können zum Ausbruch der Erkrankung führen.
Der Typ des Diabetes mellitus, der sich plötzlich aufgrund eines teilweisen oder vollständigen Insulinmangels entwickelt, befällt häufig Jugendliche und wird daher auch als juveniler oder Typ-1-Diabetes bezeichnet. Glücklicherweise ist eine Behandlung mit tierischem oder menschlichem Insulin möglich.
Der häufigere zweite Typ tritt meist schleichend im fortgeschrittenen Erwachsenenalter ein. Er wird daher auch als Erwachsenen- oder Altersdiabetes oder Typ-2-Diabetes bezeichnet. Hierbei produziert die Bauchspeicheldrüse zwar noch Insulin, die Körpergewebe sprechen jedoch nicht mehr ausreichend auf das vorhandene Hormon an, die Zuckeraufnahme in die Zellen ist gestört, der Blutzuckerspiegel steigt.
Der Erwachsenendiabetes geht oft Hand in Hand mit einem erheblichen Übergewicht. Meist lassen sich dann, zumindest in den Anfangsstadien, die Blutzuckerspiegel durch eine Gewichtsreduktion und entsprechende zuckerarme Diabetesdiät auf Normalmaße reduzieren. Gewöhnlich wird diese Diabeteskost durch Medikamente unterstützt, die die Bauchspeicheldrüse zur Insulinmehrproduktion anregen und damit den Blutzuckerspiegel senken.

Die Lage der Bauchspeicheldrüse

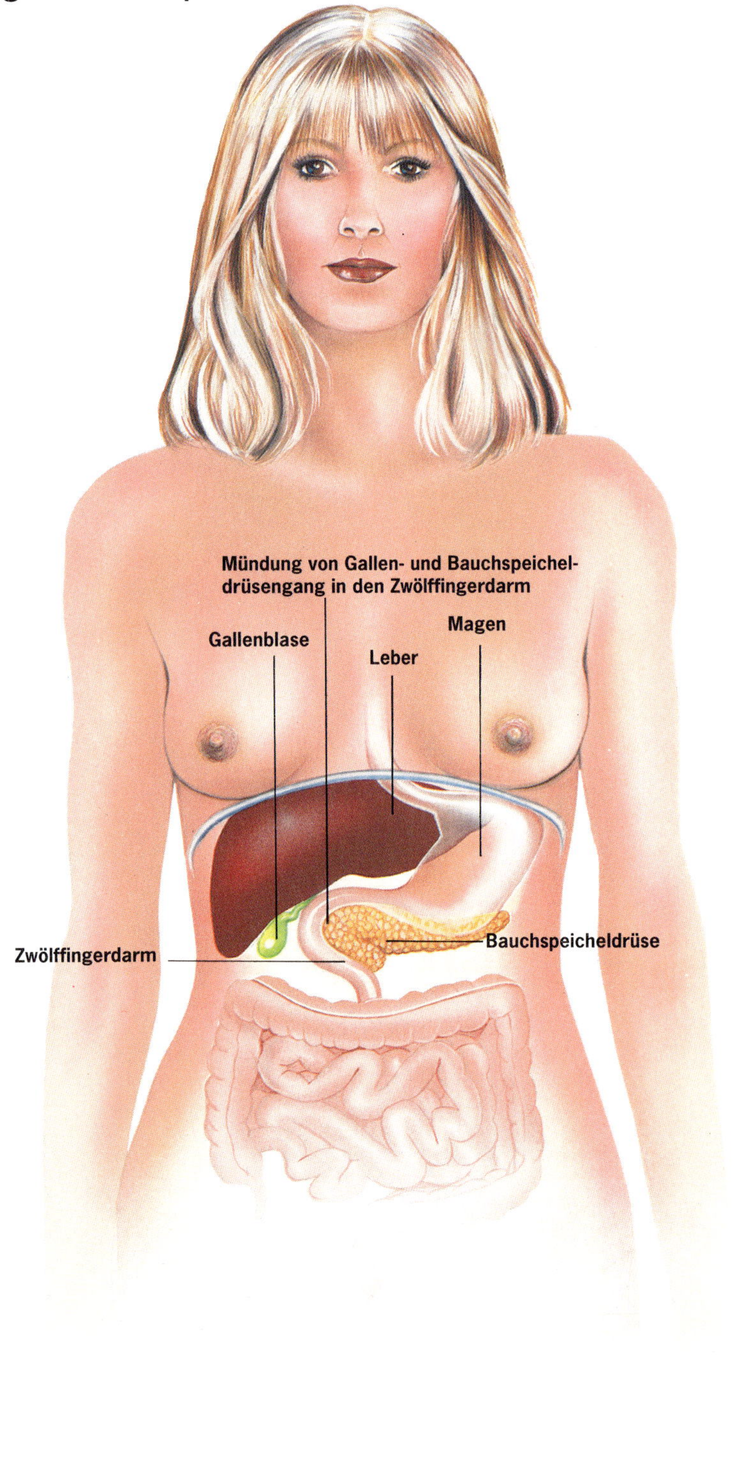

Die Bauchspeicheldrüse hat zwei Aufgaben. Der exokrine Drüsenanteil bildet Verdauungsenzyme und gibt sie über ein Gangsystem an den Zwölffingerdarm ab. Der endokrine Drüsenanteil bildet die Hormone Insulin und Glukagon, die an das Blut abgegeben werden und den Blutzuckerspiegel regulieren

Die Produktion von Insulin im Körper

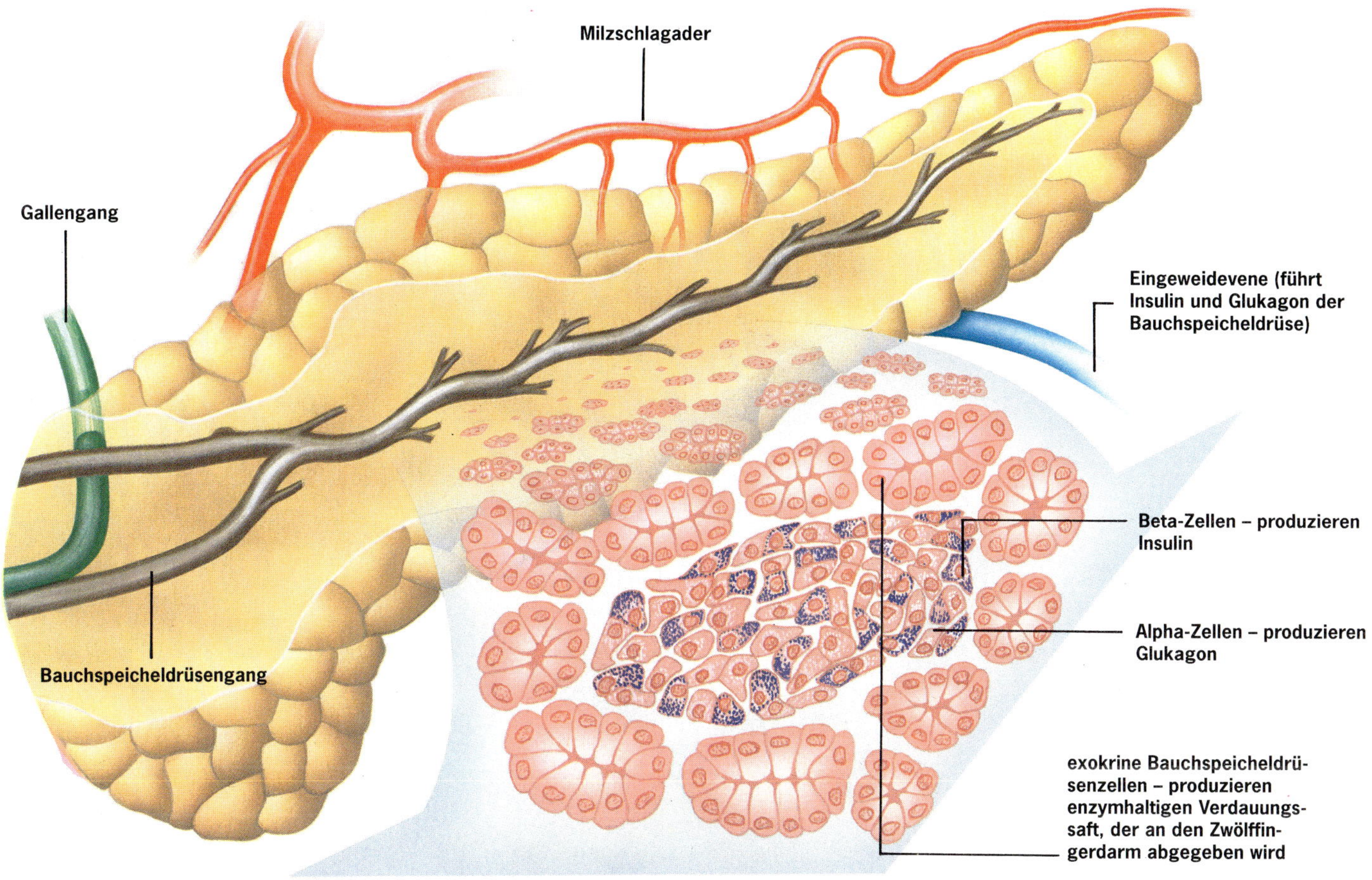

Oben: *Die Hormone Insulin und Glukagon werden von speziellen innersekretorischen Zellen des sogenannten Inselapparates (Langerhanssche Inseln) der Bauchspeicheldrüse gebildet und an das Blut abgegeben*

Die Rolle des Insulins

Die normale Insulinwirkung

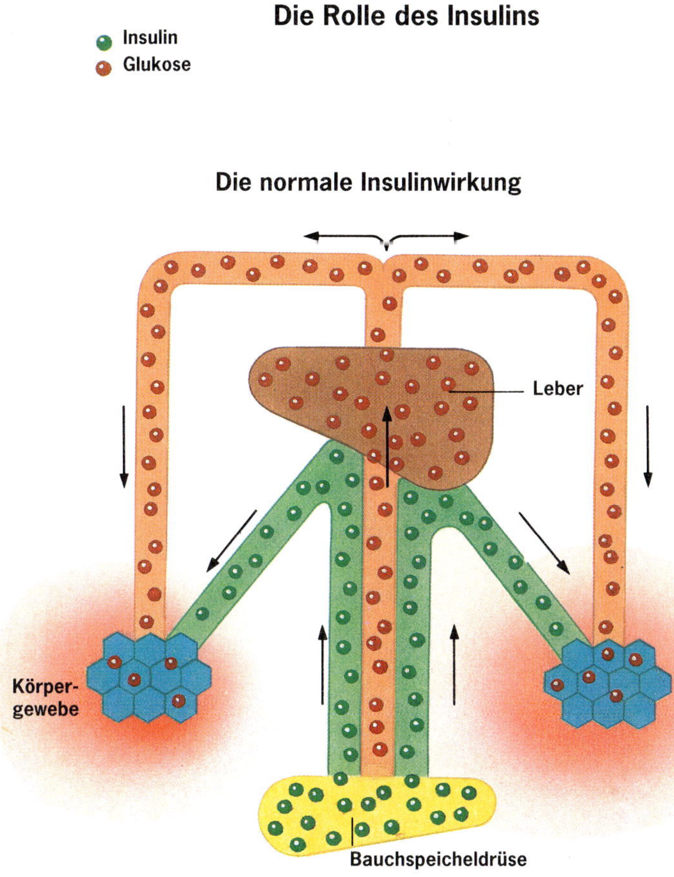

Links: *Das von der Bauchspeicheldrüse gebildete und an das Blut abgegebene Insulin fördert die Glukoseaufnahme in die Zellen und seine Speicherung als Glykogen, vor allem im Leber- und Muskelgewebe*

Bei der Unterscheidung in zwei Diabetestypen handelt es sich um eine sehr vereinfachte Darstellung. Tatsächlich gehen beide Typen oft fließend ineinander über: Jugendliche scheinen an Erwachsenendiabetes erkrankt zu sein und umgekehrt.

Die Nebennieren

Die Nebennieren liegen unmittelbar oberhalb der Nieren und sitzen ihnen wie Kappen auf. Sie bestehen aus zwei unterschiedlichen Geweben, dem inneren Nebennierenmark und der äußeren Nebennierenrinde. Sie produzieren jeweils verschiedene Hormone mit unterschiedlichen Aufgaben.

Die Hormone der Nebennieren und ihre Funktion

Bildungsort	Hormon	Funktion
Nebennierenmark	Adrenalin	versetzt den Körper in einen Aktionszustand
	Noradrenalin	Aktionshormon mit im Vergleich zu Adrenalin etwas abweichender Wirkung
Nebennierenrinde	Aldosteron	reguliert die Salzausscheidung über die Nieren und erhält das Natrium-Kalium-Gleichgewicht
	Cortison	Streßhormon, erhöht den Blutzuckerspiegel und hemmt Entzündungsreaktionen
	Sexualhormone	produziert bestimmte Sexualhormone zusätzlich zu denen der Keimdrüsen

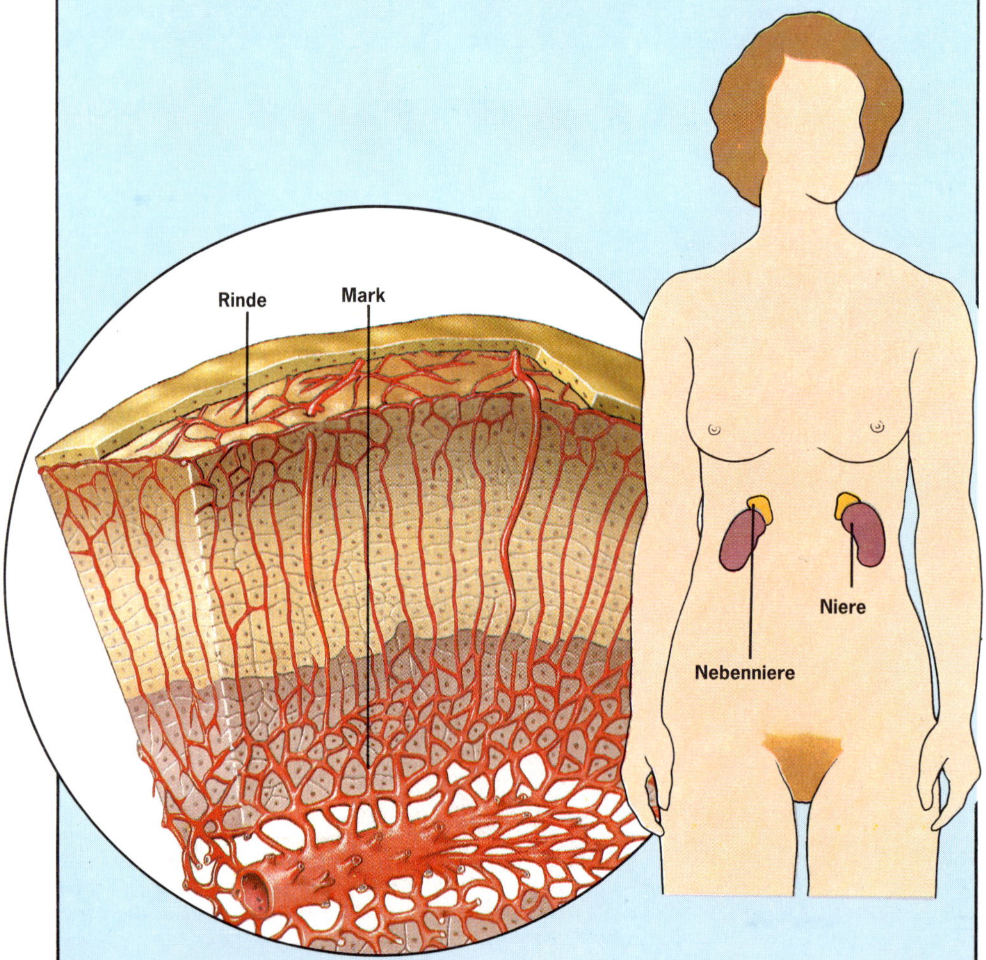

Das Nebennierenmark

Das Nebennierenmark bildet die Hormone Adrenalin und Noradrenalin. Beide sind auch als »Kampf- oder Fluchthormone« bekannt, da sie den Körper in Streßsituationen auf die bevorstehende Aktivität vorbereiten.
Das Nebennierenmark besitzt enge Beziehungen zum Zentralnervensystem. Dies erstaunt wenig bei einer Drüse, die den menschlichen Körper in einen aktivierten Zustand versetzt, um ihm, wenn nötig, schnellste Reaktion zu ermöglichen.
Die Gefahren- oder Streßsituationen, denen wir heute im Alltag begegnen, sind sowohl physischer als auch psychischer Natur. Die Reaktion des Körpers bleibt jedoch in beiden Fällen gleich. Im Falle einer Streßsituation wird Adrenalin aus dem Nebennierenmark in die Blutbahn abgegeben. Das Adrenalin führt dann zu einer Erhöhung der Herzschlagfolge und des Auswurfvolumens und damit zu gesteigerter Herzleistung. Der Blutdruck steigt an, da sich die Blutgefäße von Haut und Eingeweiden verengen, um ein vermehrtes Angebot für die arbeitende Muskulatur bereitzustellen. Die Verengung der Hautgefäße ist auch der Grund, warum man in solchen Situationen sozusagen »weiß vor Angst« wird. Ferner wird der gespeicherte Zucker (Glykogen) in Leber und Muskulatur zu Einfachzukkern (Glukose) abgebaut, um dem Körper die notwendige Energie zu liefern.
Ist die Gefahr- oder Streßsituation vorüber, so wird die Adrenalinproduktion eingestellt, und die Körperfunktionen kehren wieder langsam in den Ruhezustand zurück. Ist man jedoch ständig Streßsituationen ausgesetzt oder übernervös, so verbleibt der Körper in einem dauernden aktivierten Zustand. Mit der Zeit führt dies zu streßbedingten Erkrankungen, wie Magenbeschwerden, Kopfschmerzen und dem Bluthochdruck.

Die Nebennierenrinde

Die das Nebennierenmark umgebende Nebennierenrinde produziert eine Reihe von Hormonen, die auch als Steroide bezeichnet werden. Die Hauptvertreter sind das Aldosteron und das Kortison.
Aldosteron: Es gibt drei Arten von Steroidhormonen, die unterschiedliche Funktionen erfüllen. Die ersten, auch als Hormone des Salz- und Wasserhaushaltes bezeichnet, erhöhen den Wassergehalt des Körpers. Der wichtigste Vertreter, das Aldosteron, wirkt als chemischer Bote (Messenger) und reduziert die Salzausscheidung über die Nieren.
Die Salze (Elektrolyte) bestimmen den Wassergehalt des Körpers und damit auch die Menge des zirkulierenden Blutvolumens, wodurch sie die Pumpfunktion des Herzens beeinflussen. Jedes Salzmolekül bindet eine gewisse Anzahl von Wassermolekülen. Salzverluste führen daher auch zu entsprechenden Wasserverlusten des Körpers. Das zirkulierende Blutvolumen ist vermindert, der Blut-

Die Kontrolle des Salzhaushaltes

Natriumchlorid oder Kochsalz ist ein wichtiger Bestandteil der meisten Körperflüssigkeiten. Die Salzkonzentrationen bestimmen den osmotischen Druck der Körperflüssigkeiten und damit auch die Menge des zirkulierenden Blutvolumens. Die Nieren dienen der Feinregulation des Salzhaushaltes. Die Natriumausscheidung wird durch das Nebennierenhormon Aldosteron gesteuert, seine Anwesenheit fördert die Natriumrückresorption im Austausch gegen Kalium

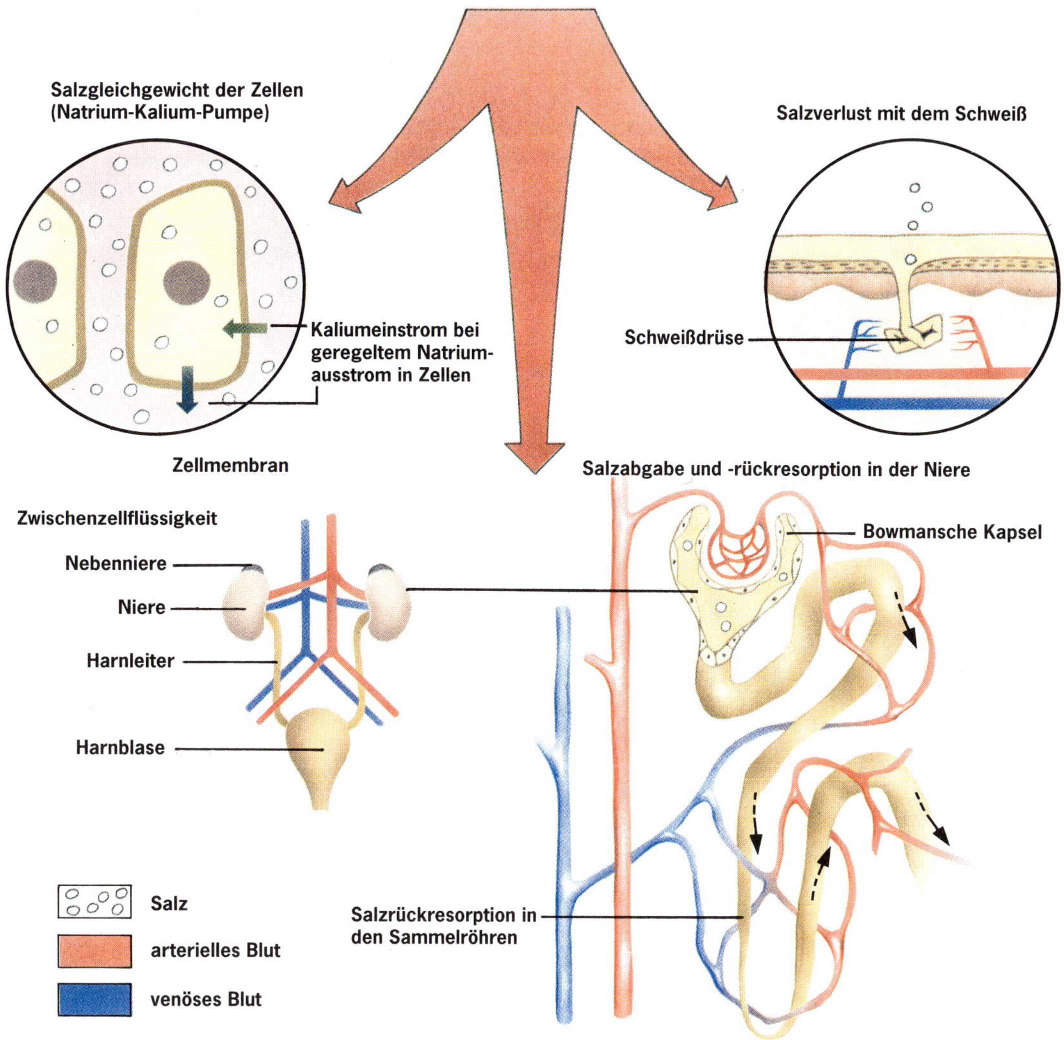

druck erniedrigt und das Herz hat Schwierigkeiten, seine Pumpfunktion aufrechtzuerhalten und den Körper mit einer ausreichenden Blutmenge zu versorgen.

Die Abgabe des Aldosterons steht unter der Kontrolle des in den Nieren gebildeten Hormons Renin. Es wird ein dem Bedarf entsprechender Gleichgewichtszustand aufrechterhalten: Ist der Aldosteronspiegel zu niedrig, produziert die Niere vermehrt Renin, ist er zu hoch, so wird die Reninproduktion reduziert.

Kortison: Unter den blutzuckersteigernden Hormonen spielt Kortison eine bedeutende Rolle. Glukose ist der wichtigste Energielieferant des Körpers. Bei erhöhtem Bedarf, zum Beispiel in Streßsituationen, steigert Kortison die Umwandlung von Eiweißen in Glukose. Neben dem Kortison führt eine Reihe weiterer Hormone, zum Beispiel Adrenalin und Glukagon, zu einer Erhöhung des Blutzuckerspiegels. Im Gegensatz dazu senkt lediglich ein Hormon, das Insulin, den Blutzuckerspiegel. Aufgrund dieses Ungleichgewichts führt das Fehlen des Insulins zu entsprechend einschneidenden Veränderungen des Blutzuckerspiegels (siehe Seite 74f.).

Neben seiner Schlüsselrolle im Stoffwechsel besitzt das Kortison auch für die Funktion des Körperabwehrsystems (Immunsystem) große Bedeutung. Wird zum Beispiel der Kortisonspiegel durch medikamentöse Behandlung erhöht, wie dies nach Transplantationen oder bei bestimmten Krankheiten notwendig wird, so sinkt die Infektabwehr des Körpers. Der Körper produziert daher normalerweise Kortison nicht im Übermaß.

Sexualhormone: Die letzte Gruppe der in der Nebennierenrinde gebildeten Hormone sind die Geschlechts- und Sexualhormone. Sie ergänzen die Wirkung der in den Keimdrüsen (Gonaden) gebildeten Sexualhormone. Eine Hauptgruppe, die Androgene, die beim Mann in weitaus größerer Menge als bei der Frau produziert werden, sind für das Muskelwachstum verantwortlich. Die muskelaufbaufördernden Anabolika sind Abkömmlinge (Derivate) dieser Gruppe der Geschlechtshormone.

Die Kortisonsteuerung

Da Kortison entscheidenden Einfluß auf die Körperfunktionen nimmt, muß sein Spiegel genauestens reguliert werden. Seine Freisetzung und auch die der übrigen Steroide wird von der Hypophyse gesteuert. Das hier freigesetzte Hormon ACTH stimuliert die Kortisonproduktion der Nebennierenrinde. ACTH- und Kortisonkonzentration werden wieder, dem Bedarf entsprechend, in einem Regelkreis, ähnlich dem des Renin-Aldosteron-Systems, konstant gehalten. Sinkt der Kortisonspiegel unter den Bedarf, so gibt die Hypophyse durch Rückkopplung (Feedback) ACTH ab, ist der Kortisonspiegel zu hoch, so wird die ACTH-Produktion vermindert.

Kapitel 6

Das Atemwegssystem

Sauerstoff ist für den menschlichen Körper ein lebensnotwendiges Element. Von ihm hängt die Energiegewinnung aller Zellen und damit auch ihr Leben ab. Der Sauerstoff wird dem Körper beim Einatmen zugeführt und sein Stoffwechselprodukt, das Kohlendioxyd, beim Ausatmen ausgeschieden. Dieser Vorgang, die Atmung, wird durch die Atmungsorgane gewährleistet. Hierzu zählen Nase und Mund, Rachen und Kehlkopf, Luftröhre und Bronchien sowie die Lungen.

Die Nasennebenhöhlen

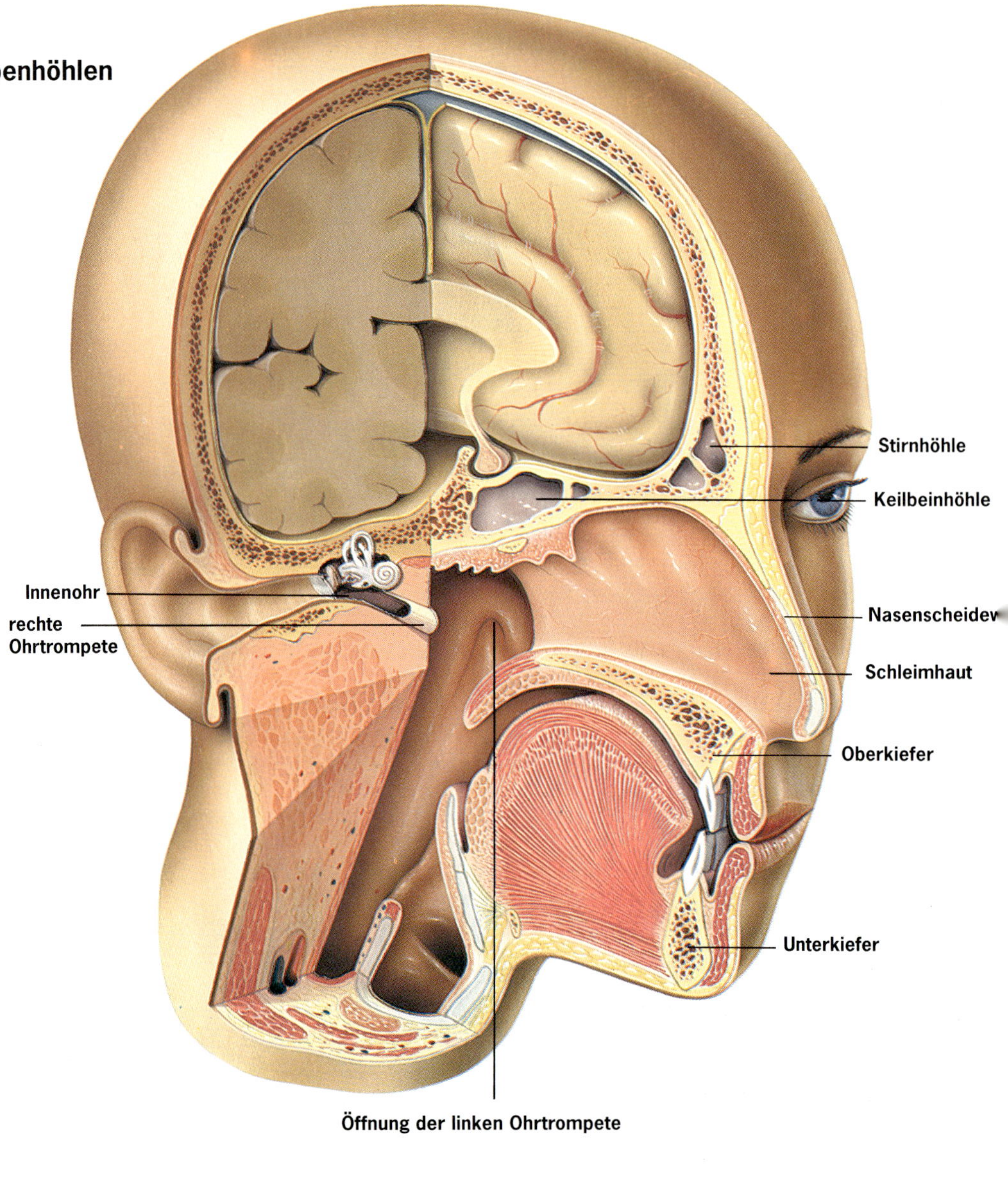

Beide Nasenhöhlen enden im Nasenrachen. Sie werden durch das Nasenseptum voneinander getrennt. Jede Nasenhöhle wird durch die längsverlaufenden Nasenmuscheln in einzelne Nasengänge unterteilt. Die Abbildung zeigt auch die Ohrtrompete, die Verbindung zwischen Mittelohr und Nasenrachen

Die Nase

Die Nase bildet den Anfang der oberen Luftwege, sie ist zugleich Riechorgan. Sie dient der Reinigung, Erwärmung und Anfeuchtung der Atemluft. Die in der Nase gefilterten Staubpartikel werden entweder durch Niesen und Schnupfen oder durch Schlucken auf dem Verdauungsweg aus dem Körper entfernt. So wird eine Schädigung der Lungen vermieden. Der außen sichtbare Teil der Nase besteht aus Knochen und Knorpel. Die zwei Nasenknochen an der Basis bilden je eine Nasenhälfte und formen zugleich die Nasenbrücke zwischen den Augen. Nach vorne schließen sich innen die Nasenknorpel an, die der Nase Form und Festigkeit geben und zugleich Biegsamkeit gewährleisten.
Im Inneren wird die Nase durch die längs verlaufende Nasenscheidewand in zwei Höhlen unterteilt. Die aus Knochen und Knorpel aufgebaute Nasenscheidewand wird von einer weichen, empfindlichen Schleimhaut überzogen, die in die Schleimhaut der Nasenwände übergeht. Zum Schutz des Naseneinganges liegt auf der Innenseite der Nasenlöcher ein Kranz fester Härchen. Sie können bei manchen Menschen stark ausgeprägt sein.
Die Nasenhöhlen selbst sind sehr eng, an den meisten Stellen beträgt ihre Weite unter 6 Millimeter. Im hinteren Nasendach finden sich zahlreiche Riechsinneszellen, die vom Riechnerv ausgehend die Nase durch zahlreiche kleine Poren im Knochen der Schädelbasis erreichen. Beim Schnupfen sind die Riechsinneszellen von einem dicken, zähen Schleim überzogen, wodurch die Geruchs- und Geschmacksempfindungen vermindert werden.

Die Nasengänge

Im mittleren und hinteren Teil der Nasenhöhle erstrecken sich von den Seitenwänden drei feine, muschelförmig gekrümmte und ebenfalls mit Schleimhaut überzogene Knochenvorsprünge, die Nasenmuscheln (Conchae). Sie verlaufen in Längsrichtung und sind zum Rachen leicht nach unten gebogen. Durch sie werden die Nasenhöhlen nochmals in Gänge unterteilt. Der reich durchblutete Schleimhautüberzug wärmt und feuchtet die Atemluft an. Die Schleimhaut produziert etwa 50 Milliliter Schleim pro Tag und ist von einem Saum feinster Flimmerhärchen (Zilien) überzogen. Schleim und Flimmerhärchen fangen Staubpartikel ab, die dann mit dem rachenwärts gerichteten Flimmerschlag abtransportiert und gewöhnlich verschluckt werden. Die Nasennebenhöhlen – Lufträume im Schädelknochen – stehen durch Öffnungen mit den Nasenhöhlen in Verbindung. Nasennebenhöhlen finden sich im Stirnbeinknochen hinter den Augenbrauen, im Oberkieferknochen hinter den Wangen und im Dreieck zwischen Augen und Nase. Die Nasennebenhöhlen dienen der Gewichtsersparnis des Schädels und der Stimme als Resonanzkörper, möglicherweise federn sie auch Stöße gegen das Gesicht ab. In die Nasenhöhlen münden auch die Tränenkanäle, die die in den Tränendrüsen gebildete Augenflüssigkeit abtransportieren.

Der Bau der Nase

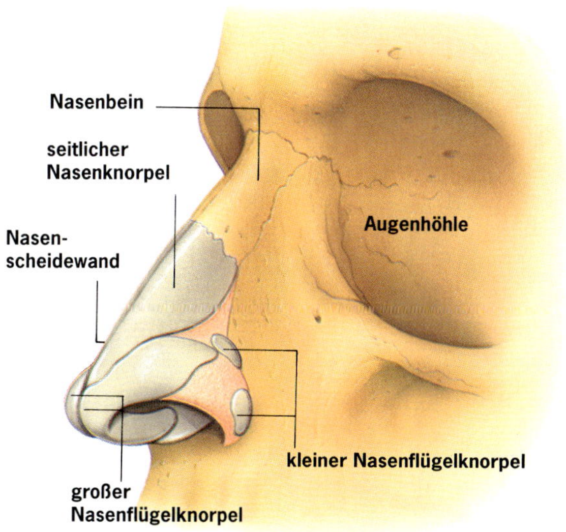

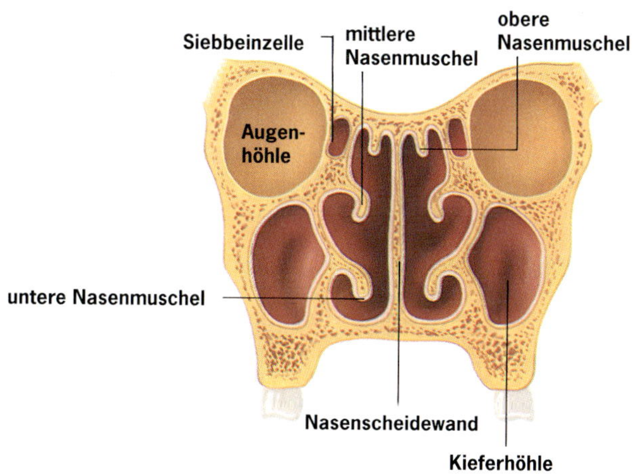

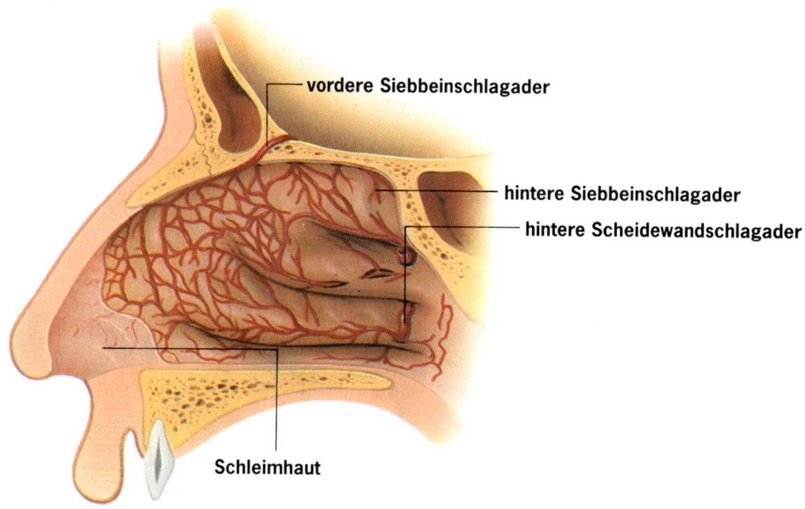

Die Abbildungen zeigen die einzelnen Nasenknochen und Nasenknorpel (oben), einen Querschnitt durch die Nase (oben rechts) und einen Längsschnitt mit Darstellung des Blutgefäßnetzes (rechts)

Der Rachen und der Kehlkopf

Rachen und Kehlkopf bilden die Fortsetzung der Luftwege aus Nase und Mund. Sie sind aus unterschiedlichen Körpergeweben aufgebaut und besitzen zahlreiche Aufgaben. Der Rachen dient neben seiner Funktion als Luftweg auch dem Transport von Nahrung und Flüssigkeit in die Speiseröhre. Der Kehlkopf schließt die Atemwege nach oben gegen den Speiseweg ab, dient der Stimmbildung und reguliert den Atemwiderstand. Letzteres hat besondere Bedeutung beim Hustenreflex. Durch den Schluß der Stimmlippen bei der versuchten Ausatmung entsteht in der Lunge ein hoher Druck, durch das plötzliche Öffnen der Stimmlippen entweicht die Luft dann als Hustenstoß und reißt Staubpartikel, Schleim und Fremdkörper mit sich. (Aufbau des Kehlkopfes und Stimmbildung siehe Seite 61f.; Aufgaben des Rachens beim Schluckakt siehe Kapitel 9).

Der Halsquerschnitt in Kehlkopfhöhe

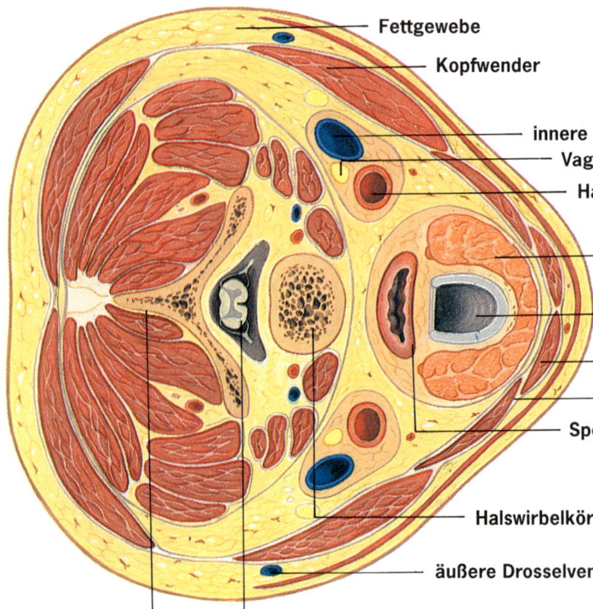

Der Aufbau des Rachens

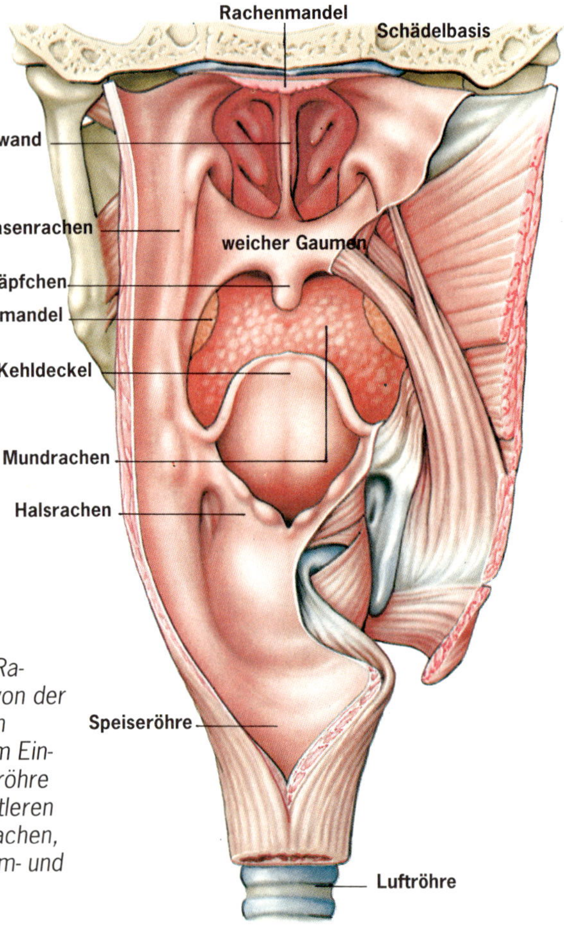

Darstellung des Rachens, der sich von der Hirnbasis bis zum Kehlkopf und dem Eingang der Speiseröhre erstreckt. Im mittleren Teil, dem Mundrachen, kreuzen sich Atem- und Nahrungsweg

Der Rachen

Der Rachen (Pharynx) schließt hinten an Nase und Mund an und erstreckt sich im Hals bis zum Anfang von Kehlkopf und Speiseröhre. Er besitzt etwa die Form eines umgekehrten Kegels, und seine Wandung ist von Muskelzellen ausgekleidet. Der Abstand zwischen Gaumenbogen und Speiseröhre beträgt etwa 12 Zentimeter. Der obere weite Teil des Rachens ist fest mit den Knochen der Schädelbasis, der enge untere Teil elastisch mit den Knorpeln des Kehlkopfes und der Speiseröhre verbunden. Innen ist der Rachen von einer Schleimhaut ausgekleidet, die sehr reich an Schleimzellen ist. Der reichlich produzierte Schleim hält die Oberfläche während Nahrungsaufnahme und Atmung feucht.

Anatomisch wird der Rachen in drei Etagen unterteilt. Der Nasenrachen erstreckt sich von der Schädelbasis bis zum Gaumensegel und bildet die hintere Fortsetzung der Nasenhöhlen. An ihn schließt sich der Mundrachen an, in dem sich Atem- und Speiseweg kreuzen. Der Nasenrachen wird beim Schluckakt durch Heben des Gaumensegels nach hinten oben gegen den Mundrachen verschlossen. Dies verhindert, daß Speisen oder Flüssigkeit beim Schlucken nach oben in die Nase gedrängt werden. Eine Fehlkoordination spürt man deutlich, wenn man während des Schluckens plötzlich niesen muß. Am Dach des Nasenrachens finden sich zwei erhabene Inseln mit lymphatischem Gewebe, die Rachenmandeln. Sie sind besonders bei Kindern deutlich ausgeprägt. Im Nasenrachen mündet auch zu beiden Seiten die Ohrtrompete (Tuba auditiva,

Darstellung des Rachens und seiner Verbindung zur Nasen- und Mundhöhle sowie zu Kehlkopf und Speiseröhre. Abgebildet ist auch die Ohrtrompete (Eustachische Röhre), eine Verbindung zwischen Mittelohr und Nasenrachen, die dem Druckausgleich des Mittelohrs dient

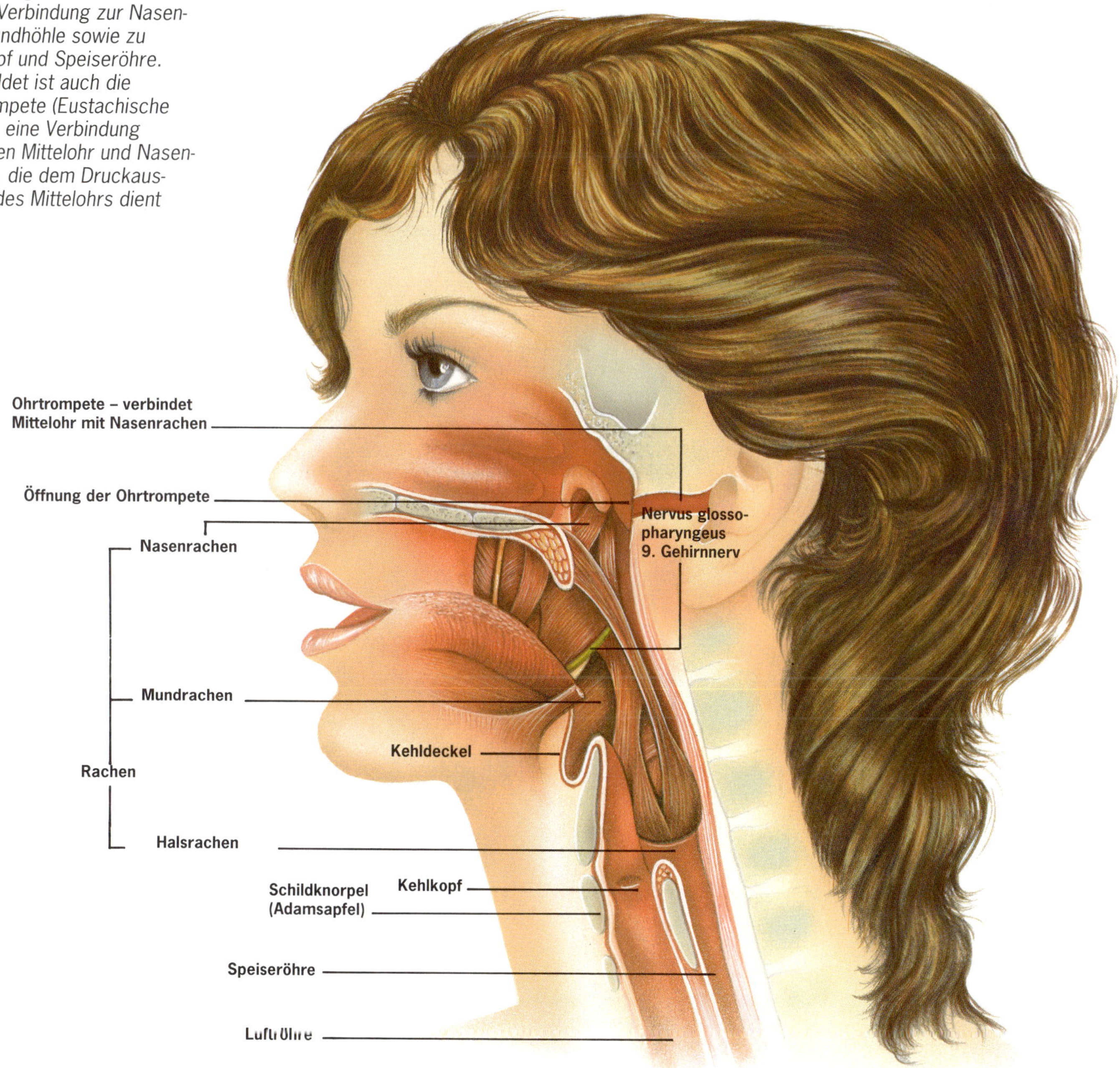

Eustachische Röhre), die das Mittelohr mit dem Rachen verbindet. Bei Entzündungen des Mund-, Nasen- und Rachenraumes können Krankheitserreger auf diesem Weg ins Mittelohr gelangen und zu einer Mittelohrentzündung führen.

Der an den Mund anschließende Mundrachen ist Teil des Atemweges und trägt mit seiner beweglichen Muskulatur zur Stimmbildung bei. Mit Unterstützung von Zunge und Gaumensegel ist er am Schluckakt beteiligt und befördert Nahrung und Flüssigkeit in Richtung Speiseröhre. An der seitlichen Hinterwand des Mund- und Halsrachens liegen Inseln lymphatischen Gewebes, die auch als Seitenstränge bezeichnet werden. In der Kindheit führt ihre Schwellung bei Halsentzündungen aufgrund des noch engen Rachens häufig zu Schluckstörungen.

Die an den Mund anschließende untere Rachenetage, der Halsrachen, dient hauptsächlich dem Schluckakt.

Die Bewegungen der Rachenmuskeln müssen fein aufeinander abgestimmt sein, damit Luft und Speisen ihren richtigen Weg nehmen. Die Koordination wird durch ein Nervennetz (Plexus) des Rachens gewährleistet und vom unteren Hirnstamm gesteuert. Hier laufen die Informationen des Atem- und Verdauungssystems zusammen und werden an höhere Hirnzentren weitergegeben.

Die Luftröhre

Die Luftröhre (Trachea) schließt an den Kehlkopf an und liegt mit ihrem oberen Anteil in der vorderen Halsregion. Knorpelspangen unterstützen das elastische Luftröhrengewebe und halten es offen. Die Luftröhre kann im vorderen unteren Halsbereich durch die Haut getastet werden. Sie ist etwa 15 Zentimeter lang und gabelt sich in Höhe des vierten Brustwirbels in die beiden Hauptbronchien. Innen wird sie von Schleimhaut überzogen, die wiederum mit feinsten Flimmerhärchen ausgestattet ist. Der rachenwärts gerichtete Flimmerschlag transportiert die eingedrungenen Staubpartikel zurück in den Halsrachen, wo sie dann verschluckt werden.

Die Lungen

Beide Lungen nehmen den größten Teil des Brustkorbes ein. Die linke Lunge ist kleiner, da das linksgelegene Herz einen entsprechenden Platz fordert. Trennende Furchen (Fissuren) unterteilen die Lungen weiter in Lungenlappen. Die rechte Lunge besitzt drei (Ober-, Mittel- und Unterlappen) und die linke Lunge zwei (Ober- und Unterlappen).

Die Lungen bestehen aus einem weitverzweigten Röhrennetzwerk. Es entsteht durch Unterteilung der beiden von der Trachea sich abzweigenden Hauptbronchien in zunächst Lappenbronchien, dann Segmentbronchien und schließlich weiter in kleinere Bronchiolen. Die Bronchiolen enden in kleinen Luftsäckchen, den Alveolen.

Die Lungenarterien und -venen folgen Bronchien und Bronchiolen und umspinnen die Lungenbläschen als feines Netzwerk aus Haargefäßen (Kapillaren).

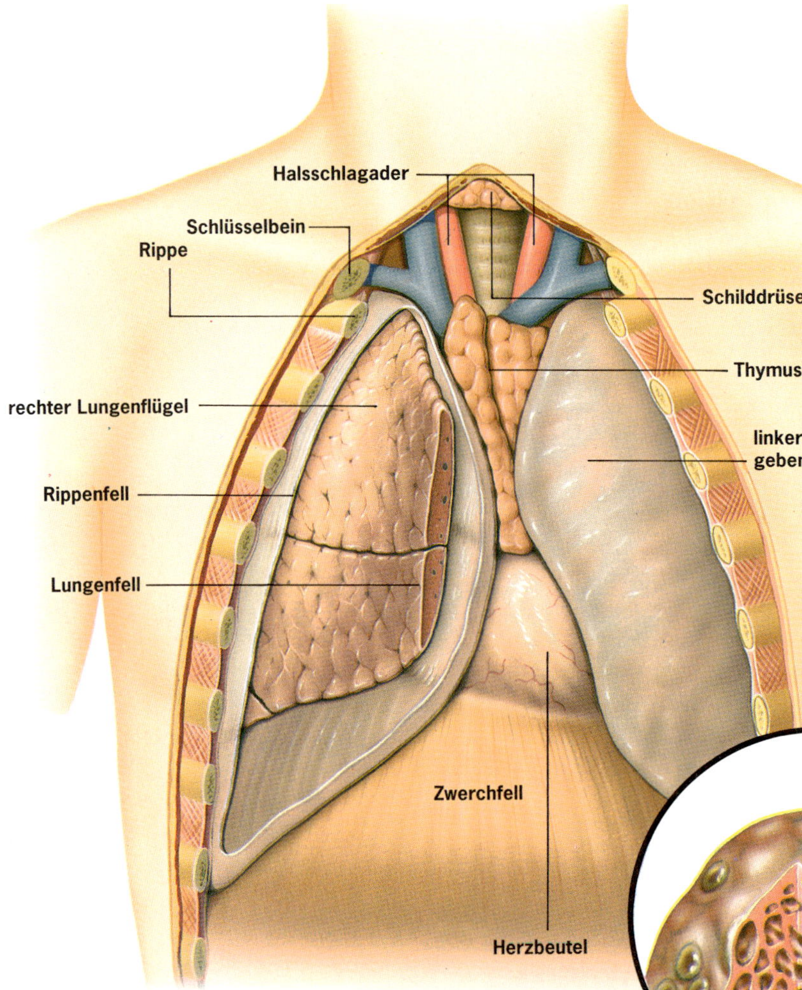

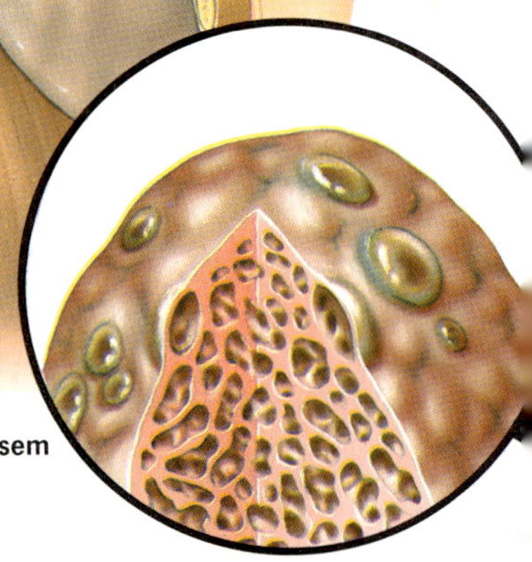

Lungenemphysem

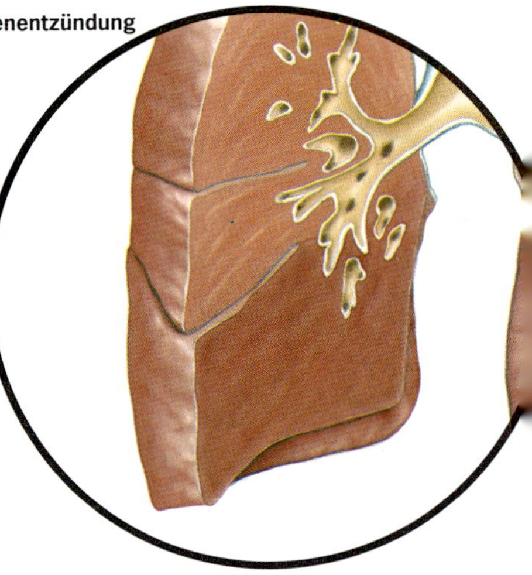

Lungenentzündung

Die Mechanik der Lungen

Lungenoberfläche und Brustwand sind jeweils von einer Membran, dem Lungen- und Rippenfell überzogen. Beide Membranen liegen flach aufeinander und gehen an der Lungenbasis ineinander über. Hierdurch entsteht ein schmaler Spalt, der mit Flüssigkeit gefüllt ist. Diese Flüssigkeit oder besser dieser Flüssigkeitsfilm wird von den gegeneinanderliegenden Flächen von Lungen- und Rippenfell gebildet. So wird durch die Anfeuchtung der inneren Oberflächen ein Gleiten der Lungen gegen die Brustwand ermöglicht. Entfernte man nun die Lungen aus dem Brustkorb, so würden sie zusammenfallen wie ein Ballon, aus dem man die Luft abläßt. Ihre Lage im Brustkorb und Haftung an der Brustwand wird durch die Oberflächenspannung zwischen Lungen- und Rippenfell aufrechterhalten. Als Beispiel für diesen Effekt mögen zwei Glasplatten dienen. Legt man die Glasplatten trocken aufeinander, so kann man sie leicht wieder voneinander abheben. Feuchtet man die Oberflächen jedoch an, so gelingt das Abheben nicht mehr, die Glasplatten können nur noch durch seitliche Verschiebung voneinander getrennt werden. Ähnliche Wirkung besitzt der Flüssigkeitsfilm zwischen Lungen- und Rippenfell.

Beim Einatmen werden die Lungen durch die Volumenvergrößerung des Brustkorbes erweitert. Der so entstehende Sog zieht Luft in die Lungen. Beim Ausatmen verkleinert sich das Volumen des Brustkorbes wieder, die Lungen werden zusammengedrückt und die Luft wird hinausgepreßt.

Das Brustfell

Rippen- und Lungenfell werden auch gemeinsam als Brustfell (Pleura) bezeichnet. Wie bereits erwähnt, gehen beide Lagen an der Lungenbasis (Lungenhilus) ineinander über, dort wo die Bronchien und Gefäße in die Lunge eintreten. Der mit Flüssigkeit gefüllte, beim Gesunden minimale Spaltraum (Pleuraspalt) zwischen beiden Membranen erlaubt das Gleiten gegeneinander. Bei der Brustfellentzündung ist die Flüssigkeitsproduktion der Membranen erhöht, und es können sich im Spalt erhebliche Mengen Flüssigkeit ansammeln. Ist die Flüssigkeit klar oder trübe, so bezeichnet man dies als Pleuraerguß, ist sie eitrig, als Pleuraempyem. Das Brustfell besitzt im Gegensatz zu den Lungen Schmerzrezeptoren. Die Schmerzauslösung ist auch das Charakteristikum der Pleuraentzündung (Pleuritis). Jede Art von Entzündung rauht die Oberflächen von Lungen und Rippenfell auf und steigert dadurch den Schmerz, wenn beide Membranen beim Atemvorgang aneinander vorbeigleiten.

Der Bau der Lunge und Lungenkrankheiten

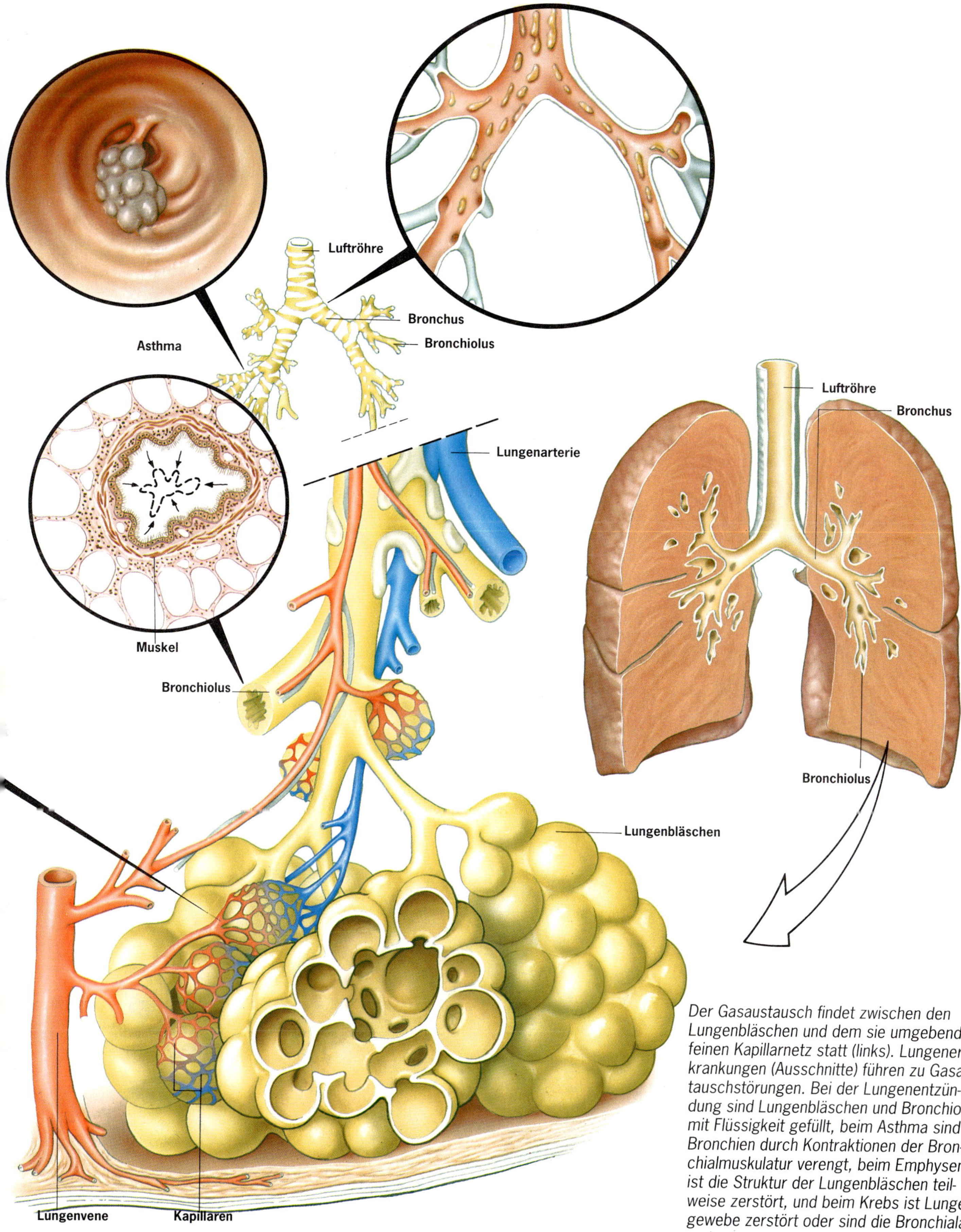

Der Gasaustausch findet zwischen den Lungenbläschen und dem sie umgebenden feinen Kapillarnetz statt (links). Lungenerkrankungen (Ausschnitte) führen zu Gasaustauschstörungen. Bei der Lungenentzündung sind Lungenbläschen und Bronchiolen mit Flüssigkeit gefüllt, beim Asthma sind die Bronchien durch Kontraktionen der Bronchialmuskulatur verengt, beim Emphysem ist die Struktur der Lungenbläschen teilweise zerstört, und beim Krebs ist Lungengewebe zerstört oder sind die Bronchialäste verlegt

Die Atmung

Der erwachsene Mensch atmet im wachen oder schlafenden Zustand etwa 12- bis 14mal pro Minute und atmet im Laufe von 24 Stunden etwa 8000 Liter Luft ein und aus. Während anstrengender körperlicher Arbeit kann die Atemfrequenz auf bis zu 80 Atemzüge pro Minute ansteigen. Die Atmung ermöglicht dem Körper einerseits die Aufnahme des lebensnotwendigen Sauerstoffs, andererseits die Abgabe des Kohlendioxyds, eines Stoffwechselprodukts chemischer Reaktionen.

Etwa ein Fünftel der Einatemluft besteht aus Sauerstoff. Lungen, Herz und Blutgefäße dienen der Aufnahme des Sauerstoffs in den Körper und seinem Transport zu den einzelnen Geweben, um hier die lebensnotwendige Energiegewinnung zu gewährleisten.

Ebenso wie die Benzinverbrennung im Auto und die Kohleverbrennung im Haushalt ist die Energiegewinnung des Körpers an Sauerstoff gebunden. Die Körperzellen verwenden den Sauerstoff, um ihre Energielieferanten, Zukker und Fette, zu verbrennen. Als Abfallprodukte dieser chemischen Verbrennungsvorgänge entstehen Kohlendioxyd und Wasser. Einige Körperzellen können zwar eine Zeitlang ohne Sauerstoff arbeiten, die Gehirnzellen jedoch nicht.

Beim normalen Atemvorgang wird der Hauptteil der Atemarbeit vom Zwerchfell verrichtet. Das Zwerchfell (Diaphragma) ist eine dicke Schicht aus Muskeln und Bindegewebe, die den Brustkorb wie eine Wand gegen den Bauchraum abschließt. Die Rippen bilden den oberen und seitlichen, das Zwerchfell den unteren Teil des nahezu geschlossenen Brustkorbs, der Herz und Lungen enthält.

Betrachtet man das Zwerchfell von oben, so sieht man ein bindegewebiges Zentrum, das rundum durch Muskelzüge mit der Innenseite der unteren sechs Rippen verbunden ist. Es erinnert an eine Sonne, deren Strahlen zum Brustkorb ziehen, um sich dort zu verankern. Von vorne betrachtet, erscheint das Zwerchfell wie die Kuppel eines Domes, die auf den unteren Rippen ruht.

Bei der Einatmung kontrahieren sich die Zwerchfellmuskeln, und das Zwerchfell tritt tiefer in den Bauchraum, die Kuppel glättet sich sozusagen. Hierdurch vergrößert sich das Volumen des Brustkorbs, die Lungen erweitern sich, und Luft wird in sie eingesogen. Die Luft erreicht die jetzt erweiterten Alveolen, in denen der Austausch von Sauerstoff und Kohlendioxyd stattfindet. Sauerstoff wird in die roten Blutkörperchen aufgenommen und an den roten Blutfarbstoff (Hämoglobin) gebunden, Kohlendioxyd verläßt die roten Blutkörperchen und wird in die Alveolen abgegeben. Bei der Ausatmung erschlafft die Zwerchfellmuskulatur, und das Zwerchfell tritt seiner Eigenspannung nach wieder höher in den Brustkorb.

Wie bei jedem anderen Muskel, so wird auch beim Zwerchfell der Anreiz zur Kontraktion und Erschlaffung vom Nervensystem übermittelt. Die das Zwerchfell versorgenden Nerven, der linke und der rechte Zwerchfellnerv (Nervus phrenicus), entspringen weit oben im Rückenmark und legen einen ziemlich langen Weg durch den Hals und Brustkorb zurück. Sie können hier durch Erkrankung oder Verletzung geschädigt werden.

Die Atemfrequenz

Die Atemfrequenz wird vom Atemzentrum im verlängerten Mark (Medulla oblongata) gesteuert. Sie wird hauptsächlich nach dem Kohlendioxyd-, weniger dem Sauerstoffgehalt im Blut reguliert. Das Gehirn beantwortet erhöhte Kohlendioxydspiegel, zum Beispiel bei körperlicher Arbeit, mit einer Steigerung der Atemfrequenz und Atemtiefe. Durch die beschleunigte, vertiefte Atmung wird mehr Sauerstoff in den Körper aufgenommen, mehr Kohlendioxyd abgegeben. Am Ende der körperlichen Arbeit sinkt der Kohlendioxydgehalt des Blutes, und die Atmung kehrt wieder zur normalen Tiefe und Frequenz zurück.

Unwillkürliche Änderungen der Atemfrequenz treten während des Sprechens, Singens und Essens auf. Gähnen, Seufzen, Husten und Niesen sind weitere Besonderheiten der Atmung. Das Lachen und das Weinen, beides charakterisiert durch einen tiefen Einatmungszug und kurze, hintereinander folgende Ausatmungsstöße, stellen emotional gesteuerte Veränderungen der Atmung dar.

Das Anhalten der Luft, entweder freiwillig beim Tauchen oder unfreiwillig durch Nervenreizung, verändert den Atemablauf ebenfalls. Nach den ersten tiefen Atemzügen fällt durch vermehrte Abgabe der Kohlendioxydgehalt des Blutes, dadurch entfällt der Atemstimulus auf das Gehirn, und die Atmung ruht. Dies kann zu einer kurzen Ohnmacht führen und beispielsweise im Falle des Tauchens tödlich enden, wenn man die Oberfläche nicht mehr rechtzeitig erreicht.

Das Zwerchfell

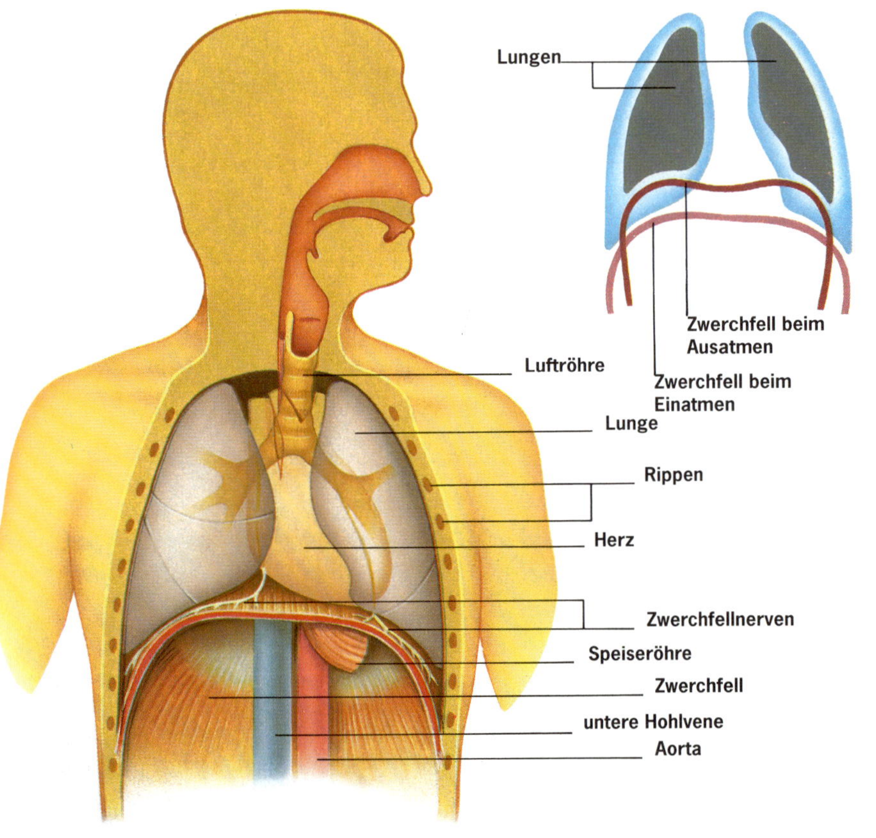

Das Zwerchfell trennt Brust- und Bauchraum. Durch das Tiefertreten (Kontraktion) und Höhertreten (Erschlaffung) erweitert und verkleinert es die Brusthöhle und damit die Lungen. Es dient so der Ein- und Ausatmung

Der Sauerstofftransport im Körper

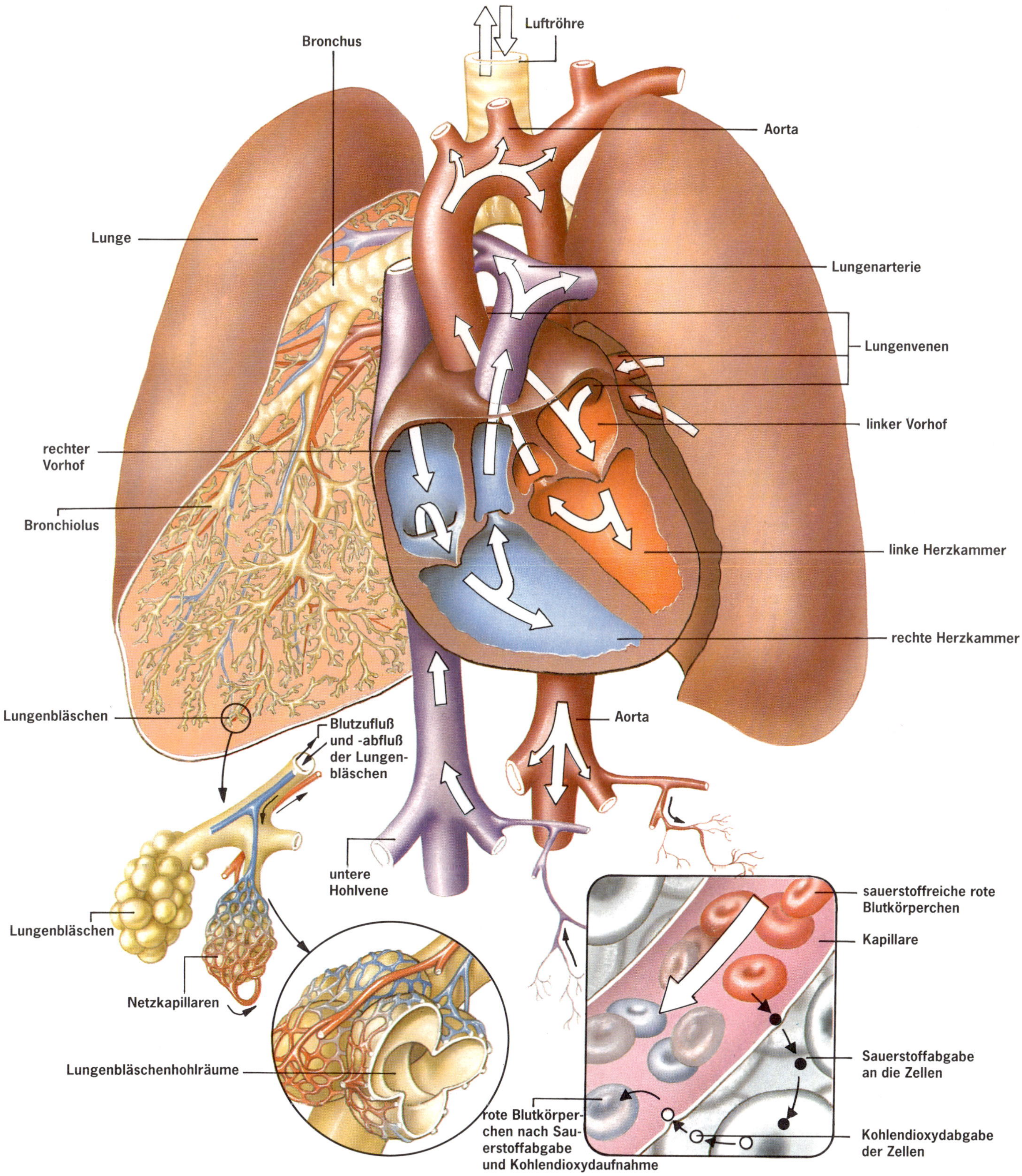

Die über die oberen Atemwege eingesogene Luft erreicht über Luftröhre, Bronchien und Bronchiolen schließlich die Lungenbläschen. Hier findet der Gasaustausch mit dem sie umspinnenden feinen Kapillarnetz statt. Sauerstoff wird in das Blut aufgenommen, Kohlendioxyd in die Lungen abgegeben. Das sauerstoffangereicherte Blut erreicht über die Lungenvenen den linken Vorhof des Herzens, dann die linke Kammer und wird durch ihre Kontraktion in die Hauptschlagader ausgeworfen. Das sauerstoffreiche Blut verteilt sich über die Körpergewebe, in denen die Sauerstoffabgabe an die Zellen und die Kohlendioxydaufnahme ins Blut erfolgt. Das sauerstoffarme und jetzt kohlendioxydreiche Blut wird über das venöse System zurück zum rechten Vorhof und zur rechten Kammer transportiert und durch ihre Kontraktionen in die Lungenschlagader und die -arterien gepumpt

Kapitel 7

Das Herz-Kreislauf-System

Das Herz-Kreislauf-System setzt sich aus dem Herz und dem Gefäßnetz zusammen. Das fast vollständig aus Muskulatur aufgebaute Herz ist für den Kreislauf des Blutes verantwortlich. Blut dient nicht nur dem Transport von Nährstoffen und Gasen, sondern auch der Informationsübermittlung durch den Hormontransport von den endokrinen Drüsen zu ihren Wirkorganen.

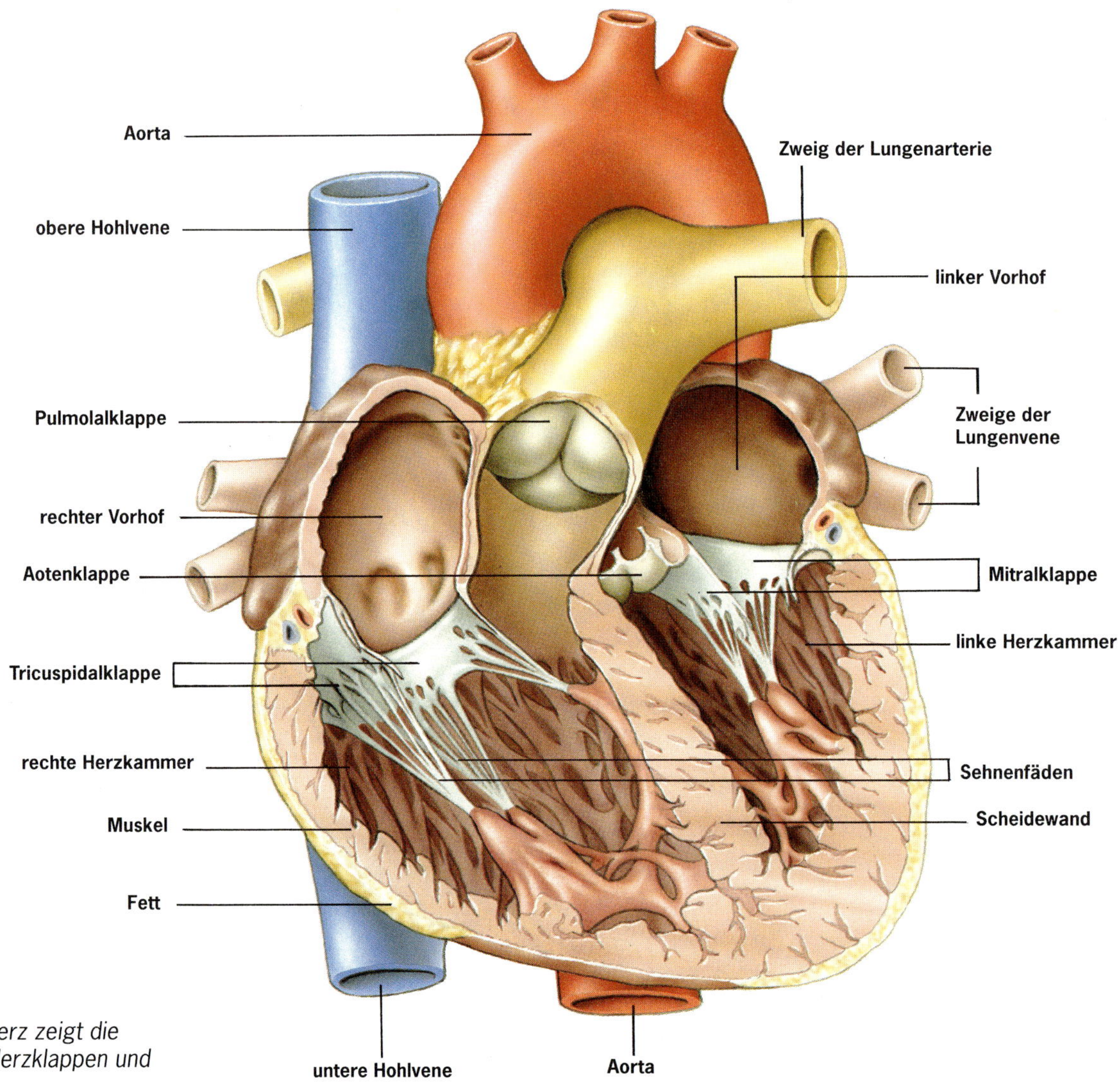

Der Querschnitt durch das Herz zeigt die Vorhöfe und Kammern, die Herzklappen und Gefäße

Das Blut

Die Aufrechterhaltung der Blutzirkulation ist lebensnotwendig. Das Blut wird bereits vor der Geburt und bis zum Tod vom Herz in einem Kreislauf durch das Netzwerk von Arterien und Venen gepumpt. Es liefert den Körpergeweben Sauerstoff, Nährstoffe und andere lebenswichtige Substanzen und führt Kohlendioxyd und Stoffwechselabbauprodukte ab. Durch die Abwehr eingedrungener Krankheitserreger und die Möglichkeit zur Blutgerinnung bei Verletzungen erfüllt es außerdem Schutzfunktionen für den Körper.
Blut ist jedoch nicht nur eine Flüssigkeit. Seine Dickflüssigkeit entsteht durch den Gehalt an Millionen Blutzellen, deren Aktivität dem Blut einen gewebeähnlichen Charakter verleiht. Es besteht aus einer farblosen Flüssigkeit, dem Blutplasma, in dem rote und weiße Blutkörperchen (Erythrozyten und Leukozyten) und Blutplättchen (Thrombozyten) schwimmen.
Wie so viele Teile des Körpers, so besteht auch das Blutplasma hauptsächlich aus Wasser. Als Flüssigkeit kann es durch die dünnen Wände kleinster Blutgefäße, der Kapillaren, hindurchtreten (diffundieren) und steht so in direktem Kontakt mit der Zwischenzellflüssigkeit (Extrazellularflüssigkeit), die alle Körpergewebe umspült. Auf diese Weise können Mineralien und andere Substanzen vom Blut über die Extrazellularflüssigkeit zu jeder Körperzelle gelangen.

Das Blutplasma

Mit dem Blutplasma werden die wichtigsten Energiequellen des Körpers, die Glukose und freien Fettsäuren, transportiert, ferner das für den Aufbau des Blutfarbstoffes Hämoglobin notwendige Eisen und eine Anzahl von Hormonen. Das Blutplasma besteht demnach aus einer wäßrigen Lösung von Mineral- und Nährstoffen, kleineren Mengen von Hormonen und einer weiteren wichtigen Komponente, den Eiweißen, die den Hauptanteil bilden. Auf 1 Liter Blutplasma entfallen im Mittel 75 Milligramm Eiweiß (Protein). Diese Eiweiße gliedern sich in zwei Hauptgruppen, das Albumin und die Globuline. Albumin wird in der Leber gebildet und ist neben seiner Nährfunktion für die Gewebe hauptverantwortlich für die Aufrechterhaltung des osmotischen Druckes des Blutes. Dieser osmotische Druck gewährleistet, daß die Blutflüssigkeit im Gefäßsystem verbleibt, ein Sinken des osmotischen Drukkes führt zu einem Ausstrom von Flüssigkeit in den Zwischenzellraum und schließlich zu einem Einstrom in die Zellen. Kreislaufstörungen und Gewebewassersucht sind die Folge. Albumine binden das notwendige Wasser im Blutstrom und halten so die zirkulierende Flüssigkeitsmenge konstant.
Die wahrscheinlich wichtigsten Globuline sind diejenigen, die als Antikörper gegen eingedrungene Fremdkörper oder Krankheitserreger wirken. Andere Globuline dienen dem Transport von Hormonen, Mineralstoffen und anderen Substanzen, wiederum andere sind an der Blutgerinnung beteiligt.

Die Blutplättchen

Die Blutplättchen (Thrombozyten) sind die kleinsten Zellen im Körper. Auf 1 Milliliter Blut entfallen im Mittel 250 Millionen Blutplättchen mit einem jeweiligen Durchmesser von 1 Tausendstel Millimeter.

Ihre Hauptaufgabe ist die Mitwirkung bei der Blutgerinnung, wann immer es eine Blutung zu stillen gilt. Da das Blut so viele Blutplättchen enthält, stehen sie an jeder Blutungsquelle sofort ausreichend zur Verfügung.
Die Wände der Blutgefäße sind normalerweise von glatten, flachen Epithelzellen (Endothel) ausgekleidet. Sobald diese Kontinuität unterbrochen ist, kommen die Blutzellen mit anderen Zellwandstrukturen in Kontakt, und die Blutplättchen bleiben haften. Durch diese Haftung an der Zellwand und auch untereinan-

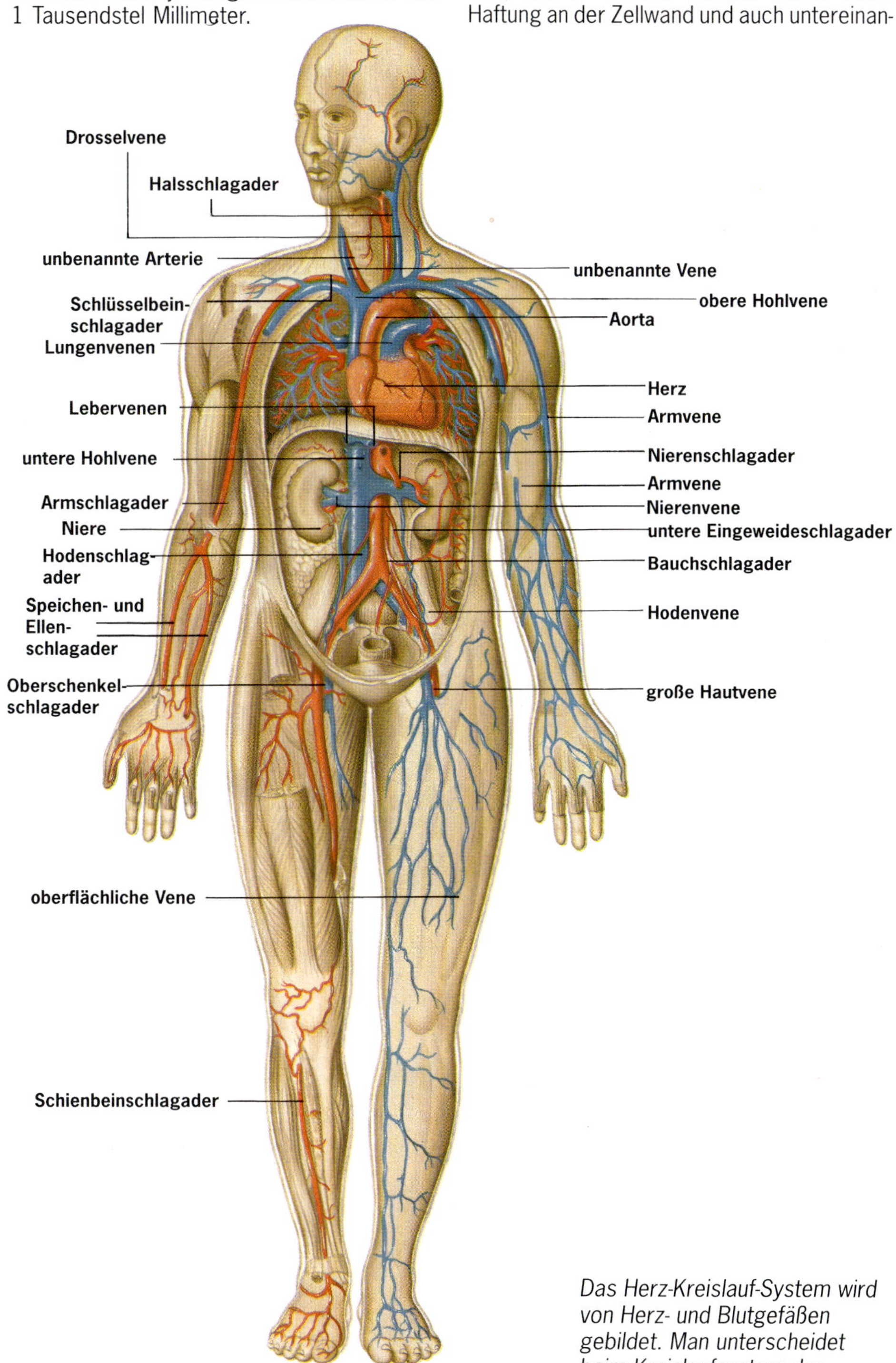

Das Herz-Kreislauf-System wird von Herz- und Blutgefäßen gebildet. Man unterscheidet beim Kreislaufsystem den Körper- und den Lungenkreislauf

der entsteht ein Pfropf, der den Defekt und damit die Blutung stillt. Durch das Anhaften der Blutplättchen wird aus ihnen zusätzlich ein Blutgerinnungsfaktor freigesetzt, der mit weiteren Blutgerinnungsfaktoren des Blutes an der Verletzungsstelle ein Netzwerk aus Fibrin entstehen läßt, das den zunächst gebildeten lockeren, instabilen Pfropf stabilisiert, damit einen dauerhaften Verschluß gewährleistet und zur endgültigen Reparatur überleitet. Die Blutgerinnung ist ein komplexer Vorgang, an dem die Blutplättchen und 13 Blutgerinnungsfaktoren beteiligt sind. Störungen an diesem System können in zweierlei Formen auftreten: Zum einen als verminderte Blutgerinnung, die bereits bei kleineren Verletzungen zu lang anhaltenden Blutungen führt, zum anderen als gesteigerte Blutgerinnung, die die Bildung von Thromben in den Gefäßen provoziert und damit Gefäßverschlüsse herbeiführt.

Die roten Blutkörperchen

Die roten Blutkörperchen (Erythrozyten) fungieren als eine Art Transportsystem. Sie transportieren den eingeatmeten Sauerstoff zu den Geweben und das dort entstandene Kohlendioxyd zurück in die Lunge, wo es durch Ausatmung eliminiert wird. Ermöglicht wird diese Bindungsfähigkeit für Sauerstoff durch den in ihnen enthaltenen roten Blutfarbstoff, das Hämoglobin.

In den Lungenkapillaren verbindet sich der aufgenommene Sauerstoff sehr schnell mit dem Hämoglobin der roten Blutkörperchen und verleiht ihnen ihre hellrote Farbe. Die so sauerstoffangereicherten roten Blutkörperchen gelangen mit dem Blut ins Herz und von dort in den Körperkreislauf und zu den einzelnen Zellen. Hier wird der Sauerstoff an die Zellen abgegeben und das Kohlendioxyd, ein Abbauprodukt des Zellenergiestoffwechsels, mit Hilfe eines Enzymsystems in die roten Blutkörperchen aufgenommen. Die jetzt dunkleren roten Blutkörperchen gelangen über die Venen zurück zum Herzen und von dort in den Lungenkreislauf, wo die Abgabe des Kohlendioxyds stattfindet und die Sauerstoffaufnahme von neuem beginnt.

Die Bildung der roten Blutkörperchen beginnt in den ersten Lebenswochen, der Bildungsort ist zunächst die Leber. Mit der Blutzellbildung im Knochenmark ab dem 6. Lebensmonat geht sie in der Leber zurück. Bis zum Jugendalter bildet das Knochenmark aller Knochen Blutzellen, ab dem 20. Lebensjahr ist die Blutzellbildung jedoch hauptsächlich auf die platten und kurzen Knochen (Wirbelsäule, Rippen, Becken) beschränkt. Die Erythrozyten entwickeln sich aus ihren Vorstufen, den Erythroblasten, großen unregelmäßig gerundeten Zellen mit einem großen Zellkern. Die Erythroblasten durchlaufen eine Reihe von Zellteilungen, in deren Verlauf der Zellkern zunächst kleiner wird und sich dann ganz auflöst. Für die Herstellung der roten Blutkörperchen benötigt der Körper neben anderen Substanzen Eisen (Bestandteil des Hämoglobins), Vitamin B12, Folsäure und Eiweiß. Während ihrer Zirkulation im Blutkreislauf sind die roten Blutkörperchen besonderen Belastungen ausgesetzt und bedürfen daher einer ständigen Erneuerung. Ihre durchschnittliche Lebensdauer beträgt 120 Tage. Sind sie defekt, so werden sie in den Geweben von Knochenmark und Milz abgefangen und abgebaut. Bestimmte, an das Plasma abgegebene Abbaustoffe werden wieder verwandt, andere, wie das Hämoglobin, in der Leber weiter abgebaut.

Der Körper besitzt die bemerkenswerte Fähigkeit, die Anzahl der zirkulierenden roten Blutkörperchen je nach dem entsprechenden Bedarf zu regulieren. Im Falle eines Blutverlustes, einer Zerstörung von Teilen des Knochenmarks oder einer verminderten Versorgung der Gewebe mit Sauerstoff, zum Beispiel bei einer Herzschwäche oder einem Höhenaufenthalt, steigert das Knochenmark augenblicklich die Produktion von roten Blutkörperchen. Die Anzahl der zirkulierenden Blutkörperchen bleibt jedoch in bestimmten Grenzen konstant, ihre Verminderung würde zu einer Minderversorgung der Gewebe mit Sauerstoff, ihre Vermehrung zu einer Erhöhung der Blutviskosität (Zähflüssigkeit durch hohen Zellanteil) und damit zu einer Störung des Blutumlaufes führen.

Die weißen Blutkörperchen

Die weißen Blutkörperchen (Leukozyten) unterscheiden sich von den roten in Form, Aufbau, Größe und Funktion. Auch weisen sie nicht alle die gleiche Form auf und besitzen die Möglichkeit einer langsamen, vom Blutstrom unabhängigen Fortbewegung. Sie sind die Abwehrzellen des Körpers gegen Fremdsubstanzen und eingedrungene Krankheitserreger. Man unterscheidet nach Form und Funktion drei Hauptgruppen: Granulozyten, Lymphozyten und Monozyten.

Die Granulozyten, die etwa 50 bis 75 Prozent der weißen Blutkörperchen des Blutes stellen, unterscheidet man wiederum je nach der Anfärbbarkeit ihrer Granula in basophile, eosinophile und neutrophile Granulozyten, wobei letztere den Hauptanteil ausmachen.

Eingedrungene Krankheitserreger werden von den weißen Blutkörperchen als fremd erkannt und angegriffen. Die hierbei freigesetzten Substanzen locken weitere weiße Blutkörperchen an, die zur Unterstützung herbeieilen. Aus den neutrophilen Granula des Zellplasmas werden Substanzen und Enzyme freigesetzt, die die eingedrungenen Fremdzellen zerstören. Handelt es sich um einen größeren Infek-

Im Falle einer Verletzung blutet es aus den eröffneten Gefäßen. Durch den Gewebskontakt wird das Gerinnungssystem aktiviert und die Blutgerinnung eingeleitet (A). Zunächst ballen sich an den Wundrändern die Blutplättchen zusammen (B), und es bilden sich Fibrinfäden durch Polymerisation des im Blut gelösten Fibrinogens (Eiweißkörper). Die Fibrinfäden sind im Wundbereich netzartig verwoben. In diese Netzwerk lagern sich weitere Blutzellen und Blutplättchen ein (C). Beim Zerfall der Blutplättchen kommt es dann durch nicht genau geklärte Vorgänge zum Zusammenziehen der Fibrinfäden, und der Gerinnungspfropf (D) verfestigt sich

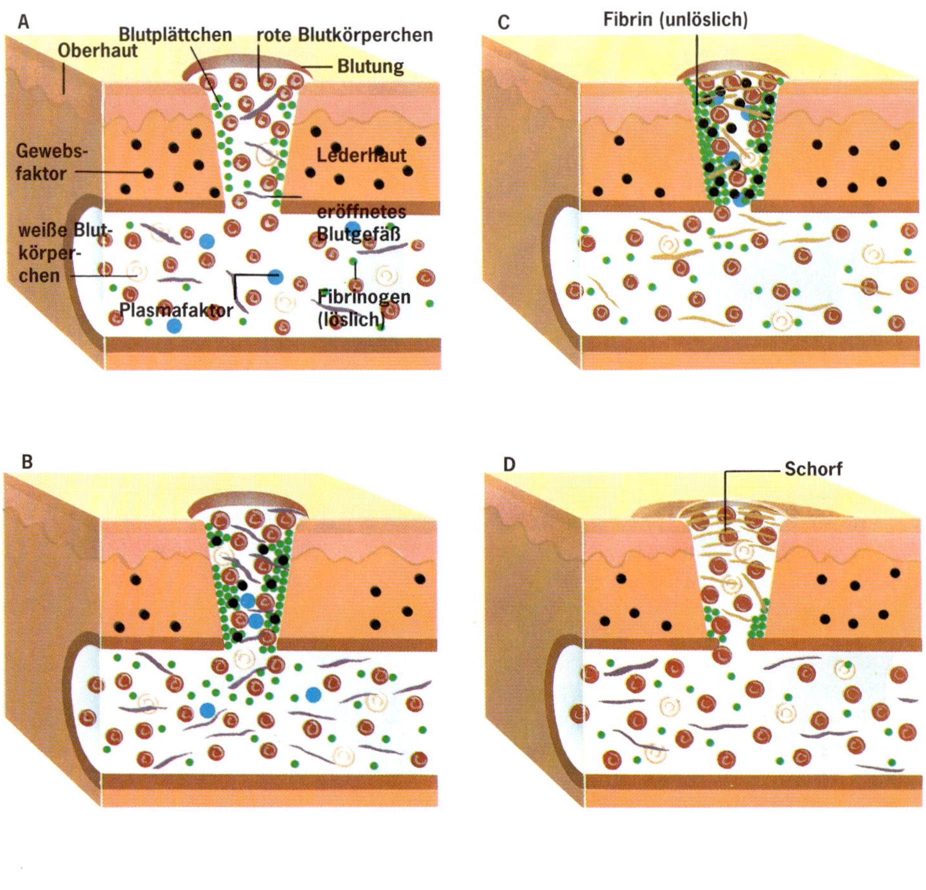

tionsherd, so entsteht als Ergebnis ihrer Arbeit Eiter, ein Produkt aus zugrundegegangenen Krankheitserregern, Zellbestandteilen, Leukozyten und Enzymen.
Die eosinophilen Granulozyten tragen ihren Namen aufgrund der rötlichen Anfärbung ihrer Granula bei Kontakt mit dem Farbstoff Eosin. Sie machen etwa 1 bis 4 Prozent der Granulozyten des Blutes aus und spielen neben der Abwehr von Krankheitserregern bei der Beseitigung von Fremdstoffen eine Rolle. Gelangen nun diese Fremdstoffe (Antigene) ins Blut, so treten die eosinophilen Granulozyten mit bestimmten Stellen ihrer Oberfläche in Kontakt und neutralisieren sie. Durch den Kontakt mit den Granulozyten werden bestimmte chemische Substanzen, unter anderem Histamin, freigesetzt. Die erhöhte Produktion von Histamin kann zur allergischen Reaktion führen. Die auf diese Weise neutralisierten Antikörper werden dann von den eosinophilen Granulozyten abgebaut.
Die basophilen Granulozyten werden nach der bläulichen Anfärbbarkeit ihrer Granula benannt. Neben ihrer Abwehrfunktion gegen Krankheitserreger setzen sie bestimmte, die Blutgerinnung hemmende Stoffe frei und verhindern so die Entstehung von Blutgerinnseln.

Die Lymphozyten

Die Lymphozyten stellen im Mittel 25 Prozent der weißen Blutkörperchen des Blutes. Sie alle besitzen einen zentral gelegenen, dichten und kugelförmigen Zellkern (Nukleus). Ihnen kommt ebenfalls eine große Bedeutung im Abwehrsystem des Körpers zu, so verleihen sie dem Körper zum Beispiel Immunität gegen bestimmte Erkrankungen. Dies geschieht durch die Bildung spezifischer Antikörper, die mit den Bakteriengiften und anderen von diesen Organismen gebildeten, schädlichen Substanzen reagieren. Die Lymphozyten synthetisieren zudem noch eine Reihe weiterer chemischer Substanzen, die verhüten, daß der Körper einer Invasion von Krankheitserregern erliegt.

Die Monozyten

Die Monozyten sind große, teils unregelmäßig geformte Zellen mit bohnenförmigem Zellkern, sie machen im Mittel 10 Prozent der weißen Blutzellen aus. Sie sind in der Lage, Krankheitserreger oder Fremdstoffe in ihren Zellkörper aufzunehmen und zu zerstören und zählen daher ebenfalls zu den Abwehrzellen des Körpers. Die Vorgänge bei der Reaktion von Monozyten und Granulozyten mit Krankheitserregern (Anlockung weißer Blutzellen, Freisetzung von Enzymen und anderen Substanzen, vermehrte Durchblutung, Reaktion des Gewebes) werden als Entzündung, die Reaktion der Lymphozyten und ihrer Antikörper mit Krankheitserregern und ihren Giften als Immunreaktion bezeichnet (Näheres im Kapitel 8, Seite 96ff.). Beide Reaktionen können gleichzeitig ablaufen.

Die Bildungsstätten der weißen Blutkörperchen

Im Knochenmark werden die Granulozyten und die Monozyten und wurden ursprünglich auch die Lymphozyten gebildet. Die Granulozyten entstehen über Zwischenstufen aus den Myelozyten, ihre durchschnittliche Lebensdauer beträgt 12 Tage und bei Kontakt mit Krankheitserregern höchstens 3 bis 4 Stunden. Ihre Bildung und Freisetzung wird entsprechend den Körperanforderungen gesteigert.
Die etwa 200 Tage lebensfähigen Lymphozyten wurden ursprünglich auch im Knochenmark gebildet. Diese Aufgabe übernehmen im Laufe der Entwicklung die Thymusdrüse und die Milz sowie andere lymphatische Organe, wie die Lymphknoten und Mandeln.
Monozyten und Blutplättchen wiederum werden im Knochenmark gebildet. Die Lebensdauer der Monozyten ist nach wie vor nicht geklärt, sie scheinen sich zum Teil im Gewebe, zum Teil im Blutplasma aufzuhalten. Der Gesamtbestand von Blutplättchen wird ständig alle 3 bis 4 Tage erneuert.
Obwohl jede Blutung, ob innerlich oder äußerlich, ernst genommen werden sollte, kann der Körper des Gesunden durch seine Kompensationsmechanismen ein Sechstel bis ein Fünftel seiner Blutmenge verlieren, ohne Schaden zu nehmen. Bestehen gleichzeitig andere Krankheiten, so können diese Kompensationsmechanismen erheblich gestört sein. Da das Blut die Versorgungslinie von und zu den Geweben bildet, ist es nicht verwunderlich, wenn sich Funktionsstörungen und Erkrankungen auch auf das Blutbild auswirken; es stellt damit ein Spiegelbild der Körperfunktionen dar. Es können aber auch Erkrankungen des Blutes selbst auftreten.

Die Bildungsorte der Blutzellen

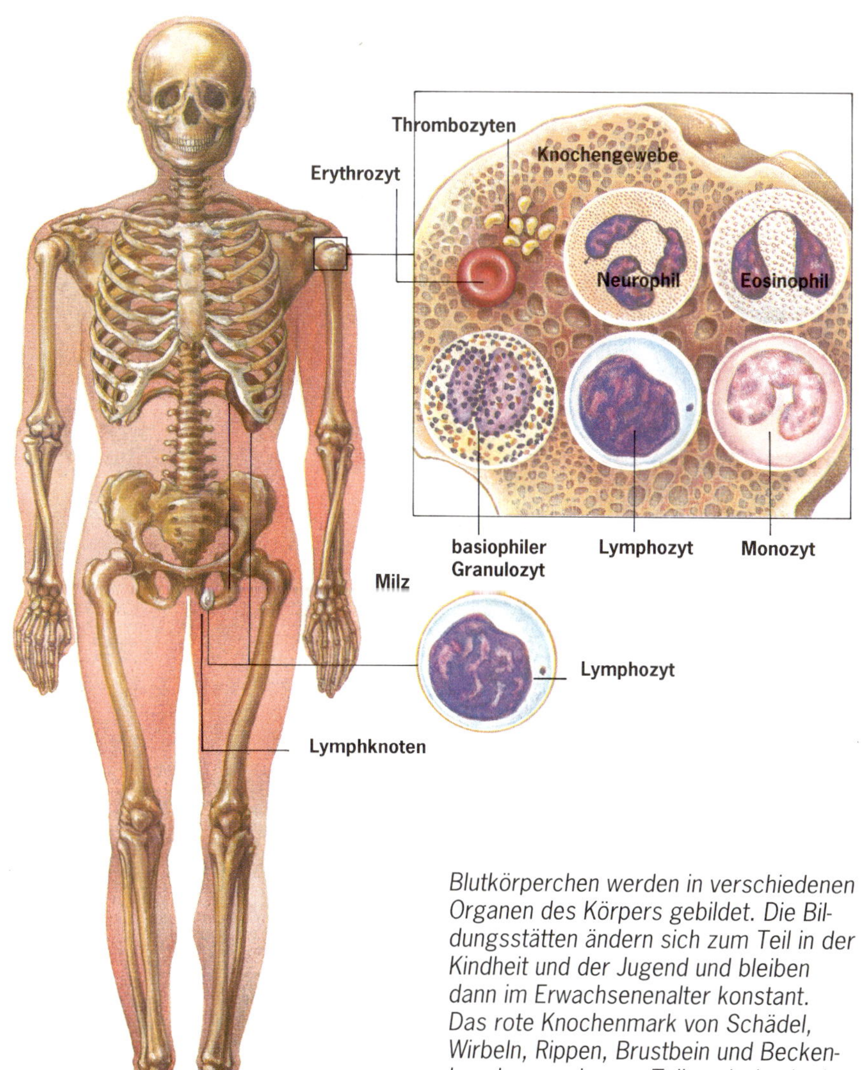

Blutkörperchen werden in verschiedenen Organen des Körpers gebildet. Die Bildungsstätten ändern sich zum Teil in der Kindheit und der Jugend und bleiben dann im Erwachsenenalter konstant. Das rote Knochenmark von Schädel, Wirbeln, Rippen, Brustbein und Beckenknochen sowie zum Teil auch das in den Enden der langen Röhrenknochen bildet rote Blutkörperchen, Blutplättchen und weiße Blutkörperchen. Letztere werden zudem in Milz und Lymphknoten gebildet

Das Herz

Das Herz ist ein großes, muskulöses Hohlorgan mit einem Gewicht von im Mittel 350 Gramm beim erwachsenen Mann, bei der erwachsenen Frau etwas geringer. Es liegt mit seinem Hauptanteil einschließlich seiner Basis in der Mitte des Brustkorbes und ragt in die linke Brustkorbhälfte etwas mehr als in die rechte, ganz im Gegensatz zu der häufigen Meinung, es liege in der linken Körperhälfte.
Der rechte Herzrand liegt mehr oder weniger direkt hinter dem rechten Brustbeinrand, auf der linken Seite überragt das Herz den linken Brustbeinrand in Form eines abgerundeten Dreiecks, mit der Spitze knapp unter der Brustwarze. Hier kann die Herzspitze oft zwischen den Rippen als sogenannter Herzspitzenstoß getastet werden.
Das Herz hat die Aufgabe, Blut durch zwei getrennte Kreisläufe zu pumpen. Das Blut gelangt zunächst von der linken Herzkammer in die Hauptschlagader (Aorta) und von dort über Arterien und Arteriolen in die Kapillaren der einzelnen Körpergewebe. Hier findet der Austausch von im Blut enthaltenen Nährstoffen und Sauerstoff gegen Stoffwechselprodukte und Kohlendioxyd statt. Von den Kapillaren gelangt das Blut über Venolen, Venen und schließlich die obere und untere Hohlvene zurück in den rechten Herzvorhof und von dort in die rechte Herzkammer. Nun wird es in einen zweiten Kreislauf, den Lungenkreislauf, gepumpt, in dem die Abgabe von Kohlendioxyd und die Aufnahme von Sauerstoff erfolgt. Sauerstoffangereichert nimmt es den Weg über die Lungenvenen zum linken Herzvorhof und in die linke Herzkammer, und der Kreislauf beginnt von neuem.
Es gibt also vier Herzkammern, die den Pumpvorgang regeln. Sie bestehen aus einer Art Muskelsack, dessen Wände sich zusammenziehen können und so das Blut vorwärtstreiben. Die Wanddicke hängt von den Anforderungen ab, die an die jeweilige Herzkammer gestellt werden. Da die linke Herzkammer zu Beginn des Körperkreislaufes die größte Arbeit leisten muß, besitzt sie auch die dickste Wand.
Die Herzkammern sind zu Paaren angeordnet, wobei jedes Paar aus einem dünnwandigen Vorhof und einer dickwandigen Kammer besteht. Die Vorhöfe erhalten das Blut aus den Kreisläufen über Venen und pumpen es über Klappen in die Herzkammern. Von dort wird es wiederum über Klappen in die Lungen- und Körperschlagader weitergepumpt. Beide Vorhöfe liegen hinter und oberhalb ihrer Kammern, beide Vorhöfe und beide Kammern liegen Seite an Seite. Die sie trennenden Wände werden als Vorhof- und Kammerseptum bezeichnet.

Der Funktionsablauf

Von den Lungenkapillaren kehrt das sauerstoffangereicherte Blut über die Lungenvenen zurück zum linken Vorhof, der es durch seine Kontraktion über die Mitralklappe (zweizipflige Segelklappe) in die linke Herzkammer befördert. Daraufhin kontrahiert die linke Kammer, wobei sich die Mitralklappe schließt und die Aortenklappe öffnet und das Blut über die Aorta in den Körperkreislauf ausgeworfen wird. Nach Abgabe des Sauerstoffs und der Nährstoffe an die Gewebe und Aufnahme von Stoffwechselprodukten und Kohlendioxyd sammelt sich das Blut aus den Geweben über Venen zur unteren und oberen Hohlvene und erreicht den rechten Vorhof. Dessen Kontraktion wiederum treibt das Blut durch die Tricuspidalklappe (dreizipflige Segelklappe) in die rechte Herzkammer.
Bei der anschließenden Kontraktion der rechten Herzkammer schließt sich die Tricuspidalklappe und öffnet sich die Pulmonalklappe, so daß das Blut über die Lungenarterie in den Lungenkreislauf gelangt. Die Herzaktion ist so koordiniert, daß jeweils Kammern kontrahieren und Vorhöfe erschlaffen und umgekehrt. Der gesamte Pumpvorgang wiederholt sich in Ruhe zwischen 60- und 80mal pro Minute.

Die Herzklappen

Die geregelte Funktion des Herzens hängt wie die anderer Pumpen auch von einer Reihe Klappen ab. Auf der rechten Seite befinden sich die Pulmonal- und Tricuspidalklappe, auf der linken die Aorten- und Mitralklappe. Alle vier Klappen öffnen und schließen sich in einer koordinierten Reihenfolge, so daß der Blutfluß jeweils nur eine Richtung nehmen kann.
Pulmonal- und Aortenklappe gleichen sich in ihrem Aufbau. Sie bestehen aus je drei dünnen, aber dennoch festen Bindegewebsschichten. Der Aufbau der Mitral- und der Tricuspidalklappe ist komplizierter, obwohl sie ähnliche Strukturen besitzen. Die Mitralklappe besteht aus zwei, die Tricuspidalklappe aus drei bindegewebigen Segeln.

Die Pumpaktionen des Herzens

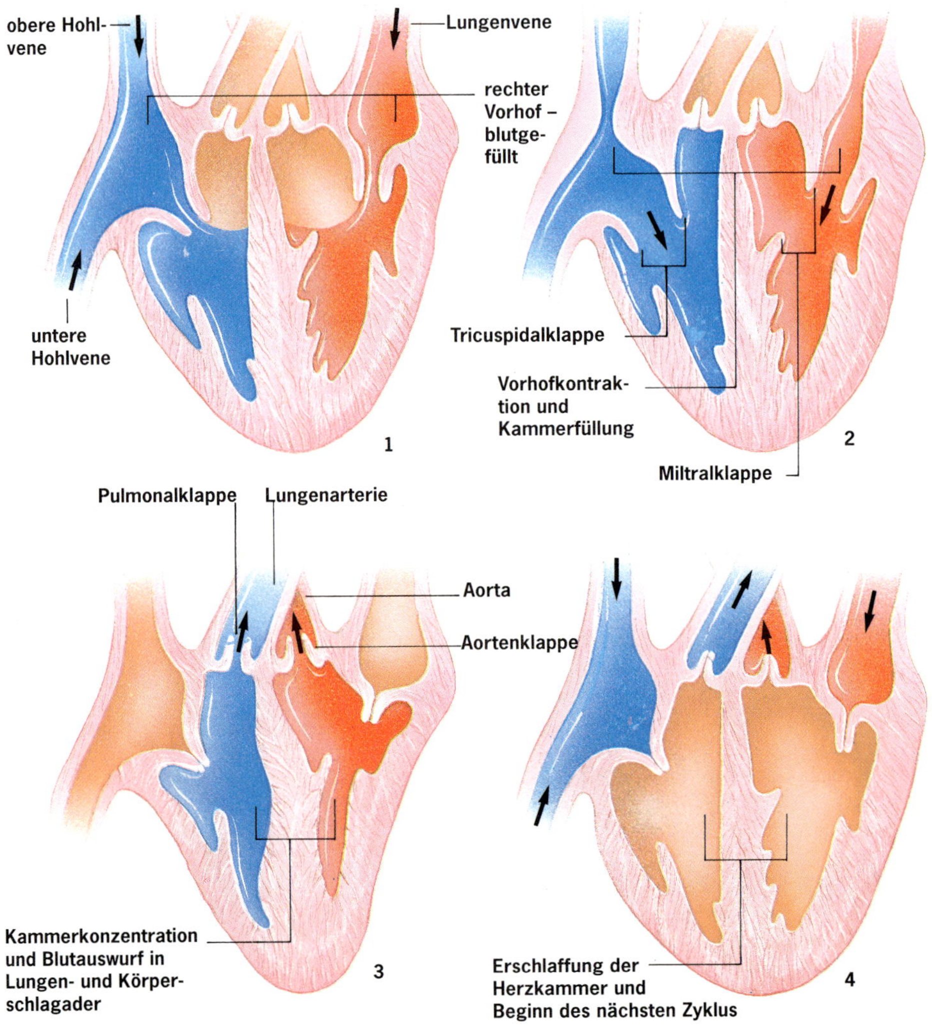

Die einzelnen Klappenanteile (Taschen und Segel) sind jeweils an festen Bindegewebsringen befestigt, ihre freien Ränder legen sich so aneinander, daß ein kompletter Verschluß der Öffnung entsteht. Die freien Klappenränder sind zudem mit feinen Bindegewebsfäden (Chordae tendineae) in den Muskeltrabekeln verankert. Auf diese Weise wird mit den Bewegungen des Herzmuskels ein Öffnen der Klappen ermöglicht und beim Schluß ein Zurück- oder Umschlagen vermieden.

Die Koordination

Mit jedem Herzschlag kontrahieren beide Kammern, die Vorhöfe erschlaffen, zwischen jedem Herzschlag kontrahieren beide Vorhöfe, die Kammern erschlaffen. Diese genau koordinierten Herzaktionen erfordern einen hochkomplizierten elektrischen Impulsgeber. Die Hauptsteuerung geht vom Sinusknoten aus, der in der Wand des rechten Vorhofes liegt und auch als Schrittmacher bezeichnet wird. Die Impulse gelangen von hier zu beiden Vorhöfen und veranlassen deren Kontraktion.

Die Aufsicht auf die Herzklappen

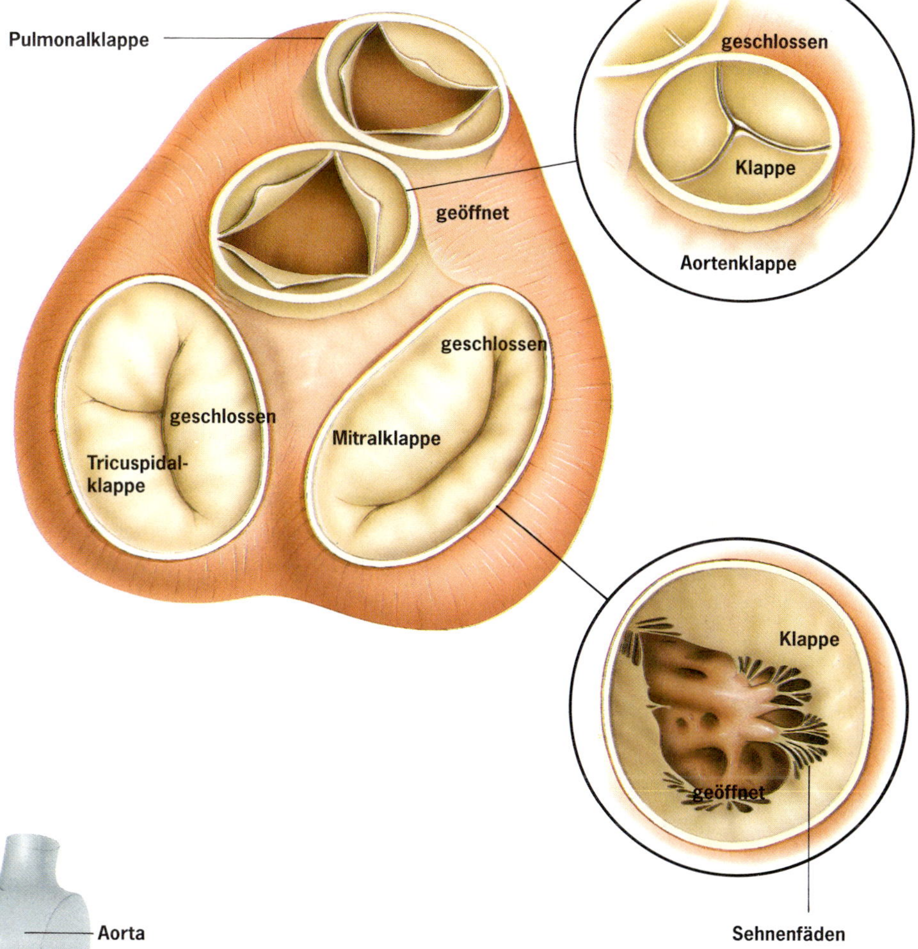

Die Vorderansicht der Herzklappen

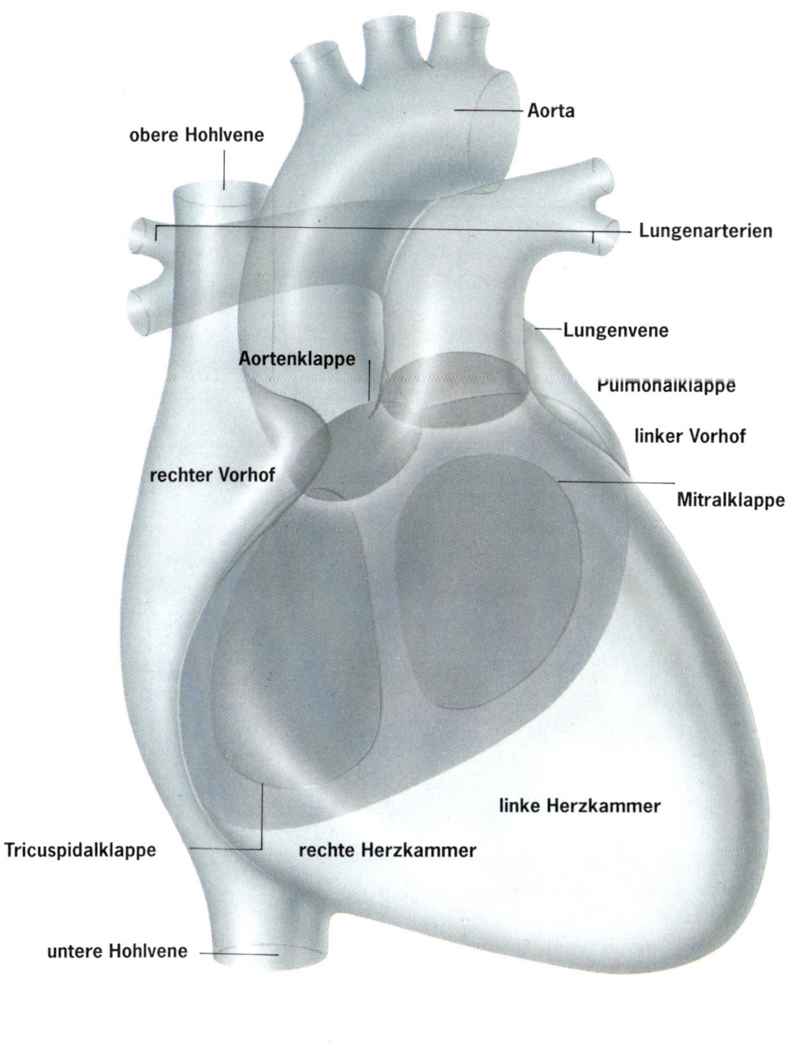

Die Herzklappen ermöglichen den geordneten Blutfluß in der jeweils vorbestimmten Richtung und verhindern den Rückfluß. Segelklappen finden sich zwischen Vorhöfen und Kammern, im Ausschnitt oben die dreizipflige Segelklappe (Tricuspidalklappe), unten die zweizipflige Segelklappe (Mitralklappe). Semilunarklappen liegen an der Basis von Aorta und Lungenschlagader. Sie werden als Aorten- und Pulmonalklappen bezeichnet

Gleichzeitig erreicht der ausgesandte Erregungsimpuls den untergeordneten Atrioventrikularknoten an der Vorhof-Kammer-Grenze. Der hierdurch verzögerte Impuls wird dann über zwei Faserbündel im Kammerseptum, die sogenannten Hisschen Bündel, auf die Kammermuskulatur übertragen, breitet sich hier aus und führt zu deren Kontraktion. Der spezielle Aufbau des Herzreizleitungssystems ermöglicht die Verzögerung zwischen Vorhof- und Kammererregung und damit die exakte Koordination der Schlagfolge.

Die Blutgefäße

Arterien und Venen bilden die größeren Blutgefäße des Körpers. Sie gleichen Röhren, die das Blut vom Herzen weg (Arterien) und zum Herzen hin (Venen) führen. Die linke Herzkammer pumpt das Blut in die Hauptschlagader des Körpers, die Aorta. Die ersten aus der Aorta unmittelbar nach ihrem Abgang aus dem Herzen abzweigenden Gefäße sind die Koronararterien oder Herzkranzgefäße, die das Herz selbst mit Blut versorgen. Die linke Koronararterie verzweigt sich unmittelbar nach ihrem Abgang aus der Aorta in zwei Äste, so daß insgesamt drei große, das Herz versorgende Blugefäße entstehen: die rechte Herzkranzschlagader und die zwei Äste der linken. Sie umkreisen und durchdringen das Herzgewebe, um auch jede Region mit einer ausreichenden Menge Blut zu versorgen.
Die im weiteren Verlauf aus der Aorta abgehenden Arterien transportieren das Blut in alle Regionen des Körpers. Sie teilen sich zunächst in kleinere Arterien, dann Arteriolen und schließlich Kapillaren auf. Die linke Herzkammer muß einen erheblichen Druck erzeugen, um das Blut durch das gesamte arterielle Netzwerk zu treiben. Der über eine aufblasbare Armmanschette gemessene arterielle Blutdruck entspricht annähernd dem vom Herzen aufgebauten zentralen arteriellen Druck.

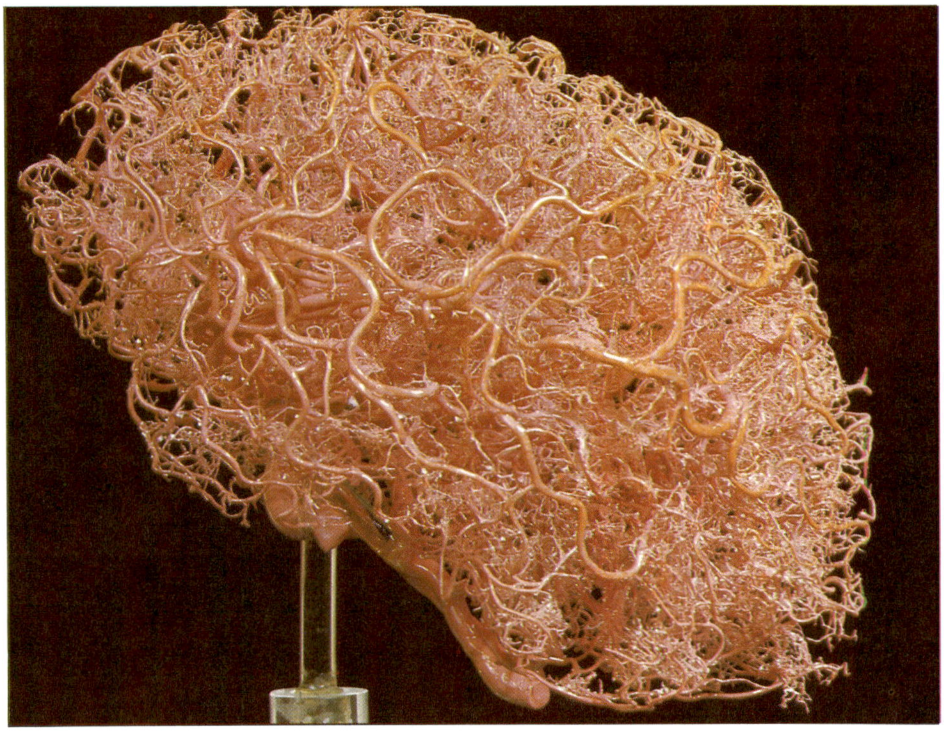

Die Abbildung zeigt das umfangreiche Gefäßnetz des Gehirns. Gehirnzellen sterben ohne Sauerstoffzufuhr innerhalb von Minuten ab

Der Arterienaufbau

Da die Arterien bei jedem Herzschlag einem Druck ausgesetzt sind, müssen sie mit dicken Wänden ausgestattet sein. Ihre Außenwand besteht aus einer Schicht lockeren Bindegewebes, nach innen schließt sich eine dicke, elastische Muskelschicht an, die der Arterie ihre Festigkeit verleiht. Innen ist die Arterie mit einer flachen Zellschicht, dem Endothel, ausgekleidet. Ihre glatte Oberfläche ermöglicht den freien Durchfluß des Blutes.
Die dicke, elastische Arterienwand hat große Bedeutung für den kontinuierlichen Blutstrom im Gewebe. Sie gibt dem kurzen Blutauswurf während der Austreibungsphase des Herzens elastisch nach und bewirkt durch die Rückgabe der gespeicherten elastischen Energie einen kontinuierlichen Blutstrom in den Kapillaren.

Der Puls

Mit dem Körperpuls tastet der Arzt die vom Herzen ausgehende und in den Arterien ankommende Pulswelle. Die Kraft des Herzschlages wird über die Arterienwand, ähnlich einer über einen See laufenden Welle, fortgeleitet. Die elastischen Arterienwände nehmen den Anfangsdruck des Herzschlages auf und speichern durch ihre Erweiterung elastische Energie. Diese elastische Energie wird bei abfallendem Druck wieder abgegeben, und die Arterie erreicht wieder ihre Ausgangsstärke. Auf diese Weise entsteht in den großen Arterien die Pulswelle und in den kleineren schließlich ein kontinuierlicher Blutfluß.
Der Körperpuls kann an oberflächlich liegenden größeren Arterien getastet werden. Am gebräuchlichsten ist der Handgelenkpuls (Radialispuls), bei dem die Speichenschlagader am Handgelenk beugeseitig, knapp vor der Daumenbasis, getastet wird. Es ist sinnvoll, den Puls mit zwei oder drei Fingern zu tasten, da beispielsweise der eigene Puls auf den Daumen übertragen wird und so Beurteilungsfehler entstehen.
Der Puls der Oberarmschlagader kann auf der Innenseite des Oberarmes zwischen Beuge- und Streckmuskulatur getastet werden. Für den Arzt ist es in bestimmten Fällen auch notwendig, den Halsschlagaderpuls etwa 2,5 Zentimeter unterhalb des Kieferwinkels zu tasten. Auch kann das Abhören von Gefäßen mit dem Stethoskop notwendig werden. Strömungsgeräusche der Arterien deuten auf eine Einengung hin, auch wenn der Puls noch normal zu tasten ist.
Man kann ferner den Leistenpuls, den Kniekehlenpuls und die Fußpulse unterhalb des Innenknöchels und am Fußrücken tasten.

Die Kapillaren

Mit einem Durchmesser von im Mittel nur 8 Tausendstel Millimeter sind die Kapillaren nur knapp größer im Lumen als ein Blutkörperchen. Jede Kapillare besteht aus einer dünnen Epithelzellschicht, die sich zu einer Röhre schließt, und wird umgeben von einer ebenso dünnen, teils porösen, teils gefensterten Membran. Sie ist dünn genug, um den Stoffaustausch zwischen Blut und Gewebe zu ermöglichen. Der Blutdurchfluß wird durch die Weite der vorgeschalteten Arterien geregelt. Zusätzlich zu ihrer Aufgabe im Stoffaustausch spielen die Hautkapillaren eine entscheidende Rolle bei der Regulation der Körpertemperatur. Steigt die Körperkerntemperatur an (Hitze, Entzündungen), so wird die Hautdurchblutung gesteigert und das Blut an der Körperoberfläche sozusagen abkühlt.
Ihre Dünnwandigkeit macht die Kapillaren auch leicht verletzbar, wovon besonders die Hautkapillaren betroffen sind. Bei Verletzungen der Haut werden meist die Kapillaren mitgeschädigt, es kommt zu einem Blutaustritt nach außen oder ins Gewebe; letzteres führt zu einem Bluterguß. Kapillaren können auch bei Verbrennungen zerstört werden. Sie besitzen jedoch die Möglichkeit, sich zu erneuern oder werden ganz neu gebildet. Im hohen Alter oder bei übermäßigem Alkoholgenuß können die Kapillaren kollabieren, sie sind dann als feine rote Linien oder Punkte in der Haut zu erkennen. Nachdem das Blut die Kapillaren durchflossen hat, kehrt es über die Venen zum Herzen zurück.

Die Venen

Venen verzweigen sich vergleichbar den Arterien im Körper. Die ein bestimmtes Organ versorgenden Arterien sind meist von einer gleichnamigen Vene begleitet. Doch gibt es große Unterschiede, beispielsweise besitzen große Venen Klappen, die Arterien nicht. Auch sind die Arterienwandungen wesentlich dicker als die der Venen, während der Innendurchmesser der Venen den der korrespondierenden Arterien überschreitet.
Venen sind Röhren aus Epithel-, Muskel- und Bindegewebe. Ihre Wand besteht aus einer äußeren Bindegewebsschicht (Tunica adventitia), nach innen schließt sich die Muskelzellschicht (Tunica intermedia) an, und die Innenauskleidung wird schließlich wieder von einer flachen Epithelzellschicht (Tunica intima) gebildet. Die Muskelzellschicht ist bei den Venen schwach ausgebildet.

***Rechts:** Die Herzkranzschlagadern (Koronararterien) versorgen den Herzmuskel mit sauerstoff- und nährstoffreichem Blut. Es gibt eine rechte und eine linke Koronararterie, letztere teilt sich unmittelbar nach ihrem Ursprung in zwei Hauptäste*

***Unten:** Die Arterien bestehen aus elastischen und muskulären Gewebslagen, die durch Dehnung und Kontraktion einen*

Die Herzkranzarterien

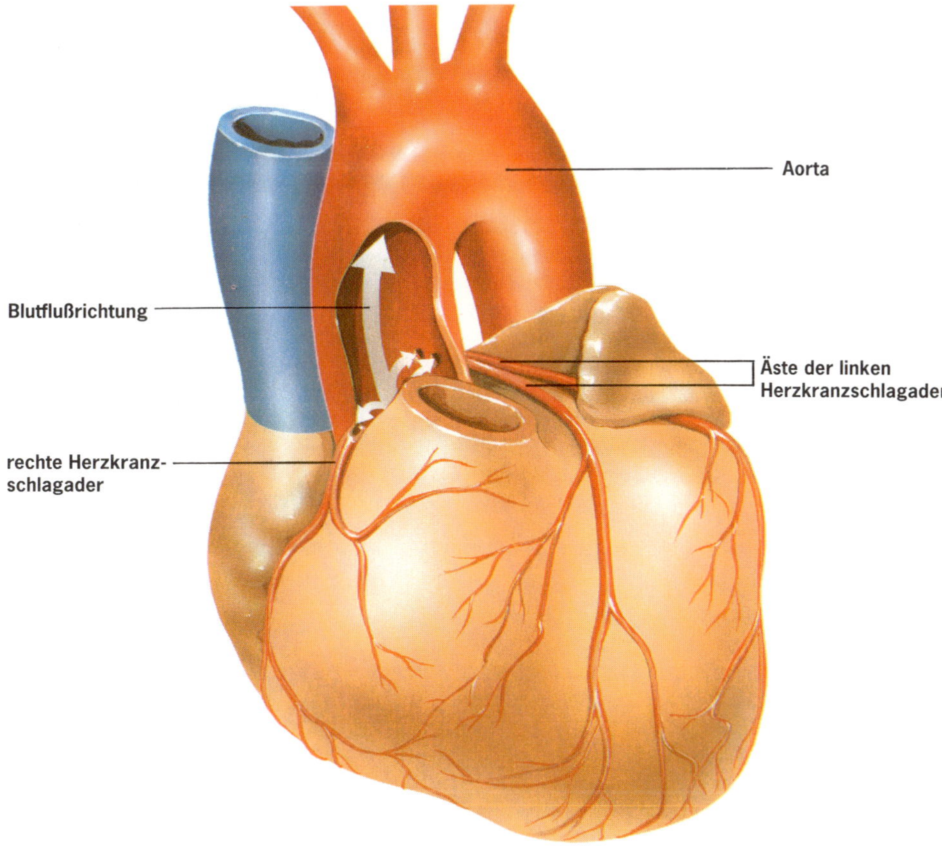

Der Bau der Schlagaderwand

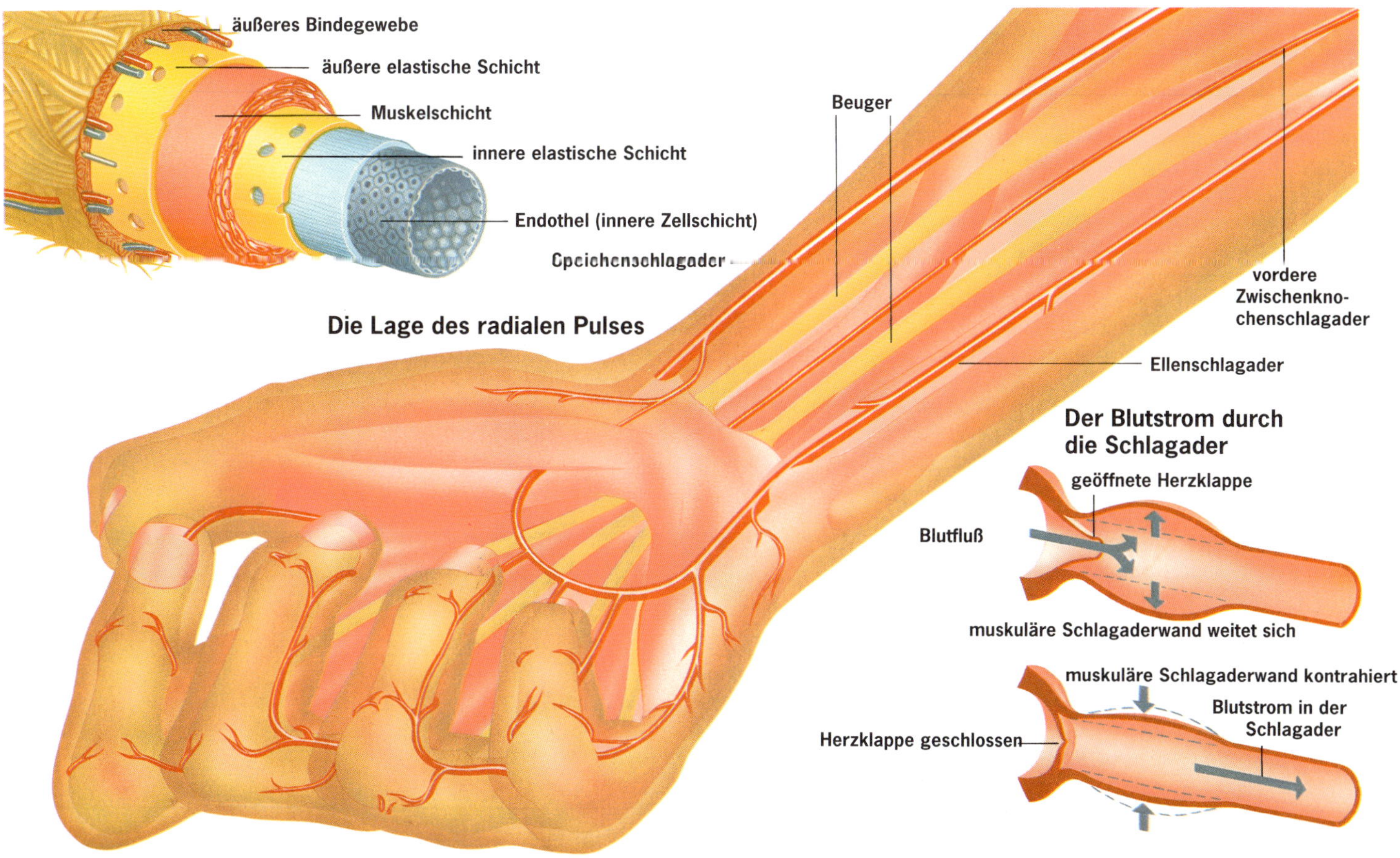

Die Lage des radialen Pulses

Der Blutstrom durch die Schlagader

Der Bau und die Funktion der Schlagadern (Arterien)

Der Blutkreislauf

Das von der linken Herzkammer über die Aorta in den Körperkreislauf gepumpte Blut ist reich an Sauerstoff, aufgespaltenen Nahrungsbestandteilen und anderen wichtigen Substanzen, wie Hormonen.
Nach Abgang der Herzkranzgefäße unmittelbar an ihrem Ursprung steigt die Aorta etwas nach rechts auf, krümmt sich dann als Aortenbogen über die linke Lungenwurzel und steigt links vor der Wirbelsäule wieder ab. Aus dem Aortenbogen gehen die großen Schlagaderstämme für Kopf und Arme ab, zunächst der gemeinsame Stamm von rechter Arm- und Halsschlagader, der sich bald darauf in beide Schlagadern teilt, dann einzeln die Stämme für die linke Halsschlagader und den linken Arm. Die absteigende Aorta verläuft dann durch den Brustkorb in den Bauchraum.
Im Bauchraum entspringen aus der Aorta drei Hauptstämme für die Eingeweide, Leber, Bauchspeicheldrüse und Milz und die rechte und linke Nierenarterie, bevor sie sich in beide Beckenschlagadern teilt, die Becken und Beine mit Blut versorgen.
Von den sich noch weiter verzweigenden Arterien führt das Blut in die kleineren Arteriolen, die alle Organe und Gewebe des Körpers, einschließlich des Herzens, erreichen und von diesen in das große Kapillarnetz fließen.
In den Kapillaren drängen sich die roten Blutkörperchen in Reihen hintereinander; sie geben ihren Sauerstoff an das Gewebe ab und nehmen Kohlendioxyd auf. Hier werden auch Nährstoffe und andere Substanzen des Blutes gegen Stoffwechselprodukte des Gewebes ausgetauscht.
In Ruhe fließt das Blut durch bestimmte bevorzugte Kapillargefäße, deren Durchmesser etwas größer ist. Sobald aber die Körperorgane oder die Muskulatur vermehrt arbeiten müssen, wird die Durchblutung weniger beanspruchter Bezirke reduziert, die Durchblutung der arbeitenden Bezirke dagegen erhöht.
Nach Durchfließen der Kapillaren gelangt das Blut in das venöse System, hier zunächst in die Venolen, die sich zu kleineren Venen und diese wiederum zu größeren Venenstämmen vereinigen. Die größeren Venen besitzen Klappen, die so gebaut sind, daß sie nur den Blutstrom in Richtung Herz zulassen, also einen Rückfluß des Blutes in die Gewebe verhindern. Die Venen vereinigen sich schließlich zu den beiden großen Hauptstämmen, der oberen und unteren Hohlvene, die das Blut zum rechten Herzvorhof führen. Die obere Hohlvene erhält Zuflüsse aus Kopf, Hals und Armen, die untere Hohlvene aus den übrigen Körperregionen.
Vom rechten Vorhof in die rechte Kammer gelangt, wird das Blut in die Lungenschlagadern gepumpt. In ihnen findet die Abgabe von Kohlendioxyd und Aufnahme von Sauerstoff statt, und das so sauerstoffangereicherte Blut fließt über die Lungenvenen zurück zum linken Vorhof und von da in die linke Kammer.

Der Kreislauf durch die Körpergewebe wird als Körperkreislauf, derjenige durch die Lunge als Lungenkreislauf bezeichnet. Schlagadern (Arterien) führen das Blut vom Herzen weg, Blutadern (Venen) dem Herzen zu.
Ein zusätzlicher Kreislauf, der Pfortaderkreislauf, dient der Verarbeitung der mit der Nahrung aufgenommenen Substanzen. Die venösen Gefäße der Baucheingeweide sammeln sich zu einem gemeinsamen Stamm, der Pfortader, die das nährstoffreiche Blut der Leber zuführt. Hier verzweigt sich die Pfortader in ein spezielles Kapillarnetz, die sogenannten Lebersinusoide. Aus ihnen fließt das Blut dann über die Lebervene in die untere Hohlvene. In der Leber werden die mit der Nahrung aufgenommenen Substanzen aufgearbeitet und in spezifische Körpersubstanzen umgewandelt, die dann über das Herz dem Kreislauf zugeführt werden.

Die Gefäßkurzschlüsse und Umgehungskreisläufe

Kurzschlüsse zwischen größeren Arterien und Venen sind entweder eine Fehlanlage oder durch Verletzung oder Erkrankung entstanden. Sie führen zu erheblichen Druckverlusten im arteriellen System und damit zu Durchblutungsstörungen.

Das Schlagadernetz

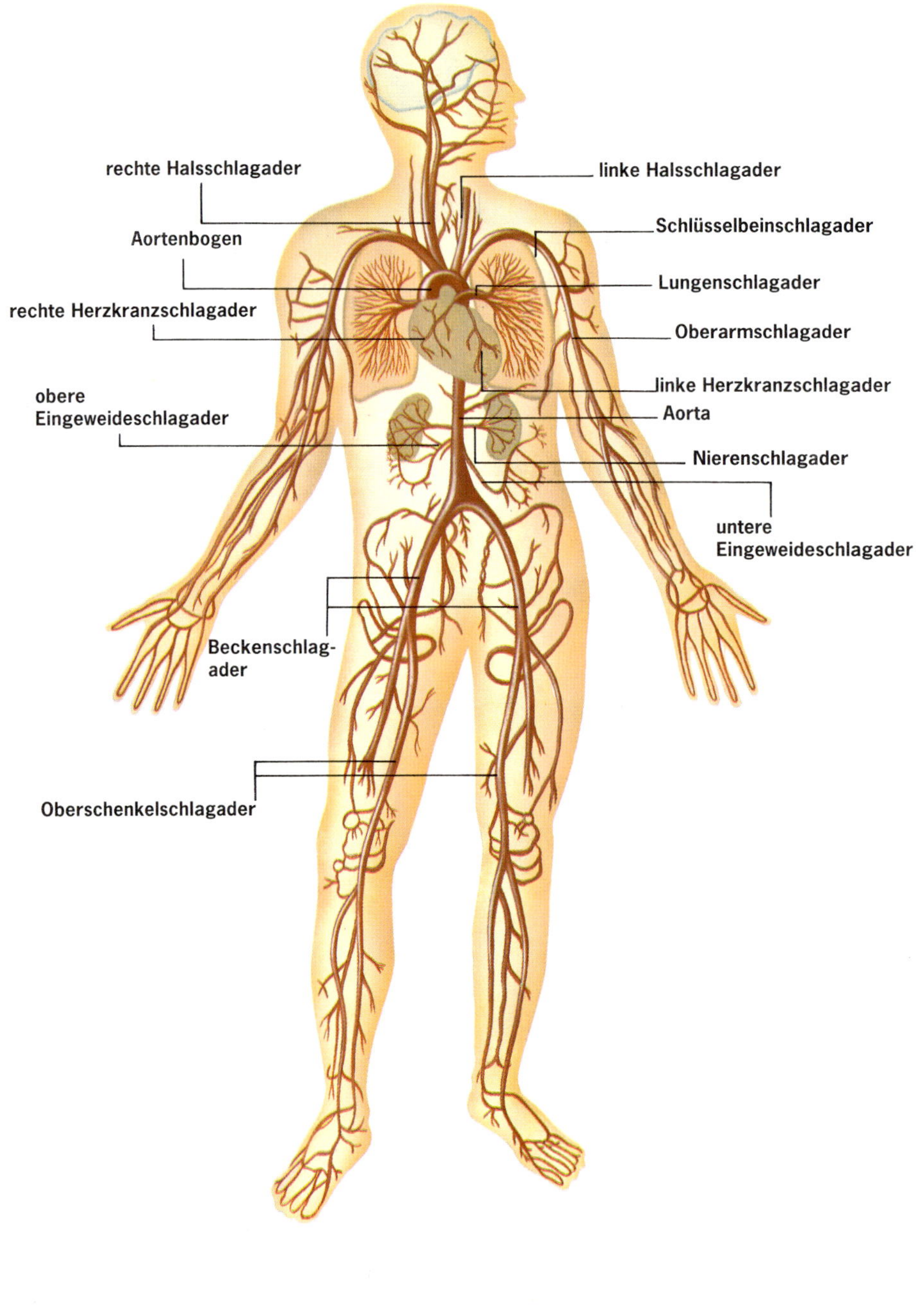

Das Venennetz

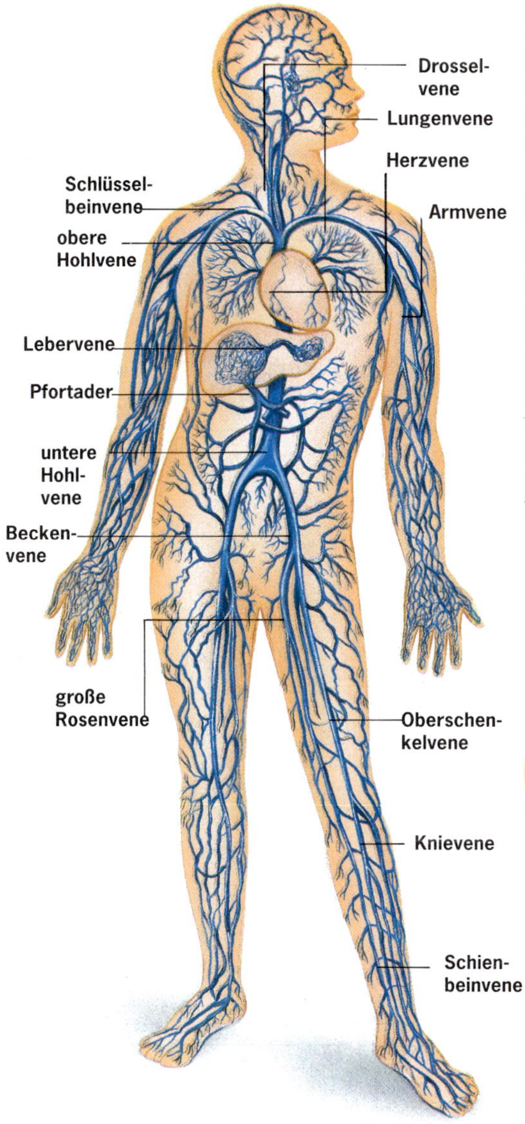

In vielen Körperregionen gibt es Verbindungen der Arterien und ihrer Äste untereinander. Hierdurch kann bei Verlegung oder Verletzung eines Astes die Durchblutung über den anderen Ast aufrechterhalten werden. Tritt ein solcher Fall ein, so erweitern sich die Verbindungsäste zur anderen Arterie, die Durchblutung dieses Umgehungskreislaufes wird gesteigert und damit die Blutversorgung lebenswichtiger Areale aufrechterhalten.

Der Blutfluß und die Blutverteilung

Das Blut ist nicht gleichmäßig im Kreislaufsystem verteilt, im Mittel befinden sich 12 Prozent im Lungenkreislauf, 15 Prozent in den Schlagadern und 59 Prozent in den Venen des Körperkreislaufes, 5 Prozent in den Kapillaren und die verbleibenden 9 Prozent im Herzen. Auch ist die Blutflußgeschwindigkeit nicht in allen Gefäßbezirken gleich. Beim Ausfluß aus dem Herzen fließt das Blut beispielsweise mit 33 Zentimetern pro Sekunde durch die Aorta, die Flußgeschwindigkeit reduziert sich dann im arteriellen Gefäßsystem bis auf etwa 0,3 Zentimeter pro Sekunde in den Kapillaren. Der Blutstrom beschleunigt sich dann wieder im venösen System und erreicht 20 Zentimeter pro Sekunde beim Zufluß durch die obere und untere Hohlvene.

Die Kreislaufkontrolle

Blutdruck und Blutfluß werden vom sogenannten vasomotorischen Zentrum im Hirnstamm gesteuert. Die Durchblutung der einzelnen Gewebe wird durch die Weite der Arteriolen bestimmt, die ebenfalls der zentralen Kontrolle unterliegen. Das vasomotorische Zentrum erhält Informationen über den Blutdruck durch Druckrezeptoren in Aorta- und Halsschlagadern und gibt nach entsprechender Verarbeitung Impulse an die Arteriolen weiter.

Die Abbildung zeigt das tiefe (blauviolett) und oberflächliche (hellblau) Venensystem des Beines. Eine Reihe von Klappen ermöglichen den Blutfluß in Richtung Herz und verhindern den Rückstrom in die Körperperipherie (Ausschnitt oben rechts). Der Beinquerschnitt zeigt die Lagebeziehung der einzelnen Venen zueinander (Ausschnitt unten rechts)

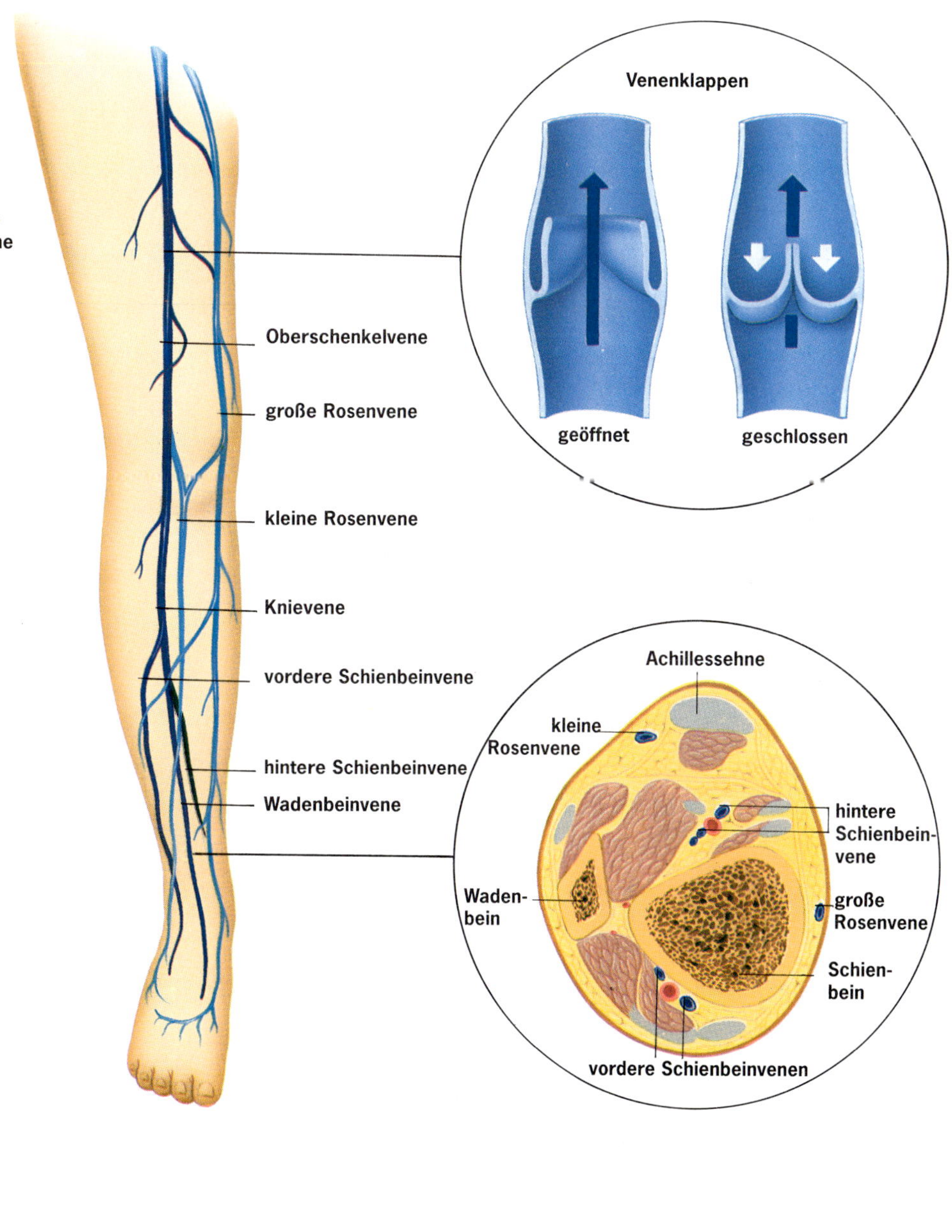

Kapitel 8

Das Lymphgefäßsystem

Das Lymphgefäßsystem ist ein weiteres Gefäßnetz, das ebenfalls dem Transport im Körper dient. Die Lymphgefäße führen den Überschuß an Flüssigkeit sowie Fremdstoffe und andere Substanzen aus den Körpergeweben ab. In der Hauptsache handelt es sich bei den Substanzen um Stoffwechselprodukte, bestimmte Abbauprodukte der Gewebe und potentiell schädliche Substanzen. Das Lymphgefäßsystem arbeitet eng mit dem Blutgefäßsystem zusammen und spielt mit seinen zirkulierenden Lymphozyten eine große Rolle in der Infektabwehr.

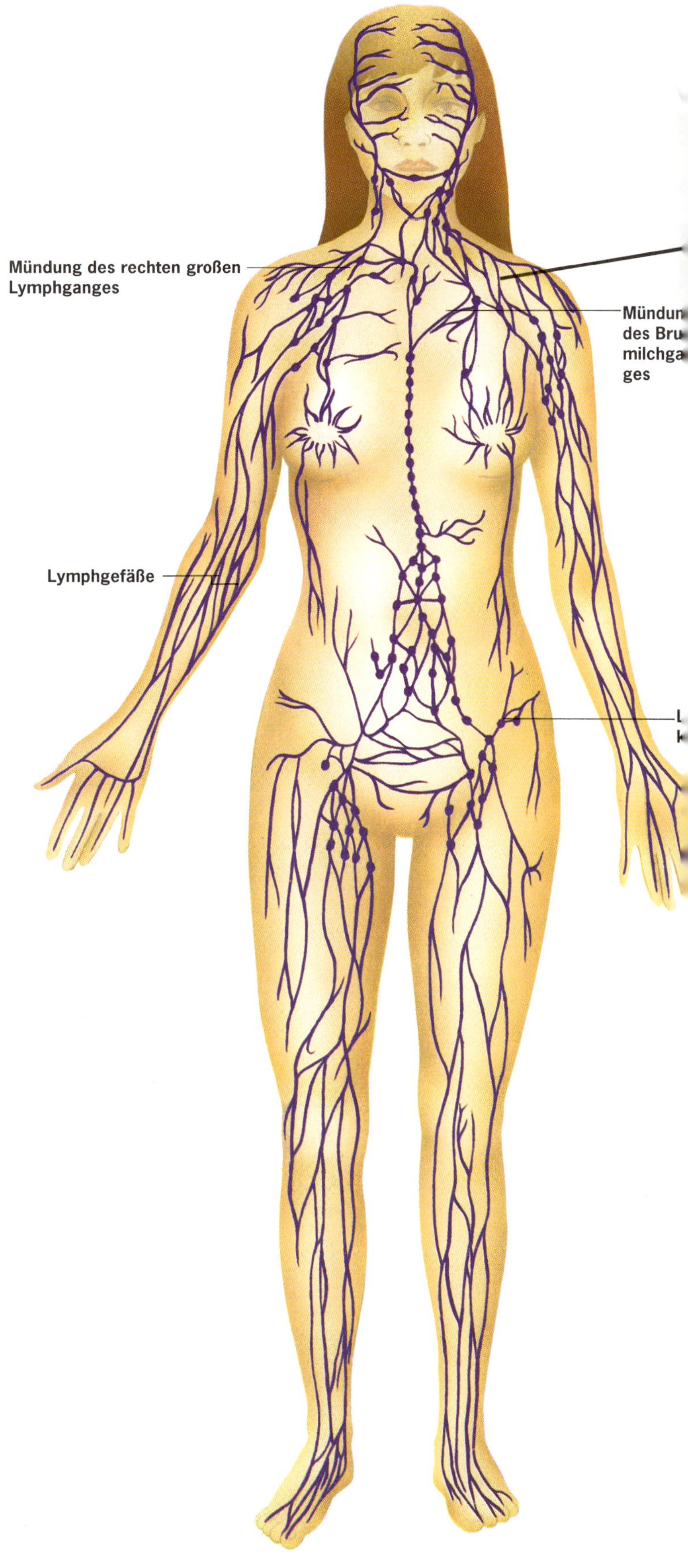

Das Lymphgefäßsystem besteht aus einem Netzwerk feiner Gefäße, die die Gewebsflüssigkeit drainieren und schließlich wieder dem Blutstrom zuführen. An bestimmten Stellen dieses Gefäßsystems sind Lymphknoten als eine Art Filter zwischengeschaltet. Der Ausschnitt zeigt die feine Gewebestruktur eines Lymphknotens

Die Lymphgefäße

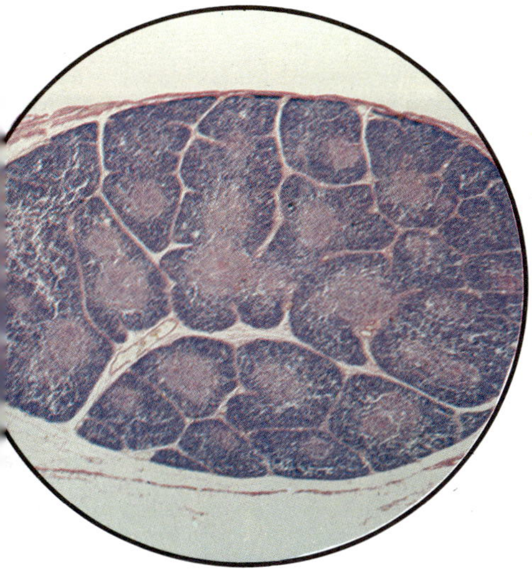

Das lymphatische System setzt sich zusammen aus den Lymphgefäßen und hochspezialisierten lymphatischen Geweben wie den Lymphknoten einschließlich der Thymusdrüse, der Milz und der Mandeln. Die Lymphgefäße verlaufen hauptsächlich neben den arteriellen und venösen Gefäßen, sind von äußerst dünner und durchlässiger Wandstruktur und können so neben der überschüssigen Flüssigkeit der Gewebe (Zwischenzellflüssigkeit) auch größere Moleküle und Partikel einschließlich der Bakterien aus den Geweben abtransportieren. Die größeren Lymphgefäße ähneln in ihrem Aufbau den Venen, besitzen ähnliche Klappen, die den Lymphrückfluß in die Gewebe verhindern, sind jedoch insgesamt noch dünnwandiger. Bestimmte, insbesondere größere Lymphgefäße besitzen auch eine ringförmig angeordnete Muskulatur.
Man findet Lymphgefäße in allen Körpergeweben mit Ausnahme des Zentralnervensystems, der Knochen, des Knorpels und der Zähne. Die Zusammensetzung der Lymphflüssigkeit (Lymphe) ist von ihrer jeweiligen Lokalisation abhängig. Lymphe aus den Gliedmaßen enthält beispielsweise Eiweiß, während Lymphe aus den Eingeweiden (Chylus) durch die aufgenommenen Nahrungsbestandteile einen hohen Fettgehalt aufweist.

An bestimmten Stellen der Lymphbahnen sind Lymphknoten zwischengeschaltet. Es handelt sich um meist elliptische Strukturen lymphatischen Gewebes, in denen ein Teil der im Blut- und Lymphgefäßsystem zirkulierenden Lymphozyten gebildet wird. Lymphknoten finden sich hauptsächlich im Bereich großer Arterien. Sind sie durch Entzündungen oder andere Erkrankungen vergrößert, so können sie bei oberflächlicher Lage, wie am Hals, in der Achselhöhle oder der Leistenregion, getastet werden. Die Lymphknoten sind Filterstationen. Sie fangen Krankheitserreger und Fremdkörper ab, machen sie unschädlich und fördern ihren Abbau. Von hier aus werden auch Lymphozyten und Antikörper an die Lymphe abgegeben.
Die Lymphgefäße vereinigen sich zu zwei Hauptstämmen: dem größeren, links der Wirbelsäule gelegenen Ductus thoracicus und dem kleineren, rechts der Wirbelsäule gelegenen Ductus lymphaticus dexter, die in den oberen Brustkorb ziehen, hier die Lymphgefäße von Kopf und Arm ihrer Seite aufnehmen und in den Venenwinkel an der Kreuzung zwischen großer Hals- und Armvene münden. Die aus den Geweben drainierte Lymphe wird auf diesem Weg wieder dem Blutgefäßsystem zugeführt.

Die Lymphozytenarten

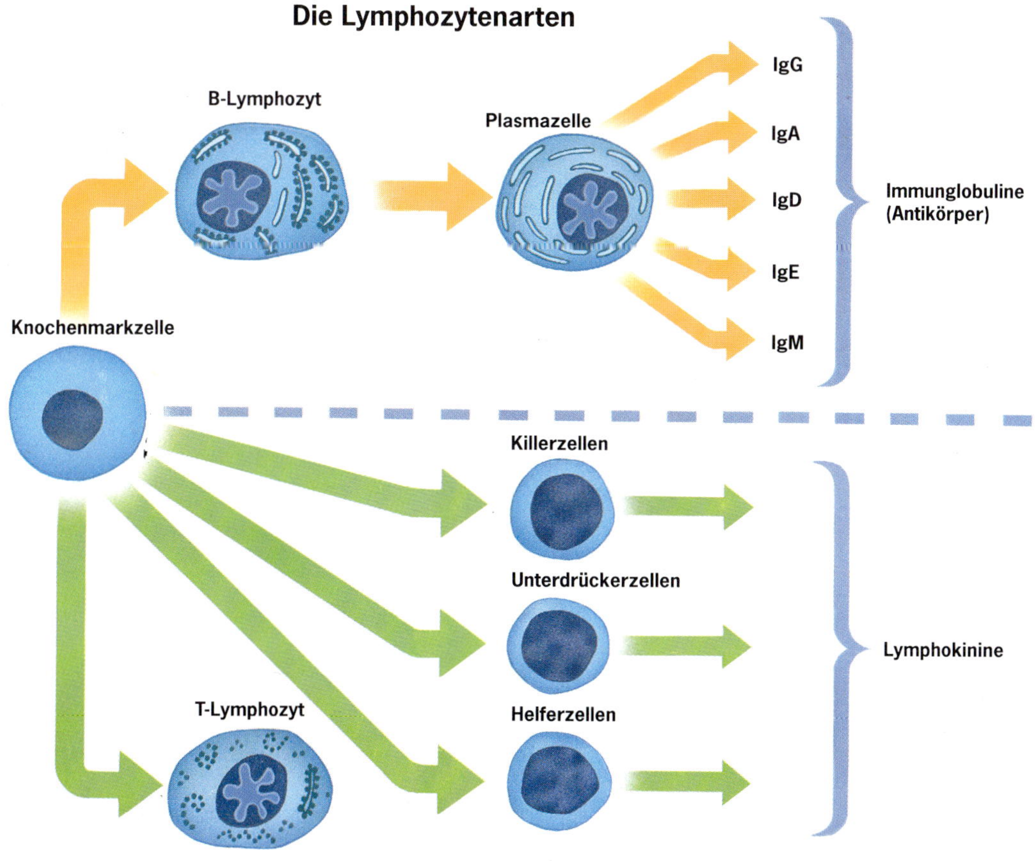

Lymphozyten sind verantwortlich für die Funktion des Immunsystems. Man findet sie sowohl als weiße Blutkörperchen im Blutstrom als auch im Lymphgefäßsystem und im übrigen lymphatischen Gewebe

Die lymphatischen Organe und Gewebe

Die Milz

Die Milz (Lien) ist in das lymphatische System integriert. Sie filtert das Blut, stellt Antikörper her und gibt sie ab. Ist die Milz im linken Oberbauch zu tasten, so ist sie vergrößert, ein Anzeichen für eine Erkrankung im Körper, die weiter abgeklärt werden muß.
Die Milz ist beim Erwachsenen etwa 13 Zentimeter lang und liegt im linken oberen Bauchraum, hinten seitlich direkt unter dem Zwerchfell, längs der zehnten Rippe. Ihr Gewicht beträgt beim Gesunden etwa 200 Gramm, kann aber bei bestimmten Erkrankungen sogar 2 Kilogramm überschreiten. Sie besteht aus einem weichen, roten, von einer Bindegewebskapsel umgebenen Gewebe. An ihrer Oberfläche erkennt man manchmal feine Granulate, die Malpighischen Körperchen, Ansammlungen von Lymphozyten.
Die Blutversorgung erfolgt über die Milzarterie, die sich im Organ in kleinere Arterien und schließlich Arteriolen aufzweigt. Eine Besonderheit liegt darin, daß die Arteriolen von einer Gewebsscheide hülsenartig umgeben werden (Hülsenarterien) und nicht in Kapillaren übergehen, sondern in ein Netzwerk von Spalträumen im Milzgewebe (Milzsinus) münden. Aus diesen wird das Blut über Venolen und schließlich Venen der Milzvene zugeführt.
Diese ungewöhnliche Art der Durchblutung ermöglicht es der Milz, ihre speziellen Aufgaben zu erfüllen. Das Blut wird beim Durchströmen des Milzgewebes gefiltert. Der unmittelbare Kontakt mit lymphatischem Gewebe führt über die Erkennung von Fremdstoffen und Krankheitserregern zur Bildung spezieller Abwehrzellen (Lymphozyten), der unmittelbare Kontakt mit den Retikulumzellen führt zur Erkennung und dem Abbau geschädigter Blutzellen.

Die Aufgaben der Milz

Die Milz ist einer der Hauptblutfilter des Körpers. Die Retikulumzellen des Milzgewebes beseitigen nicht nur alte und geschädigte Blutzellen, sondern auch jede Art abnormer Zellen. Dies trifft besonders für die roten Blutkörperchen zu, es werden aber auch die weißen Blutkörperchen und Blutplättchen gefiltert und, wenn nötig, abgebaut.
Auch werden alle im Blutstrom befindlichen Fremdpartikel eliminiert, so daß der Milz auch eine wichtige Funktion in der Abwehr von Krankheitserregern zukommt. Zudem bildet sie bei Kontakt mit Fremdsubstanzen Antikörper, spezielle, an den Blutstrom abgegebene Eiweiße, die die Fremdsubstanzen abfangen und neutralisieren, so daß sie von weißen Blutkörperchen aufgenommen und abgebaut werden können. Die Antikörperproduktion findet hauptsächlich in den Malpighischen Körperchen statt.
Während die Milz beim Fetus noch an der Bildung roter Blutkörperchen beteiligt ist, wird diese Funktion beim gesunden Erwachsenen vollständig vom roten Knochenmark übernommen. Unter bestimmten Bedingungen, beispielsweise bei Zerstörung oder Erkrankung des Knochenmarks, nimmt die Milz zusammen mit der Leber die Bildung roter Blutkörperchen wieder auf.

Der Thymus

Erst in den letzten zwei Jahrzehnten ist es der Forschung gelungen, die Aufgaben des Thymus (Bries) näher zu beleuchten. Er spielt eine wichtige Rolle im komplizierten Netz der lymphatischen Organe und Gewebe und ist wesentlich an der Immunantwort beteiligt, den Mechanismen also, die bei Kontakt mit Krankheitserregern oder Fremdstoffen ablaufen.
Noch immer ist ungewiß, auf welche Weise die Prägung des Immunsystems erfolgt, sicher ist jedoch die herausragende Bedeutung des Thymus für die Entwicklung und regelgerechte Funktion des lymphatischen Systems. Seine Hauptaufgaben erfüllt er in den ersten Lebensjahren.
Der Thymus liegt im oberen Brustkorb unmittelbar hinter dem Brustbein. Beim Erwachsenen ist er nur noch wenige Zentimeter lang und wiegt etwa 15 Gramm. Diese einfache Feststellung verschleiert jedoch die bemerkenswerte Tatsache, daß der Thymus im Gegensatz zu allen anderen Organen des Körpers um die Zeit der Pubertät mit einem Gewicht von 45 Gramm die größte Ausdehnung hat.
Beim Neugeborenen ist der Thymus im Vergleich zum übrigen Körper relativ groß und kann sich bis weit hinab in den Brustkorb erstrecken. Bis zum Alter von 7 Jahren nimmt er weiter rasch an Größe zu und wächst dann bis zur Pubertät langsamer. Nach der Pubertät bildet er sich zurück (Involution), bis man schließlich beim alten Menschen nur noch einen kleinen Geweberest ohne bedeutende Funktionen findet.

Die Milz liegt direkt unter dem Zwerchfell im linken Oberbauch

Die Lage der Milz

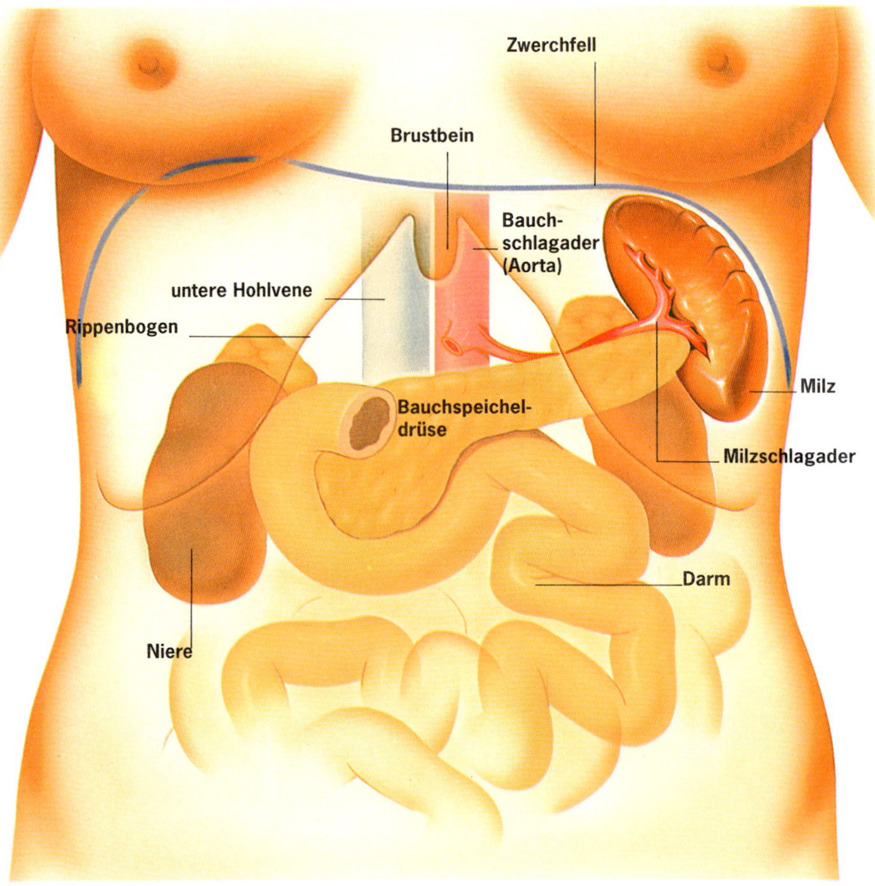

Die Größe und die Lage des Thymus

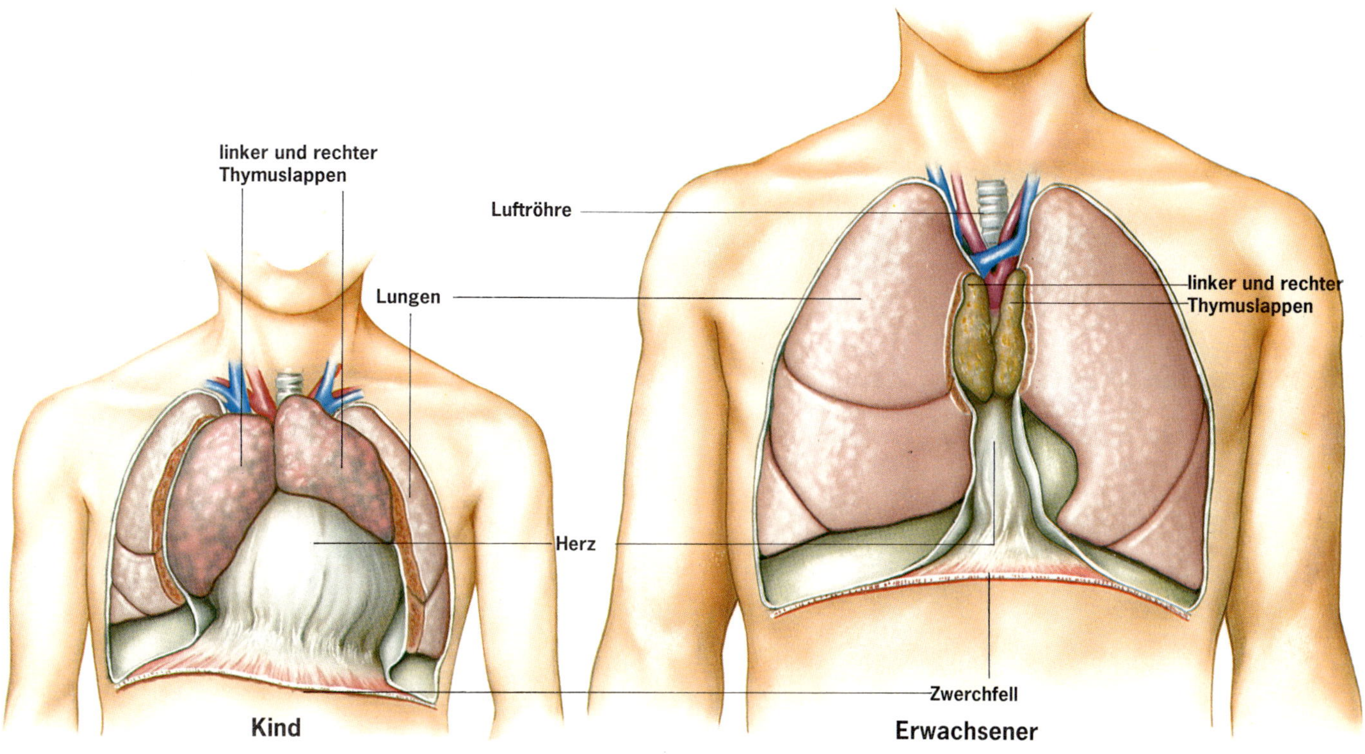

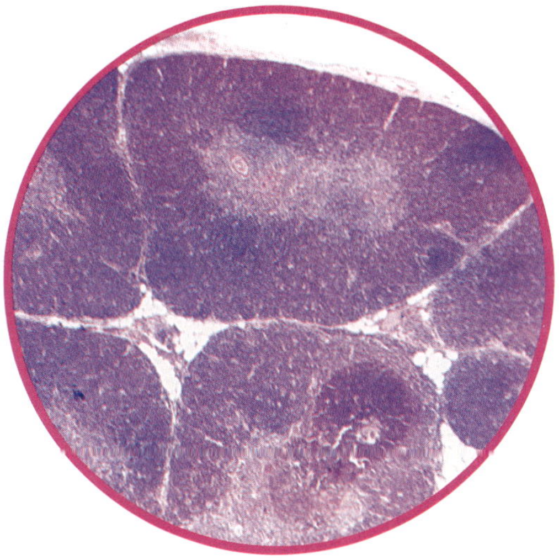

Vergleicht man die relative Größe des Thymus beim Kind mit der beim Erwachsenen, wird die Bedeutung dieser Drüse beim Aufbau des Immunsystems deutlich. Im Erwachsenenalter nimmt sie deutlich an Größe ab. Der Ausschnitt zeigt die im Mikroskop sichtbare, feine Gewebestruktur

Der Aufbau und die Funktion des Thymus

Der Thymus ist reich an Lymphozyten, die eine bedeutende Rolle im Körperabwehrsystem spielen. Man findet sie außerdem im Blut, Knochenmark, Lymphgefäßsystem, den Lymphknoten, der Milz und bei entzündlichen Reaktionen auch im Gewebe (siehe Seite 89). In der äußeren, sogenannten Rindenschicht des Thymus finden sich zahlreiche Lymphozyten, in der inneren Schicht, dem Mark, neben den Lymphozyten noch eine Reihe anderer Thymuszellen.

Es gibt kaum Zweifel, daß der Thymus in den ersten Lebensjahren das Immunsystem prägt, sozusagen programmiert und auch zugleich sicherstellt, daß sich das Abwehrsystem nicht gegen körpereigene Zellen richtet. Der Körper besitzt zwei verschiedene Lymphozytenarten: Die T-Lymphozyten (Thymus-Lymphozyten) unterliegen der Steuerung des Thymus und erkennen und bekämpfen Fremdsubstanzen und Fremdgewebe. Die B-Lymphozyten hingegen bilden Antikörper gegen Fremdsubstanzen.

Die Art und Weise, in der der Thymus die T-Lymphozyten prägt, ist noch nicht bekannt, ein bedeutender Mechanismus scheint jedoch geklärt. Offensichtlich werden 95 Prozent der im Thymus gebildeten Lymphozyten auch hier wieder zerstört, noch bevor sie in den übrigen Körper gelangen. Es handelt sich hierbei wahrscheinlich um Zellen, die gegen körpereigenes Gewebe gerichtet sind. Der Thymus gibt also nur Lymphozyten frei, die dem Körper selbst nicht schaden und nur Fremdpartikel angreifen.

Die Mandeln

Die Mandeln (Tonsillen) sind Teil des sogenannten lymphatischen Rachenringes (Waldeyerscher Rachenring), Inseln lymphatischen Gewebes am Anfang des Luft- und Nahrungsweges. Bereits bei Geburt vorhanden, wachsen sie in den ersten Lebensjahren relativ rasch und bilden sich nach der Pubertät zurück. Sie verschwinden jedoch nicht ganz.

Die Funktionen der Mandeln sind nicht bis ins letzte geklärt, sie scheinen jedenfalls eine wichtige Rolle im Infektabwehrsystem zu spielen. Ihre Position eignet sich ideal dazu, die mit der Luft und Nahrung zugeführten Stoffe zu prüfen und, sobald diese eine Bedrohung für den Körper darstellen, mittels Lymphozyten eine Immunität zu vermitteln und bestimmte Antikörper zur örtlichen Abwehr zu bilden.

Fast jeder erkrankt einmal im Leben an einer Mandelentzündung. Die Erreger sind in der Hauptsache Streptokokken, eine bestimmte Bakterienart, und Viren. Im Falle einer Entzündung schwellen die Mandeln an und werden hochrot, bei bakteriellen Infektionen bilden sich Eiterpünktchen an der Oberfläche oder Eiteransammlungen in den Gewebsfurchen (Krypten).

Weiteres lymphatisches Gewebe findet sich im Rachendach unmittelbar hinter der inneren Nasenöffnung (Rachenmandel), an der Zun-

genbasis (Zungengrundmandel), um die Rachenöffnung der Ohrtrompeten und als Gewebsstränge an der hinteren seitlichen Rachenwand (Seitenstränge). Die Mandeln und lymphatischen Gewebe sind reich an Abwehrzellen und bilden zusammen mit den Lymphgefäßen das örtliche Abwehrsystem des Körpers. Sie sind so angeordnet, daß sie die mit der Luft oder Nahrung aufgenommenen Krankheitserreger abfangen und abtöten können. Doch dies gelingt nicht immer.
Die bereits bei der Geburt vorhandenen lymphatischen Gewebe des Rachenringes sind vom ersten bis vierten Lebensjahr besonders ausgeprägt. In diesem Alter findet der erste Kontakt mit immer wieder neuen Bakterien und Viren statt.
Die lymphatischen Gewebe des Rachenringes können an jeder Atemweginfektion beteiligt sein. Wird ihr Gewebe durch wiederholte schwere Infektionen zerstört, so verlieren sie ihre Abwehrfunktion und können sogar zum Ausgangspunkt chronischer Infektionen werden.

Die Immunreaktion

Mit der Immunreaktion antwortet der Körper auf das Eindringen von Fremdstoffen. Er mobilisiert die als weiße Blutkörperchen bekannten Lymphozyten. Da Lymphozyten sowohl im Knochenmark als auch besonders zahlreich in den lymphatischen Geweben gebildet werden, trifft man sie sowohl im Blut als auch im Lymphgefäßsystem an.
Es werden zwei unterschiedliche Arten von Lymphozyten gebildet, zum einen die B-Lymphozyten, die Antikörper produzieren, zum anderen die T-Lymphozyten, ähnlich im Aussehen, jedoch von unterschiedlicher Funktion. Es gibt wiederum zwei Arten von T-Lymphozyten: die T-Helferzellen, die die B-Lymphozyten bei der Antikörperbildung unterstützen, und die T-Unterdrückerzellen, die die Bildung von Antikörpern hemmen. Da T- und B-Lymphozyten fremdes Gewebe oder fremde Organismen zerstören, werden sie manchmal auch als Killerzellen bezeichnet.

Obwohl noch vieles über die Entstehung der Immunreaktion zu erforschen ist, sind in den letzten Jahren bestimmte Abläufe aufgeklärt worden. Dringt ein Fremdstoff oder Fremdorganismus in den Körper ein, so wird er mit der Lymphe zu den nächsten Lymphknoten oder in die lymphatischen Organe, wie die Milz, transportiert. Hier sollen sich Monozyten zu sogenannten Makrophagen differenzieren, die den angekommenen Fremdkörper umfließen, in ihren Zelleib aufnehmen (Phagozytose) und unschädlich machen. Die fremden Oberflächen (Antigene) werden dann den T- und B-Lymphozyten auf irgendeine Weise präsentiert, und diese bilden dann nach der Vorlage des Fremdmaterials ein bestimmtes Eiweiß als sogenanntes chemisches Gedächtnis. Man bezeichnet die Lymphozyten jetzt als immunkompetent. Wenn nun gleiche Krankheitserreger eindringen, erkennen die T- und B-Lymphozyten die fremden Oberflächen und beginnen sofort sowohl mit deren Bekämpfung als auch mit einer erhöhten Produktion

Die Lage der Mandeln

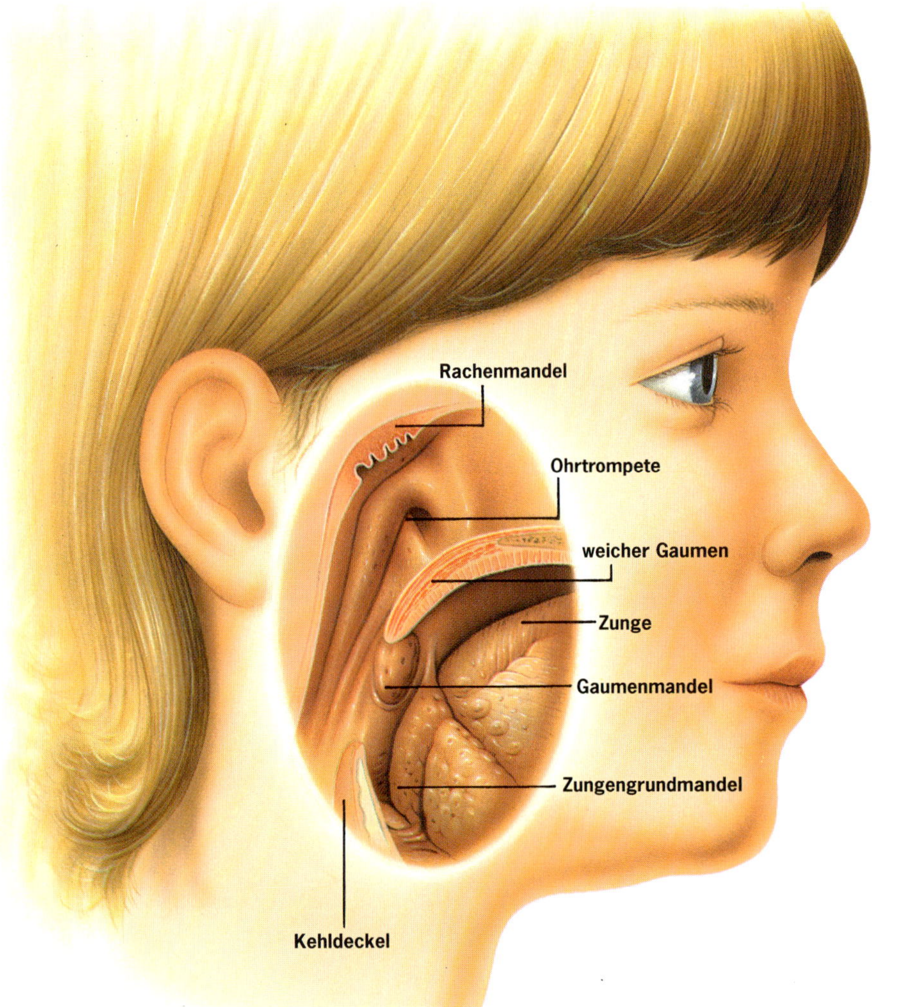

Rachen- und Gaumenmandeln sowie das lymphatische Gewebe des Rachenrings liegen am Eingang der Atemwege und des Verdauungstraktes und dienen der Abwehr von Krankheitserregern

B-Lymphozyten

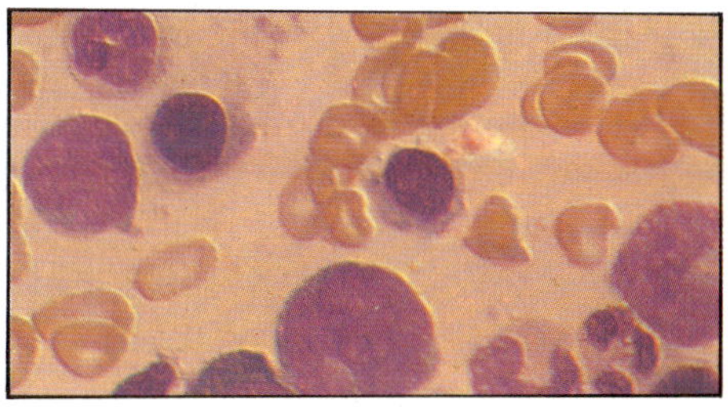

T-Lymphozyten

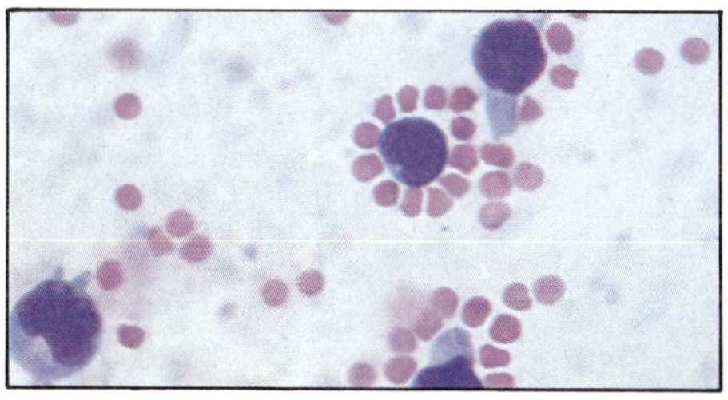

Die Funktion der Immunzellen

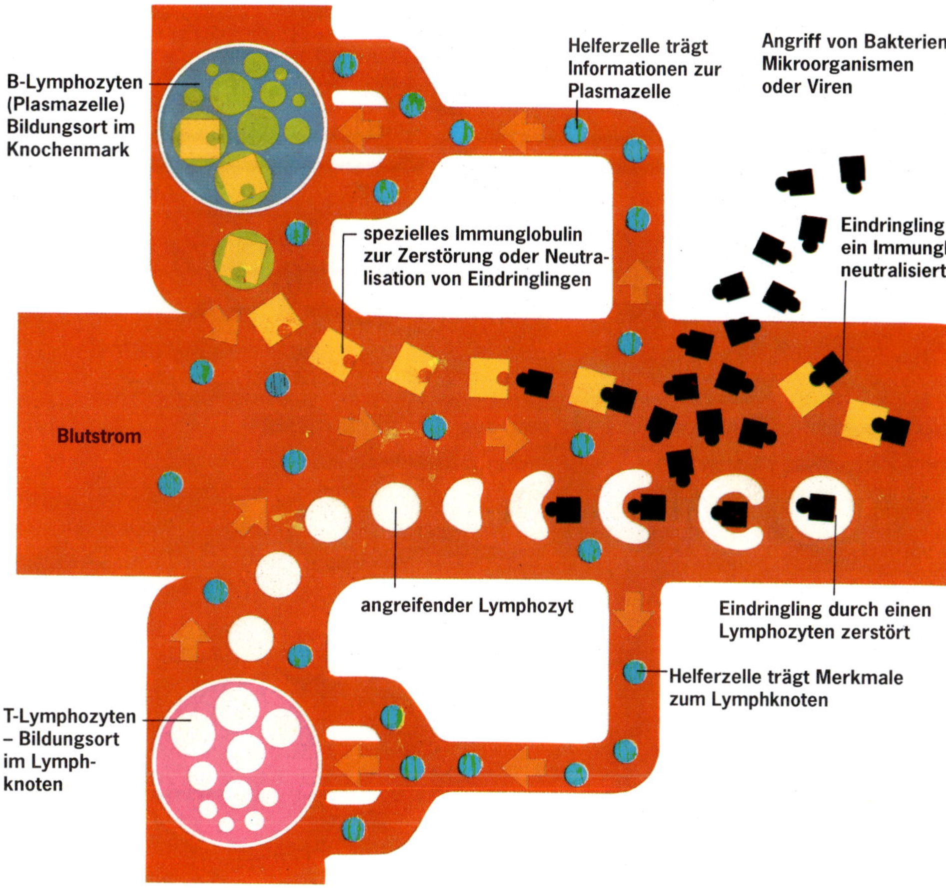

neuer immunkompetenter Lymphozyten. Durch die Bereitstellung spezifischer immunkompetenter Lymphozyten, die bei jedem Kontakt mit dem betreffenden Erreger sofort reagieren, entwickelt der Körper eine Immunität gegen bestimmte Erkrankungen. Die immunkompetenten B-Lymphozyten differenzieren sich zu Plasmazellen, die wiederum bestimmte Eiweiße (Gammaglobuline) bilden, die als Antikörper wirken. Diese Antikörper reagieren mit den spezifischen Fremdoberflächen (Antigene) und zerstören sie. Dieser Immunmechanismus wird auch als humorale Immunreaktion, die Bekämpfung der Fremdorganismen durch T-Lymphozyten dagegen als zelluläre Immunreaktion bezeichnet.

Die Transplantatabstoßung und die Allergie

Im Falle von Gewebetransplantationen führt die zelluläre Immunreaktion zu unerwünschten Auswirkungen. Das transplantierte Gewebe wird von den Lymphozyten als fremd erkannt, sie dringen in das Gewebe ein und zerstören es, ein Vorgang, der als Transplantatabstoßung bezeichnet wird. Bei notwendigen Transplantationen versucht man, dieses Problem zu überwinden, indem man nur Transplantate verwendet, die in den Oberflächenmerkmalen dem körpereigenen Gewebe entsprechen, oder man unterdrückt die Abwehrreaktionen durch die Gabe bestimmter Substanzen.

Ähnlich der zellulären, kann sich auch die humorale Immunreaktion gegen den eigenen Körper richten. So ist sie beispielsweise an der Entstehung von Allergien beteiligt. Der Kontakt mit normalerweise harmlosen Substanzen, wie Blütenpollen, führt zur Bildung spezifischer humoraler Antikörper, die über eine vermehrte Freisetzung von Histamin und anderen Substanzen krankheitserregende Überreaktionen hervorrufen.

Plasmazellen, die aus B-Lymphozyten entstehen, bilden Immunglobuline, die in den Blutstrom abgegeben werden und Bakterien, Mikroorganismen und Viren angreifen. Die T-Lymphozyten, deren Vermehrung ebenfalls in den Lymphknoten stattfindet, greifen Bakterien oder Fremdkörper direkt an. Durch diesen Kontakt entstehen Negativabdrücke der Fremdoberflächen (Antigene), die durch sogenannte T-Helferzellen als eine Art Gedächtnis übermittelt werden. Es werden dann T-Lymphozyten mit diesem spezifischen Rezeptor gebildet, der die Fremdoberflächen besetzen und zerstören kann. Sie sind die Grundlage der zellulären Immunität; die B-Lymphzyten sind verantwortlich für die humorale Immunität

Kapitel 9

Das Verdauungssystem

Die Verdauung liefert den Körpergeweben und Zellen verwertbare Substanzen für ihren Aufbau und die Energiegewinnung. Das Verdauungssystem arbeitet mit verschiedenen Organen und enzymproduzierenden Drüsen zusammen, die die über den Mund aufgenommenen Nährstoffe aufbereiten und in Substanzen spalten, die vom Dünndarm ins Blut aufgenommen werden können. Dort werden sie entweder sofort verbraucht oder in Geweben gespeichert.

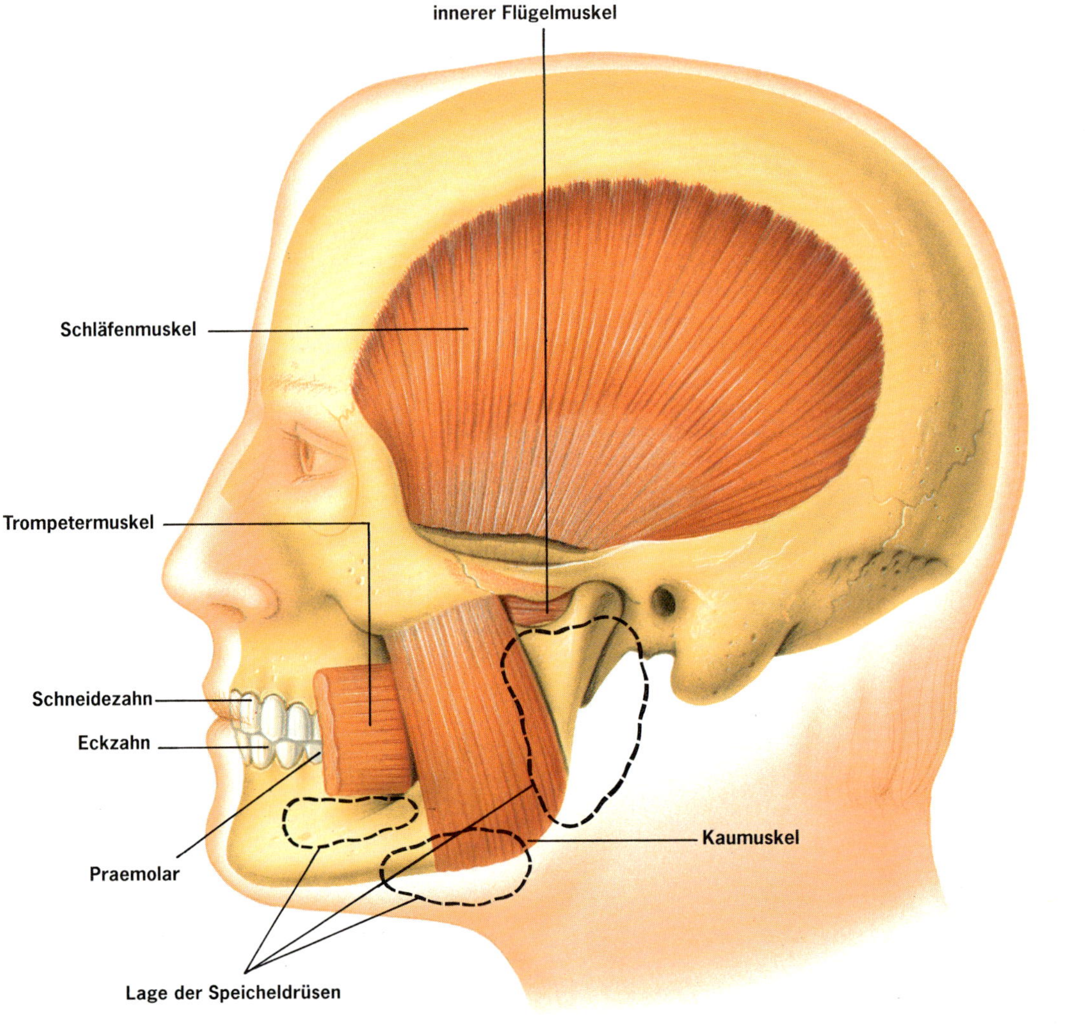

Das Kauen wird durch eine Reihe von Gesichtsmuskeln ermöglicht. Musculus masseter und Musculus temporalis schließen den Kiefer, der Musculus buccinator drückt die Wangen gegen die Zähne, der Musculus pterygoideus medialis bewegt den Unterkiefer seitwärts, und der Musculus pterygoideus lateralis bewegt ihn nach vorn und gleichzeitig unten

Die Verdauung

Als Verdauung bezeichnet man jenen Vorgang, bei dem die Nahrungsbestandteile zu Substanzen abgebaut werden, die anschließend resorbierbar, das heißt vom Darm aufnehmbar sind und dem Körper zum Wachstum, zur Energiegewinnung und Erneuerung dienen.
Die Aufspaltung der Nahrung wird von Enzymen bewerkstelligt, die aus den mit dem Verdauungstrakt verbundenen Organen stammen. Die Enzyme sind verantwortlich für die chemischen Reaktionen bei der Aufspaltung der Nahrung. Die enzymatische Verdauung beginnt bereits im Mund. Wenn die Nahrung gekaut wird, sondern die Speicheldrüsen des Mundraumes ihre Flüssigkeit ab, und das darin enthaltene Enzym Amylase zerlegt einen Teil der komplexen Kohlenhydrate in kleinere Moleküle, wie Maltose (Malzzucker) und Glukose (Einfachzucker).
Die Nahrung gelangt dann über die Speiseröhre in den Magen, der eine Mischung chemischer Substanzen, wie Schleim, Salzsäure und das Enzym Pepsin, dazugibt. Zwar verliert die Amylase aus dem Speichel hier ihre Wirkung, doch setzt durch die beigemischten Substanzen eine Reihe weiterer chemischer Reaktionen ein.
Die Menge und Zusammensetzung des Magensaftes hängt von Lokalreizen der Nahrung, zentralen Nervenimpulsen und der Freisetzung bestimmter Hormone ab.
Das bei Eintritt von Nahrung in den Magen freigesetzte Hormon Gastrin regt die Magenzellen zur Bildung von Salzsäure und Pepsin an, so daß bestimmte Nahrungssubstanzen weiter aufgespalten werden können. Die Schleimabsonderung schützt die Magenwände vor der Wirkung der Salzsäure. Erreicht die Salzsäurekonzentration eine bestimmte Höhe, so wird die Gastrinproduktion eingestellt.

Der Dünndarm

Der Speisebrei verläßt den Magen als zähe, saure Flüssigkeit und gelangt in den Zwölffingerdarm (Duodenum), dem ersten Dünndarmabschnitt. Dieser sondert große Mengen schleimiger Flüssigkeit ab, die seine Wände vor Säure- und Enzymwirkung schützen. Auch fließen dem Zwölffingerdarm der enzymhaltige Bauchspeicheldrüsensaft und beträchtliche Mengen Galle zu.
Zwei Hormone steuern die Freisetzung von Bauchspeicheldrüsen- und Gallensaft. Das Hormon Sekretin stimuliert die Produktion des alkalischen, enzymreichen Bauchspeicheldrüsensaftes, der den sauren, halb verdauten Speisebrei neutralisiert. Als Reaktion auf das zweite Hormon, das Pankreozymin, werden Pankreasenzyme freigesetzt. Es löst auch die

Der Verdauungskanal ist ein etwa 10 Meter langes, schlauchförmiges Gebilde. Er beginnt mit dem Mund und endet am Anus

Der Verdauungstrakt

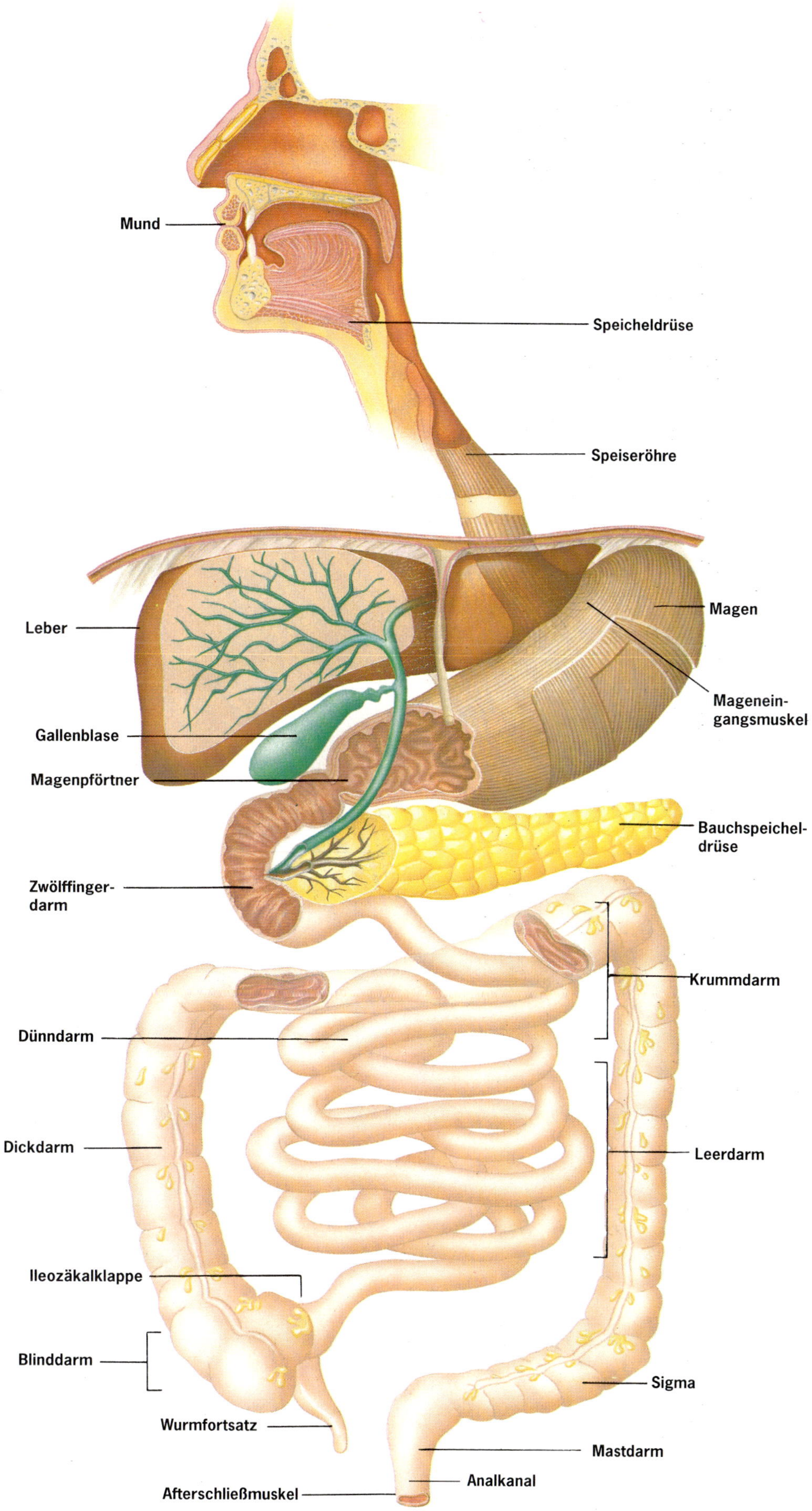

Kontraktion der Gallenblase aus, die dadurch die zur Fettverdauung notwendige Galle abgibt. Bauchspeicheldrüsenenzyme fördern die Verdauung von Eiweißen, Kohlenhydraten und Fetten. Das Enzym Trypsin baut die Eiweiße zu kleineren Untereinheiten, den Peptiden, ab, das Enzym Amylase spaltet die Kohlenhydrate zu Maltose und das Enzym Lipase die Fette in Glyzerin und Fettsäuren.

Die teilverdaute Nahrung gelangt dann in die weiteren Dünndarmabschnitte, zunächst den Krummdarm (Ileum), dann den Leerdarm (Jejunum), in denen die endgültige Aufspaltung in die resorbierbaren Bausteine stattfindet. Dies geschieht mit Hilfe von Enzymen, die die Drüsenzellen der Darmwand (Lieberkühnsche Drüsen) freisetzen. Der Hauptteil der aufgespaltenen Nährstoffe wird im Krummdarm aufgenommen (resorbiert), dessen innere Oberfläche durch Millionen fingerförmiger kleiner Fortsätze, die Darmzotten (Villi), vergrößert ist. Jede Zotte enthält ein Kapillargefäß und den Anfang eines kleinen Lymphgefäßes. Passiert nun die verdaute Nahrung den Dünndarm, werden die Nährstoffe über die Zotten resorbiert. Glyzerin, freie Fettsäuren und fettlösliche Vitamine werden vom Lymphgefäß aufgenommen und mit der Lymphe über das lymphatische System bis zur Einmündung in die gemeinsame Arm-Kopf-Vene (Truncus brachiocephalicus) transportiert und so dem Blutstrom wieder zugeführt. Aminosäuren aus dem Eiweißabbau, Glukose aus dem Kohlenhydratabbau, wasserlösliche Vitamine und wichtige Mineralstoffe, wie Kalzium, Magnesium, Jod und Eisen, werden direkt in die Blutkapillaren aufgenommen und über kleinere Venen dem Hauptvenenstamm der Eingeweide, der Pfortader, zugeführt. Die Pfortader führt das Blut direkt der Leber zu, und hier werden im Netzwerk des Lebergewebes (Sinusoide) die resorbierten Nährsubstanzen weiter verarbeitet und entweder zum Eigenbedarf gespeichert, abgebaut und ausgeschieden oder über die Lebervene den Geweben als Nähr- und Energiesubstanzen zugeleitet.

Der Kohlenhydratstoffwechsel

Eine der Aufgaben des Verdauungssystems ist es, die in der Nahrung als Stärke enthaltenen Kohlenhydrate zu einfachen Zuckermolekülen abzubauen. Dieser Vorgang beginnt bereits im Mund, eingeleitet durch das im Speichel vorkommende stärkespaltende Enzym Amylase. Weitere Amylase wird dem Speisebrei im Zwölffingerdarm mit dem Bauchspeicheldrüsensaft beigemischt.

Die Amylase spaltet die Kohlenhydrate in sogenannte Zweifachzucker, wie Malzzucker (Maltose) und Milchzucker (Laktose). Diese werden dann von weiteren Enzymen der Dünndarmschleimhaut in die Einfachzucker Glukose, Galaktose und Fruktose gespalten, die über die Darmzotten resorbiert werden können. In die Kapillaren aufgenommen, werden sie dann über Venen und schließlich die Pfortader in die Leber transportiert, in der sie

Der Kohlenhydratstoffwechsel

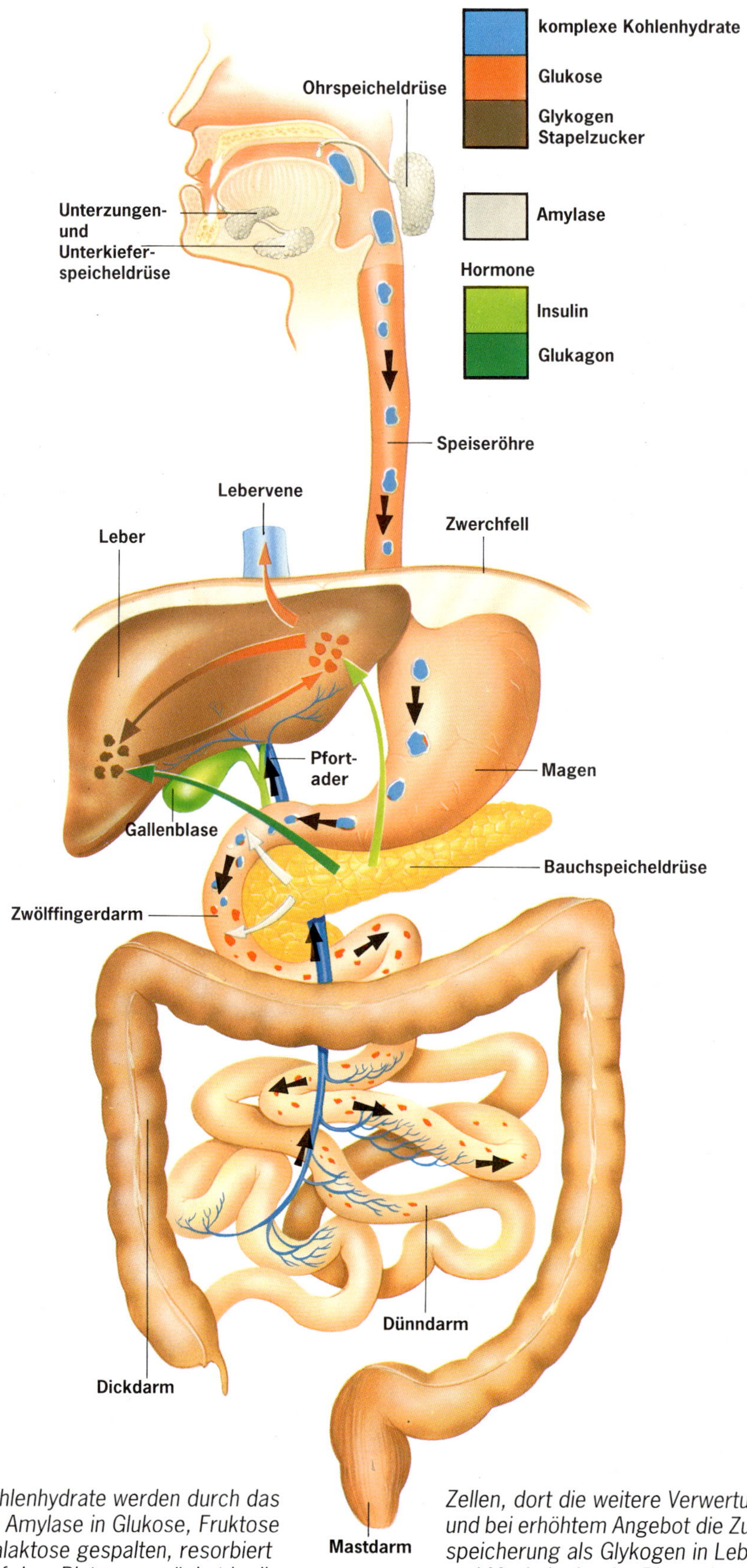

Die Kohlenhydrate werden durch das Enzym Amylase in Glukose, Fruktose und Galaktose gespalten, resorbiert und auf dem Blutweg zunächst in die Leber und dann in alle übrigen Körpergewebe transportiert. Ist der Blutzuckerspiegel hoch, so fördert das Hormon Insulin aus der Bauchspeicheldrüse die Zuckeraufnahme in die Zellen, dort die weitere Verwertung und bei erhöhtem Angebot die Zuckerspeicherung als Glykogen in Leber und Muskeln. Ist der Blutzuckerspiegel niedrig, so wird in der Bauchspeicheldrüse das Hormon Glukagon gebildet, das den Abbau des Glykogens zu Glukose und dessen Abgabe an den Blutstrom fördert

Die Glukoseverwertung

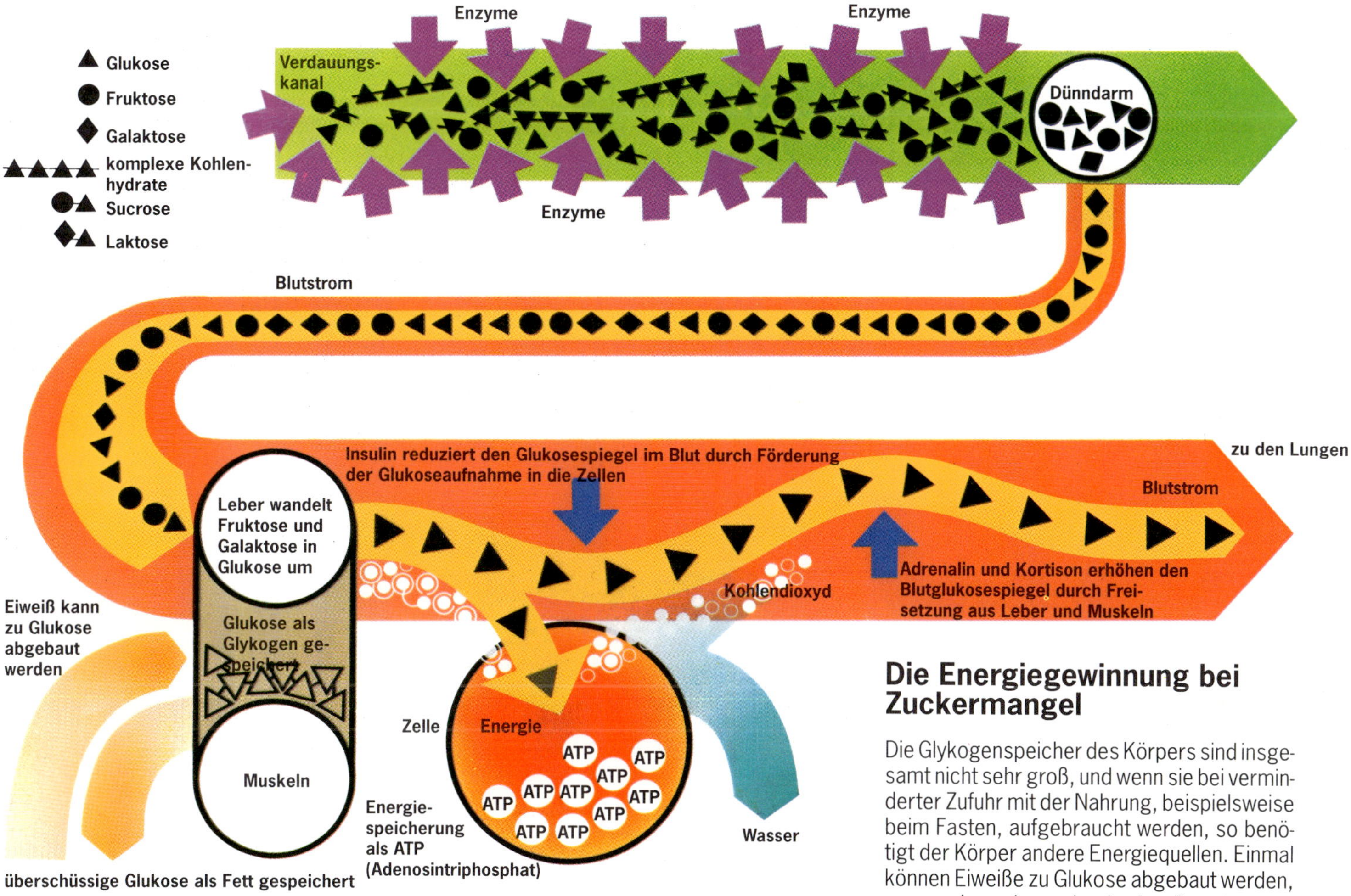

Während des Verdauungsvorganges spalten Enzyme die Kohlenhydrate zu den Einfachzuckern Glukose, Fruktose und Galaktose, die im Dünndarm resorbiert werden und mit dem Blutstrom zunächst die Leber erreichen. In der Leber werden sie entweder zur Energiegewinnung herangezogen und abgebaut oder in Glukose umgewandelt, an den Körperkreislauf abgegeben oder bei erhöhter Zufuhr als Glykogen im Muskelgewebe und der Leber gespeichert

entweder gespeichert, abgebaut oder nach Umwandlung in Glukose dem Blutkreislauf wieder zugeführt werden.

Der Körper besitzt viele Mechanismen, die einen den Bedarf deckenden Blutzuckerspiegel (Blutglukosegehalt) sicherstellen. In der Hauptsache hängt dies von der Freisetzung aus den Zuckerdepots der Leber ab. Glukose wird in Form des Mehrfachzuckers Glykogen, einem lockeren Verband aus Glukosemolekülen, hauptsächlich im Lebergewebe, aber auch im Muskelgewebe gespeichert. Das Glykogen bezeichnet man auch als tierische Stärke.

Die in das Blut abgegebene Glukose wird unter Mitwirkung des Insulins in die einzelnen Körperzellen aufgenommen. Insulin stammt zwar ebenso wie die Amylase aus der Bauchspeicheldrüse, es wird hier jedoch in besonderen innersekretorischen (endokrinen) Zellen des sogenannten Inselapparates (Langerhanssche Inseln) gebildet und an das Blut abgegeben, während die Amylase in den außersekretorischen (exokrinen) Drüsenzellen der Bauchspeicheldrüse gebildet und über den Bauchspeicheldrüsengang an den Zwölffingerdarm abgegeben wird.

In den Zellen wird die Glukose mit Hilfe von Sauerstoff unter Energiegewinnung zu Kohlendioxyd und Wasser abgebaut. Das Kohlendioxyd wird über das venöse Gefäßsystem zu den Lungen transportiert und dort abgegeben, während das Wasser der Zwischenzellflüssigkeit zugeführt wird, um von hier Flüssigkeitsverluste auszugleichen oder bei Überschuß über Blutweg und Nieren ausgeschieden zu werden.

Die bei der Glukoseverbrennung gewonnene Energie wird in den Zellen gespeichert, damit sie bei Bedarf zur Verfügung steht. Die Zellen bauen hierzu energiereiche Phosphatverbindungen auf, die leicht gespalten werden können und bei ihrer Spaltung Energie freisetzen. Diese energiereichen Phosphatverbindungen, ihr Hauptvertreter ist ATP (Adenosintriphosphat), ähneln Batterien, die je nach Bedarf gebraucht und aufgeladen werden können.

Die Energiegewinnung bei Zuckermangel

Die Glykogenspeicher des Körpers sind insgesamt nicht sehr groß, und wenn sie bei verminderter Zufuhr mit der Nahrung, beispielsweise beim Fasten, aufgebraucht werden, so benötigt der Körper andere Energiequellen. Einmal können Eiweiße zu Glukose abgebaut werden, zum anderen kann das in den Geweben gespeicherte Fett anstelle von Glukose verbrannt werden. Fett ist ein effektiverer Energielieferant als die Glukose, jedoch entstehen bei seinem Abbau Ketone (siehe Seite 116).

Die Regulation des Blutzuckerspiegels

Da die Glukose der bedeutendste Energielieferant des Körpers ist, müssen bestimmte Blutkonzentrationen aufrechterhalten werden. Sinkt der Blutzuckerspiegel unter einen bestimmten Wert (Hypoglykämie), so werden als erstes die empfindlichen Gehirnzellen, die auf die Glukoseverbrennung angewiesen sind, geschädigt. Übersteigt der Blutzuckerspiegel, zum Beispiel bei der Zuckerkrankheit, einen bestimmten Wert (Hyperglykämie), sind damit ebenfalls Symptome verknüpft.

Ein feines Zusammenspiel mehrerer Hormone ist notwendig, um einen relativ konstanten Blutzuckerspiegel zu gewährleisten. Insulin fördert die Glukoseaufnahme in die Zellen und senkt damit den Blutzuckerspiegel; die Hormone Glukagon, Adrenalin und Kortison fördern die Glukosefreisetzung aus der Leber und erhöhen ihn. Hierbei spielen auch das Wachstumshormon STH und das Schilddrüsenhormon Thyroxin eine Rolle.

Der Mund

Der Mund bildet eine Art Höhle, die Zunge und Zähne enthält. Er wird nach außen von den Lippen begrenzt und geht nach innen in den Rachen über, der zu den Öffnungen des Atemweg- und Verdauungssystems führt. Durch seine Verbindung zu beiden Systemen ist der Mund sowohl an der Verdauung als auch der Atmung beteiligt und dient außerdem noch der Stimmbildung.

Die Lippen geben dem Mund sein Aussehen. Sie sind aus Muskelfasern und Bindegewebszügen aufgebaut und durch intensive Nervenversorgung sehr empfindsam.

Die Lippen werden von einer besonderen Haut überzogen, einem Zwischending aus normaler Gesichtshaut und Mundschleimhaut. Im Gegensatz zur Gesichtshaut besitzen sie keine Haare, Schweißdrüsen oder Talgdrüsen und im Gegensatz zur Mundschleimhaut keine Schleimdrüsen.

Der Mund wird von Schleimhaut ausgekleidet, deren sogenannte Becherzellen eine klare, klebrige Flüssigkeit absondern, die als Schleim bezeichnet wird. Dieser Schleim hält, unterstützt von der Tätigkeit der Speicheldrüsen, das Innere des Mundes feucht. Die Schleimhaut der Backen hält erheblichen Druck- und Dehnungskräften stand und besitzt eine außerordentliche Regenerationsfähigkeit.

Das Dach der Mundhöhle wird nach vorne vom harten, nach hinten vom weichen Gaumen gebildet. Der harte Gaumen erhält seine Struktur vom Oberkieferknochen und dient der Zunge als Widerstand. Durch den Zungenandruck können Speisen zerdrückt und vermischt werden. Die Nachgiebigkeit des nach hinten anschließenden weichen Gaumens ermöglicht das Hochziehen des Gaumensegels nach hinten und damit den Verschluß des Nasenrachens beim Schluckakt. Von der Mitte des Gaumensegels hängt ein kleines Gewebsstück herab, das Zäpfchen (Uvula). Seine Funktion ist nicht eindeutig geklärt, doch scheint es eine zentrale Rolle bei der Steuerung von Atmung und Nahrungsaufnahme zu spielen.

Die Zunge

Die Zunge ähnelt einem Dreieck, sie ist an der Basis breit und nach vorne spitz zulaufend. Der Zungengrund ist mit dem Unterkiefer und dem Zungenbein und seitlich mit der Rachenwand verbunden. Die Zungenoberfläche ist in ihrem mittleren Teil leicht gewellt, die Zungenunterfläche über einen dünnen Bindegewebssteg, das Zungenbändchen (Frenulum), mit dem Boden der Mundhöhle verbunden. Ihr vorderer Teil ist frei beweglich, liegt jedoch, sofern man nicht ißt oder spricht, ruhig im Mund und stößt gegen die vordere Zahnreihe. Die Zungenbewegungen sind von ihrer Lage im Mund und der Anordnung und Befestigung ihrer Muskelzüge abhängig.

Die Zunge besteht aus längs- und querverlaufenden Muskelfaserzügen, die sie beweglich machen. Ihr gesamtes Bewegungsausmaß wird jedoch erst durch die vom Hals und den Seiten der Unterkiefer in sie einstrahlenden Muskeln ermöglicht. Der Musculus styloglossus beispielsweise bewegt die Zunge nach hinten und oben, der Musculus hyoglossus bringt sie wieder in ihre Ausgangslage zurück. Die Hauptaufgabe der Zunge während der Nahrungsaufnahme liegt darin, die feste Nahrung zur Zerkleinerung zwischen die Zähne zu schieben, den Nahrungsbrei zu vermischen und ihn zu einem Klumpen zu formen, der dann geschluckt wird. Dies geschieht durch eine Reihe von Auf- und Abbewegungen und Drehungen. Ist so ein Speiseklumpen (Bolus) entstanden, so hebt sich die Zunge nach hinten oben und befördert ihn vom Mund in den Rachen. Der damit eingeleitete Schluckakt bewegt die Speisen weiter in die Speiseröhre, in der sie durch peristaltische Bewegungen weiter in den Magen transportiert wird.

Die Speicheldrüsen

Pro Tag werden etwa 1,7 Liter Speichel produziert. Der Speichel, hauptsächlich eine Mischung aus Schleim und Wasser, enthält zusätzlich das Verdauungsenzym Amylase und eine weitere chemische Substanz, das sogenannte Lysozym, das desinfizierend wirkt und den Mund vor Entzündungen schützt. Deswegen wirkt der Speichel antiseptisch.

Er wird von den paaren Unterkiefer-, Ohr- und Unterzungenspeicheldrüsen gebildet. Jede Speicheldrüse baut sich aus einem verzweigten Röhrensystem auf, um das Sekretzellen angeordnet sind. Die Aufgaben der Sekretzellen jeder Drüse sind unterschiedlich, genauso unterschiedlich ist auch die Zusammensetzung der von ihnen gebildeten Flüssigkeiten.

Die Ohrspeicheldrüsen (Glandulae parotides) sind die größten Speicheldrüsen. Sie befinden sich hinter und über dem Kieferwinkel und erstrecken sich vor dem Ohr bis in Höhe der Jochbeine. Ihr vorwiegend wäßriger Speichel mit einem hohen Anteil an Amylase (Ptyalin) ergießt sich über den Ohrspeicheldrüsengang (Ductus parotideus), der seitlich in die Tasche zwischen oberer Zahnreihe und Backe mündet, in die Mundhöhle.

Obwohl die Ohrspeicheldrüsen die größten Speicheldrüsen sind, produzieren sie lediglich ein Viertel der täglichen Speichelmenge. Die Unterkieferspeicheldrüsen (Glandulae submandibulares) befinden sich, wie der Name schon sagt, an der Innenseite des Unterkieferknochens unterhalb der Backenzähne, und die Unterzungenspeicheldrüse (Glandula sublingualis) liegt unterhalb der Zunge im Mundboden. Die Unterzungenspeicheldrüse produziert einen zähen, überwiegend schleimhaltigen Speichel, während die Unterkieferspeicheldrüsen einen etwa halb aus Schleim und halb aus amylasehaltiger Flüssigkeit bestehenden Speichel absondern. Sie stellen den Hauptanteil des täglich abgesonderten Speichels.

Ein Ausschnitt der Zunge

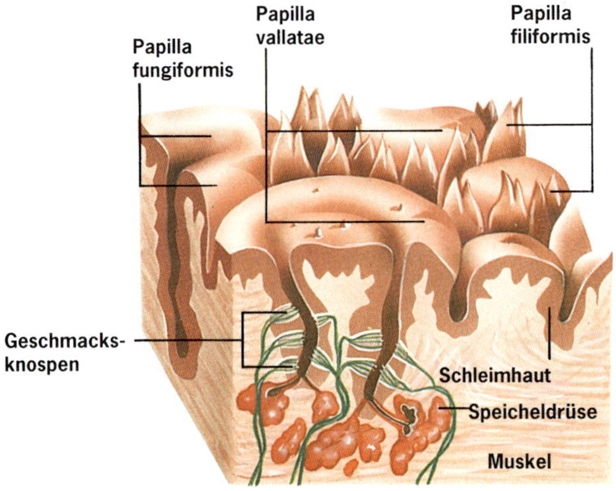

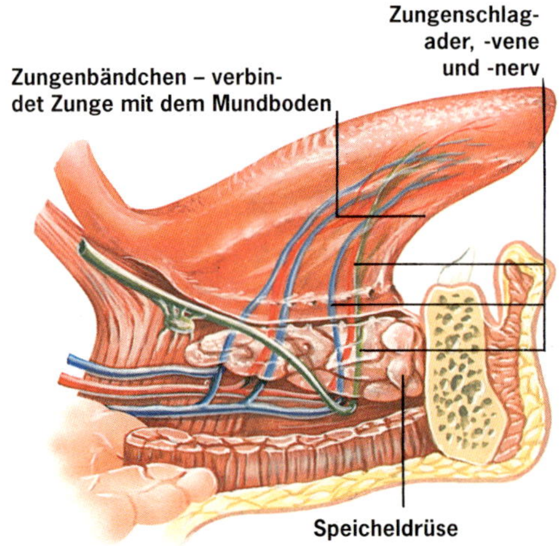

Die Abbildung rechts zeigt die Anheftung der Zunge in der Mundhöhle, jene links die Oberflächenstruktur der Zunge mit Papillen, Geschmacksknospen, Speicheldrüsen und darunter gelegenem Muskelgewebe

Der Bau des Mundes

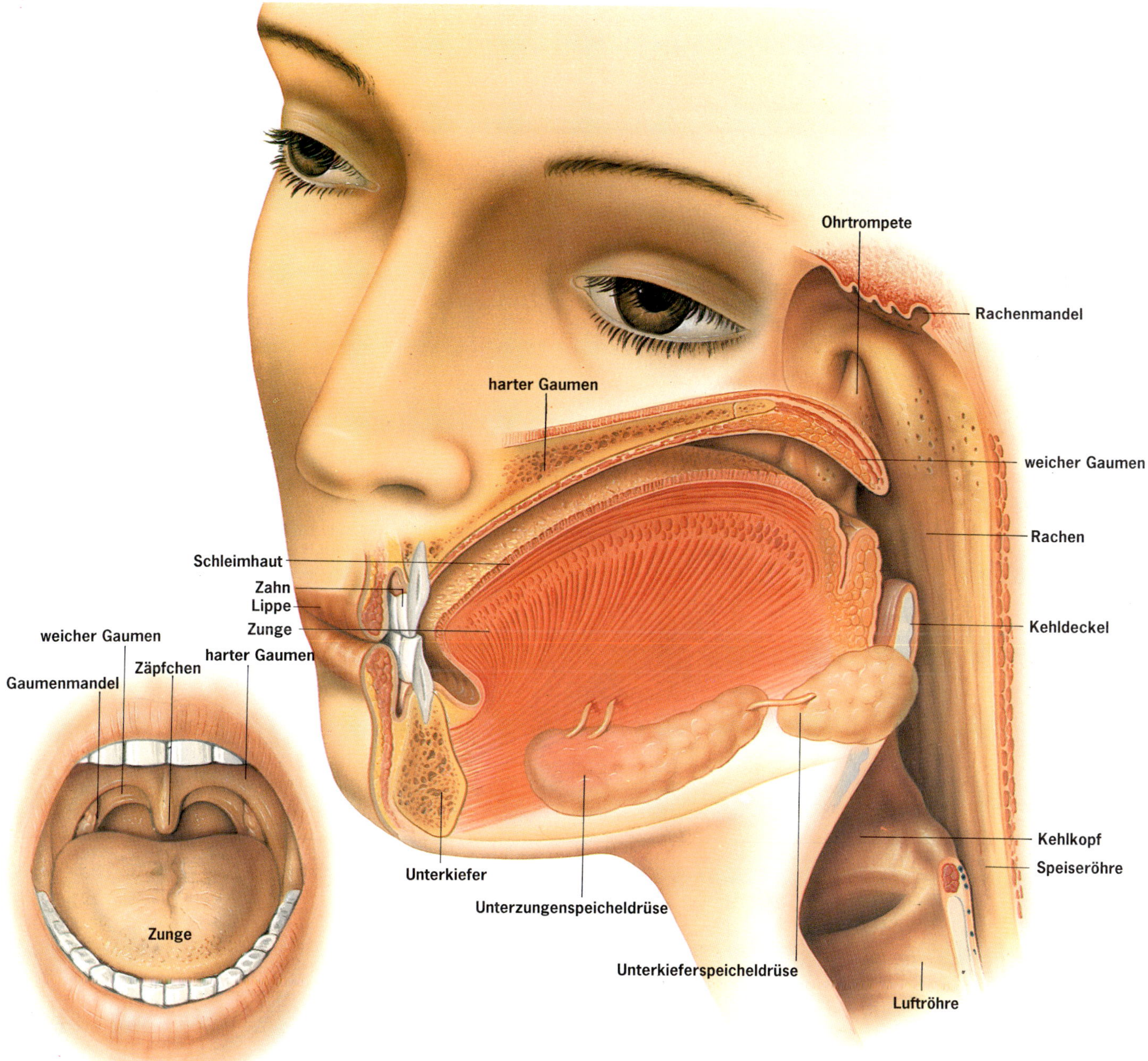

Links der Frontblick in die Mundhöhle, rechts im Längsschnitt die Einsicht in die inneren Strukturen des Mundes

Die Aufgaben des Speichels

Die Hauptaufgabe des Speichels liegt in der Vorverarbeitung der zugeführten Nahrung. Er feuchtet die Mundhöhle an, weicht trockene Nahrung auf und macht Schleimhaut und Speisebrei gleitfähig, so daß er beim Schluckakt problemlos in und durch die Speiseröhre befördert werden kann.

Die im Speichel enthaltene Amylase vollzieht den ersten Schritt der Nahrungsaufspaltung, indem sie einen Teil der zugeführten Stärke in Kohlenhydratuntereinheiten zerlegt. Ihre Wirkung wird von der Salzsäure des Magens aufgehoben, da sie das Eiweiß zerstört.

Der Speichel ermöglicht es auch, die Nahrung zu schmecken. Die Geschmacksempfindung wird durch Tausende von Geschmacksknospen übermittelt, die sich hauptsächlich in der Zungenschleimhaut befinden. Sie sprechen jedoch nur auf flüssige Substanzen an, ein trockener Speisebrei in einem trockenen Mund würde keine Geschmacksempfindungen hervorrufen. Der Speichel löst also Nahrungsbestandteile, die dann beim Kontakt mit den Geschmacksknospen zu deren Stimulation und Nervenübertragung ans Gehirn führen. Das Gehirn entwirft nun aus den ankommenden Impulsen das Geschmacksbild. Es sei an dieser Stelle darauf hingewiesen, daß die Geschmacksknospen der Zunge nur die Qualitäten süß, sauer, bitter und salzig unterscheiden. Alle übrigen Qualitäten, die wir auch vereinfachend unter dem Geschmack zusammenfassen, werden über den Geruch der Nahrung vermittelt. Tag und Nacht werden kontinuierlich geringe Speichelmengen freigesetzt, die Steuerung unterliegt dem autonomen Nervensystem. Auf bestimmte Reize hin steigert oder vermindert sich die Speichelsekretion. Eine erhöhte Sympathikusaktivität (Teil des autonomen Nervensystems) führt zu einer Verminderung der Speichelsekretion. Dies merkt man besonders, wenn die Sympathikusaktivität bei Nervosität erhöht ist, dann wird der Mund trocken, und das Sprechen ist

Die Speicheldrüsen

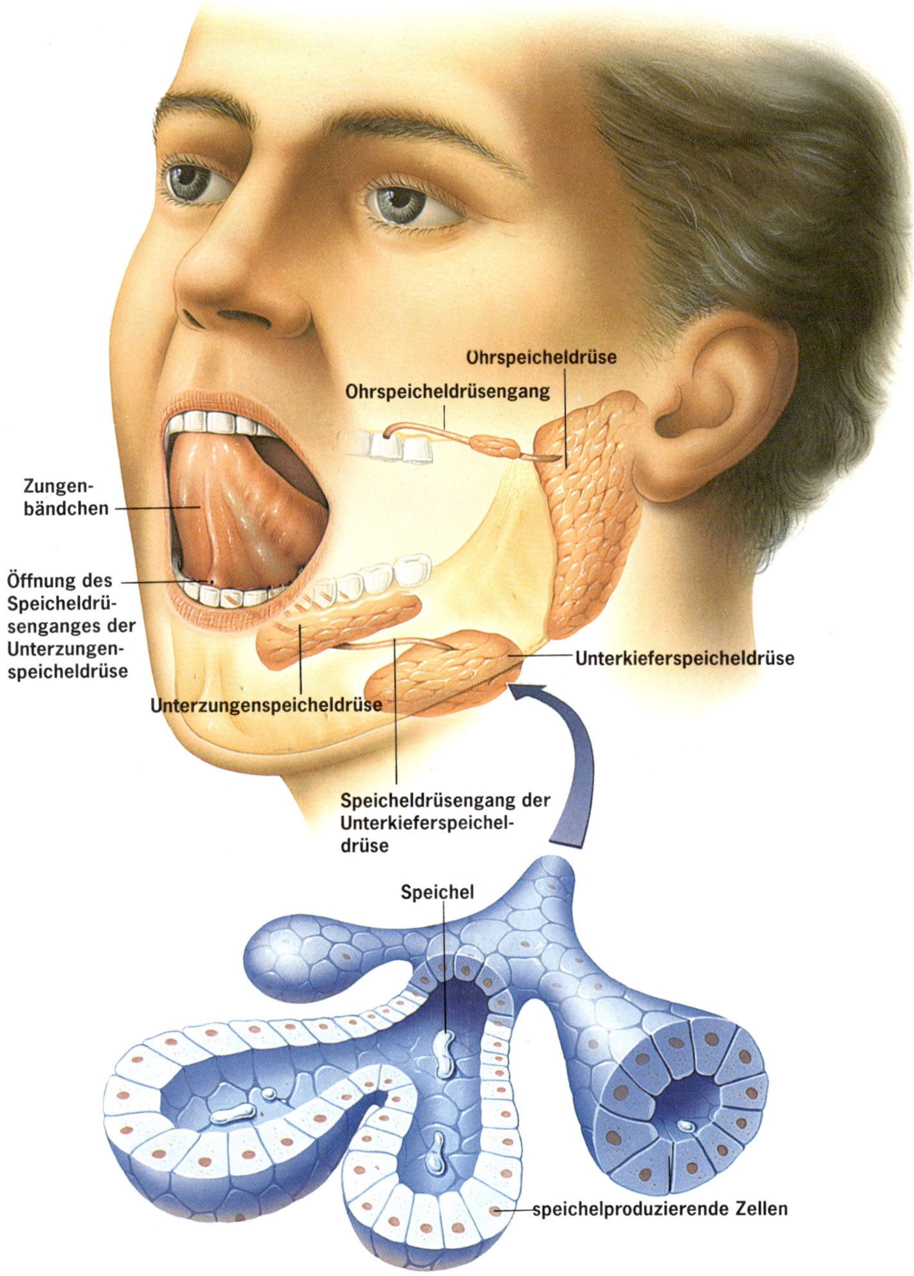

Der Speichel wird von den Speicheldrüsen über spezielle Ausführgänge in die Mundhöhle geleitet. Der Ohrspeicheldrüsengang mündet seitlich der oberen Zahnreihe, die Ausführgänge von Unterkiefer- und Unterzungenspeicheldrüse münden am Boden der Mundhöhle. Das im Speichel enthaltene Enzym Amylase beginnt mit der Spaltung der Kohlenhydrate; seine Aktivität wird normalerweise durch die Magensäuren wieder gehemmt

erschwert. Auf der anderen Seite führt die erhöhte Parasympathikusaktivität (Gegenspieler des Sympathikus im autonomen Nervensystem) zu vermehrter Speichelsekretion. Beispielsweise wird das parasympathische System durch den Anblick oder den Geruch von Speisen, ja sogar beim bloßen Gedanken an Speisen aktiviert und die Speichelsekretion reflektorisch erhöht. Dieser Reflex ist jedem unter dem volkstümlichen Begriff »mir läuft das Wasser im Mund zusammen« bekannt.

Die Zähne

Die Zähne sind harte, knochenähnliche Strukturen, die in den Taschen der Kieferknochen verankert sind. Es werden zwei Zahnsätze angelegt, der Zahnwechsel erfolgt einmal im Leben. Jeder Zahn besteht aus zwei Teilen, der im Mund sichtbaren Zahnkrone und der im Kieferknochen verankerten Zahnwurzel. Die Zahnwurzeln sind normalerweise länger als die Zahnkronen, Schneide- und Eckzähne besitzen eine Zahnwurzel, die Backenzähne zwei oder drei.

Die Zähne bestehen in der Hauptsache aus einem Gewebe mit Kalkeinlagerungen, dem Dentin. Dentin ist ein knochenähnliches, hartes Gewebe aus lebenden Zellen. Es besitzt Nervenfasern und kann Nervenempfindungen, ausgelöst durch Hitze, Kälte oder chemische Reize, übermitteln. Das Dentin der Zahnkrone ist von Zahnschmelz überzogen, einer extrem harten, zellfreien und unempfindlichen Substanz. Die Zahnwurzel ist ebenfalls von einer harten Substanz, dem Zahnzement, umgeben. Der Zahnzement ist dem Dentin ähnlich und dient der Zahnverankerung in den Taschen der Kieferknochen.

Das Innere des Zahns gleicht einer länglichen, hohlen Kammer, die mit nervenenthaltendem lockerem Bindegewebe, der Zahnpulpa, gefüllt ist. Die Pulpa erstreckt sich von der Krone bis zum Wurzelende, das an der tiefsten Stelle offen ist. Durch diese Öffnung treten Blutgefäße und Nerven in die Pulpa ein.

Die Unterstützung der Zähne

Jeder Zahn ist mit seiner Wurzel im Kieferknochen verankert. Die taschenähnlichen Knochenstrukturen der Kiefer, die die Zähne aufnehmen, werden als Alveolarfortsätze bezeichnet. Die Art der Zahnverankerung im Kieferknochen ist komplex, sie setzt sich aus einer Reihe von festen, kollagenen Fasern, die vom Zement zur Innenseite des umgebenden Alveolarfortsatzes ziehen, zusammen. Zwischen den Faserzügen liegt ein Nerven und Blutgefäße führendes lockeres Bindegewebe. Die Gesamtstruktur dieses Halteapparates wird auch als Periodontium bezeichnet.

Diese Art der Befestigung läßt eine minimale natürliche Beweglichkeit zu und wirkt wie eine Art Puffer, der Zähne und Knochen vor Beschädigung schützt. Eine kritische und wichtige Zone ist der Zahnhals, die Stelle, an der Zahnkrone und Zahnwurzel ineinander übergehen. Hier umschließt das Zahnfleisch fest den Zahn und schützt so Zahnwurzel und Halteapparat vor Entzündungen und schädlichen Einflüssen.

Die Zahntypen

Beim Menschen kennt man zwei verschiedene Zahnarten. Die Milchzähne sind während der Kindheit vorhanden, fallen dann aus und werden durch die bleibenden Zähne des Erwachsenen ersetzt. Beim Milchgebiß unterscheidet manSchneidezähne(Incisivi),Eckzähne(Canini) und Backenzähne (Molares). Beim Erwachsenengebiß kommen noch weitere Backenzähne hinzu, die man dann als Prämolaren und Molaren unterscheidet. Die Schneidezähne sind flach und durch ihren scharfen, gering gekerbten Rand gekennzeichnet. Obere und untere Reihe scheren gegeneinander, ähnlich den Schneiden einer Schere. Eckzähne sind kräftig und spitz und für das Zupacken und Reißen geschaffen, während Backenzähne (Prämolaren und Molaren) die Nahrung zermahlen.
Die Zahnreihe bildet einen gleichmäßigen ovalen, hinten offenen Bogen. Vorne liegen die Schneidezähne, dann schließen sich die Eckzähne und nach hinten die Backenzähne an. Obere und untere Zahnreihe passen normalerweise so aufeinander, daß die jeweils übereinanderliegenden Zähne genau passend ineinandergreifen.

Die Zahnentwicklung

Das erste Zeichen der Zahnentwicklung kann beim 6 Wochen alten Fetus beobachtet werden. Zu diesem Zeitpunkt differenzieren sich die Epithelzellen des primitiven Mundes zur bogenförmigen Zahnleiste, die in die Tiefe wächst. In ihr bilden sich entsprechend der Zahl der Zähne knospenartige Wucherungen, die im weiteren Wachstum Glockenform annehmen und Gewebe anderen Ursprunges umschließen. An dieser Stelle differenzieren sich die Zellen, die einen bilden den späteren Zahnschmelz, die anderen das Dentin. Die Glockenränder wachsen tiefer und bilden die spätere Zahnwurzel, deren Wachstum jedoch erst vollständig ein Jahr nach Erscheinen der Zähne abgeschlossen ist. Bei der Geburt kennzeichnet lediglich der bogenförmige, verdickte Zahnfleischwulst von Ober- und Unterkiefer die spätere Zahnreihe. Der Durchbruch des Milchgebisses beginnt etwa im siebten Lebensmonat; der Zeitpunkt kann jedoch zwischen dem sechsten und neunten Lebensmonat variieren, frühere oder spätere Zahndurchbrüche sind selten.
Zunächst erscheinen die beiden mittleren Schneidezähne des Unterkiefers, dann die entsprechenden des Oberkiefers. Es folgen die seitlichen Schneidezähne, dann der erste Backenzahn, der Eckzahn und der zweite Backenzahn. Diese Reihenfolge kann, wenn auch selten, variieren. Störungen der Zahnentwicklung können alle Milchzähne betreffen.
Im Alter von 2 1/2 bis 3 Jahren ist normalerweise das kindliche Milchgebiß mit 20 Zähnen komplett. Ihre regelrechte Anordnung bestimmt auch die spätere Anordnung der bleibenden Zähne.

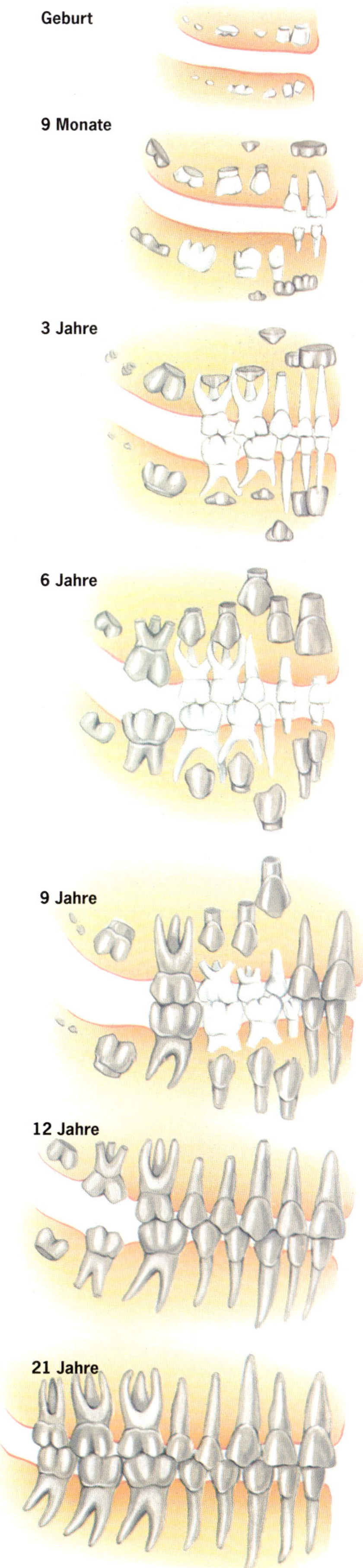

Die ersten Milchzähne brechen normalerweise in der zweiten Hälfte des ersten Lebensjahres durch, ein meist schmerzhafter Vorgang. Zunächst erscheinen die unteren, dann die oberen Schneidezähne, gefolgt von den Backenzähnen, bis das Gebiß mit 20 Milchzähnen vollständig ist. Von den bleibenden Zähnen des Erwachsenen erscheinen zunächst die mittleren Backenzähne im Alter von 6, dann die Schneidezähne usw., bis das Gebiß etwa im Alter von 20 Jahren mit 32 Zähnen vollständig ist. Bei etwa 25 Prozent der Menschen brechen die letzten Backenzähne, die Weisheitszähne, nicht durch oder sind erst gar nicht angelegt

Ab dem sechsten Lebensjahr lockern sich dann die Milchzähne, in der Regel beginnt dies bei den unteren und den oberen Schneidezähnen, die dann durch die bleibenden Zähne ersetzt werden. Die bleibenden Backenzähne entwickeln sich nicht an der Stelle der Milchbackenzähne, sondern dahinter. Der erste bricht im Alter von 6, der zweite im Alter von 12 und der dritte, der Weisheitszahn, im Alter von 18 Jahren durch. Es gibt jedoch beträchtliche Unterschiede. Etwa 25 Prozent aller Menschen entwickeln gar keinen oder weniger als vier Weisheitszähne. Der Grund ist in der Evolution zu suchen; mit der Verkleinerung der Kiefer hat sich auch die Anzahl der Zähne verringert. Manche Weisheitszähne treten nie aus dem Zahnfleisch heraus oder müssen, falls sie beim Heraustreten stören, entfernt werden. Dies ist bei etwa 50 Prozent aller Menschen der Fall.

Das Milchgebiß und die bleibenden Zähne

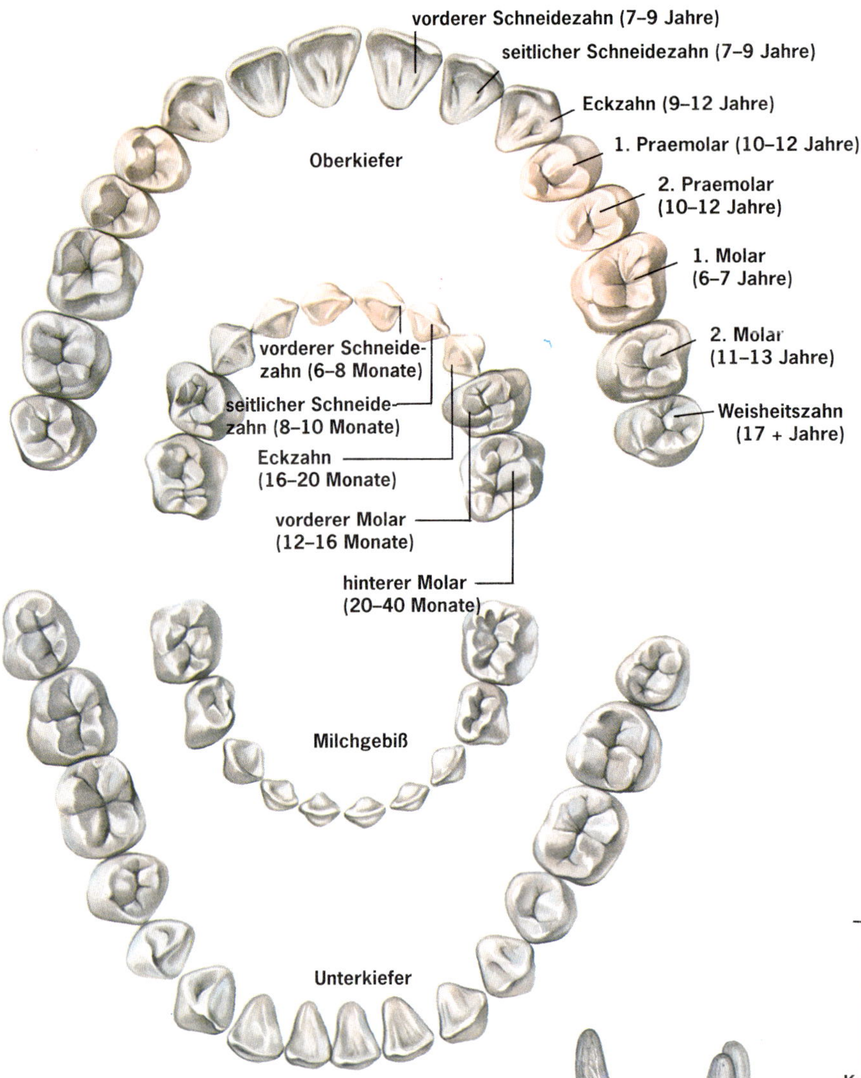

bleibendes Gebiß

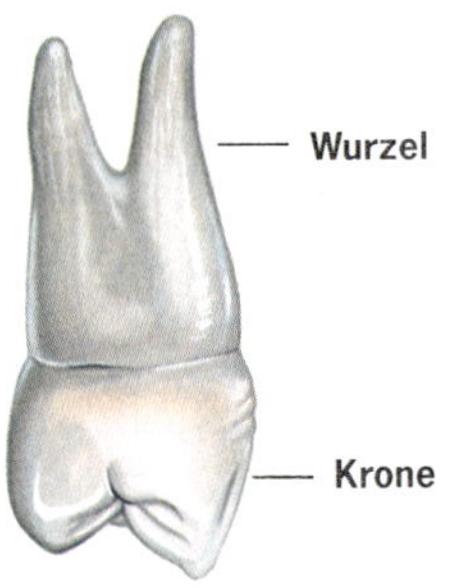

Praemolar

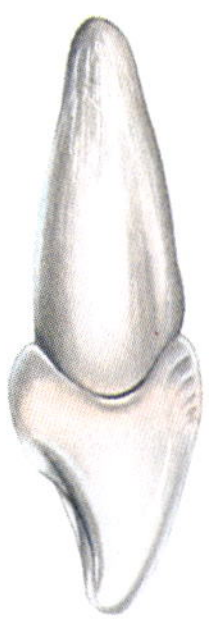

Schneidezahn

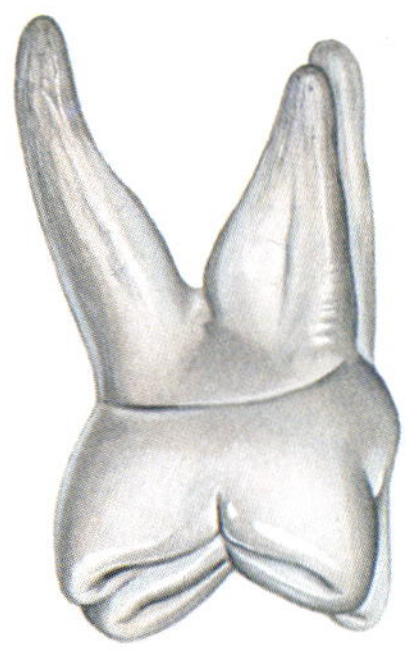

Mahlzahn (Molar)

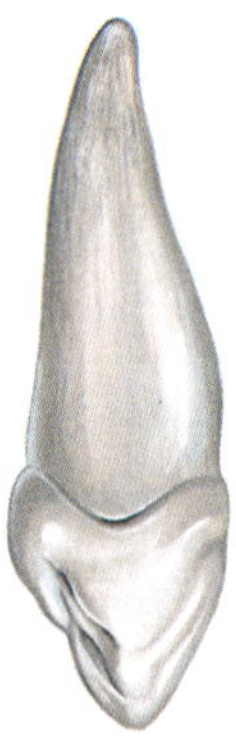

Eckzahn

Theoretisch besteht das Erwachsenengebiß aus 32 Zähnen, wobei die obere und untere Zahnreihe jeweils 16 Zähne in gleicher Anordnung enthält: vier Schneidezähne (Incisivi), zwei Eckzähne (Canini) und zehn Backenzähne (vier Prämolaren und sechs Molaren). Kinder besitzen ein Milchgebiß mit jeweils zehn Zähnen pro Zahnreihe: vier Schneidezähne, zwei Eckzähne und vier Backenzähne

Die Änderung der Zahnanordnung

Nach vollständigem Durchbruch des Milchgebisses vergrößert sich der zahntragende Anteil des Kiefers nur noch wenig. Die Milchzähne sind kleiner als die späteren bleibenden Zähne, und erst wenn letztere durchgebrochen sind, erkennt man die endgültige Form des Zahnbogens. Gerade die oberen bleibenden Schneidezähne scheinen durch ihre Größe und Lage nicht zu den übrigen Proportionen des kindlichen Gesichts zu passen. Die Proportionen gleichen sich jedoch auf natürliche Weise mit dem Wachstum des Gesichts bei gleichbleibender Zahngröße und nur geringem Kieferwachstum wieder aus. Die Tendenz zum Vortreten der Schneidezähne wird erst offensichtlich, wenn die Milchzähne durch die bleibenden Schneidezähne ersetzt sind. Die größeren Schneidezähne machen die Fehlstellung deutlich (Überbiß). Ähnlich wird auch ein enger Zahnstand erst beim Durchtreten der bleibenden Zähne offensichtlich.

Es dauert etwa 6 Jahre, bis die Milchzähne vollständig durch ihre Nachfolger, die bleibenden Zähne, ersetzt sind. Ein Spalt zwischen den vorderen Schneidezähnen ist in dieser Zeit natürlich. Er schließt sich üblicherweise, wenn die durchtretenden großen Eckzähne die Schneidezähne zusammendrängen.

Der Zahnquerschnitt

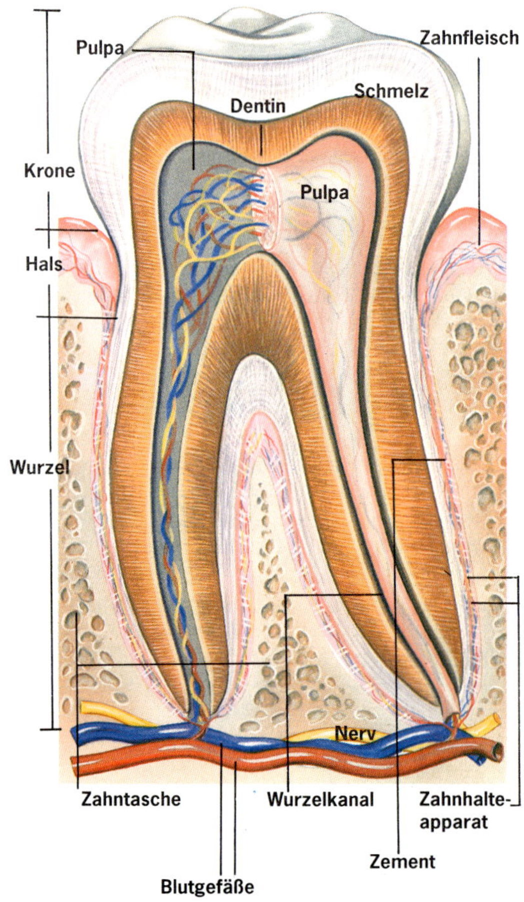

Die Speiseröhre und der Magen

Mit dem Schluckakt wird die im Mund vorbereitete Nahrung zunächst in den Rachen und von dort in die Speiseröhre transportiert. Dies ist durch die fein abgestimmten Muskelbewegungen des Mund- und Halsrachens möglich. Der erste Teil des Schluckaktes ist willkürlich, das heißt, er kann bewußt gesteuert werden. Sobald jedoch die Nahrung den Zungengrund passiert hat, läuft der weitere Schluckakt unwillkürlich, reflektorisch, ab.

Der Speisebrei gleitet nicht einfach durch die Speiseröhre in den Magen, sondern wird durch wellenförmige Kontraktionen der Speiseröhrenmuskulatur vorwärts getrieben. Diese wellenförmigen Kontraktionen, die sich auch im Dünndarm und Dickdarm fortsetzen, werden als Peristaltik bezeichnet. Die Beförderung des Speisebreis ist daher ein aktiver Prozeß und vollzieht sich nicht etwa passiv. So kann die Nahrung sowohl im Sitzen als auch im Stehen und Liegen, ja sogar im Kopfstand weiterbefördert werden.

Sobald die Nahrung in den Mundrachen gelangt, sorgen bestimmte Muskelgruppen auch dafür, daß Atmung und Schluckakt sich nicht gegenseitig behindern. Die nach oben hinten gezogene Zunge befördert nicht nur die Nahrung in den Mundrachen, sondern schließt den Mund auch nach vorne gegen den Rachen ab. Das gleichzeitig nach hinten oben gezogene Gaumensegel verschließt den Nasenrachen, so daß der Speise nur noch der Weg in den Halsrachen offensteht. Im Halsrachen verschließt die Epiglottis den Kehlkopf, die Speiseröhre öffnet sich, und die Rachenwände befördern die Nahrung mit peristaltischen Kontraktionen in die Speiseröhre. Schließt die Epiglottis den Kehlkopf nicht rechtzeitig, so können kleine Mengen von Nahrung oder Flüssigkeit in den Kehlkopf gelangen. Der Nahrungs- oder Flüssigkeitskontakt führt zu einem reflektorischen Schluß der Stimmlippen und reflektorischen Hustenstößen, die die eingedrungene Nahrung oder Flüssigkeit wieder aus dem Kehlkopf hinausbefördern. Dieser Vorgang wird allgemein als »Verschlucken« bezeichnet.

Die Speiseröhre

Der obere Teil der Speiseröhre (Oesophagus) liegt unmittelbar hinter der Luftröhre (Trachea). Der mittlere Teil tritt dann etwas nach links hinter den linken Hauptbronchus und geht in den unteren Teil über, der vor der Aorta durch das Zwerchfell zieht und direkt unterhalb in den Magen mündet. Die Speiseröhre ist ein elastischer muskulärer Schlauch von etwa 25 Zentimeter Länge und 2,5 Zentimeter mittlerer Weite. Ähnlich dem übrigen Verdauungstrakt besteht die Speiseröhre aus vier Gewebsschichten, einer inneren Schleimhaut, die der Nahrung eine glatte Passage ermöglicht, einer anschließenden stabilisierenden Bindegewebsschicht, darauf einer Muskelschicht aus zirkulären und längsverlaufenden Fasern und zuletzt einer äußeren schützenden Bindegewebsschicht.

Am Übergang der Speiseröhre in den Magen gibt es keinen gesonderten Schließmuskel. Das Zurückfließen der Nahrung wird trotzdem durch eine Art Verschlußmechanismus, eine Kombination aus verdickter Schleimhaut, Kontraktion der Ringmuskulatur und natürlicher Enge beim Zwerchfelldurchtritt, verhindert. Ist dieser Verschluß ungenugend, so kommt es zum Rückfluß (Reflux) des jetzt sauren Nahrungsbreis.

Es kommt häufig vor, insbesondere bei hohem Magendruck, daß geringe Flüssigkeitsmengen in die Speiseröhre zurückfließen. Ein verstärkter Rückfluß führt jedoch zu oberflächlichen bis geschwürigen Entzündungen

Der Rachen während des Schluckaktes

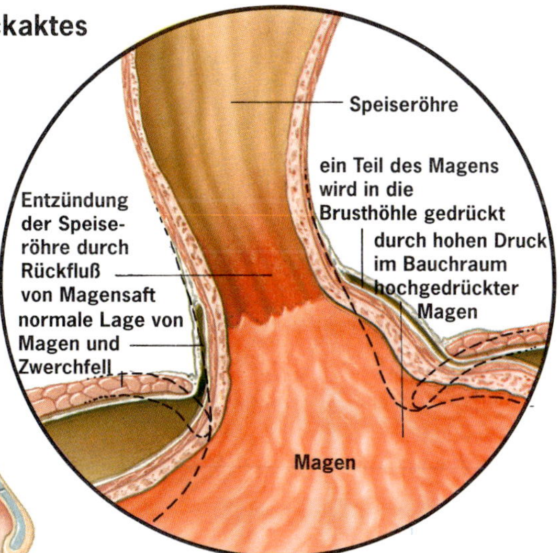

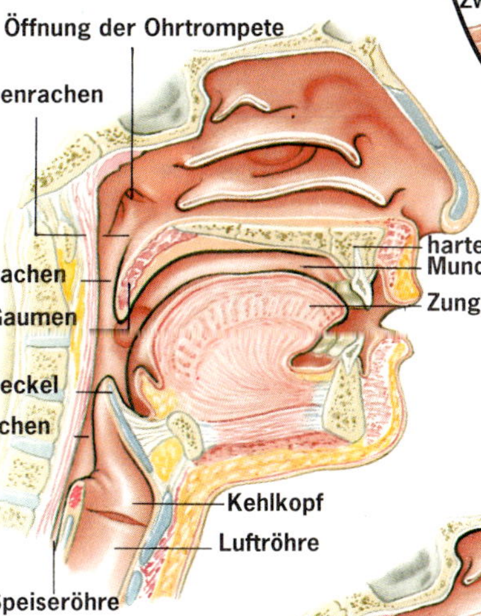

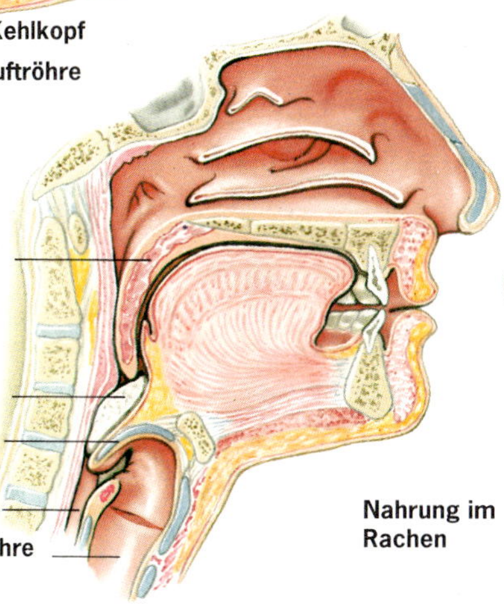

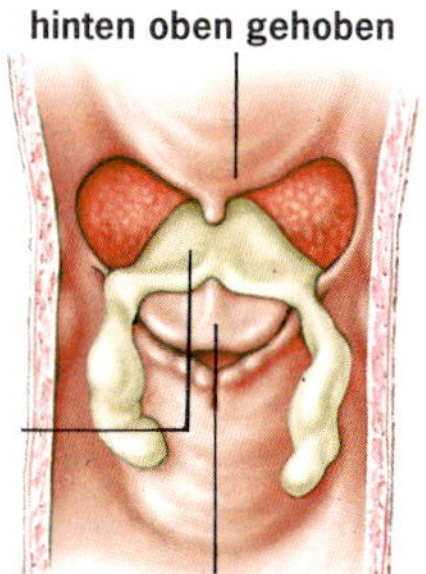

Ausschnitt oben: *Rückfluß (Reflux) von Mageninhalt in die Speiseröhre. Dies tritt häufig bei Magenerkrankungen und während der letzten Schwangerschaftsmonate auf, wenn sich der Druck der wachsenden Leibesfrucht auf die Organe der Bauchhöhle erhöht*

Unten links: *Beim Schluckakt wird die Nahrung in Richtung Speiseröhre transportiert. Beteiligt hieran sind Zunge, Gaumen und Rachenmuskeln. Gleichzeitig verschließt der Kehldeckel den Kehlkopfeingang*

Die Lage und der Bau des Magens

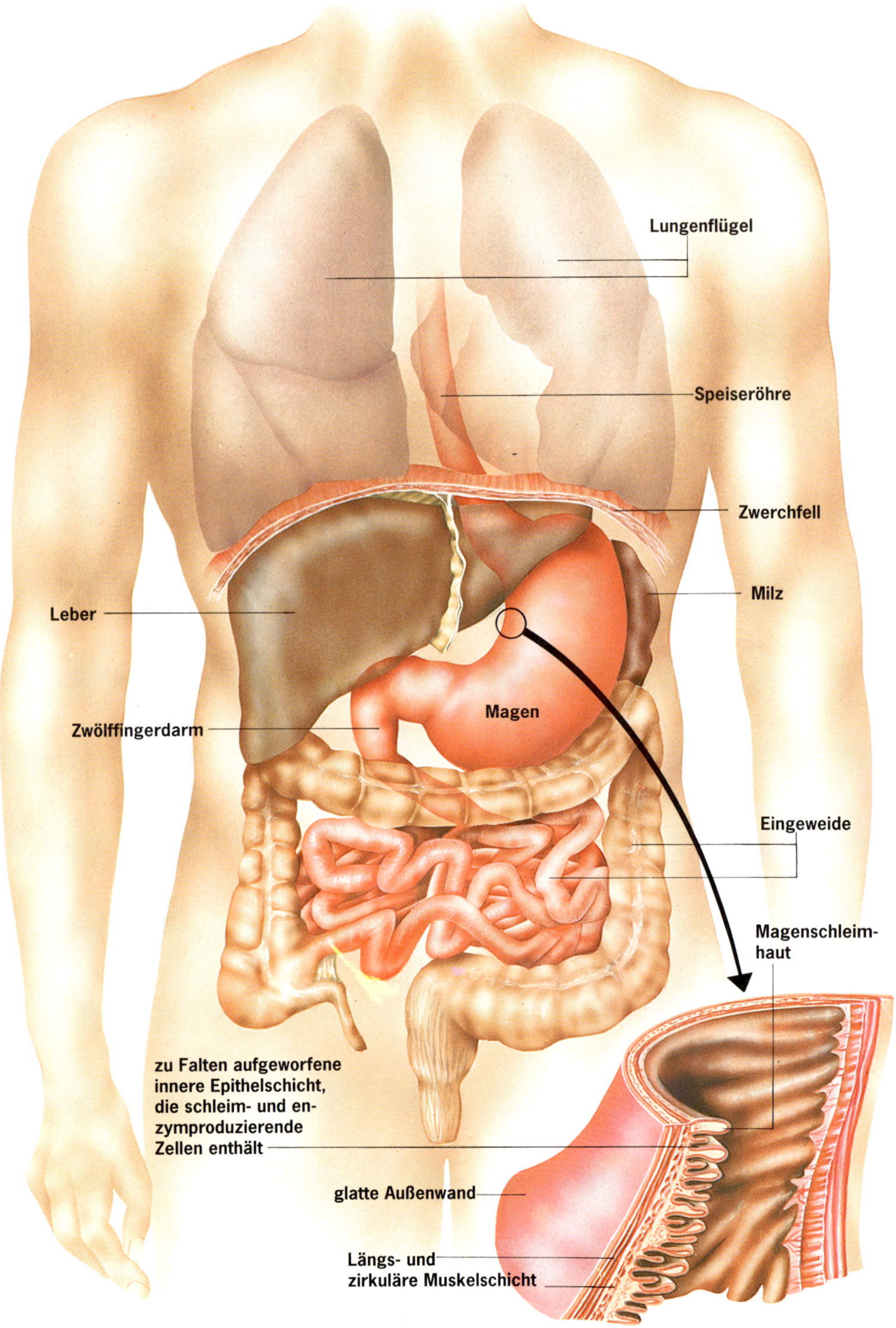

Schnitt durch die Magenwand

Der Magen, ein muskulärer Sack, liegt im linken Oberbauch. Er beginnt an der Einmündungsstelle der Speiseröhre direkt unter dem Zwerchfell und mündet in den Zwölffingerdarm etwa in Oberbauchmitte. Seine Form, die einem Füllhorn oder Siphon gleicht, seine Größe und Lage sind sehr variabel und hängen vom Füllungs- und Kontraktionszustand ab, aber auch von Lebensalter und Konstitutionstyp

der Speiseröhrenschleimhaut, die nicht durch einen speziellen Schleim gegen die Magensäure geschützt ist. Ein bestimmter Rückfluß ist im Säuglings- und Kindesalter normal, er tritt auch besonders häufig im hohen Alter und während einer Schwangerschaft auf, bei der die Eingeweide des Bauchraumes durch das Wachstum des Kindes nach oben gedrängt werden. Ein verstärkter Rückfluß im mittleren Lebensalter ist krankhaft.

Der Magen

Der Magen (Gaster, Venter) ist ein muskulärer Sack im linken bis mittleren Oberbauch. Er geht nach oben in die Speiseröhre und nach unten in den Zwölffingerdarm über. Er besteht aus einer dicken Muskelschicht, die innen von einer spezialisierten Schleimhaut ausgekleidet ist.

Der Magen dient zunächst als Nahrungsspeicher. Spezialisierte Zellen in der Magenschleimhaut produzieren den salzsäurehaltigen Magensaft und Enzyme, wie das Pepsin. Der saure Magensaft tötet Krankheitserreger ab, beginnt die Verdauung der Nahrungsbestandteile und fördert zusammen mit den Enzymen diejenigen Spaltungsprozesse, die an saures Milieu gebunden sind. Der mit dem Magensaft durchsetzte Speisebrei wird dann portionsweise an den Zwölffingerdarm abgegeben und anschließend weiter durch den Verdauungstrakt befördert.

Am Magenausgang ist die ringförmige Muskelschicht zum sogenannten Magenpförtner (Pylorus) verdickt. Nach neueren Erkenntnissen handelt es sich beim Magenpförtner nicht um einen gesondert arbeitenden Schließmuskel. Er bildet vielmehr eine Art natürliche Enge, und die vom Magen kommenden peristaltischen Wellen pflanzen sich über ihn fort. Die Nahrung wird in kleinen Portionen an den Zwölffingerdarm abgegeben. Die Muskelkontraktionen im Pförtneranteil sollen hauptsächlich den Rückfluß des alkalischen Dünndarmsaftes verhindern.

Der Dünndarm

Unmittelbar an den Magen schließt sich der Dünndarm mit seinem ersten Abschnitt, dem Zwölffingerdarm (Duodenum), an. Der Zwölffingerdarm windet sich hufeisenförmig um den Kopf der Bauchspeicheldrüse und geht dann in einem Knick in den Krummdarm (Ileum) über.
Die zwei Muskellagen in der Wand des Dünndarmes, die ringförmige und die Längsfaserschicht, ermöglichen die als Peristaltik bezeichneten wellenförmigen Kontraktionen, die die Nahrung durch den gesamten Verdauungstrakt vorantreiben. Nach innen schließt sich eine lockere Bindegewebsschicht an (Submukosa), die zahlreiche Drüsen enthält. Sie sondern einen speziellen Schleim ab, der die Dünndarmwand vor der Zerstörung durch den aggressiven sauren Magensaft schützt.
Die innerste Schicht des Dünndarmrohres, die Schleimhaut (Mukosa), enthält zahlreiche Drüsen, die alkalisches Sekret und bestimmte Enzyme absondern. Dieses Sekret wirkt bei der Neutralisation des sauren Magensaftes mit. Die Zellen der Dünndarmschleimhaut unterliegen starken Anforderungen und müssen ständig erneuert werden. Sie vermehren sich schneller als alle anderen Zellen, von 100 Zellen wird stündlich eine ersetzt.
Die aus dem Magen in den Zwölffingerdarm übertretende, vorverdaute, verflüssigte Nahrung enthält große Mengen Salzsäure. Im Zwölffingerdarm wird diese Salzsäure durch die alkalischen Sekrete der Dünndarmschleimhaut und den alkalischen Bauchspeicheldrüsen- und Gallensaft neutralisiert. Bauchspeicheldrüsen- und Gallengang münden über ein gemeinsames Endstück in einer kleinen Erhebung des Zwölffingerdarmes, der sogenannten Papilla duodeni (Papilla vateri). Die Verdauungssäfte setzen nun mit ihren Enzymen die Aufspaltung der Nahrung in resorbierbare Substanzen fort.
Der im Mittel 25 Zentimeter lange Zwölffingerdarm geht kontinuierlich in den etwa 2,5 Meter langen Krummdarm über, an den sich das letzte Dünndarmstück, der Leerdarm, anschließt. Zwischen Krumm- und Leerdarm gibt es keine exakte Grenze, sie gehen vielmehr kontinuierlich ineinander über. Der Krummdarm weist einen Durchmesser von etwa 3,8 Zentimetern auf, der Leerdarm ist etwas dünner. Auch ist die Wand des Krummdarmes dicker als die des Leerdarmes, obwohl sie aus den gleichen Schichten aufgebaut ist.

Der Zwölffingerdarm

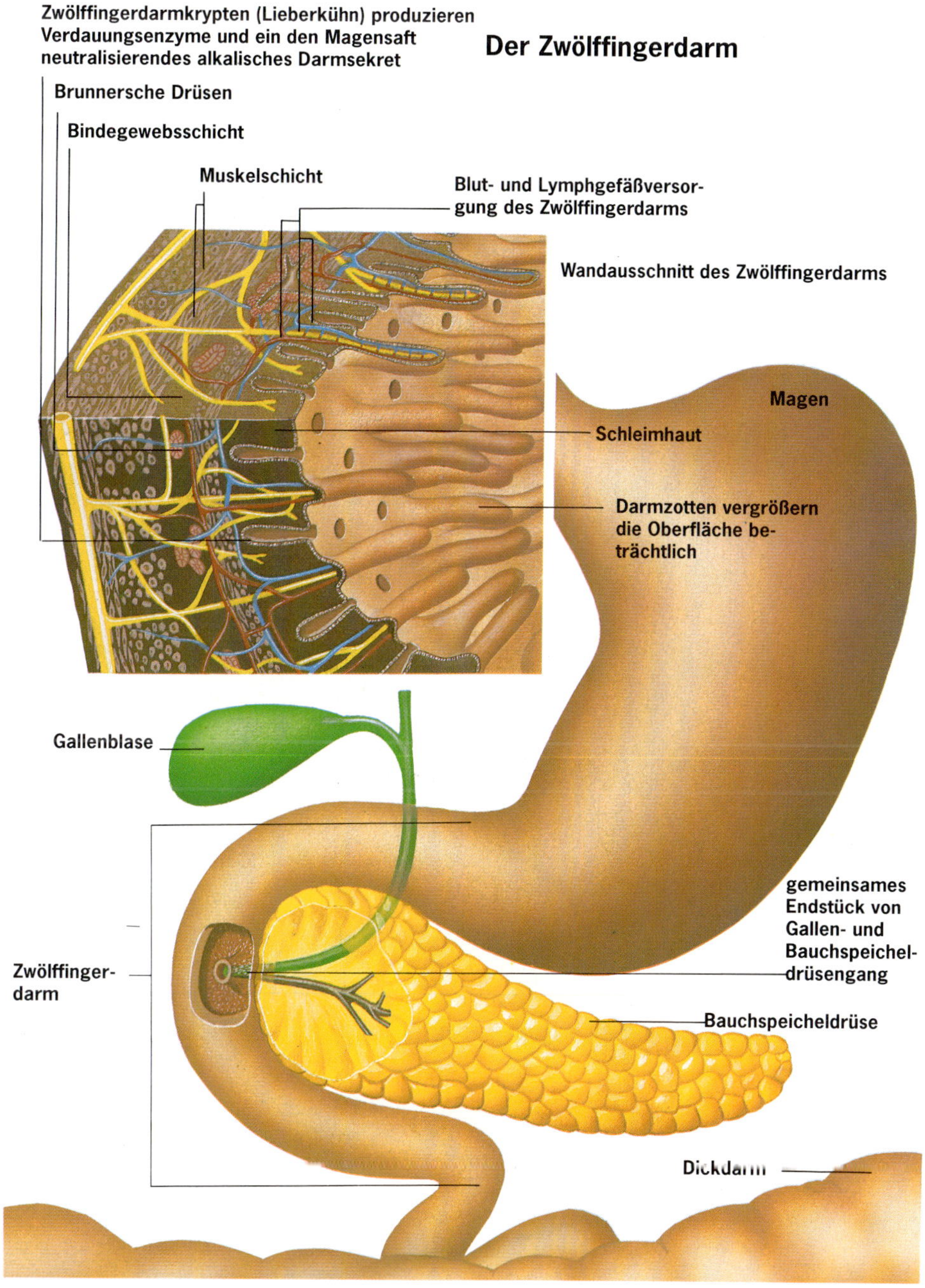

Oben: Der Zwölffingerdarm, der Anfangsteil des schlauchförmigen Dünndarmes, beginnt am Ausgang des Magens und windet sich in einer Art C-Schlinge um den Bauchspeicheldrüsenkopf. In ihn werden die Verdauungssekrete über Gallengang und Bauchspeicheldrüsengang abgegeben

Der Darmtrakt

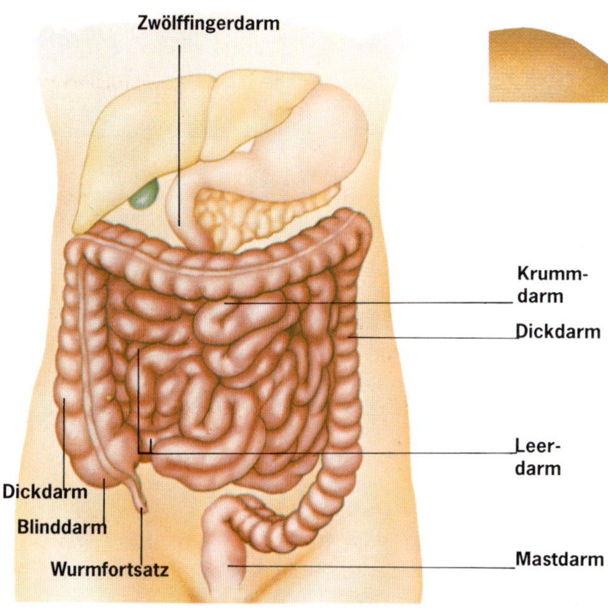

Links: Zwölffingerdarm (Duodenum), Krummdarm (Ileum) und Leerdarm (Jejunum) bilden zusammen den Dünndarm

Krummdarm und Leerdarm sind in ihrer gesamten Oberfläche von Bauchfell (viscerales Peritoneum) überzogen. Ihre Aufhängung an dem sich fächerförmig ausspannenden Gekröse ermöglicht die außerordentliche Beweglichkeit innerhalb der Bauchhöhle

Die Lage des Jejunums

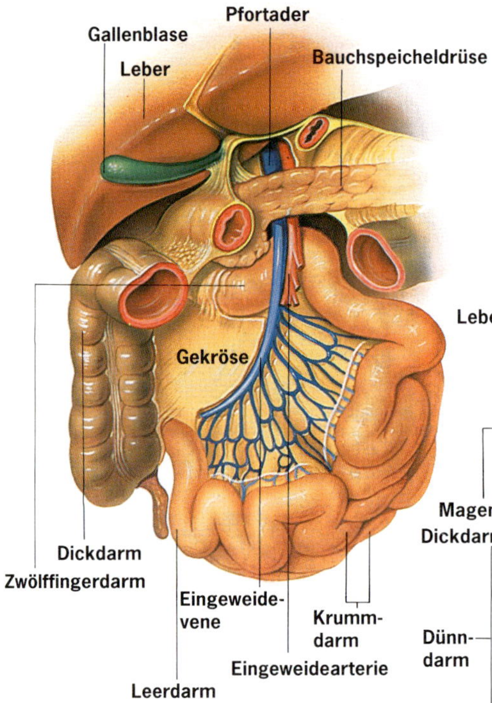

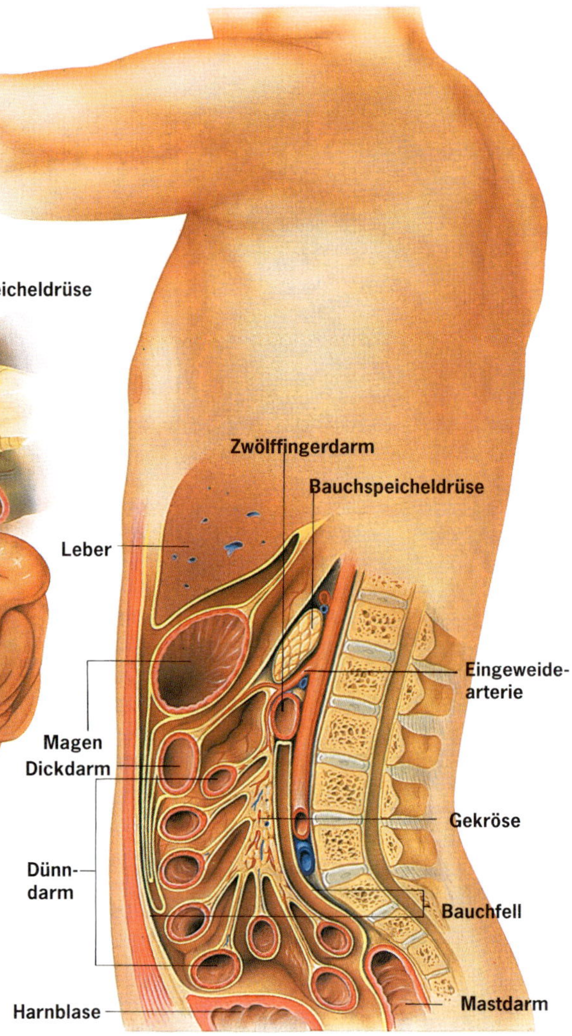

Das Gekröse

Im Gegensatz zum Zwölffingerdarm, der vorwiegend an der hinteren Bauchwand befestigt ist, sind Krumm- und Leerdarm durch eine längere, sich fächerartig ausbreitende Gewebsschicht, das Gekröse (Mesenterium), beweglich mit der hinteren Bauchwand verbunden. Das Mesenterium besteht aus einer lockeren, gefäßführenden Bindegewebsschicht und ist auf jeder Seite von Bauchfell überzogen. Der Abstand zwischen hinterer Befestigung und Dünndarm beträgt etwa 15 bis 20 Zentimeter, die am Dünndarm ansetzende Länge entspricht der Länge des Dünndarmes, beträgt also etwa 5,5 Meter. Dieser spezielle fächerförmige Aufbau stellt nicht nur die Gefäßversorgung des Dünndarmes sicher, sondern erlaubt ihm auch, sich relativ frei im Bauchraum zu bewegen.

Die Aufgabe des Krummdarmes

Im Krummdarm (Ileum) wird der Hauptteil der aufgespaltenen Nährstoffe resorbiert, so daß vor allem Wasser und nichtresorbierbare Nahrungsbestandteile zurückbleiben. Die Resorption der Nährstoffe wird dann im Leerdarm (Jejunum) abgeschlossen.
Zur optimalen Durchführung seiner Aufgaben ist der Dünndarm so gebaut, daß eine größtmögliche Fläche zur Resorption der Nährstoffe zur Verfügung steht. Die Innenfläche des Dünndarmes besteht aus einer Reihe ringförmiger Falten. Unter dem Mikroskop sieht man, daß die Schleimhaut zu Millionen kleinster fingerförmiger Fortsätze, den Darmzotten (Villi), ausgestülpt ist. Die Darmzotten sind etwa 1 Millimeter lang und bilden eine Art Bürstensaum. Durch Oberflächenfaltung und Darmzotten wird so eine enorme Vergrößerung der Resorptionsfläche erreicht.

Die Resorption

Da der Krummdarm für die Nahrungsresorption ideal gebaut ist, benötigt er auch eine ausreichend gute Blutversorgung. Die zuführenden Arterien und abführenden Venen gelangen über das Gekröse zur Darmwand. Die Venen des Dünndarmes laufen ebenso wie ein großer Teil der Venen des Dickdarmes und des Magens nicht unmittelbar zurück zum Herzen, sondern vereinigen sich zur Pfortader, die ins Lebergewebe führt. Das Blut mit den resorbierten Nahrungsbestandteilen gelangt also zunächst zur Verarbeitung in die Leber, bevor es wieder dem Körperkreislauf zugeführt wird. Ähnlich wie die Nährstoffe ins Blut, so gelangen auch die resorbierten Fettsubstanzen in das Lymphgefäßsystem. Jede Darmzotte führt hierzu ein zentrales Lymphgefäß. Die spezielle, Fett und fettähnliche Substanzen enthaltende, vom Darm drainierte Lymphe wird auch als Chylus bezeichnet.

Der Leerdarm

Der Leerdarm (Ileum) bildet den untersten Teil des Dünndarmes. Er macht mit etwa 3,5 Metern Länge über die Hälfte des Dünndarmes aus und mündet schließlich in den Dickdarm (Colon). Der Leerdarm ist ähnlich dem Krumm- und Zwölffingerdarm aufgebaut. Seine Oberfläche wird von Bauchfell überzogen, der äußeren schützenden Bindegewebsschicht folgen dann die Muskelschicht, die innere, drüsenhaltige Bindegewebsschicht und als innerste Lage die Schleimhaut. Auch seine innere Oberfläche wird durch Falten und Zotten vergrößert, die Zotten verkleinern sich jedoch gegen das Ende hin.

Die Lage und der Bau des Ileums

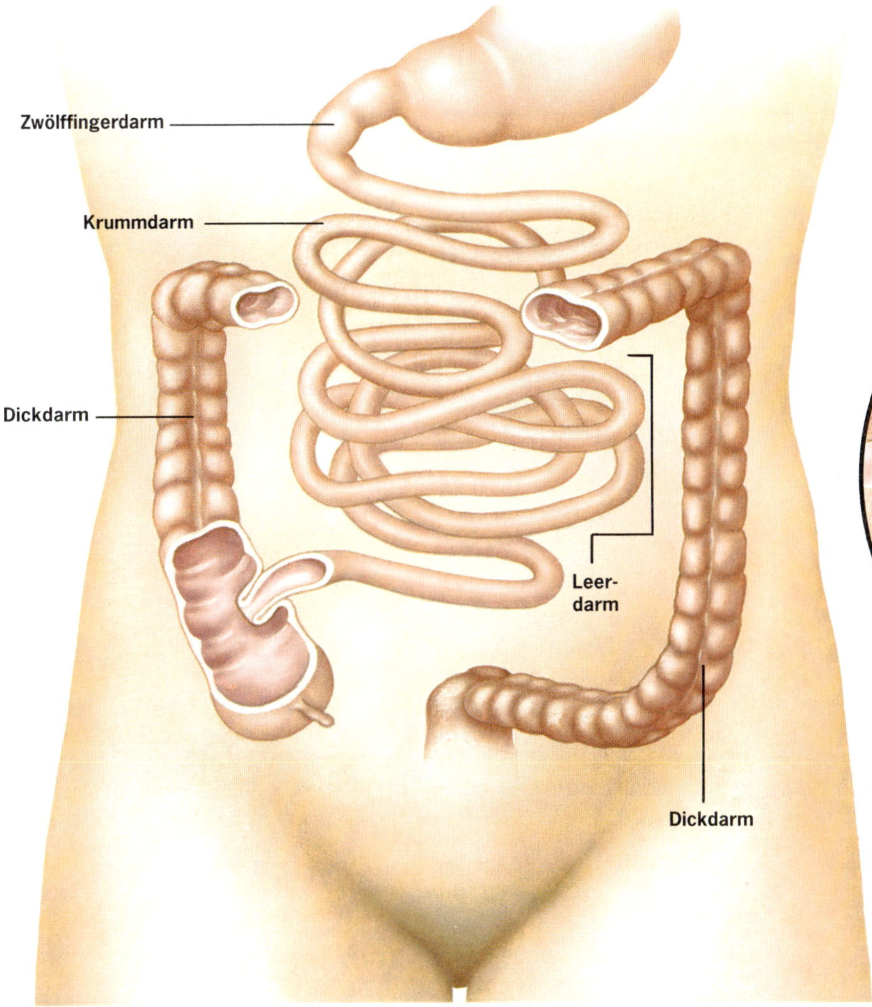

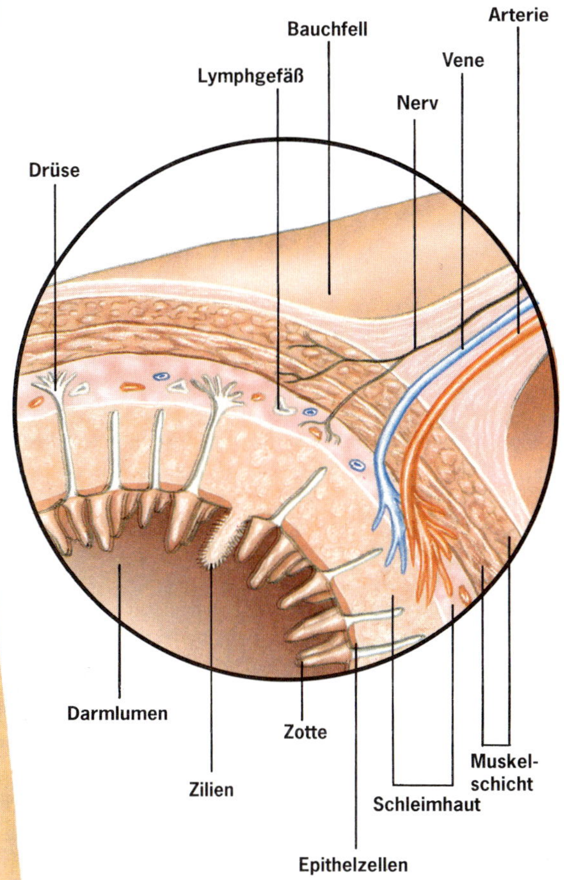

Der Leerdarm bildet das Ende des Dünndarms, er mündet mit einer Art Klappe (Ileozäkalklappe) annähernd im rechten Winkel in den Blinddarm (oben). Die innere Oberfläche des gesamten Dünndarms (Ausschnitt oben rechts) wird durch Falten und fingerähnlich vorspringende Darmzotten (Villi) erheblich vergrößert (unten links). In den Darmzotten werden die in ihre Bausteine zerlegten Nahrungsbestandteile aufgenommen. Die Zotten enthalten ein feines Kapillarnetz und ein blind endendes Lymphgefäß (unten rechts)

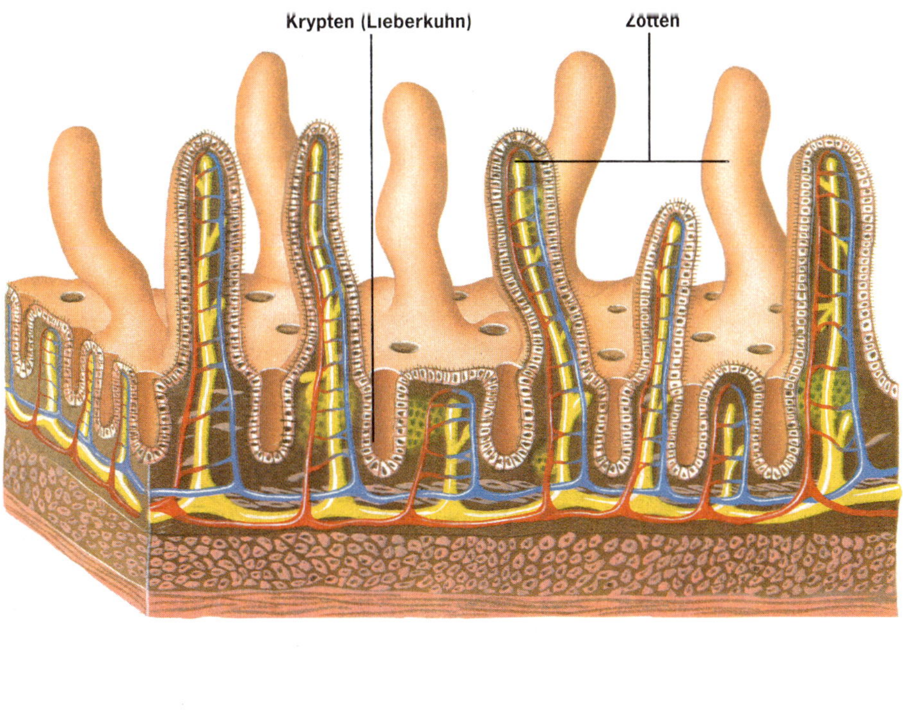

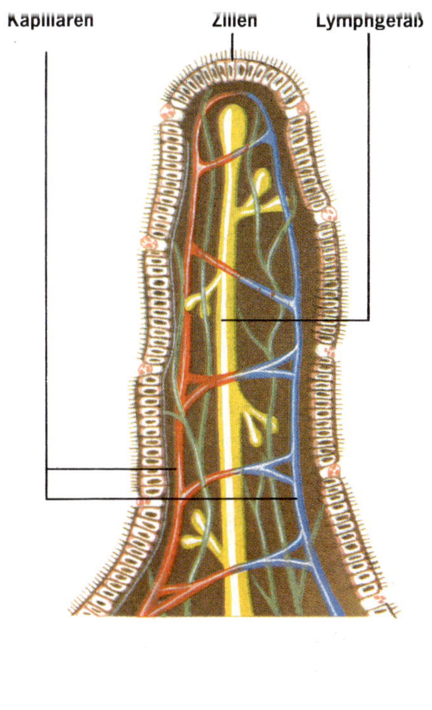

Die Leber

Die Leber erfüllt viele lebenswichtige Aufgaben, wie die Verarbeitung chemischer Substanzen und deren Speicherung und Abgabe im Bedarfsfall, den Abbau von Stoffwechselprodukten und Giften und die Herstellung und Abgabe von Gallenflüssigkeit.
Die Voraussetzungen dafür schaffen zwei Gefäßsysteme, zum einen das normale arteriovenöse Gefäßnetz, zum anderen das sogenannte Pfortadersystem. Über dieses Pfortadersystem muß das aus den Eingeweiden stammende, nährstoffreiche Blut zunächst das Lebergewebe passieren, bevor es wieder über die Lebervene in den Kreislauf gelangt.
Die Leber ist mit einem Gewicht von 1,4 bis 1,8 Kilogramm das schwerste Organ des Körpers. Sie liegt im rechten Oberbauch unmittelbar unter dem Zwerchfell und wird durch die unteren Rippen geschützt. Sie gliedert sich in einen rechten und einen linken Leberlappen, wobei der rechte wesentlich größer ist und nahezu den gesamten rechten oberen Bauchraum ausfüllt. Der kleinere, linke Lappen reicht mitunter bis zur Mitte des linken Oberbauches. Normalerweise kann man die Leber unter dem Rippenbogen nur anstoßend tasten, ist sie jedoch durch Krankheiten vergrößert, so tritt sie tiefer in den Bauchraum und wird hier deutlich tastbar.

Die Aufgaben der Leber

Wie in jedem anderen Körpergewebe, so sind es auch hier die Zellen, die auf mikroskopisch kleiner Ebene die lebenserhaltenden Vorgänge steuern. Die Leberzellen (Hepatozyten) sind auf die Verarbeitung der den Körper erhaltenden Grundsubstanzen Eiweiße, Kohlenhydrate und Fette spezialisiert.
Die Verarbeitung der Eiweiße: Eiweiße (Proteine) sind für das Wachstum und die Erneuerung aller Körperzellen, die Produktion von Hormonen und Enzymen notwendig. Eiweiß wird sowohl mit pflanzlichen als auch mit tierischen Lebensmitteln in den Körper aufgenommen, und die Leber hat die Aufgabe, dieses Eiweiß abzubauen und zu körpereigenen Strukturen wieder zusammenzusetzen. Dieser Umbau vollzieht sich in den Leberzellen, anfallende Abfallprodukte werden entweder abgebaut oder ausgeschieden.
Die Verarbeitung der Kohlenhydrate: Kohlenhydrate stellen die größte chemische Substanzklasse dar und bestehen generell aus Kohlenstoff, Wasserstoff und Sauerstoff.
Die vom Körper zur Energiegewinnung verwandten Kohlenhydrate kommen hauptsächlich in zucker- und stärkehaltigen Nahrungsmitteln vor. Die Muskulatur kann deren Baustein Glukose mittels Sauerstoff verbrennen und freiwerdende Energie nutzen oder speichern. Die Leber spielt eine Hauptrolle in der Bereitstellung des verwertbaren Zuckers. Dies geschieht durch Umwandlung der verschiedenen Zucker in Glukose und anschließend in Glykogen. Der Einfachzucker Glukose steht für die sofortige Energiegewinnung bereit, während der Mehrfachzucker Glykogen als Vorrat gespeichert wird. Da Zuckermangel rasch Schäden an den Gehirnzellen hervorruft, muß ein bestimmter Blutzuckerspiegel präzise aufrechterhalten werden. Um dies zu ermöglichen, wird Zucker in Form von Glykogen gespeichert, damit bei plötzlichen Mangelzuständen, wie bei größter Anstrengung und Hungern, ein Vorrat bereitsteht. Ähnlich der Zuckerfreisetzung aus Glykogen bei erniedrigtem Blutzuckerspiegel, wird Zucker bei erhöhtem Blutzuckerspiegel unter Hormonwirkung zu Glykogen und zu Fett aufgebaut und gespeichert.
Die Verarbeitung der Fette: Auch die Fette sind für den Körper lebensnotwendig. Die resorbierten Bausteine der Nahrungsfette werden in der Leber zu körpereigenen Fetten wieder zusammengesetzt, die dann im Fettgewebe gespeichert werden können. Die gespeicherten Fette sind potentielle Energielieferanten. Ein Beispiel für die Fettspeicher ist das Unterhautfettgewebe, dessen Stärke je nach Fettüberschuß erheblich variieren kann.
Die Beseitigung von Abfallprodukten: Entlang den Lebergefäßen und Sinusoiden finden sich hochspezialisierte, nach dem Entdecker benannte Kupffersche Sternzellen, die das Blut von allen Fremdstoffen, beispielsweise Bakterien, befreien. Diese Zellen entfernen auch die überzähligen und geschädigten roten Blutkörperchen und geben sie zur Weiterverarbeitung an die Leberzellen ab. Aus dem Blut und der Verarbeitung der Fette, Eiweiße und in geringerem Umfang auch der Kohlenhydrate fallen Abbauprodukte an. Einige davon, wie das beim Eiweißabbau entstehende Ammoniak, sind giftig und werden von den Leberzellen neutralisiert. So wird das Ammoniak in Harnstoff umgewandelt, dem Blutkreislauf wieder zugeführt und dann über die Nieren ausgeschieden. Die Fett- und Blutabbauprodukte werden mit der Galle ausgeschieden. Gleiches geschieht mit zugeführten Giften (Alkohol) und anderen chemischen Substanzen (Medikamente). Soll ein Medikament lang wirken, so muß es dem Leberabbau widerstehen oder so gegeben werden, daß die Leber auf dem Weg zum Wirkort nicht passiert wird.

Die Ketone

Der Körper muß einen relativ konstanten Glukosespiegel im Blut aufrechterhalten, um entsprechende Energie für die Gewebe bereitzustellen und damit den regelrechten Ablauf der Körperfunktionen zu gewährleisten. Ist die Zuckerzufuhr mit der Nahrung gering, beispielsweise in Fastenzeiten, so werden das gespeicherte Glykogen und auch Eiweiße zu Glukose abgebaut. Würde nun die Energiegewinnung nur von der Glukose abhängen, so wären bald alle Glykogenvorräte aufgebraucht, und es käme durch den Eiweißabbau zu einem raschen Verlust von Struktursubstanzen, hauptsächlich des Muskelgewebes. Der Körper ist allerdings in der Lage, einen Großteil der benötigten Energie aus dem Abbau von Fetten zu gewinnen. Dabei entstehen die Ketone Azetessigsäure, ß-Hydroxybuttersäure und das Azeton. Im Gegensatz zu dem Abfallprodukt Azeton können die Ketonkörper unter Energiegewinnung weiter abgebaut werden. Normalerweise fallen im Körper wenig Ketonkörper an, da wenig Fette abgebaut werden. Besteht jedoch ein Glukosemangel, zum Beispiel bei verminderter Zufuhr, oder eine Glukoseverwertungsstörung (Diabetes mellitus), so fehlen bestimmte, beim Glukoseabbau gewonnene chemische Substanzen, die für den vollständigen Fettabbau erforderlich sind. Der Fettsäureabbau macht auf einer bestimmten Stufe halt, und es fallen vermehrt Ketonkörper an. Diese können aber dann auch wegen des gleichen Mangels an chemischen Katalysatoren nicht weiter verwertet werden und erscheinen vermehrt im Blut und werden über die Niere ausgeschieden. Das vermehrte Auftreten von Ketonkörpern ist also ein Ausnahmezustand oder Ausdruck krankhafter Veränderungen im Stoffwechsel.

Die Energiegewinnung aus Zucker und Fetten

Beim gesunden Menschen mit ausgewogener Ernährung ergänzen sich Zucker und Fette bei der Energiegewinnung. Obwohl der Körper den Mangel des einen oder anderen Nährstoffes in gewissen Grenzen ausgleichen kann, so sind Fette und Zucker doch nicht frei untereinander austauschbar oder gar ersetzbar. Beispielsweise kann Zucker zwar die Energiegewinnung vollständig bestreiten und auch zu Fetten aufgebaut werden, er kann jedoch nicht alle vom Körper benötigten Fette für Membranstrukturen und Hormonsynthese herstellen, bestimmte Fette beziehungsweise essentielle Fettsäuren müssen zugeführt werden. Andererseits kann die Energiegewinnung nicht aus Fetten allein bestritten werden, da bestimmte Zellen, wie die Gehirnzellen und die roten Blutkörperchen, auf die Glukoseverbrennung angewiesen sind, Glukose jedoch nicht aus dem Fettabbau gewonnen werden kann.

Der Leberausfall

Das Leberzellgewebe hat eine enorme Kapazität und auch entsprechende Reserven. So kann beispielsweise der Ausfall großer Areale durch Verletzung oder Erkrankung kompensiert werden. Sind die Ausfälle jedoch zu

Die Funktion der Leber

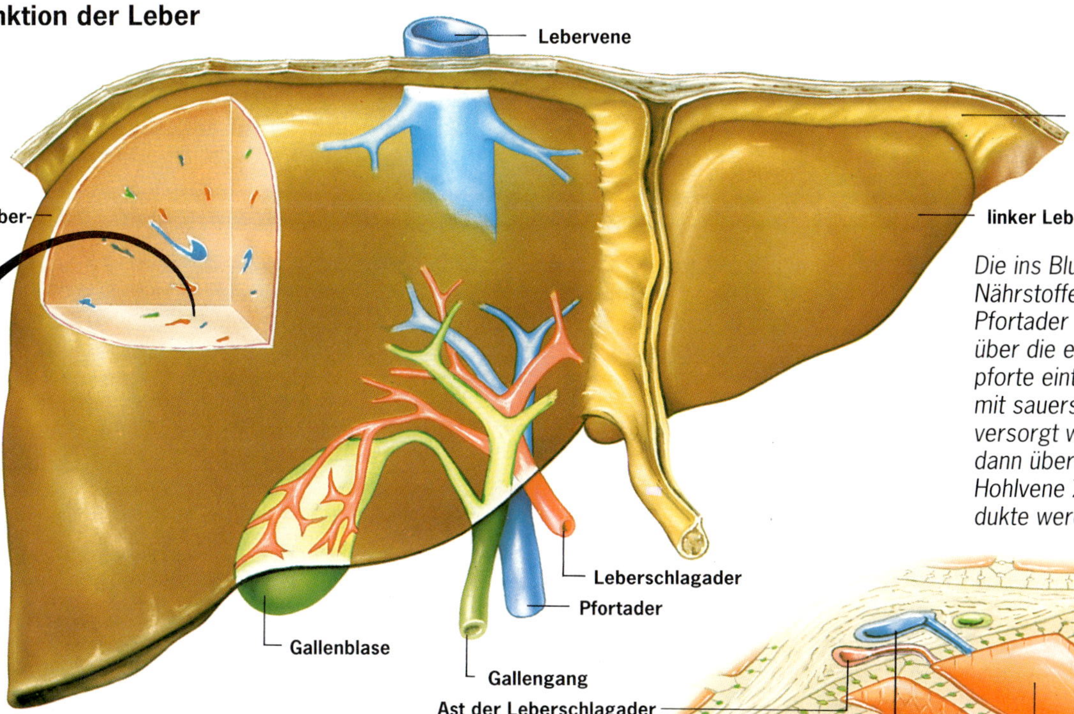

Die ins Blut aufgenommenen Nährstoffe gelangen über die Pfortader zur Leber, die selbst über die ebenfalls an der Leberpforte eintretende Leberarterie mit sauerstoffreichem Blut versorgt wird. Das Blut gelangt dann über Lebervene und untere Hohlvene zum Herzen, Abfallprodukte werden ausgeschieden

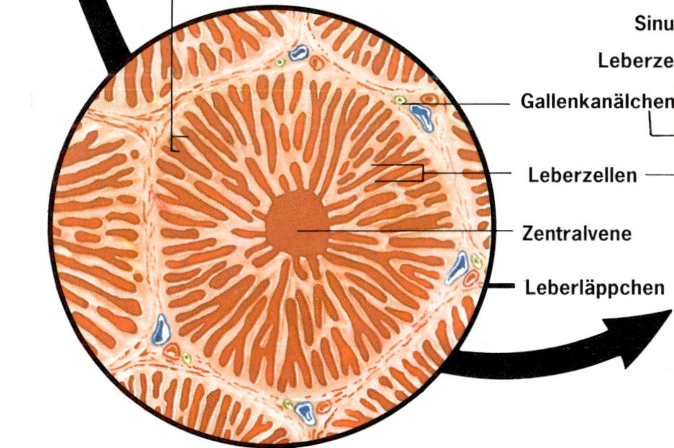

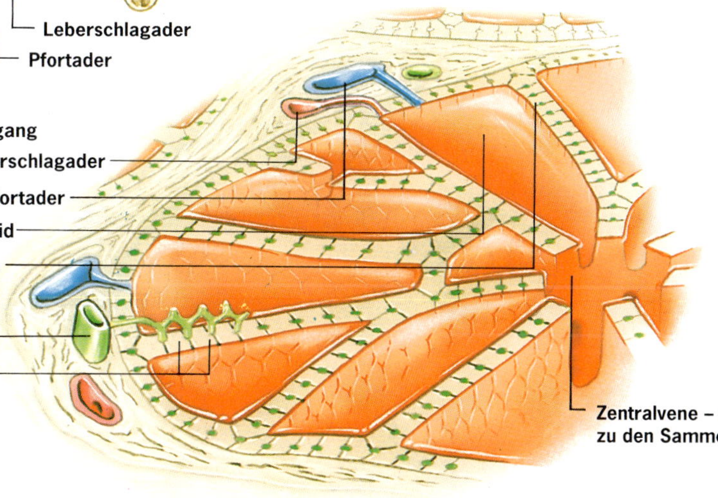

Das Lebergewebe gliedert sich in kleinste Leberläppchen, die von den feinen Aufzweigungen der Leberarterie und Pfortader umsponnen werden. Die Leberzellen bilden in den Leberläppchen (links und unten) ein Hohlraumsystem, in das das Blut der umspinnenden Blutgefäße fließt und so in direkten Kontakt mit den Zellen (unten rechts) kommt. Dies gewährleistet einerseits die Sauerstoffversorgung, andererseits werden Nährstoffe zur Verarbeitung dargeboten. Das Blut fließt über eine zentral im Leberläppchen gelegene feine Vene (Vena centralis) der Lebervene zu

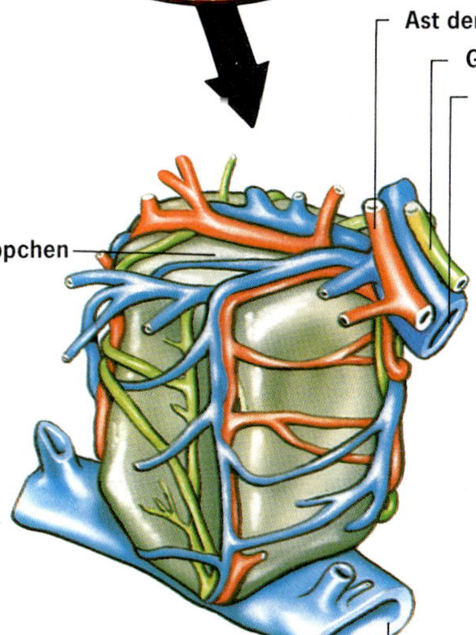

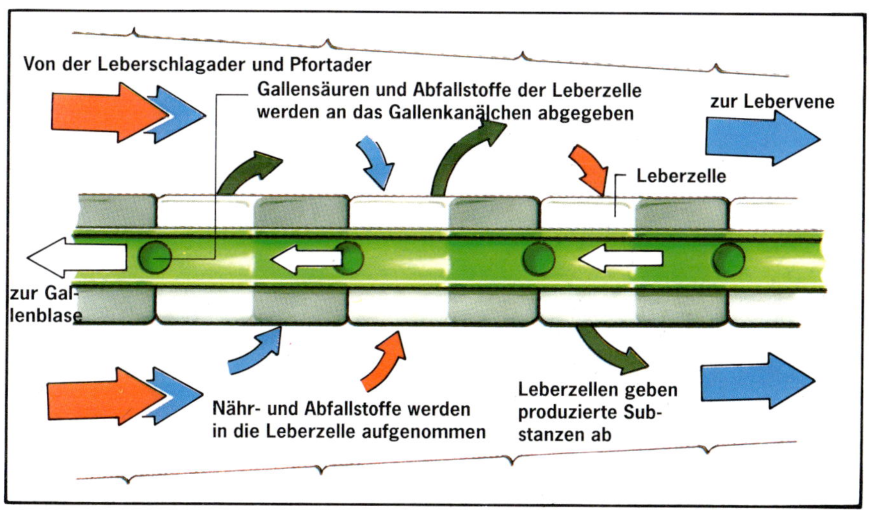

gravierend oder kommt es durch bestimmte Gifte zur Schädigung und Fehlfunktion aller Leberzellen, so führt dies zum akuten Leberausfall.

Die Auswirkungen sind offensichtlich, wenn man ihre Gesamtaufgaben betrachtet. Es kommt zu einem Abfall des Blutzuckers und damit in der Folge zur Schädigung der Gehirnzellen; das Versagen der Eiweißsynthese führt zu Störungen der Hormon- und Enzymherstellung, auch dem Mangel an Gerinnungsfaktoren im Blut, so daß es schon bei geringfügigen Anlässen zu Blutungen kommt; die Störung des Blutdurchflusses durch die Leber führt zu einer Erhöhung des Druckes im Pfortadersystem und dies zusammen mit dem gestörten Mineral- und Eiweißgehalt des Blutes zur Ansammlung von freier Flüssigkeit im Bauchraum, der sogenannten Bauchwassersucht; nicht zuletzt führen die nicht abbaubaren Stoffwechselgifte zu rascher Schädigung der Gehirnzellen, im weiteren Verlauf auch der übrigen Körperzellen.

Die Galle und die Gallenwege

Die Gallenflüssigkeit oder auch kurz Galle ist eine dicke, bittere, grün-schwarze Flüssigkeit, die von den Leberzellen gebildet, an das Gallensystem abgegeben und in der Gallenblase gespeichert wird. Stimuliert durch aufgenommene Nahrung kontrahiert die Gallenblase und gibt die Galle über den Gallengang (Ductus choledochus) an den Zwölffingerdarm ab. Sie dient hier der Verdauung und Resorption von Fetten.

Der Gallenweg bildet darüber hinaus einen Teil des Körperausscheidungssystems, da die in der Leber eliminierten Gifte und Stoffwechselendprodukte über die Galle und schließlich den Darm ausgeschieden werden.

Die Leber produziert täglich etwa 1 Liter Galle. Obwohl diese Galle zu 95 Prozent aus Wasser besteht, enthält sie eine große Vielzahl an chemischen Substanzen, einschließlich Gallensalzen, Mineralsalzen, Cholesterin und Gallenpigmenten, die der Galle ihre eigene charakteristische Farbe verleihen. Jede Leberzelle produziert kontinuierlich geringe Mengen an Gallenflüssigkeit und gibt sie in kleine Gallenkanälchen ab, die sich zu größeren zwischen den Leberläppchen und schließlich zum gemeinsamen Lebergang (Ductus hepaticus) vereinigen. Der Lebergang wird nach Einmündung des Gallenblasenganges (Ductus cysticus) als Gallengang bezeichnet, eine Grenze gibt es nicht.

Wird die produzierte Galle nicht unmittelbar für die Verdauung benötigt, so wird sie in der Gallenblase gespeichert und durch Wasserresorption konzentriert und eingedickt. Die Gallenblase liegt an der Unterseite des rechten Leberlappens in einer Art Seitenweg zum Leber-Gallen-Gang. Ist nun der Galleabfluß in den Zwölffingerdarm durch den an der Mündungsstelle liegenden Schließmuskel (Sphincter Oddi) gesperrt, so fließt die Galle dem Druck entsprechend in die Gallenblase. Tritt nun Nahrung, insbesondere fetthaltige, in den Zwölffingerdarm, so produzieren hier spezialisierte Zellen das Hormon Cholezystokinin, das die Gallenblase über den Blutweg erreicht und zu ihrer Kontraktion führt. Gleichzeitig wird der Schließmuskel am gemeinsamen Ausführungsgang von Gallen- und Bauchspeicheldrüsengang geöffnet, so daß die Galle in den Zwölffingerdarm fließen kann.

Die Wirkung der Galle

Die Mineralsalze der Galle, zu denen auch Bikarbonat gehört, neutralisieren die aus dem Magen kommende saure Nahrung. Die Gallensäuren Glykocholsäure und Taurocholsäure fördern die enzymatische Spaltung der Nah-

Die Gallenwege

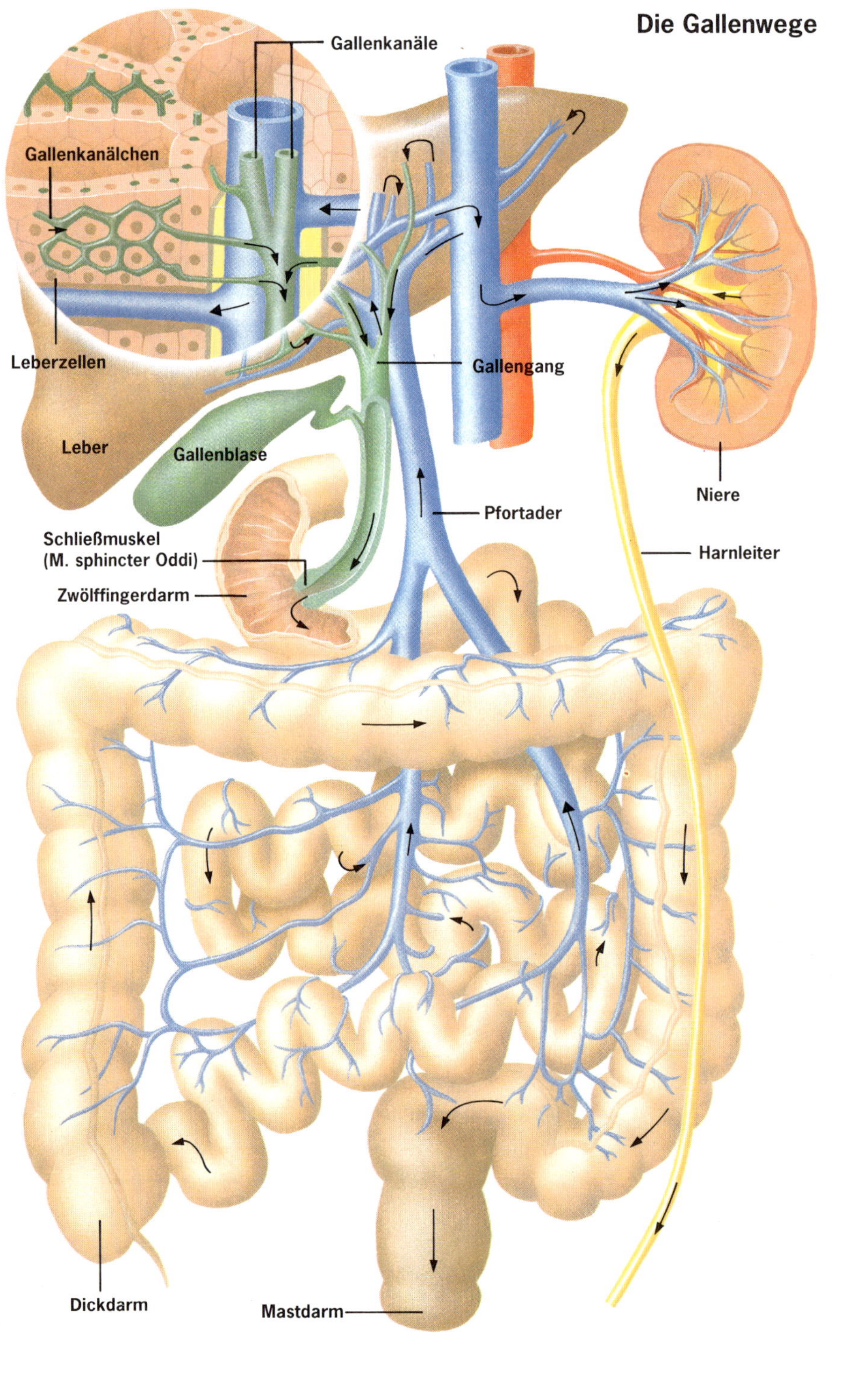

Die zur Fettverdauung und -absorption notwendige Gallenflüssigkeit wird in den Leberzellen gebildet und in die Gallenkanälchen abgegeben, die sich zum Lebergang (Ductus hepaticus) zusammenschließen. Die Galle wird dann in der Gallenblase gespeichert, konzentriert und im Bedarfsfall über den Gallengang (Ductus choledochus), die direkte Fortsetzung des Leberganges, in den Zwölffingerdarm abgegeben

rungsfette durch ihre Wirkung als Emulgatoren. Sie bilden zusammen mit den Fettsäuren und den fettlöslichen Vitaminen A, D, E und K wasserlösliche Komplexe, die Choleinsäuren, die dann vom Darm resorbiert werden können. Die resorbierten Gallensäuren werden auf dem Blutweg zur Leber transportiert und dort zu 80 bis 90 Prozent wiederverwendet.

Die Gallenfarbe

Die Galle erhält ihre Farbe unter anderem durch den Gallenfarbstoff Bilirubin. Die Leber bewerkstelligt unter anderem den Abbau geschädigter, verbrauchter oder überzähliger roter Blutkörperchen. Beim Abbau des roten Blutfarbstoffes, des Hämoglobins, entsteht zunächst der grüne Farbstoff Biliverdin, der dann weiter zum gelbbraunen Farbstoff Bilirubin umgewandelt wird. Die grüne Gallenfarbe entsteht durch das nicht umgewandelte Biliverdin. Die Gallenfarbstoffe sind auch für die Farbe des Stuhles (Fäzes) und des Urins verantwortlich. Das Bilirubin wird im Darm von den Darmbakterien in Urobilinogen umgewandelt, das zum Teil rückresorbiert und dann über die Nieren ausgeschieden wird. Bei Erkrankungen der Leber oder des Gallenwegsystems kann es zu einem Anstieg der Bilirubinkonzentration im Blut kommen, was schließlich zur Ablagerung in Geweben führt. Äußerlich sichtbares Zeichen ist zunächst die Gelbfärbung der Augenhornhaut (Sklera) und dann die Gelbfärbung der gesamten Haut, die als Ikterus bezeichnet wird. Die vermehrte Bilirubinausscheidung über die Nieren führt zu einer Braunfärbung des Urins, die verminderte Bilirubinausscheidung mit den Fäzes führt zu einer hellgrauen Stuhlfarbe. Das bekannteste Beispiel hierfür ist die Gelbsucht (Leberentzündung oder Hepatitis).

Die Lage der Gallenblase

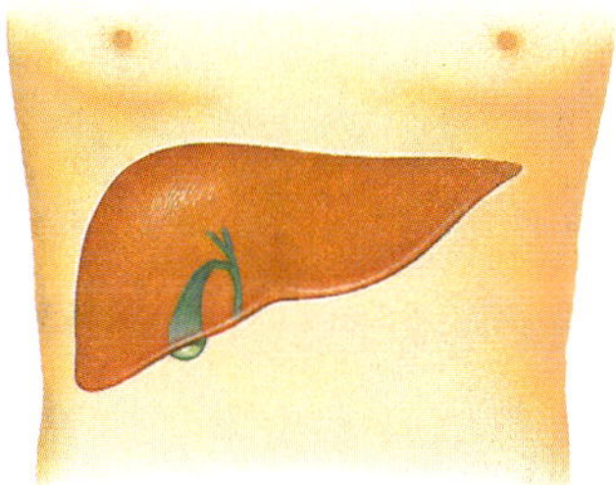

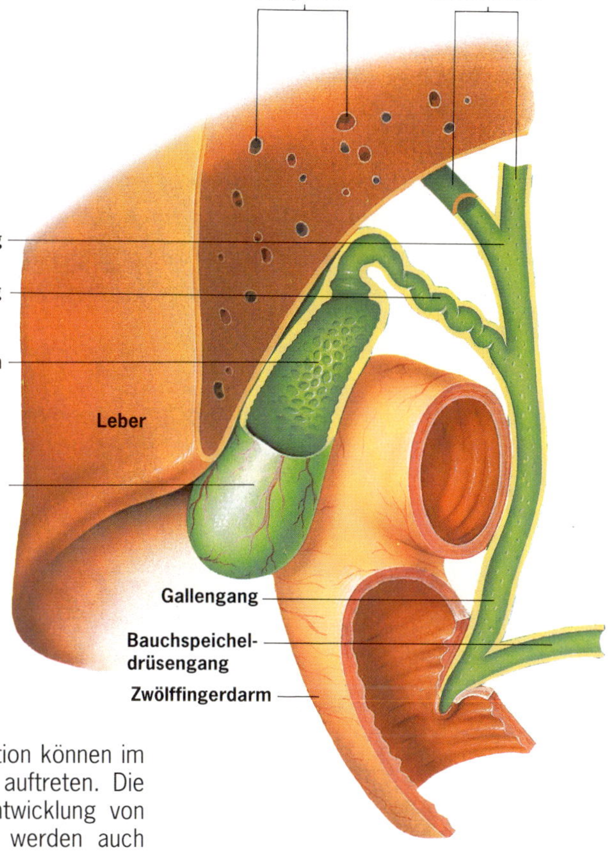

Die Gallenblase kann bis zu 400 Milliliter Gallenflüssigkeit speichern. Diese wird dann im Bedarfsfall durch Kontraktionen der Gallenblasenwand über den Gallengang an den Zwölffingerdarm abgegeben

Die Gallensteine

Auch bei normaler Leberfunktion können im Gallenwegsystem Störungen auftreten. Die häufigste Störung ist die Entwicklung von Gallensteinen. Mit der Galle werden auch wasserunlösliche Substanzen ausgeschieden, Hauptvertreter ist das Cholesterin. Die Gallensalze fungieren für diese Stoffe als eine Art Träger und bilden wasserlösliche Komplexe. Überschreitet nun die Konzentration dieser wasserunlöslichen Substanzen die Lösungskapazität der Gallensalze, so fallen sie aus und bilden zunächst Gallengrieß und dann Gallensteine. Gallensteine entstehen hauptsächlich in der Gallenblase, da hier Wasser rückresorbiert wird und die Galle hoch konzentriert ist. Man unterscheidet drei Arten von Gallensteinen, die häufigsten sind die gemischten Steine, die aus Cholesterin und Gallenpigment bestehen. Bei entsprechenden Störungen können sich Gallensteine unterschiedlichster Zusammensetzung entwickeln.

Cholesterinsteine bestehen, wie der Name schon sagt, hauptsächlich aus Cholesterinmolekülen. Es entsteht meist nur ein oder zumindest wenige Steine, die beträchtliche Größe erreichen können. Die sich aus Gallenfarbstoff bildenden Gallensteine sind meist klein und zahlreich. Sie können wandern und zu einem kompletten Verschluß der Gallenwege führen.

Die Galle ist eine gelbgrüne Flüssigkeit, die eine detergenzienähnliche, das heißt die Oberflächenspannung von Flüssigkeiten herabsetzende Wirkung besitzt und Fette emulgieren kann

Kapitel 10

Das Ausscheidungssystem

Zur Ausscheidung seiner Abfallprodukte stehen dem Körper mehrere Systeme zur Verfügung: das Harnwegsystem, das Gallenwegsystem, der Dickdarm und die Schweißdrüsen. Die auszuscheidenden Abfallprodukte sind zum einen nicht verwertbare Nahrungsbestandteile, Stoffwechselprodukte oder giftige chemische Substanzen, zum anderen Abbauprodukte von Körperzellen oder von Krankheitserregern.

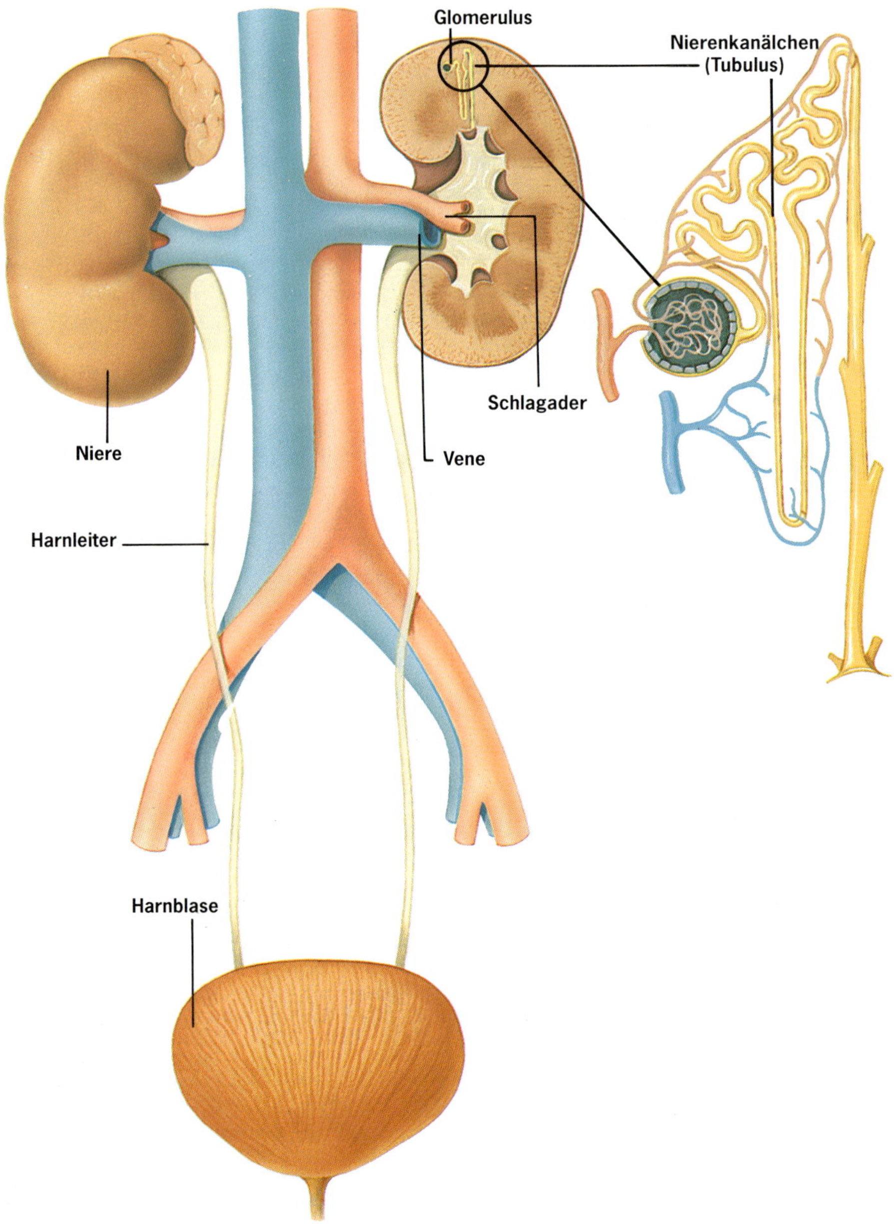

Das Harnwegsystem ist eines der Ausscheidungssysteme des Körpers. Es besteht aus Nieren, Harnleiter, Harnblase und Harnröhre

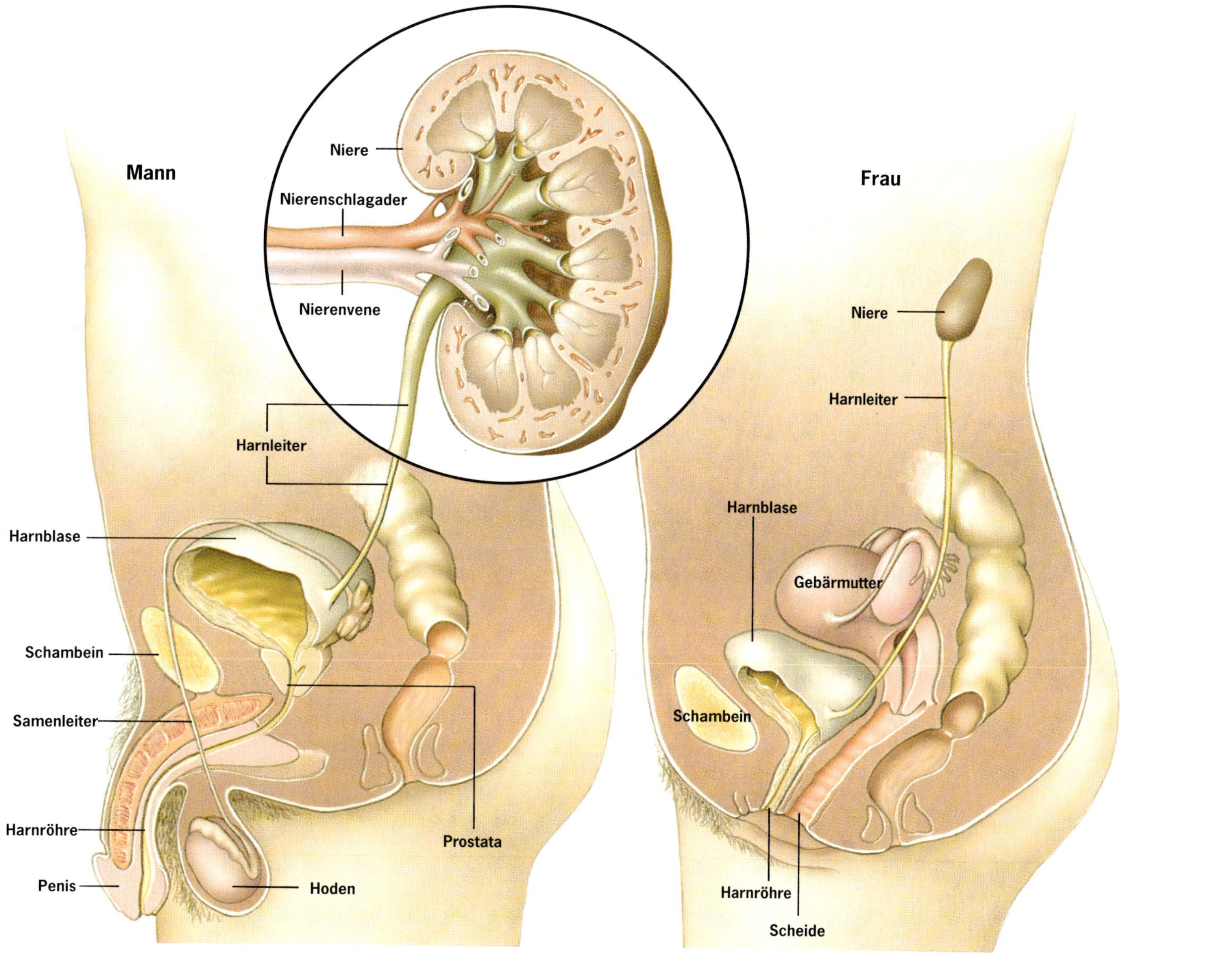

Die Ausscheidung

Unter der Ausscheidung versteht man die Vorgänge, bei denen sich der Körper seiner Abfallprodukte entledigt. Die unterschiedlichen Körpergewebe produzieren ständig ihre eigenen Neben- und Abfallprodukte, die sie nicht weiter verwerten können und abgeben müssen, damit sich der Körper nicht selbst vergiftet. Lungen, Nieren, Leber, Darm und Haut verhindern dies.

Es mag ungewöhnlich erscheinen, auch die Lungen als Ausscheidungsorgan zu betrachten. Die Abgabe des Kohlendioxyds ist jedoch immens wichtig. Steigt der Kohlendioxydspiegel des Blutes an, so kommt es zu einer Übersäuerung, die den Ablauf vieler chemischer Reaktionen lähmt und sogar zum Tode führen kann. Diese auch als respiratorische Insuffizienz bezeichnete Abgabestörung des Kohlendioxyds tritt bei verschiedenen Lungenerkrankungen auf.

Das Harnwegsystem

Die Zellen benötigen zu ihrer Erhaltung, Erneuerung und zur Erfüllung ihrer spezifischen Leistungen, wie der Bildung von Hormonen, Eiweiße. Die mit der Nahrung aufgenommenen Eiweiße unterliegen daher einem ständigen Um- und Abbau. Abbauprodukte des Eiweißstoffwechsels sind stickstoffhaltige Substanzen, vor allem Harnstoff. Diese an das Blut abgegebene stickstoffhaltige Substanz wird über die Nieren schließlich mit dem Urin ausgeschieden.

Ebenso wie die Eiweißstoffwechselprodukte geben die Nieren eine große Anzahl weiterer wasserlöslicher Stoffwechselprodukte nach außen ab. Die Nieren spielen mit ihrer Konzentrations- und Verdünnungsfähigkeit zudem eine Hauptrolle bei der Regulation des Wasser- und Salzhaushaltes.

Die Harnblase ist ein muskulöses Hohlorgan, das die Form einer auf den Kopf gestellten Pyramide hat. Der Pyramidenbasis liegen beim weiblichen Geschlecht die Gebärmutter auf, beim männlichen unmittelbar die Darmschlingen. Die männliche Harnröhre ist etwa 20 Zentimeter lang, die Harnröhre bei Frauen ist nur 4 bis 5 Zentimeter lang

---

Der Ausscheidungsmechanismus der Nieren ist kompliziert. Den Nieren wird etwa 1 Liter Blut pro Minute über das arterielle Gefäßsystem zugeführt. Nach Aufzweigung der Nierenarterien in kleine Äste durchfließt das Blut schließlich sogenannte Gefäßknäuel (Glomeruli), die am Anfang des röhrenförmigen Ausscheidungssystems liegen und wie eine Art Filter wirken. In den etwa 2 Millionen Glomeruli

jeder Niere wird dann aus dem Blutplasma eine klare Flüssigkeit, der Primärharn, in das tubuläre System filtriert, etwa 120 Milliliter pro Minute, das entspricht 180 Liter pro Tag. Der größte Anteil des filtrierten Wassers und der lebensnotwendigen Salze sowie auch bestimmter anderer löslicher Substanzen wird über das Nierengewebe und die Nierenkapillaren, die sich nach Durchfluß durch den Gefäßknäuel anschließen, rückresorbiert. Etwa 1,5 Liter Wasser, Harnsäure, Harnstoff sowie andere Stoffwechselprodukte und wasserlösliche Substanzen werden pro Tag über das tubuläre Ausscheidungssystem der Nieren, dann die Harnleiter, die Harnblase und schließlich die Harnröhre als Urin ausgeschieden. Diese Menge kann jedoch je nach Flüssigkeitszufuhr und Verbrauch erheblich variieren. Die Feinsteuerung der Wasserausscheidung wird durch die tubulären Ausscheidungs- und Rückresorptionsvorgänge reguliert. Die Gesamtsteuerung erfolgt durch das ADH (antidiuretisches Hormon) des Hypophysenhinterlappens (siehe Seite 71).
Die Gesamtharnsäureausscheidung bleibt in etwa gleich, mit der vermehrten oder verminderten Wasserausscheidung ändert sich jedoch die Konzentration.
Ein ähnliches Steuerungssystem existiert für die Ausscheidung der Salze. Hier erfolgt die Regulierung über das Hormon Aldosteron, das die Nebennierenrinde bildet. Es vermindert die Salzausscheidung durch die Nieren und führt zu einer Erhöhung des Salzgehaltes des Körpers.

Die Gallenblase und der Dickdarm

Die Gallenblase speichert Gallenflüssigkeit und gibt sie zusammen mit aus der Leber eliminierten Stoffwechselprodukten und Giften an den Zwölffingerdarm ab. Sie spielt daher auch als Ausscheidungsorgan eine bestimmte Rolle.
Die aufgenommene Nahrung wird im Magen mit dem Magensaft vermischt, angesäuert, verflüssigt und vorverdaut und gelangt dann in den Dünndarm, in dem sie in resorbierbare Substanzen aufgespalten wird. Die vom Körper nicht nutzbaren Substanzen gelangen dann zusammen mit den über die Galle ausgeschiedenen Stoffen in den Dickdarm.
Während der Dickdarmpassage verfestigt sich der zunächst flüssige Darminhalt durch Wasserrückresorption. Der so, abhängig von der Menge des rückresorbierten Wassers, mehr oder weniger feste Darminhalt wird vom Rektum über den Anus entleert. Der Stuhl setzt sich zum Hauptteil aus nicht verwertbaren Nahrungsbestandteilen, Darmbakterien, Zellbestandteilen und über die Galle ausgeschiedenen Stoffwechselprodukten und Giftstoffen zusammen.

Die Schweißdrüsen

Durch die Schweißabsonderung gehen dem Körper pro Tag bestimmte Mengen an Flüssigkeit und Salzen verloren. An heißen Tagen, wenn zur Temperaturregulation größere Schweißmengen ausgeschieden werden, kann es zu einem erheblichen Wasser- und Salzverlust kommen. Mit dem Schweiß werden aber auch bestimmte Stoffwechselprodukte, wie die Milchsäure, ausgeschieden.

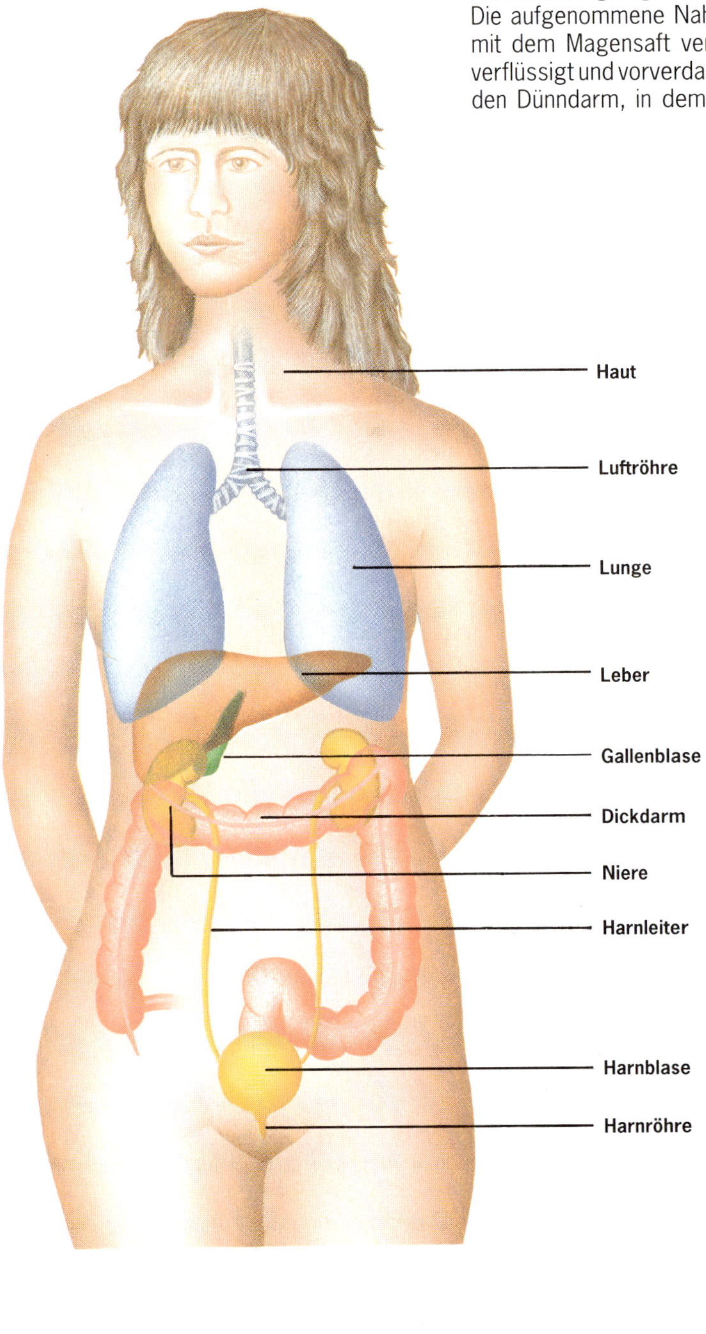

Die Ausscheidungswege des Körpers

Die Haut gibt über die Schweißdrüsen Wasser, Salze und bestimmte andere Stoffwechselprodukte ab

Über die Lunge wird Kohlendioxyd abgegeben, das bei der Nährstoffverbrennung zur Energiegewinnung entsteht

Über das Gallenwegsystem gibt die Leber Körperabbauprodukte ab, wie das Bilirubin und weitere Stoffwechselprodukte und -gifte

Die Nieren scheiden mit dem Urin Wasser, Salze und wasserlösliche Abfallprodukte aus

Der Dickdarm scheidet die unverdaulichen Nahrungsreste, einen Teil der Darmbakterien und abgestorbene Zellen, den Kot, aus

Der Dickdarm

Der Dickdarm wird anatomisch in sechs größere Abschnitte unterteilt: den Blinddarm (Caecum), den aufsteigenden, querverlaufenden, absteigenden Teil und die S-förmige Schlinge des Dickdarms (Colon ascendens, Colon transversum, Colon descendens, Colon sigmoideum) und den Enddarm (Rektum), der am Anus endet. Der Blinddarm endet blind mit dem Wurmfortsatz im rechten Unterbauch. Seine Funktion ist nicht endgültig geklärt; wegen des stark entwickelten lymphatischen Gewebes in seiner Wand wird ihm auch eine besondere Rolle bei der Prägung des Immunsystems zugeschrieben.

In den Anfangsteil des Colon ascendens mündet fast rechtwinklig der Dünndarm mit seinem Endstück, dem Leerdarm (Ileum). Das Colon ascendens steigt in den rechten Oberbauch bis unter den rechten Leberlappen auf. Es biegt dann nach links und kreuzt als Colon transversum die Bauchhöhle bis in den linken Oberbauch, macht hier knapp unter der Milz abermals einen Knick und steigt als Colon descendens in den linken Unterbauch ab. Die Biegungen des Colons im rechten und linken Oberbauch werden auch als rechte und linke Colonflexur bezeichnet. Im Becken geht das Colon dann in eine S-förmige Schlinge über, das Colon sigmoideum oder kurz Sigma. Das Rektum ist der letzte Abschnitt, dessen Ende der Anus bildet.

Die Gesamtlänge des Colons beträgt 1,3 Meter, seine Hauptaufgaben liegen in der Wasserrückresorption und der Ausscheidung der nicht verwertbaren Nahrungsteile.

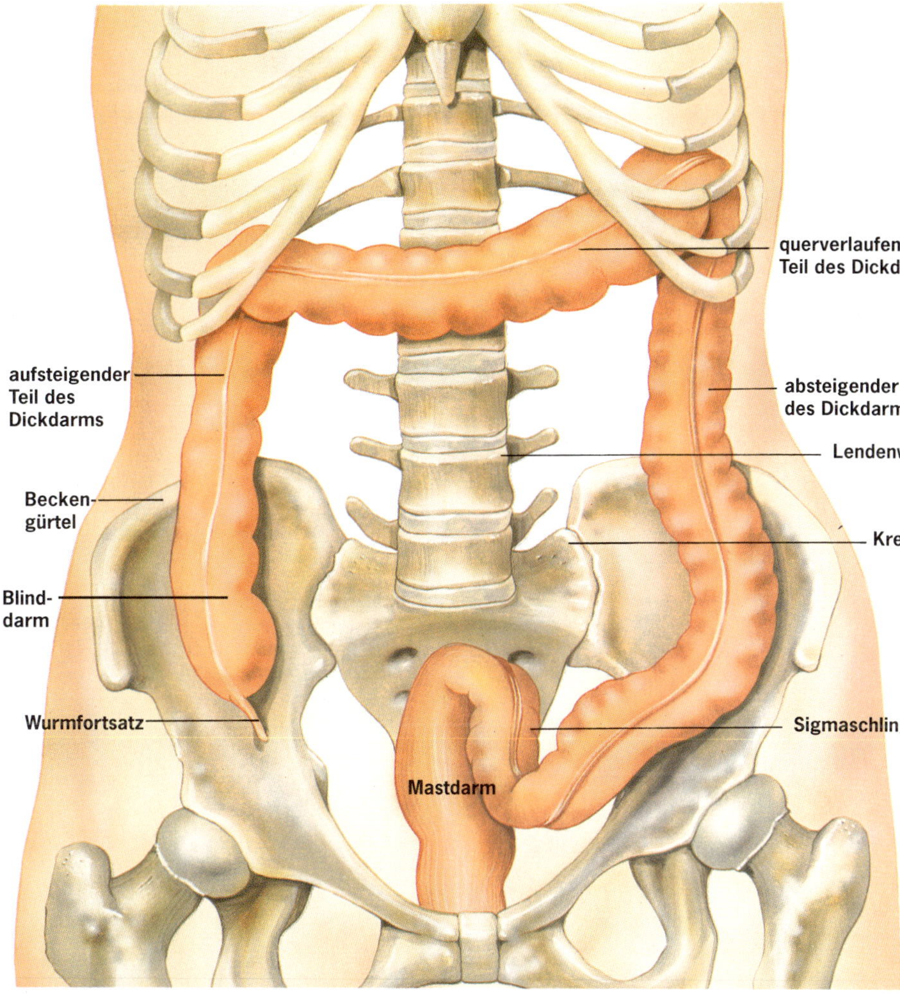

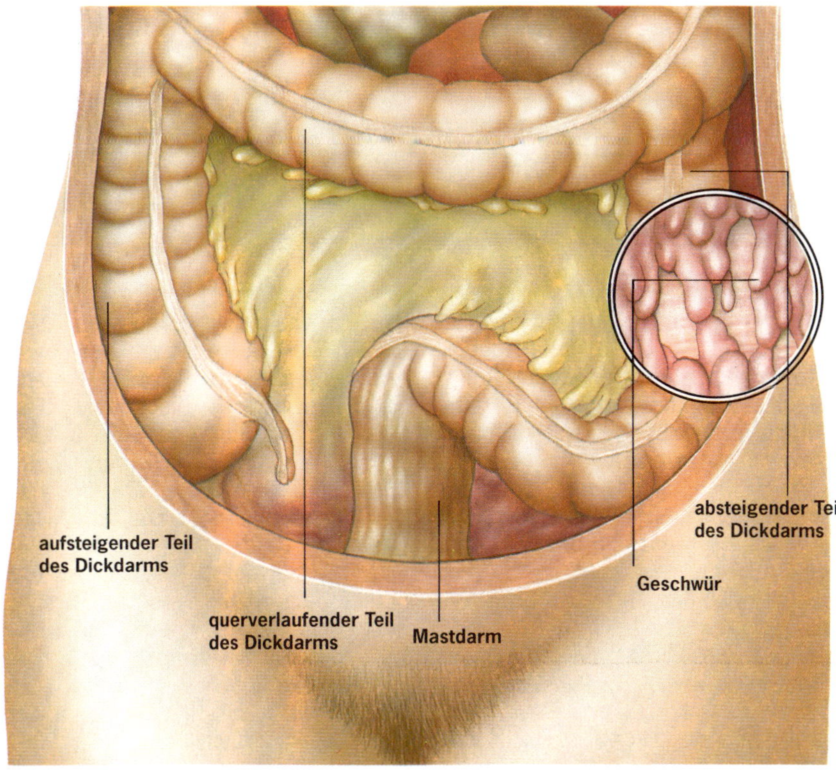

Der Dickdarm transportiert den Kot über den Mastdarm zum Anus. Dieser gesamte Abschnitt des Darmtraktes ist relativ anfällig für Entzündungen, die von Geschwüren begleitet sein können

Das Colon ascendens wird über die obere Eingeweidearterie (Arteria mesenterica superior), das übrige Colon einschließlich des größten Rektumanteiles über die untere Eingeweidearterie (Arteria mesenterica inferior) mit Blut versorgt. Unteres Rektum und Anus erhalten Zuflüsse aus den Beckenarterien. Das Blut des Dickdarmes wird ebenfalls über ein Venensystem der Pfortader zugeführt.

Der Enddarm

Der sich an die Sigmaschlinge des Colons anschließende Enddarm (Rektum) dient als Stuhlreservoir. Er geht in den von Schließmuskulatur umgebenen Analkanal oder kurz Anus über. Bei regelrechter Funktion von Rektum und Anus kann der Stuhl willentlich eingehalten und zu einem passenden Zeitpunkt entleert werden.

Der Wandaufbau des Enddarmes gleicht dem des übrigen Darmkanals. Doch ist seine Wand

Die Anatomie des Mastdarms und des Analkanals

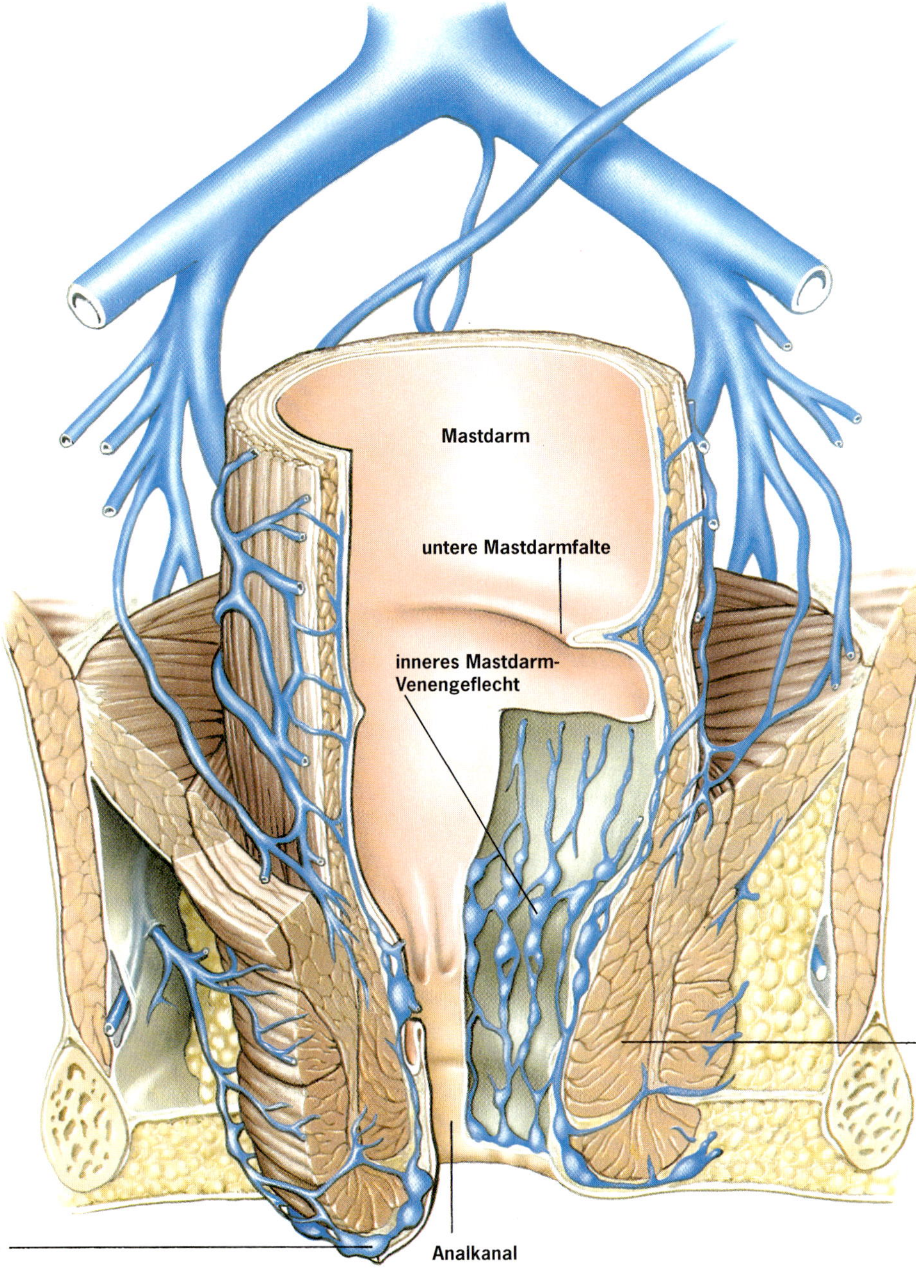

entsprechend der Funktion als Speicher außerordentlich dehnfähig. Die Enddarmschleimhaut enthält zahlreiche Drüsen, die Schleim zur Erleichterung der Stuhlpassage produzieren. Durch Kontrahieren des Enddarmes und Erschlaffen der Anusschließmuskel wird der Stuhl über den Anus ausgetrieben.

Der Anus

Der Analkanal oder Anus ist etwa 10 Zentimeter lang und ist die Öffnung des Körpers, durch die die festen Abfallprodukte, Stuhl, Kot oder Fäzes genannt, ausgeschieden werden. Der Stuhl setzt sich normalerweise zu 75 Prozent aus Wasser und 25 Prozent aus festen Bestandteilen zusammen. Ein Teil des Wassers ist der abgesonderte Schleim, der den Verdauungskanal gleitfähig hält und den Austritt des Stuhls aus dem Körper erleichtert. Etwa ein Drittel der festen Anteile sind Bakterien und abgestoßene Zellen, ein weiteres Drittel besteht aus Stoffwechselprodukten, und das letzte Drittel aus Zellulose und anderen, nicht verdaubaren Substanzen.

Die Stuhlfarbe wird hauptsächlich durch die Gallenfarbstoffe Sterkobilin und Bilirubin gebildet. Der Stuhlgeruch entsteht vor allem durch die Tätigkeit der Darmbakterien, die bei ihrer Arbeit Stickstoffkomponenten und Gase produzieren.

Wie bereits erwähnt, verfestigt sich der Darminhalt während seiner Dickdarmpassage durch Wasserrückresorption. Der feste Stuhl wird dann durch die Darmperistaltik in den Enddarm transportiert und hier, sofern er nicht sofort entleert wird, gespeichert. Um den Analkanal befinden sich zwei ringförmige Schließmuskel, die auch als innerer und äußerer Schließmuskel bezeichnet werden. Normalerweise halten beide den Anus geschlossen, bei der Stuhlentleerung (Defäkation) erschlaffen sie jedoch und ermöglichen so die Austreibung des Stuhles aus dem Rektum. Der innere Schließmuskel unterliegt der Steuerung des autonomen Nervensystems und erschlafft bei Stuhlkontakt, so daß der Stuhl in den oberen Analkanal gelangt. Der äußere Schließmuskel bleibt willkürlich geschlossen, eine Fähigkeit, die man im Kleinkindesalter erwirbt. Bei entsprechend passender Gelegenheit erschlafft der äußere Schließmuskel über willkürliche Impulse und der Stuhl wird ausgetrieben.

Die Kontrolle des Mastdarms

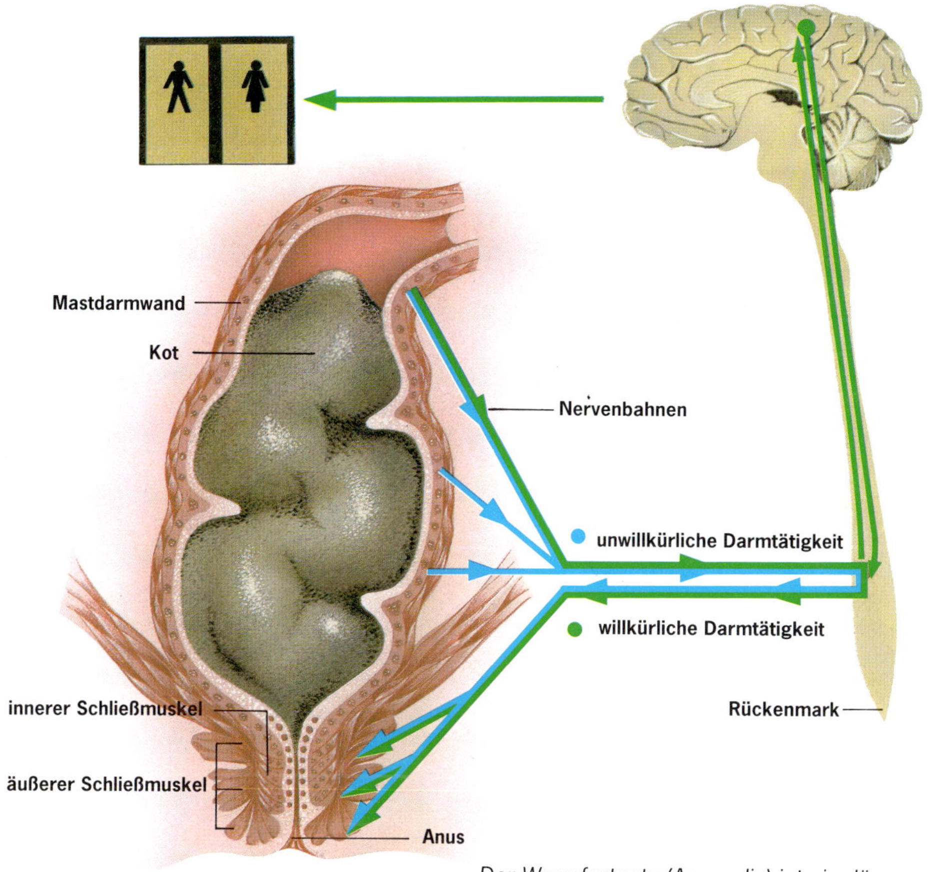

Mastdarm und Anusschließmuskulatur werden vom Zentralnervensystem gesteuert, der äußere Schließmuskel unterliegt der willkürlichen Steuerung

Der Wurmfortsatz

Der Wurmfortsatz (Appendix) ist ein schmaler, wurmähnlicher Fortsatz am Ende des Blinddarmes. Das freie Ende des Wurmfortsatzes ist geschlossen, zum Blinddarm hin besteht eine Öffnung. Seine Länge kann beträchtlich variieren, im Mittel ist er 10 Zentimeter lang und etwa 1 Zentimeter im Durchmesser. Man findet den Wurmfortsatz nur noch beim Menschen, bei bestimmten Affenarten und der Beutelmaus. Andere Tiere besitzen an der gleichen Stelle ein anderes Organ, ähnlich einem Zusatzmagen, in dem Zellulose und faserige Pflanzenteile von Bakterien verdaut werden. Man nimmt an, daß während der entwicklungsgeschichtlichen Umstellung auf eine mehr tierische Nahrung ein solches Organ nicht mehr für die Verdauung gebraucht wurde und sich zurückbildete. Demnach wäre der Wurmfortsatz ein entwicklungsgeschichtliches Überbleibsel. Neuere Untersuchungen deuten jedoch darauf hin, daß der Wurmfortsatz mit seinem großen Anteil an lymphatischem Gewebe in seiner Wand eine bedeutende Rolle bei der Körperabwehr spielt.
Aufgrund der anatomischen Lage und der Enge des Wurmfortsatzes kann es bevorzugt zur Stauung von Darminhalt und damit zur Entwicklung von Entzündungen kommen, die man oft fälschlicherweise als Blinddarmentzündung bezeichnet, zutreffender ist der Ausdruck Appendizitis.

Der Wurmfortsatz (Appendix) ist ein dünnes, unterschiedlich langes Anhängsel des Blinddarmes (Zäkum). Seine Wand ist reich an lymphatischem Gewebe, die Bedeutung ist bis heute nicht geklärt. Offensichtlich wird seine Existenz meist erst bei Entzündungen (siehe Ausschnitt)

Die Lage des Wurmfortsatzes (Appendix)

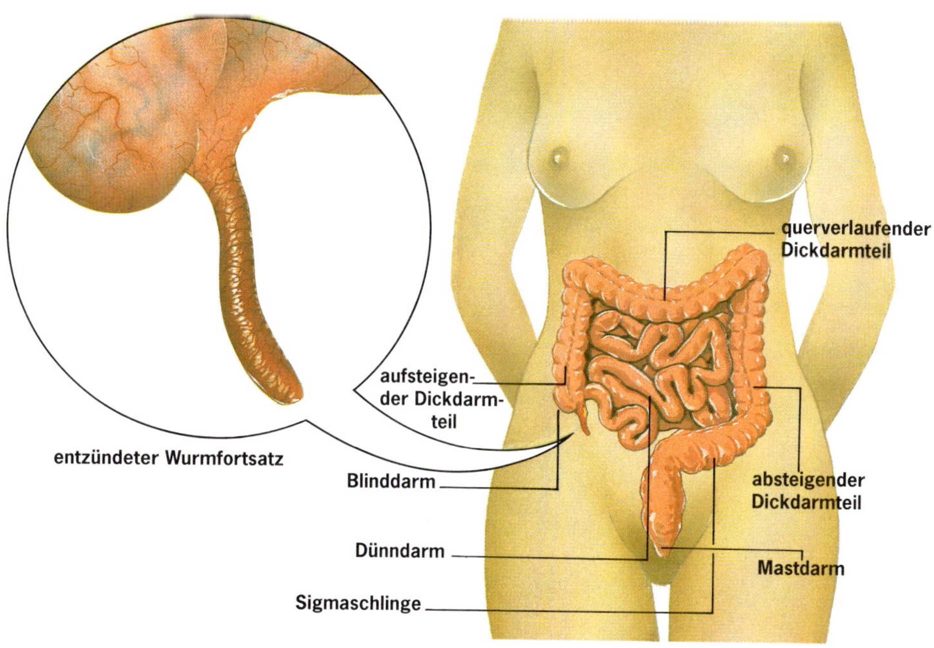

Die Nieren

Die Nieren liegen an der Rückseite der Bauchwand beiderseits der Wirbelsäule im hinteren Bauchraum (Retroperitonealraum). Das Nierenbecken befindet sich etwa in Höhe des zweiten Lendenwirbelkörpers. Von hier ziehen die beiden Harnleiter (Ureter), muskelhäutige Röhren, nach unten und münden in die Harnblase (Vesica urinaria). Aus der Harnblase führt die Harnröhre (Urethra) nach außen, ihre Öffnung liegt bei der Frau vor der Scheide, beim Mann an der Penisspitze.

Das Nierengewebe enthält Tausende von kleinen Filtereinheiten, die Nephrone. Man unterscheidet beim Nephron zwei wichtige Teile, zum einen den filternden Anteil, das Gefäßknäuel (Glomerulus), und zum anderen die Harnkanälchen, die den gefilterten sogenannten Primärharn aufnehmen und in denen dann die Steuerung der endgültigen Ausscheidung durch Rückresorption von Wasser und bestimmten Salzen erfolgt.

Im Gefäßknäuel geht die zuführende Arteriole direkt in eine sich schlingenartig um die Achse windende Kapillare über, die dann ebenso abrupt wieder in eine aus dem Gefäßknäuel austretende Arteriole übergeht. Hier schließt sich das eigentliche Kapillarnetz der Niere an, das in die venösen Gefäße übergeht. Die Kapillaren der Gefäßknäuel liegen im arteriellen Schenkel und werden deshalb auch als arterielles Wundernetz bezeichnet. Durch das Nierengewebe fließen pro Tag etwa 1500 Liter Blut. Davon werden etwa 180 Liter pro Tag, entsprechend etwa 120 Milliliter pro Minute, in den Gefäßknäueln filtriert und das Filtrat an die Harnkanälchen abgegeben.

Die Kapillarwände der Gefäßknäuel sind überaus dünn, und ihre Poren sind so klein, daß nur Moleküle bis zu einem bestimmten Durchmesser passieren können. Größere Moleküle und Blutkörperchen werden im Blutstrom zurückgehalten. Kommt es zu einer Schädigung der Gefäßknäuel, zum Beispiel bei Entzündungen (Glomerulonephritis), so vergrößern sich ihre Poren, und es werden auch größere Moleküle, wie das Eiweiß Albumin, durchgelassen, die dann im Urin nachgewiesen werden können. Der Nachweis von Eiweiß im Urin deutet also auf eine Schädigung des Filtersystems hin.

Die Harnkanälchen umgeben in ihrem Anfangsteil die Gefäßknäuel becherförmig mit einer Art Kapsel (Bowmannsche Kapsel), in die der Primärharn filtriert wird, der dann über die Harnkanälchen dem Nierenbecken zufließt. Die Harnkanälchen verlaufen in ihrem Anfangsteil geschlängelt, dann im Nierengewebe ab- und auf- und wieder absteigend und münden in die Nierenkelche des Nierenbeckens. Im Anfangsteil der Harnkanälchen wird die größte Menge der filtrierten Salze und Flüssigkeit rückresorbiert und über die Nierenkapillaren dem Blut wieder zugeführt. Die weitere Konzentrierung des Harnes entsteht durch die besondere Anordnung der Nierenkanälchen in ihrer auf- und absteigenden Form durch ein kompliziertes Gegenstromprinzip.

Hormone greifen hier steuernd an. Das ADH (antidiuretisches Hormon) des Hypophysenhinterlappens erhöht die Wasserrückresorption und steuert so den Wasserhaushalt des Körpers. Das von der Nebennierenrinde gebildete Aldosteron erhöht die Natriumrückresorption bei vermehrter Kaliumausscheidung und dirigiert so den Salzhaushalt und damit auch den Blutdruck. Das von den Nebenschilddrüsen freigesetzte Parathormon erhöht die Rückresorption von Kalzium, einem wichtigen Mineral für den Knochenaufbau die Bildung der Zähne, die Nervenfunktion und die Membranstabilität.

Die Blutkontrolle durch die Nieren

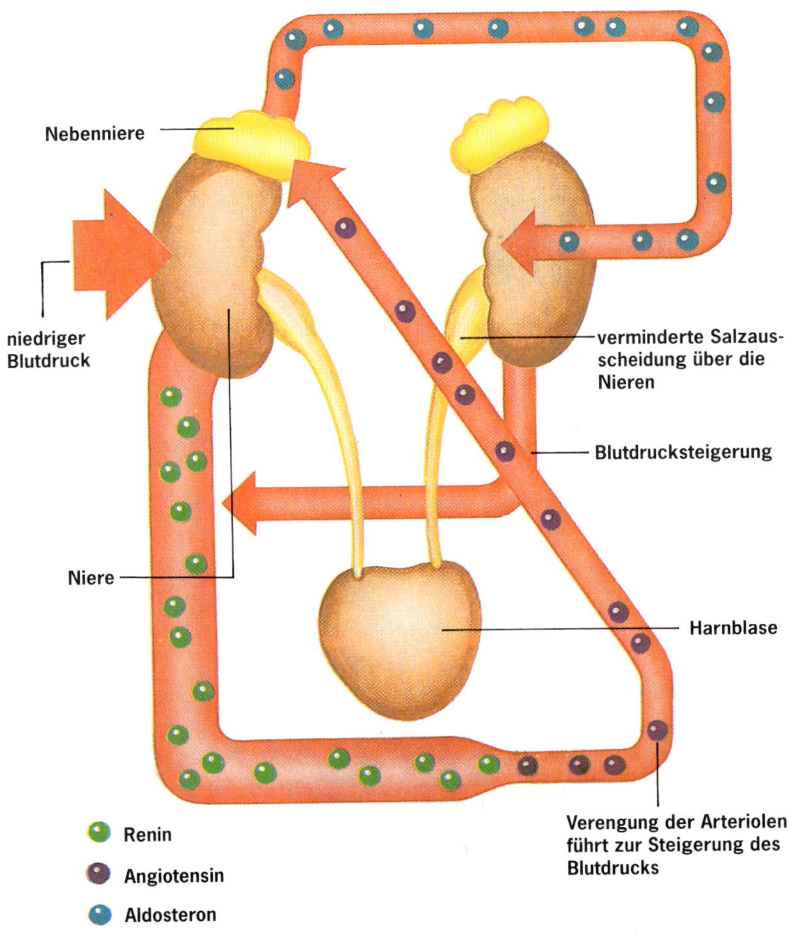

Links: *Bei fallendem Blutdruck produzieren die Nieren Renin, das zur Bildung des Angiotensins aus Vorstufen im Blut führt. Das Angiotensin wirkt gefäßverengend, und es kommt zu einer Blutdrucksteigerung. Gleichzeitig produziert die Nebennierenrinde Aldosteron, das die Natrium- und Wasserausscheidung über die Nieren vermindert*

Rechts: *Der Längsschnitt durch die Niere zeigt ihren Feinaufbau. Die Nierenarterie verzweigt sich zunächst zu Segmentarterien, die dann das Nierenparenchym erreichen und als Arteriae interlobulares jeweils zwischen zwei Pyramiden eintreten. Aus ihnen gehen dann die radiär gestellten Arteriae corticales radiatae hervor, die zahlreiche Arteriolen als sogenannte Vasa afferentia zu den Glomeruli abgeben (links oben). In der Bowmannschen Kapsel (Ausschnitt) bildet sie dann ein arterielles Kapillarnetz, durch das Blutplasma in die Bowmannsche Kapsel filtriert wird und von hier weiter das Sammelrohrsystem erreicht. Das Blut verläßt die Glomerula wieder in sogenannten abführenden Schenkeln, den Vasa efferentia, die dann die Arteriolae rectae bilden, gestreckte Arteriolen, die das Nebennierenmark versorgen. Ein hieraus hervorgehendes Kapillarnetz umspannt die Sammelrohre im Nebennierenmark (rechts), nimmt die rückresorbierte Flüssigkeit wieder auf und führt sie über zahlreiche Venen der Nierenvene zu*

Das Filtersystem der Nieren

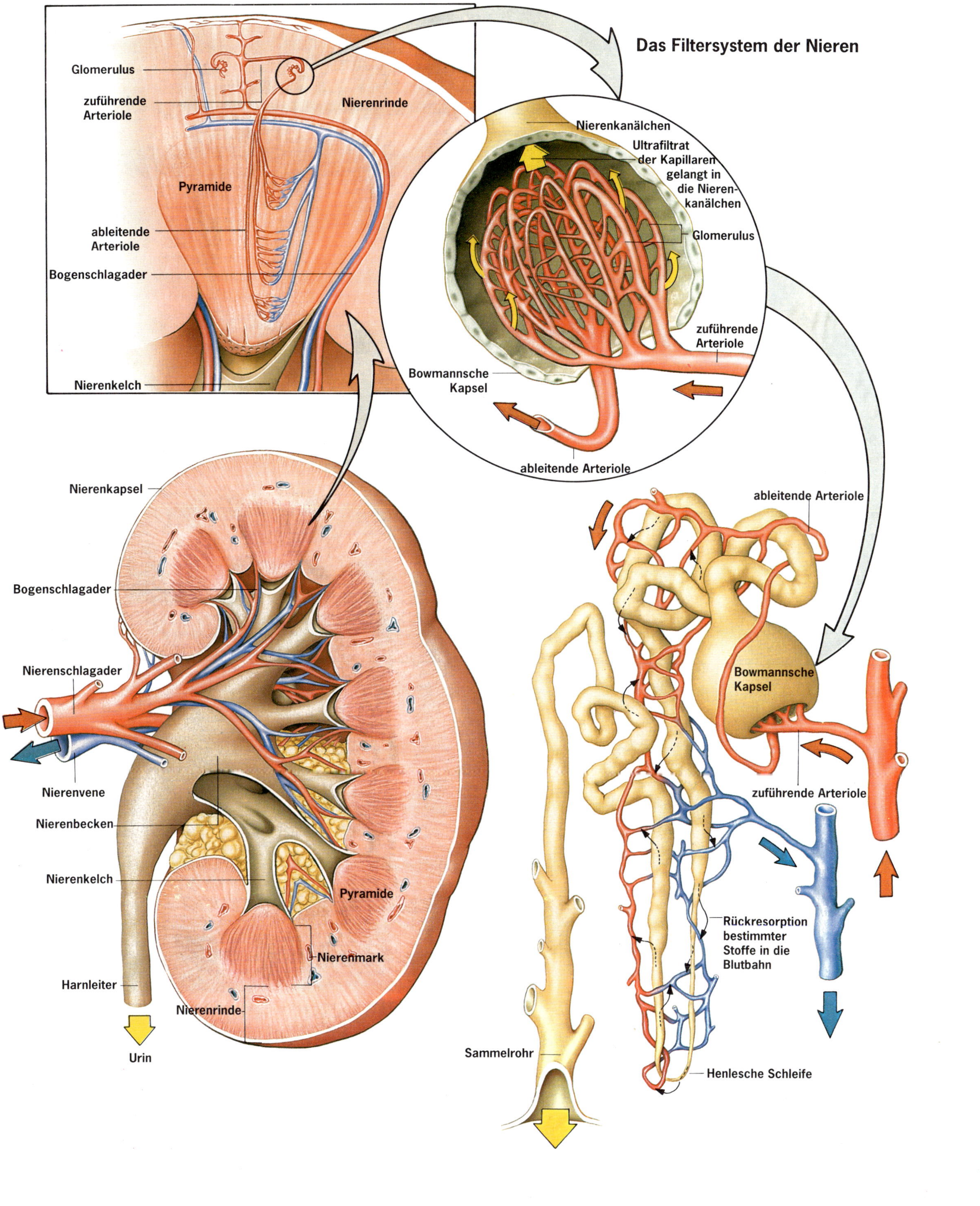

Der Blutdruck

Die Verminderung des Plasmavolumens und damit ein verminderter Blutdruck führt zu einer Freisetzung des in der Niere gebildeten Hormons Renin. Renin aktiviert Angiotensin II, das einerseits eine starke Gefäßkontraktion und damit eine Erhöhung des Blutdruckes, andererseits eine Freisetzung von Aldosteron aus der Nebennierenrinde bewirkt. Das Aldosteron fördert in der Niere die Natriumrückresorption, erhöht damit den Salzgehalt des Blutes und nachfolgend indirekt auch den Wassergehalt, führt also zu einer Vermehrung des Plasmavolumens. Ist das Plasmavolumen wieder ausreichend, so wird die Reninproduktion der Niere eingestellt.

Die Harnblase

Die Harnblase (Vesica urinaria) ist ein dickwandiges, muskulöses Hohlorgan im kleinen Becken zwischen Schambein und Uterus beim weiblichen, Schambein und Rektum beim männlichen Geschlecht. Sie ähnelt in ihrer Form einer auf den Kopf gestellten Pyramide. Die Blasenwand besteht aus einer Reihe von Muskelschichten, die sich bei der Blasenfüllung erheblich dehnen können. Um die Blase zu entleeren, kontrahieren sie. Die Nieren geben kontinuierlich Urin über die Harnleiter (Ureter) an die Harnblase ab. Diese arbeitet jedoch nicht wie ein Ballon mit bei der Füllung ständig steigendem Druck, sondern ihre Muskelfasern weichen aus und passen sich dem steigenden Volumen an. Dies ermöglicht eine beträchtliche Ausdehnung. Dehnungsrezeptoren melden den Zustand an das Gehirn, und bei Erreichen einer bestimmten Größe wird das Gefühl des Harndrangs ausgelöst. Die von der Niere ableitenden Harnleiter enden in den hinteren Ecken des Blasengrundes. Sie durchziehen zunächst etwa 2 Zentimeter lang die muskuläre Blasenwand und werfen an ihren Öffnungen die Schleimhaut faltenförmig zu einer Art Klappe auf, die den Rückfluß des Urins in die Harnleiter verhindert. Der Urin entleert sich aus der Harnblase über die Harnröhre (Urethra), die am tiefsten Punkt der Blase entspringt. Ein diesen Anfangsteil umgebender ringförmiger Schließmuskel hält das Lumen normalerweise durch Kontraktion geschlossen. Beim Wasserlassen erschlafft der Schließmuskel gleichzeitig mit der Harnblasenkontraktion.

An der etwa 20 Zentimeter langen männlichen Harnröhre unterscheidet man drei Abschnitte. Im ersten durchläuft sie etwa 2,5 Zentimeter weit die Mitte der Vorsteherdrüse, der zweite Abschnitt durchzieht den Beckenboden auf 1,2 Zentimeter Länge, und der dritte Abschnitt mit etwa 15 Zentimeter Länge durchläuft den Schwellkörper des Gliedes (Penis) und endet an seiner Spitze.

Die weibliche Harnröhre ist lediglich 3 bis 5 Zentimeter lang, durchzieht den Beckenboden und mündet in den Scheidenvorhof. Die Kürze der Harnröhre und ihre Öffnung in ein bakterienbesiedeltes Gebiet erklären die häufiger vorkommenden Harnblasenentzündungen bei Frauen.

Der Harn

Das Flüssigkeitsvolumen der Zellen, des Zwischenzellraumes und der Gefäße wird in engen Grenzen gehalten. Stoffwechselprodukte und -gifte, wie Harnstoff und Harnsäure, werden ständig gebildet und müssen, da sie nicht weiter verwertet werden können und in höheren Konzentrationen giftig wirken, ausgeschieden werden. Auch ist es lebensnotwendig, die Salzkonzentrationen des Körpers relativ konstant zu halten. Die Hauptaufgabe der Nieren ist es, ein stabiles Gleichgewicht (Homöostase) aufrechtzuerhalten. Selbstverständlich benötigen sie dazu ein anpassungsfähiges System, daß die Aufnahme von Wasser, Salzen und Nährstoffen erheblich variieren kann.

Die Zusammensetzung des Harns (Urins) hängt von der Konzentration ausgeschiedener Salze, Stoffwechselprodukte und -gifte sowie anderer chemischer Substanzen ab. Da der Harn ein Filterprodukt des Blutes ist, finden sich die gleichen Substanzen auch im Blut, allerdings unterscheiden sich ihre Konzentrationen beträchtlich. Während die Blutkonzentrationen ausscheidungspflichtiger Substanzen in engen Grenzen gehalten werden, variieren sie im Harn je nach Ausscheidungs- und Flüssigkeitsmenge. Frischer Urin besitzt meist keinen unangenehmen Geruch, abgestandener Urin riecht streng, da er durch Bakterien der Umgebung zersetzt wird.

Das Ausscheidungs- und Konzentrationssystem der Nieren ist hoch kompliziert. Es resultiert eine Flüssigkeit, die einen Überschuß an Salzen, Stoffwechselprodukten und andere nicht verwertbaren chemischen Substanzen aus dem Körper eliminiert.

Die Kontrolle der Harnblase

Beim Erwachsenen wird der Harndrang normalerweise erst bei einer Blasenfüllung von 100 Millilitern ausgelöst. Die Stärke des Harndranges steigt dann mit zunehmender Blasenfüllung.

Dehnungsrezeptoren der Blasenwand melden den Füllungszustand an den Hirnstamm. Beim Kleinkind entleert sich die Blase bei einem gewissen Füllungszustand reflektorisch. Dieser Reflex wird durch Übung in den ersten Lebensjahren allmählich von höheren Gehirnzellen unterdrückt, und das Kind gewinnt die willkürliche Kontrolle über seine Blasenentleerung.

Der Harnröhrenquerschnitt

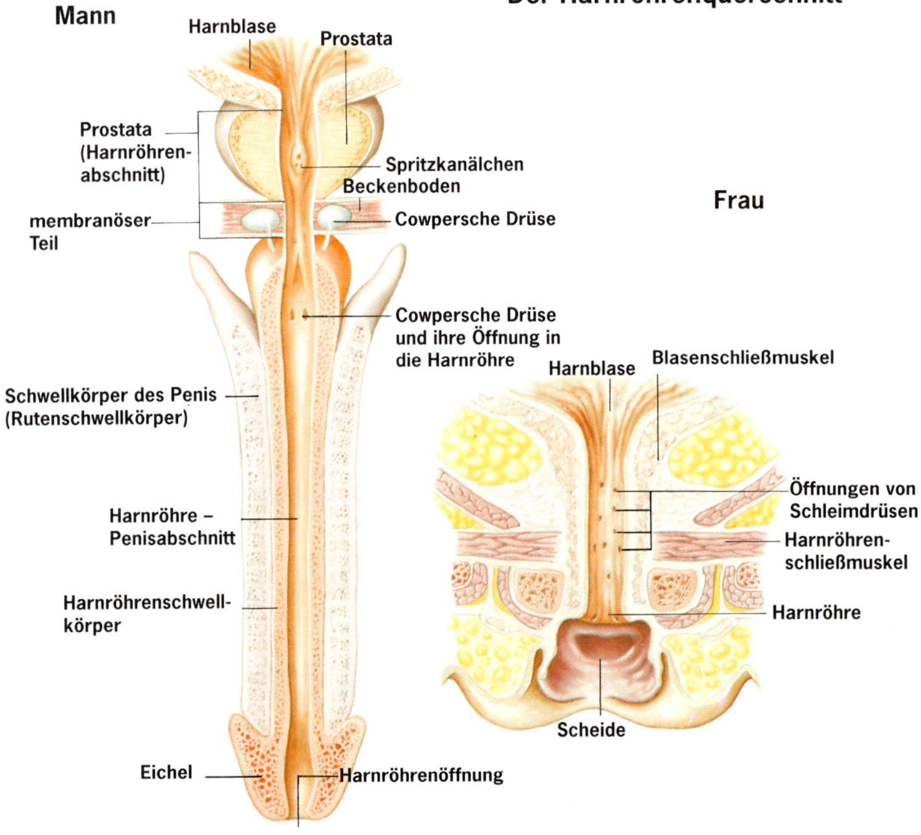

Männliche und weibliche Harnröhre (Urethra) im Längsschnitt. Die weibliche Harnröhre ist wesentlich kürzer, so daß es hier leichter zu aufsteigenden Infektionen kommen kann

Die Schweißdrüsen

Die Körperkerntemperatur liegt normalerweise bei 37 Grad Celsius, geringere Tagesschwankungen und individuelle Unterschiede sind möglich. Die Aufrechterhaltung einer konstanten Körperkerntemperatur ist lebensnotwendig. Bei hohen Außentemperaturen wirkt der Körper diesen Umwelteinflüssen durch vermehrte Schweißabsonderung entgegen. Der Organismus verliert täglich einen bestimmten Betrag an Wärme über die Lungen (Erwärmung der Atemluft) und über die Haut. Diese unwillkürliche Wärmeabgabe kann er jedoch bei steigenden Außentemperaturen und drohender Überwärmung des Körpers nicht effektiv steigern. Der Mensch kann beispielsweise nicht hecheln wie ein Hund und Hitze durch eine Erhöhung der Atemfrequenz abgeben. Unser Körper ist durch das Schweißdrüsensystem befähigt, einer erhöhten Kerntemperatur durch die Abgabe von Schweiß zu begegnen. Bei mittlerer Raumtemperatur werden nur geringe Schweißmengen abgegeben, die sofort verdunsten. Diese äußerlich unbemerkte Schweißabgabe wird medizinisch als Perspiratio insensibilis bezeichnet. Der Mechanismus des Wärmeverlustes ist ein physikalischer: Wasser benötigt zu seiner Verdunstung Energie, und diese wird der Körperoberfläche in Form von Wärmeenergie entzogen. Bei Schweißabgabe wird die Haut daher kühl. Das durch die abgekühlte Haut fließende Blut wird ebenfalls gekühlt und kehrt mit geringerer Temperatur zum Körperkern zurück. Steigt die Körpertemperatur weiter, so können zunächst beträchtliche Schweißmengen abgegeben werden, das System erreicht jedoch dann seine Grenzen. Es arbeitet am genauesten im fein abgestimmten Stadium der Perspiratio insensibilis. Die Effektivität des Gesamtsystems kann durch Anpassungsvorgänge (Hitzeakklimatisation) beträchtlich gesteigert werden.

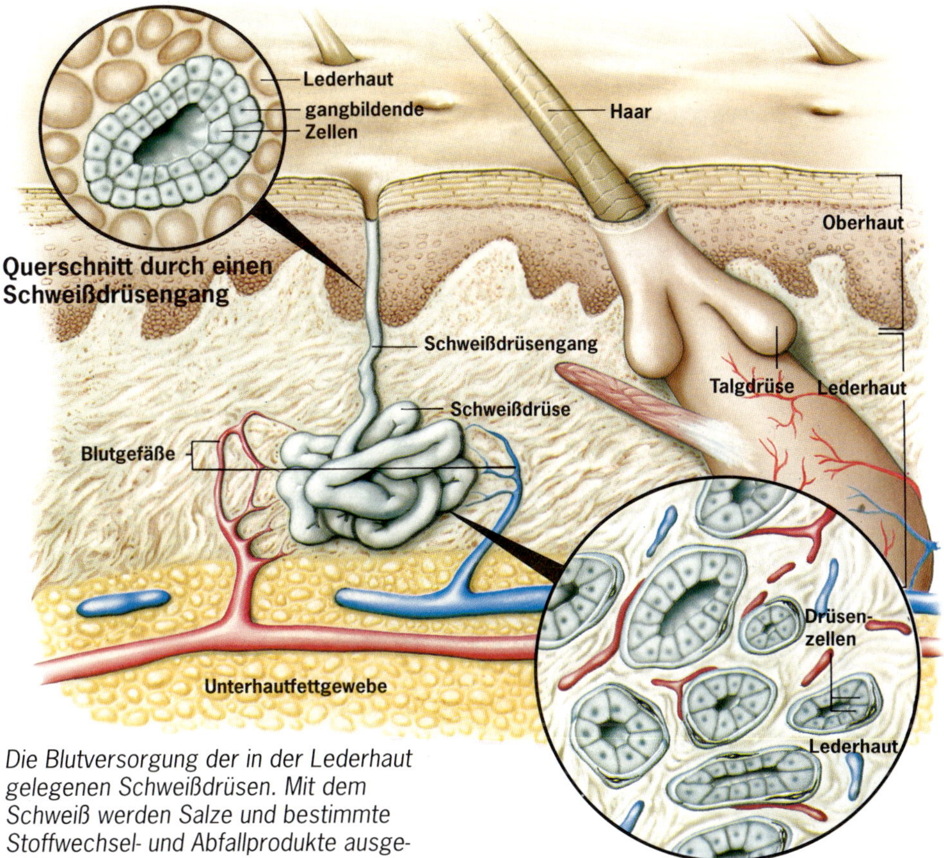

Die Blutversorgung der in der Lederhaut gelegenen Schweißdrüsen. Mit dem Schweiß werden Salze und bestimmte Stoffwechsel- und Abfallprodukte ausgeschieden

Die Schweißdrüsenarten

Die Körperhaut ist von Schweißdrüsen übersät. Vor der Pubertät arbeiten nur die ekkrinen Drüsen. Sie finden sich überall in der Haut des Körpers mit Ausnahme der Lippen und kleiner Stellen der äußeren Geschlechtsorgane. Besonders zahlreich sind sie an Stirn, Brust, Handflächen und Fußsohlen. Sie werden in der Hauptsache vom autonomen Nervensystem, aber auch hormonell gesteuert. Sie produzieren Schweiß also nicht nur bei einer Erhöhung der Körperkerntemperatur, sondern beispielsweise auch bei Nervosität und in Zeiten hormoneller Umstellung wie den Wechseljahren. Die zweite Schweißdrüsenart, die apokrinen Drüsen oder auch Duftdrüsen, sind komplizierter aufgebaut und ähneln unter dem Mikroskop einem unregelmäßig verschlungenen Fadenknäuel. Sie entwickeln sich erst während der Pubertät in der Haut von Achselhöhlen, Leistenregion und um die Brustwarzen. Sie werden vorwiegend hormonell, weniger vom autonomen Nervensystem gesteuert. Ihr abgesondertes dickflüssiges, milchiges Sekret ist für den Körpergeruch verantwortlich. Wäscht man sich nicht regelmäßig, so entsteht durch die bakterielle Zersetzung des Sekrets an der Hautoberfläche ein unangenehmer Geruch.

Die Überwärmung

Der ekkrine Schweiß enthält nicht nur Wasser, sondern auch Salze und bestimmte andere chemische Substanzen. Menschen, die in heißer Umgebung leben und arbeiten, können täglich über 5 Liter Flüssigkeit mit dem Schweiß verlieren. In diesem Fall müssen nicht nur die Flüssigkeit, sondern auch die verlorenen Salze ersetzt werden. Bestimmte Anpassungsvorgänge, wie die Ausscheidung eines extrem salzarmen Schweißes, reduzieren den schwerer ausgleichbaren Salzverlust. Werden Salz und Flüssigkeitsverluste nicht ausreichend kompensiert, kommt es zur Hitzeerschöpfung mit Kopfschmerzen und Muskelkrämpfen.
Ist der Körper an hohe Umgebungstemperaturen nicht gewöhnt und ist die Wärmeabgabe unzureichend, so kann durch Wärmestauung ein Hitzschlag entstehen. Beim Hitzschlag handelt es sich um eine schwerwiegende Gesundheitsstörung, bei der es zum plötzlichen Versiegen der Schweißsekretion und daraus resultierend zu einer enormen Erhöhung der Körperkerntemperatur kommt. Setzen keine abkühlenden Sofortmaßnahmen ein, so wird der Mensch zunächst infolge der Hirnstörung bewußtlos, und es besteht Lebensgefahr.
Eine erhöhte Körperkerntemperatur wird auch im Fieber beobachtet. Hauptsächlich Bakterien, weniger Viren, produzieren bestimmte Giftsubstanzen, die sozusagen das Wärmethermostat des Körpers höher drehen, also die Wärmeabgabe auf ein höheres Niveau verschieben und so Steigerungen der Körperkerntemperatur verursachen. Fiebernde Menschen verlieren viel Flüssigkeit.

Der Einfluß des Klimas

Die Wärmeabgabe durch Schweißverdunstung ist am effektivsten in trockenem Klima. In heißem, feuchtem Klima ist die Verdunstung und damit auch die Wärmeabgabe erheblich vermindert. Dies ist der Grund, warum ein heißes und feuchtes Klima wesentlich belastender als ein heißes, trockenes Klima ist. Auf gleiche Weise kann zu enge, dicke und luftdichte Kleidung wirken. Die Haut wird von einem Schweißfilm überzogen, der nicht verdunsten kann, und man ist schweißgebadet.

Kapitel 11

Das Fortpflanzungssystem

Sexualität ist ein Grundbedürfnis, das der Mensch mit allen anderen Lebewesen teilt. Sie ist notwendig für die Fortpflanzung und die Erhaltung der Art. Beim Menschen entwickeln sich die bei der Geburt bereits angelegten Fortpflanzungsorgane erst endgültig in der Pubertät. Ein sehr genau abgestimmter zeitlicher Mechanismus steuert beim weiblichen Geschlecht die wichtigen Vorgänge der Fortpflanzung, die Menstruation, die Empfängnis und die Schwangerschaft.

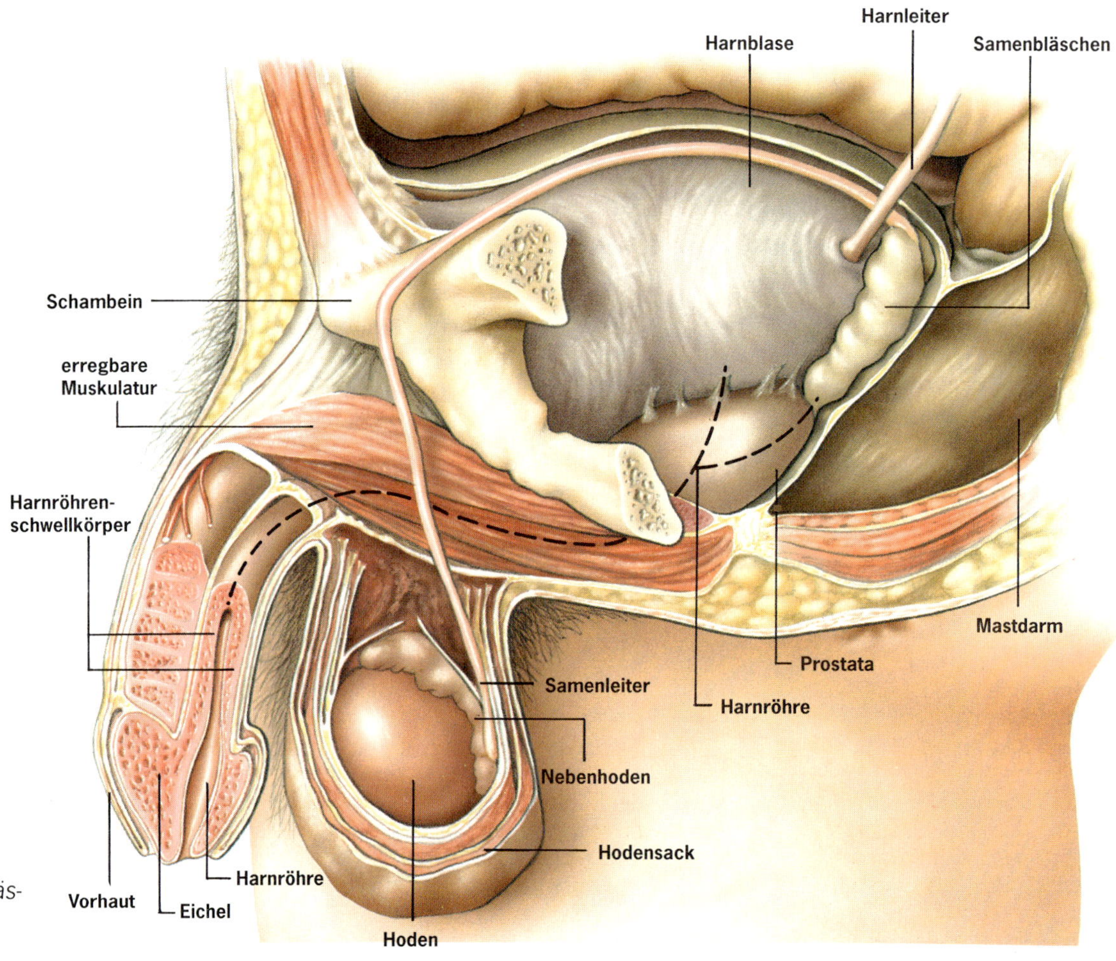

Die männlichen Fortpflanzungsorgane Penis, Hodensack, Hoden und Nebenhoden, Samenleiter, Samenbläschen und Vorsteherdrüse (Prostata)

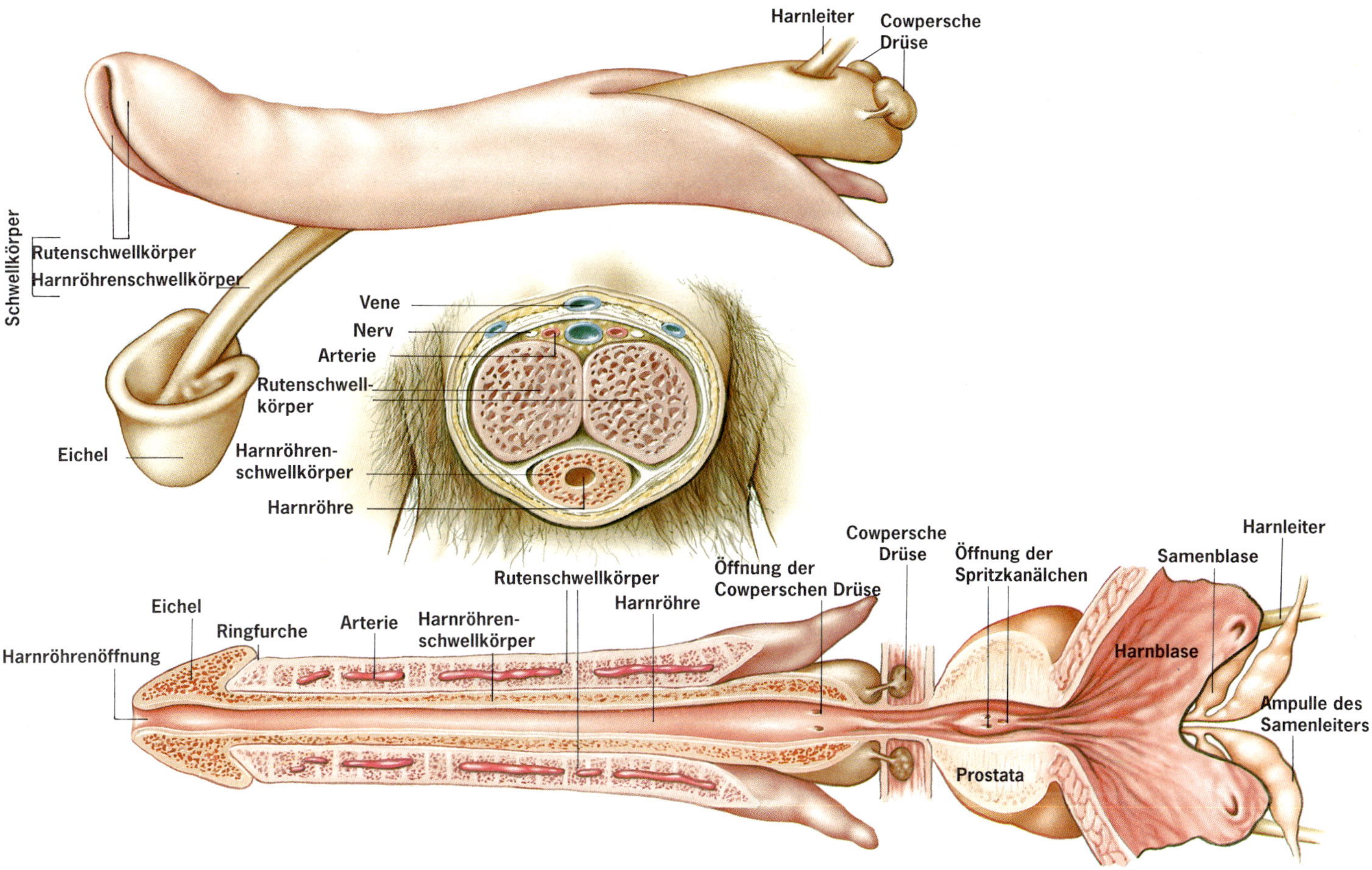

Detaillierte Darstellung des Penis (oben), darunter im Quer- und Längsschnitt. Man erkennt die spongiösen Gewebe der drei Schwellkörper

Die Fortpflanzungsorgane

Man unterscheidet bei den männlichen und den weiblichen Fortpflanzungsorganen äußere und innere Geschlechtsorgane (Genitalien) und Keimdrüsen (Gonaden). Keimdrüsen sind die Hoden (Testes) des Mannes und die Eierstöcke (Ovarien) der Frau.

Unter dem Einfluß der gonadotropinen Hormone der Hypophyse wachsen und reifen die Keimdrüsen während der Pubertät. Der gleiche Hypophysenhormoneinfluß stimuliert in ihnen auch die Bildung der Geschlechshormone, des Testosterons und der Androgene beim Mann, des Progesterons und der Östrogene bei der Frau. Diese Geschlechtshormone wiederum führen zur Entwicklung der Genitalien und der sekundären Geschlechtsmerkmale, wie dem Bartwuchs und dem Kehlkopfwachstum beim Mann, der den Stimmbruch einleitet. Beim weiblichen Geschlecht beginnt der Menstruationszyklus, die Menarche.

Die männlichen Fortpflanzungsorgane

Zu den männlichen Geschlechtsorganen zählen das außerhalb des Körpers liegende männliche Glied (Penis) und der Hodensack (Skrotum) sowie die im Bauchraum liegende Vorsteherdrüse (Prostata) und die Samenbläschen (Vesiculae seminales). Der Samenleiter (Ductus deferens) liegt teils außerhalb, teils innerhalb des Bauchraumes. Aufgabe der männlichen Keimdrüsen und Geschlechtsorgane ist die Produktion von Samenzellen (Spermien) und ihre Übertragung in den weiblichen Körper.

Den Penis durchzieht zentral die Harnröhre (Urethra), durch die der Harn beim Wasserlassen (Miktion) und der Samen beim Höhepunkt (Orgasmus) des Beischlafes fließen. Die Harnröhre beginnt an der Harnblase, durchzieht Vorsteherdrüse, Beckenboden und Penis und mündet an der Penisspitze (Hiatus). Samenleiter und Ausführungsgänge der Samenbläschen durchziehen die Vorsteherdrüse und münden mit einem gemeinsamen Endstück, dem Spritzkanälchen (Ductus ejaculatorius), in die Harnröhre. Eine ringförmige Muskelschicht am Anfang der Harnröhre verschließt ihre Öffnung zur Blase hin und ermöglicht den Harnaustritt nur während des Wasserlassens.

Der Penis hängt normalerweise schlaff vor dem Hodensack, der Hoden und Nebenhoden enthält. Seine Länge variiert im Mittel zwischen 6 und 12 Zentimetern. Während sexueller Erregung vergrößert sich der Penis durch zunehmende Blutfülle, wird steif und richtet sich auf. Seine Länge beträgt dann im Mittel zwischen 10 und 20 Zentimetern. Die als Eichel (Glans penis) bezeichnete Penisspitze ist die empfindlichste Region. Die Eichel ist unter ihrem vorspringenden Rand (Corona glandis) durch eine Ringfurche (Collum glandis) gegen den Penisschaft (Corpus penis) abgesetzt. Der Penisschaft macht die Hauptlänge des Penis aus, er endet mit der sogenannten Peniswurzel am Beckenboden.

Die Erektion

Der Hauptteil des Penis wird von drei länglichen Schwellkörpern gebildet, die reich an Blutgefäßen sind und Bluträume (Kavernen) enthalten. Wird durch einen bestimmten nervösen Impuls die Erregung des Penis eingeleitet, so erweitern sich die kleinen Rankenarterien der Schwellkörper. Das hierdurch in die Kavernen einströmende arterielle Blut wird durch bestimmte Verschlußmechanismen am Abfluß gehindert und führt so zu einer erheblichen Vergrößerung und Verhärtung des Penis.

Der Aufbau des Hodens

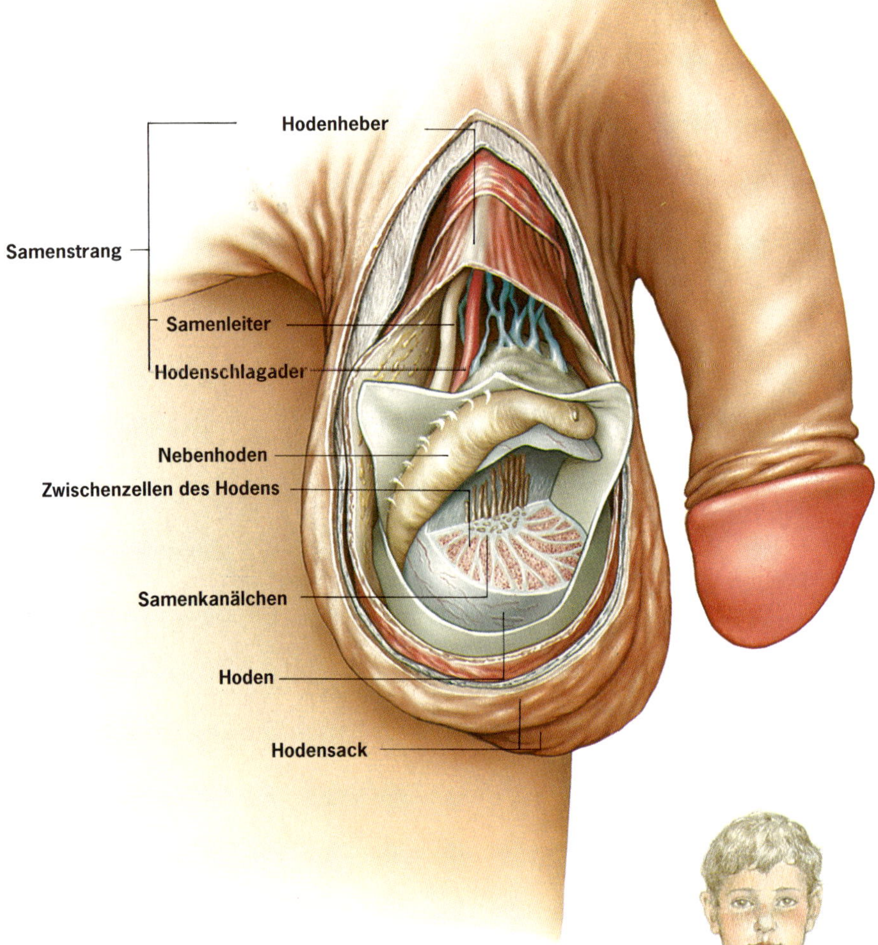

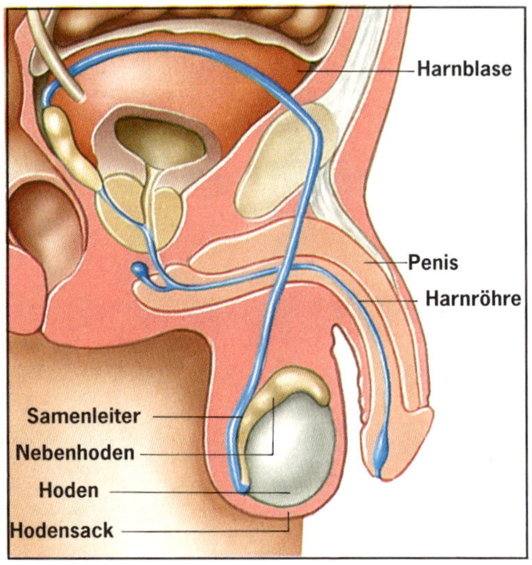

Die Hoden bestehen aus einem System feiner Röhren, den Samenkanälchen (Tubuli contorti seminiferi), deren Wände von einem mehrschichtigen Epithel gebildet werden. Hier findet die Samenzellproduktion statt. Zwischen den Tubuli liegen Zellhaufen, die sogenannten Leydigschen Zwischenzellen, die das Hormon Testosteron bilden und an das Blut abgeben

Nach dem Höhepunkt der sexuellen Erregung und dem hierbei erfolgten Samenerguß (Ejakulation) bildet sich die sexuelle Erregung zurück. Hierbei wird die Blutzufuhr über die Rankenarterien gedrosselt und der Abfluß aus den Kavernen der Schwellkörper wieder freigegeben, so daß die Blutfülle des Penis sinkt und er wieder zu seiner schlaffen, kleineren Ausgangsform zurückkehrt.

Die Eichel und die Vorhaut

Der Penis ist von einer völlig fettfreien, aber mit zahlreichen Muskelzellen versehenen Haut umgeben, die an seinem Ende in einer Art Reservefalte, der Vorhaut (Praeputium), umgeschlagen ist. Die Vorhaut überzieht normalerweise die Eichel fast vollständig. Bei der Erektion des Penis zieht sie sich zurück und gibt damit die empfindsame Eichel zur Stimulation frei. Vorhaut und Eichel sind von einem Platten-

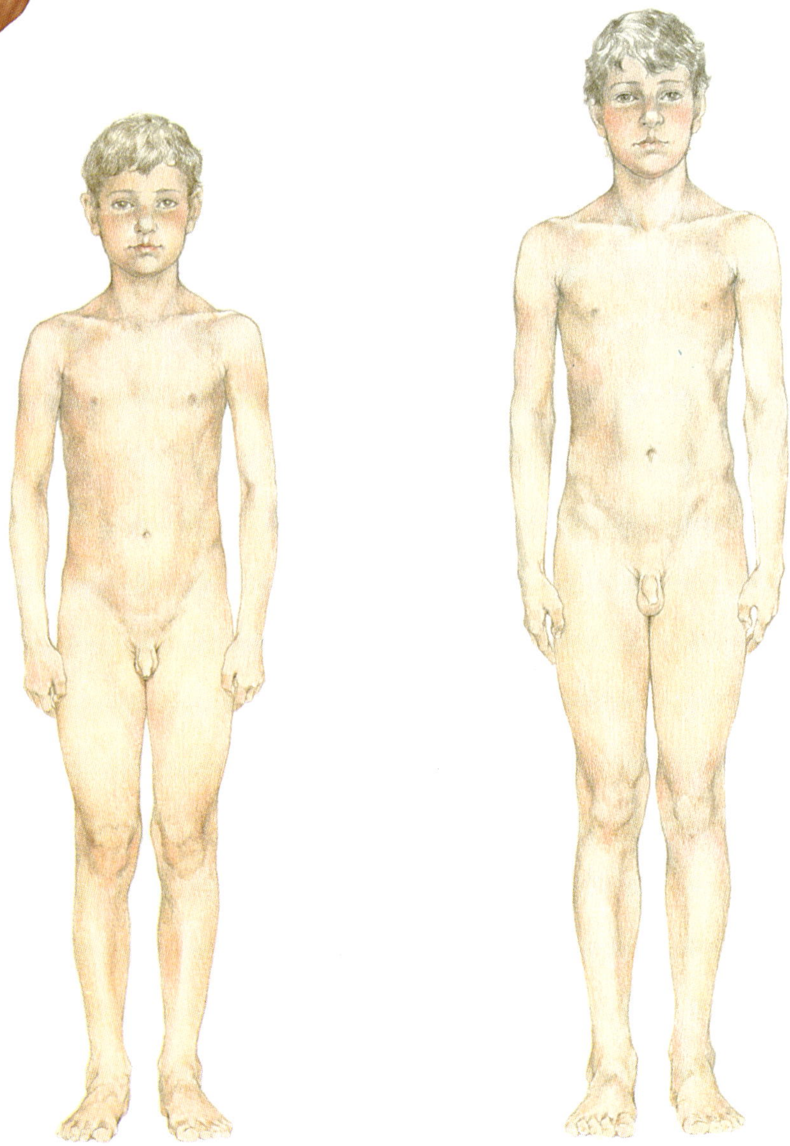

epithel überzogen, dessen äußere Schichten verfetten und abgestoßen werden und auf diese Weise den Vorhauttalg (Smegma) bilden, der das Gleiten der Vorhaut über die Eichel erleichtert.
Größere Ansammlungen des Vorhauttalgs begünstigen Ansammlungen von Urin und Schmutz und schaffen die Voraussetzung für Entzündungen von Vorhaut und Eichel, der sogenannten Balanitis. Wiederholte Entzündungen können zu einer schmerzhaften Vorhautverengung führen, die dann eine sogenannte Beschneidung (Zirkumzision) erfordert.

Die Abbildung zeigt fünf Stationen der männlichen Entwicklung und die fortschreitende Ausbildung der sekundären Geschlechtsmerkmale in der Pubertät: Verbreiterung des Schultergürtels, Wachstum der Scham- und Barthaare und Wachstum von Hoden und Penis

Die Hoden

Jeder gesunde Mann besitzt zwei Hoden, die sich bereits im Embryonalstadium aus Keimgewebe an der Rückwand des Bauchraumes entwickeln. Sobald beide Hoden gebildet sind, wandern sie allmählich innerhalb des Bauchraumes nach unten und erreichen zur Zeit der Geburt ihre normale Lage im Hodensack.
Die Hoden erfüllen eine doppelte Funktion. Zum einen werden hier die Samenzellen, Träger der genetischen Informationen des Mannes, gebildet. Zum anderen enthält der Hoden spezielle Zellen (Leydigsche Zwischenzellen), die das männliche Geschlechtshormon Testosteron produzieren, das für die Ausbildung der männlichen sekundären Geschlechtsmerkmale, wie tiefe Stimme, typischer Haar- und Bartwuchs und typische Fettverteilung, verantwortlich ist. Beide Funktionen werden von jeweils unterschiedlichen Zellarten des Hodens durchgeführt. Der mögliche krankhafte Ausfall einer Funktion hat deshalb nicht notwendigerweise auch den Ausfall der anderen zur Folge.
Die Hoden besitzen eine annähernd ellipsoide Form. An ihrer Rückseite befindet sich eine weitere kleinere, etwa kommaförmige Struktur, der Nebenhoden (Epididymis). Der Nebenhoden besteht aus einem geknäuelten Röhrensystem, in dem der vom Hoden gebildete Samen gesammelt und gespeichert wird. Die Röhren vereinigen sich schließlich zu einem größeren Gang, dem Samenleiter, der den Samen bis zu seinem Eintritt in die Harnröhre leitet.

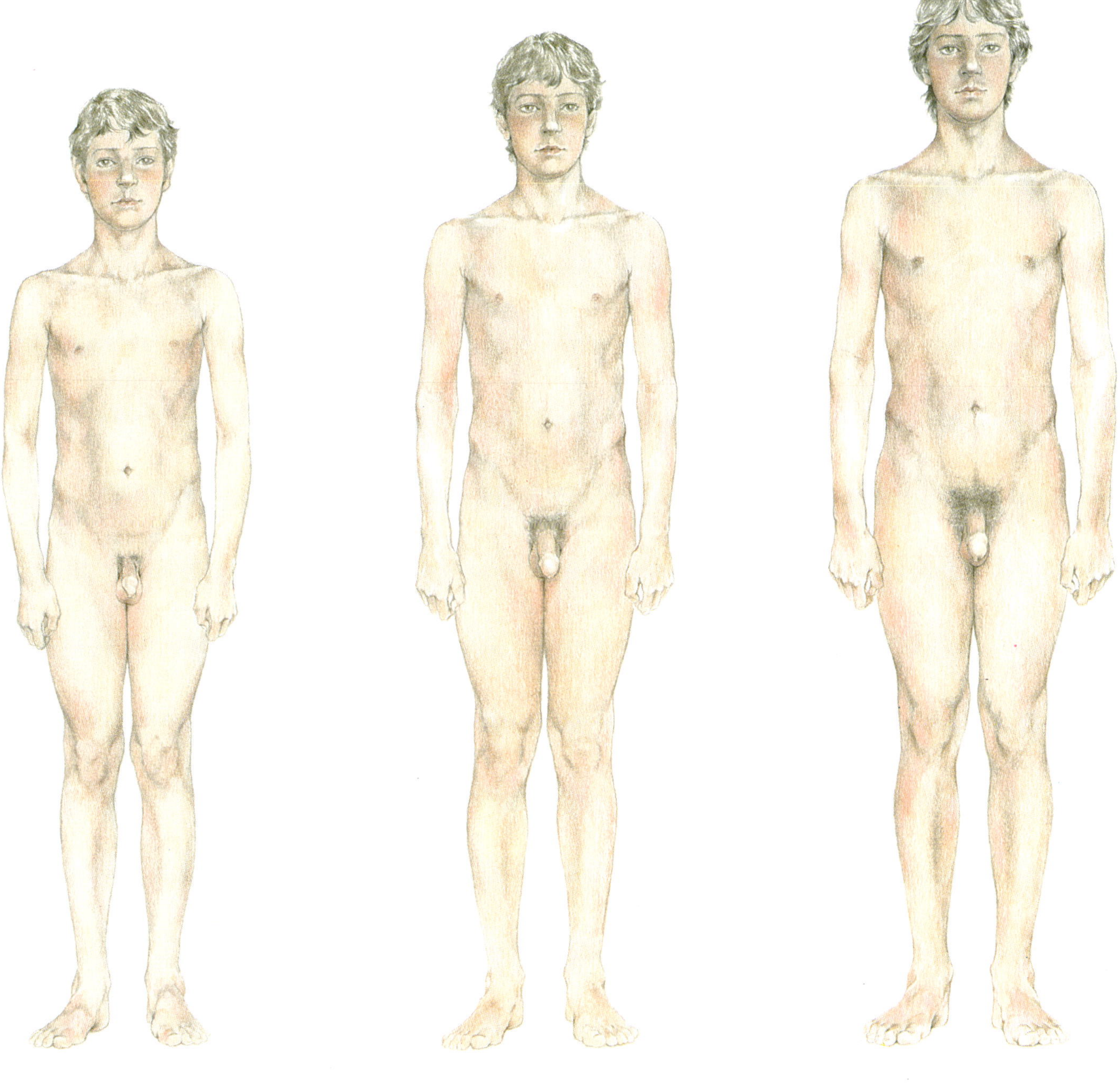

Die Entwicklung der Samenzellen

Die Samenzelle

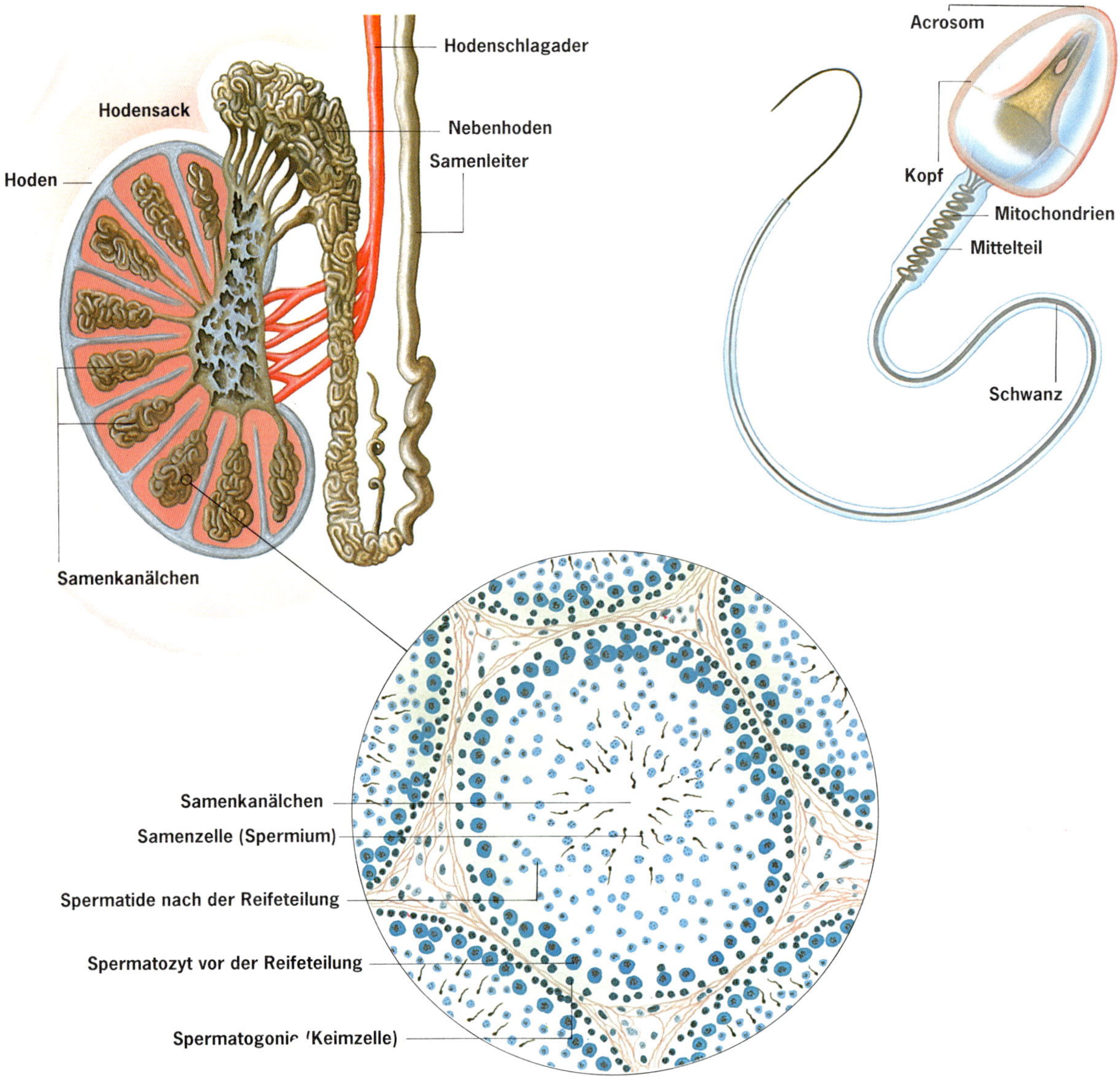

Von der Pubertät an werden im Hoden (links oben) kontinuierlich Samenzellen (rechts oben) in den Samenkanälchen (Ausschnitt unten) gebildet

Der Hoden ist im Hodensack am Samenstrang aufgehängt. Der Samenstrang, der durch den Leistenkanal in die Bauchhöhle zieht, enthält den Samenleiter, eine zuführende Hodenarterie (Arteria testicularis) und ein abführendes Venennetz (Plexus pampiniformis). Die drei Strukturen sind von einer Muskellage, dem sogenannten Hodenheber (Musculus cremaster), umgeben. Über die Gefäße des Samenstranges wird also einerseits die Durchblutung von Hoden und Nebenhoden gewährleistet, andererseits werden die Samenzellen abgeleitet.

Der Samen

Die männliche Fortpflanzungszelle wird als Samenzelle (Spermium) oder kurz Samen bezeichnet. Ihre Aufgabe ist die Befruchtung der weiblichen Eizelle (Ovum).
Die etwa 0,05 Millimeter langen Samenzellen bestehen aus Kopf, Hals, Mittelstück und Schwanz. Die Kopfkappe (Acrosom) enthält spezielle Enzyme, die der Samenzelle das Eindringen in die Eizelle und damit die Befruchtung ermöglichen. Im Mittelstück finden sich zahlreiche spiralig angeordnete, energieliefernde Mitochondrien. Ihre enge Verbindung mit den kontraktilen Elementen des Schwanzes legt nahe, daß sie hauptsächlich die Energie für die Fortbewegung liefern. Der Schwanz ist aus kontraktilen Elementen aufgebaut und ermöglicht durch seine peitschenähnlichen Bewegungen die Fortbewegung der Samenzelle, die eine Geschwindigkeit von 3 bis 3,5 Millimeter pro Minute erreichen kann.
Der Kopfteil enthält eine große Anzahl chemischer Substanzen und das genetische Material oder Erbgut. Träger des Erbgutes sind die Chromosomen. In jedem Spermium findet sich der halbe Chromosomensatz väterlicher Zellen, der nach der Befruchtung zusammen mit dem halben Chromosomensatz der mütterlichen Eizelle wieder den vollständigen Chromosomensatz der kindlichen Zellen bildet. Die Geschlechtschromosomen der Samenzellen bestimmen das Geschlecht des Kindes.

Die Samenproduktion

Zur Samenproduktion benötigen die Hodenzellen eine Temperatur, die etwa 3 Grad Celsius unter der Körperkerntemperatur liegt. Die Samenzellproduktion im Hoden außerhalb des Körpers stellt also eine optimale Anpassung dar. Hodengefäße und Samenstrangmuskulatur sorgen für eine exakte Temperaturregulation. Bei Kälte wird der Hoden durch den Muskel des Samenstranges (Musculus cremaster) näher an den Körper gehoben und kann so vermehrt Körperwärme aufnehmen, bei Wärme erschlafft dieser Muskel, und der Hoden entfernt sich durch das Tiefertreten im Hodensack weiter vom wärmespendenden Körper. Zusätzlich sorgt das Gefäßnetz für eine rasche Verteilung der aufgenommenen Wärme.

Die Samenzellproduktion, im Schnitt etwa 10 bis 30 Billionen pro Monat, findet in den Samenkanälchen (Tubuli contorti seminiferi) der Hoden statt. Über abführende Kanälchen (Ductuli efferentes testis) gelangen die Samenzellen dann in das geknäuelte Kanälchensystem des Nebenhodens (Lobuli epididymidis). Hier werden sie zunächst gespeichert und entwickeln sich zu ihrer vollen Reife. Der Reifeprozeß dauert 60 bis 72 Stunden. Der Nebenhoden kann durch drei oder vier Ejakulationen innerhalb von 12 Stunden fast vollständig entleert werden. Es dauert dann etwa 2 Tage, bis er wieder ausreichend mit Samenzellen gefüllt ist. Kommt es zu keiner Ejakulation, so lösen sich die Samenzellen auf und werden abgebaut.

Die Lage der Prostata

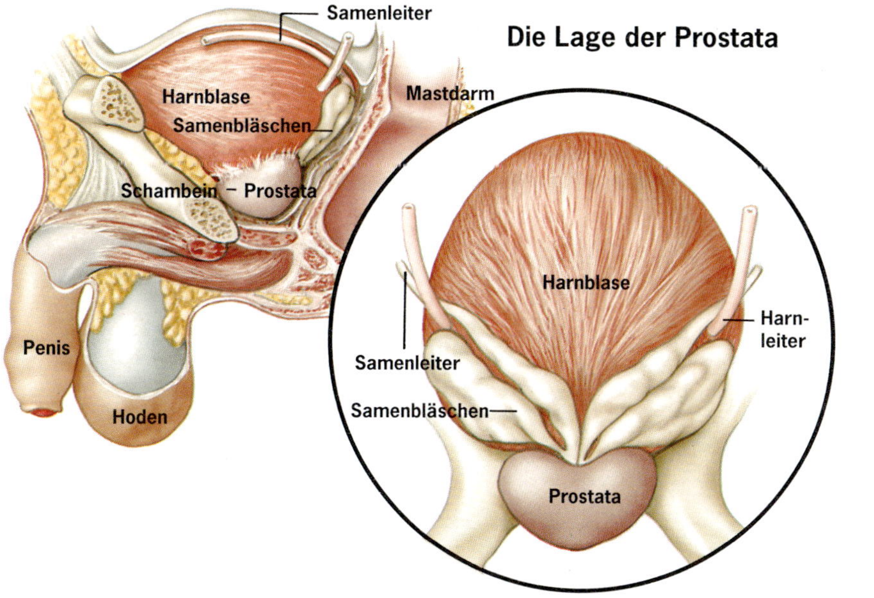

Die Abbildung zeigt eine Seitenansicht der Vorsteherdrüse und ihre Lagebeziehung zu den übrigen Organen. Im Ausschnitt sieht man eine Frontansicht mit Darstellung der Samenbläschen und des an seinem Ende erweiterten Samenleiters

Der Samenerguß

Bevor der Samen mit dem Samenerguß ausgestoßen wird, wandert er zunächst durch den Samenleiter zu dessen spindelförmig aufgetriebenem Ende (Ampulla ductus deferentis) vor dem Eintritt in die Harnröhre. Am Ende des aufgetriebenen Samenleiters münden die beiden Ausführungsgänge der Samenbläschen. Ihr Sekret enthält als Hauptbestandteil den Einfachzucker Fruktose, der den Samenzellen als Energielieferant dient. Samenleiter und Samenbläschenkanal münden dann in einem gemeinsamen Ausführungsgang, dem Spritzkanälchen (Ductus ejaculatorius), am Samenhügel (Colliculus seminalis) an der Basis der Vorsteherdrüse in die Harnröhre. Am Samenhügel münden auch die 15 bis 20 Ausführungsgänge der Vorsteherdrüse. Ihr alkalisches, milchiges Sekret dient der Verdünnung der Spermienmasse und ermöglicht dadurch erst ihre volle Beweglichkeit.

Beim Samenerguß (Ejakulation) werden die Samenzellen zusammen mit dem Sekret der Samenbläschen und der Vorsteherdrüse durch eine Serie von Muskelkontraktionen in die Harnröhre ausgestoßen.

Wird der Samen in der Scheide der Frau ausgestoßen, so wandern die Samenzellen durch den Gebärmutterhals in die Gebärmutter und schließlich in die Eileiter, in denen die Befruchtung stattfindet, sofern ein befruchtungsfähiges Ei herangereift und mit dem Eisprung in die Eileiter gelangt ist.

Die Vorsteherdrüse

Die etwa walnußgroße Vorsteherdrüse (Prostata) findet sich nur bei Männern. Sie umgibt den Anfangsteil der Harnröhre, liegt mit ihrer Basis dem Blasengrund an und reicht mit ihrer Spitze bis zum Beckenboden. Ihr alkalisches Sekret dient zusammen mit bestimmten in ihm enthaltenen Substanzen der Verflüssigung der Samenzellmassen und ermöglicht dadurch erst ihre freie Beweglichkeit. Die genauen Aufgaben der zahlreichen in ihr noch produzierten Substanzen ist nicht eindeutig geklärt.

Aufgrund ihrer besonderen Lokalisation sind Erkrankungen der Vorsteherdrüse oft mit Störungen der Blasenfunktionen und des Wasserlassens verbunden. Diese treten jedoch erst bei älteren Menschen häufiger auf.

Das rektale Tasten der Prostata

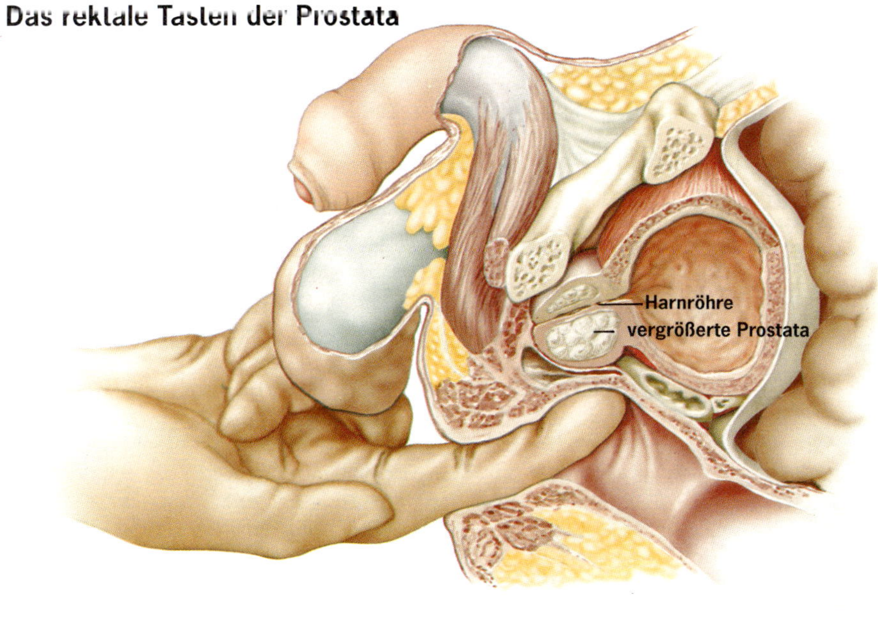

Die Abbildung zeigt das rektale Abtasten der Vorsteherdrüse

Das weibliche äußere Genitale (Vulva)

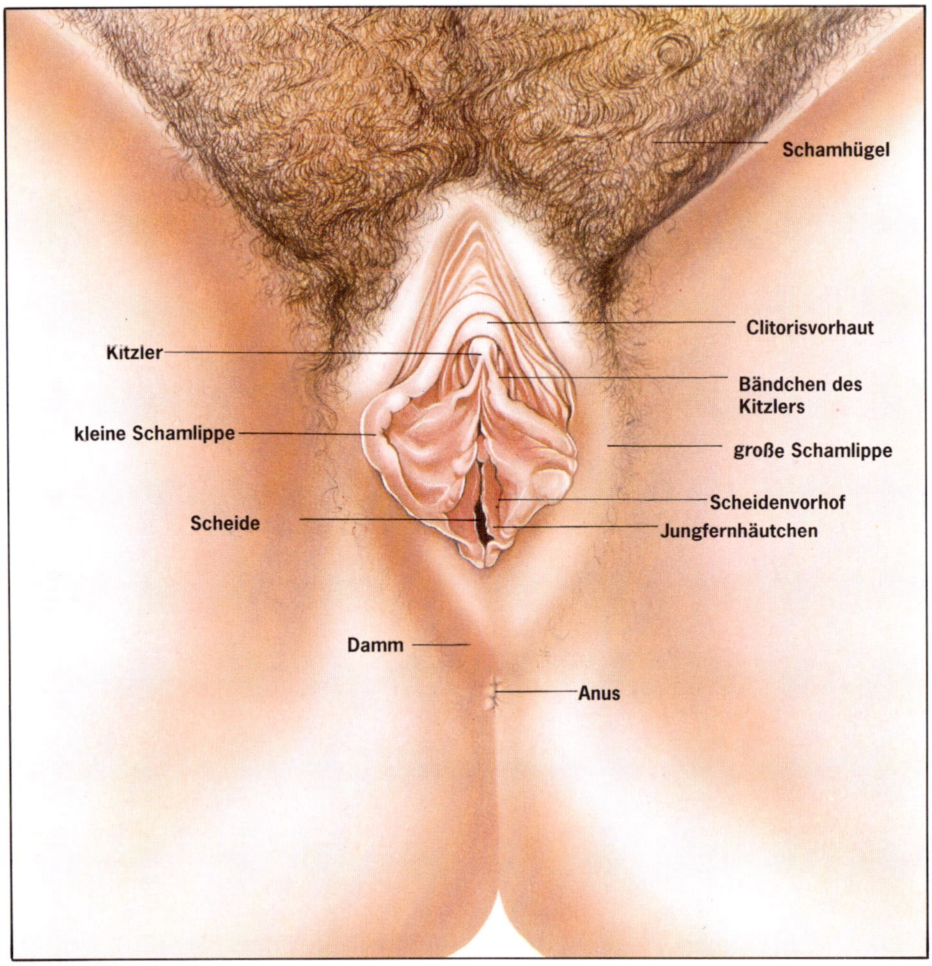

Die Darstellung des äußeren weiblichen Genitale (Vulva)

Die weiblichen Fortpflanzungsorgane

Die weiblichen Fortpflanzungsorgane dienen nicht nur der Bereitstellung von Eizellen zur Befruchtung, sondern auch der Ernährung der befruchteten Eizellen, so daß ein Baby heranwachsen kann.

Schamlippen und Kitzler (Clitoris) bilden die äußeren weiblichen Genitalien (Vulva). Äußerlich sichtbar sind meist nur die beiden größeren äußeren Schamlippen (Labia majora), die aus einer dicken Hautfalte bestehen und den größten Teil der übrigen weiblichen Genitalien verdecken. Sie verjüngen sich nach hinten und gehen in die Haut des Dammes (Perineum) über. Nach vorne verschmelzen sie mit der Haut über dem Schambein, die durch reichlich entwickeltes Unterhautfettgewebe gut gepolstert ist und auch als Venushügel (Mons veneris oder Mons pubis) bezeichnet wird.

Zwischen den beiden großen Schamlippen liegen die wesentlich dünneren kleinen Schamlippen (Labia minora). Nach vorne vereinigen sie sich zu einer Art Kappe, die schützend über dem empfindsamen Kitzler (Clitoris) liegt. Sie weichen dann auseinander, begrenzen seitlich den Harnröhrenausgang und den Scheidenvorhof (Vestibulum vaginae) und laufen dahinter im Scheidendamm (Frenulum labiorum pudendi) zusammen, der meist bei der ersten Geburt einreißt. Bei der Jungfrau ist der Scheideneingang durch eine Schleimhautfalte, das Jungfernhäutchen (Hymen), bis auf eine kleine Öffnung verschlossen. Beim ersten Beischlaf (Coitus) reißt das Jungfernhäutchen ein, und nach einer oder mehreren Geburten verbleiben nur noch kleine Hautzipfel (Carunculae hymenales) am Rand des Scheideneinganges.

Der Kitzler und die Drüsen

Die Clitoris entspricht, obschon wesentlich kleiner, dem Penis. Sie besitzt ebenfalls einen ähnlich gebauten Schwellkörper und ist von der Haut der kleinen Schamlippen umgeben, die die Spitze als sogenannte Eichel des Kitzlers (Glans clitoridis) freiläßt. An letzterer setzt ebenfalls ein kleines Bändchen an, das Frenulum clitoridis.

Die Clitoris dient mit ihrem besonders empfindsamen Gewebe hauptsächlich der sexuellen Erregung, ihre Stimulation führt zu einer Füllung der Bluträume der Schwellkörper und damit zur Anschwellung. Berühren, Bewegen und Reiben der angeschwollenen Clitoris, entweder durch übertragene Bewegungen des Penis während des Beischlafes oder durch andere Stimulationen, führen normalerweise zum Höhepunkt (Orgasmus). Auch die übrigen Strukturen der äußeren Genitalien werden durch die sexuelle Erregung beeinflußt. Die Blutfülle der Schamlippen nimmt zu und führt auch hier zur Anschwellung, und bestimmte Drüsen sondern vermehrt Sekrete ab.

An den äußeren weiblichen Genitalien finden sich zwei verschiedene Drüsenarten. In der Schleimhaut des Scheidenvorhofes liegen mehrere kleine Drüsen (Glandulae vestibulares minores oder Skenesche Drüsen), die mit ihrem alkalischen Sekret die Genitalien befeuchten und in diesem Raum die Säuerung des Scheidensekretes reduzieren. Sie erzeugen zudem zusammen mit den Talgdrüsen der Schamlippen und den abgeschilferten Hautzellen eine Art Schmiere (Smegma).

Die größte Drüse des Scheidenvorhofes, die Bartholinische Drüse (Glandula vestibularis major), liegt hinten an der Basis der kleinen Schamlippen. Während sexueller Erregung sondert sie größere Mengen Sekret ab, das die äußeren Genitalien schlüpfrig macht, so daß der Penis leichter eindringen kann. Die normalerweise bohnengroße und nicht vorstehende Drüse kann sich durch Sekretstauung erheblich vergrößern, auch sind aufgrund der Lage Infektionen nicht selten (Bartholinitis). Diese Erkrankungen erfordern eine umgehende ärztliche Behandlung.

Die Scheide

Die Scheide (Vagina) ist ein bindegewebig-muskulärer Schlauch, der von den äußeren Genitalien zur Gebärmutter (Uterus) führt. Im Verlauf des Lebens unterliegt sie zahlreichen Veränderungen. So ist die Scheide des Kindes erheblich kleiner als die der erwachsenen Frau, auch ist ihre Wandauskleidung im geschlechtsreifen Alter wesentlich dicker als in der Kindheit oder im Alter. Diese Veränderungen werden durch die Höhe und das Zusammenspiel der in den Eierstöcken gebildeten Hormone Progesteron und Östrogen hervorgerufen.

Die Scheide spielt während des Geschlechtsverkehrs und bei der Geburt eine entscheidende Rolle. Ihre Aufgabe bei der Entbindung ist eher passiv, sie bildet das Ende des Geburtskanals und ermöglicht durch ihre Erweiterung den Durchtritt des Kindes. Erst durch neuere Untersuchungen sind ihre Veränderungen während des Beischlafes klarer geworden.

Der Aufbau der Scheide

Die Scheide ist im Schnitt 7 bis 9 Zentimeter lang, besteht aus Bindegewebe und Muskulatur und wird innen von der Scheidenschleimhaut ausgekleidet. Normalerweise liegen Vorder- und Hinterwand der Scheide aufeinander, so daß sie im Querschnitt etwa H-förmig ist. Die innere Schleimhaut ist zu Falten aufge-

worfen, die dann die Dehnungsfähigkeit während des Beischlafes und bei der Geburt ermöglichen. Die hintere Faltenreihe enthält ein Venengeflecht, das im unteren Anteil ein Schwellpolster bildet. Vorne liegt die Harnröhre auf der Scheide, hinten im oberen Drittel liegt der Enddarm an. Der Damm (Perineum), ein Stück festes Bindegewebe mit Muskulatur, trennt die Scheide vom After.
Während der geschlechtsreifen Jahre ist das Scheidensekret leicht sauer. Diese Ansäuerung vermindert das Wachstum krankheitserregender Keime. Nach den Wechseljahren wird das Sekret jedoch leicht alkalisch, auch wird die Schleimhautauskleidung flacher, was die Entstehung von Infektionen erleichtert.
Normalerweise halten das Sekret des Gebärmutterhalses, die Flüssigkeitsabsonderung der Schleimhautzellen und die Sekrete der Vorhofdrüsen die Scheidenwände feucht und geschmeidig. Während sexueller Erregung kommt es neben einer vermehrten Sekretion der Drüsen auch zu einem vermehrten Flüssigkeitsaustritt aus den Schleimhautzellen.
Ein geringer Scheidenausfluß findet sich bei allen Frauen und ist normal. Ebenso natürlich ist eine Vermehrung des Ausflusses beim Eisprung und während sexueller Erregung.
Das Jungfernhäutchen wurde benannt nach dem griechischen Gott der Ehe, Hymen. Seine physiologische Bedeutung ist gering, es dient wohl durch Verkleinerung des Scheideneinganges als zusätzlicher Schutz. In den meisten Kulturen besitzt es jedoch große Bedeutung als Zeichen der Jungfernschaft. Da seine Form und Größe äußerst variabel ist und es auch bei körperlicher Anstrengung, wie Gymnastik, Laufen oder Reiten, sowie Einführung eines Tampons oder Selbstbefriedigung zerreißen kann, ist es wohl kaum als ein verläßliches Zeichen der Jungfernschaft anzusehen. Da das Jungfernhäutchen auch immer eine Öffnung zum Abfluß des Scheidensekretes besitzt, kann es auch nicht vor einer Schwangerschaft schützen.

Die Funktion der Scheide

Während sexueller Erregung sind neben den Schwellkörpern der Clitoris hauptsächlich die kleinen Schamlippen und die Venengeflechte der Scheidenschleimhaut mit Blut gefüllt und die Sekretabgabe der Vorhofdrüsen sowie die Flüssigkeitsabgabe der Schleimhautzellen gesteigert. Beim Höhepunkt kontrahieren die Muskeln des Beckenbodens und der Scheide unwillkürlich.
Bei ängstlichen oder verkrampften Frauen kann es zu Dauerkontraktionen (Spasmen) dieser Muskeln kommen (Vaginismus), wodurch der Beischlaf schmerzhaft wird. Eine ärztliche Beratung und Behandlung ist in diesen Fällen meist erforderlich.

Die Gebärmutter

An der Gebärmutter (Uterus) unterscheidet man den Gebärmutterkörper (Corpus uteri) und den Gebärmutterhals (Cervix uteri). Sie unterliegt im Laufe des Lebens und insbesondere während der Schwangerschaft erheblichen Veränderungen. Von der Pubertät bis zu den Wechseljahren entwickelt sich die Gebärmutterschleimhaut (Endometrium) jeden Monat auf bestimmte Weise, um einer möglichen befruchteten Eizelle einen entsprechenden Nährboden zum Wachsen zu bieten. Kommt es nicht zu einer Befruchtung der Eizelle, so wird ein Großteil der speziell entwickelten Gebärmutterschleimhaut während der Menstruation abgestoßen und dann im nächsten Zyklus erneut aufgebaut. Der etwa 2,5 Zentimeter lange Gebärmutterhals ist zylinderförmig und endet im hinteren Scheidenteil. Er wird von einem feinen Kanal durchzogen, der die Gebärmutterhöhle mit der Scheide verbindet. Mit dem Finger kann man den in die Scheide hineinragenden Teil des Gebärmutterhalses (Portio) als runde Erhebung und die Öffnung des Halskanales, den sogenannten Muttermund (Ostium uteri), als flache Vertiefung tasten.
Dieser äußere Muttermund ist bei der kinderlosen Frau ein scharfrandiges Grübchen und wird erst nach der ersten Geburt zu einem quergestellten Spalt mit kleinen seitlichen Einrissen.
Während der Schwangerschaft vergrößert sich die Gebärmutter, schafft den Raum und bildet die Ernährungsgrundlage des Fetus. Gleichzeitig wird die Kontraktion der Muskelfasern verhindert, bis der Fetus ausgewachsen ist. Dann beginnt die Gebärmutter mit Kontraktionen (Wehen), der Gebärmutterhals und die Scheide erweitern sich und ermöglichen so den Durchtritt von Baby und Plazenta. Nach der Geburt kommt es zu einer Dauerkontraktion der Gebärmutter, um die mit der Abstoßung der Plazenta eröffneten versorgenden Gefäße zu verschließen. Die Gebärmutter bildet sich dann rasch zu ihrem ursprünglichen Zustand vor der Schwangerschaft zurück.

Die Lage und der Bau der Scheide

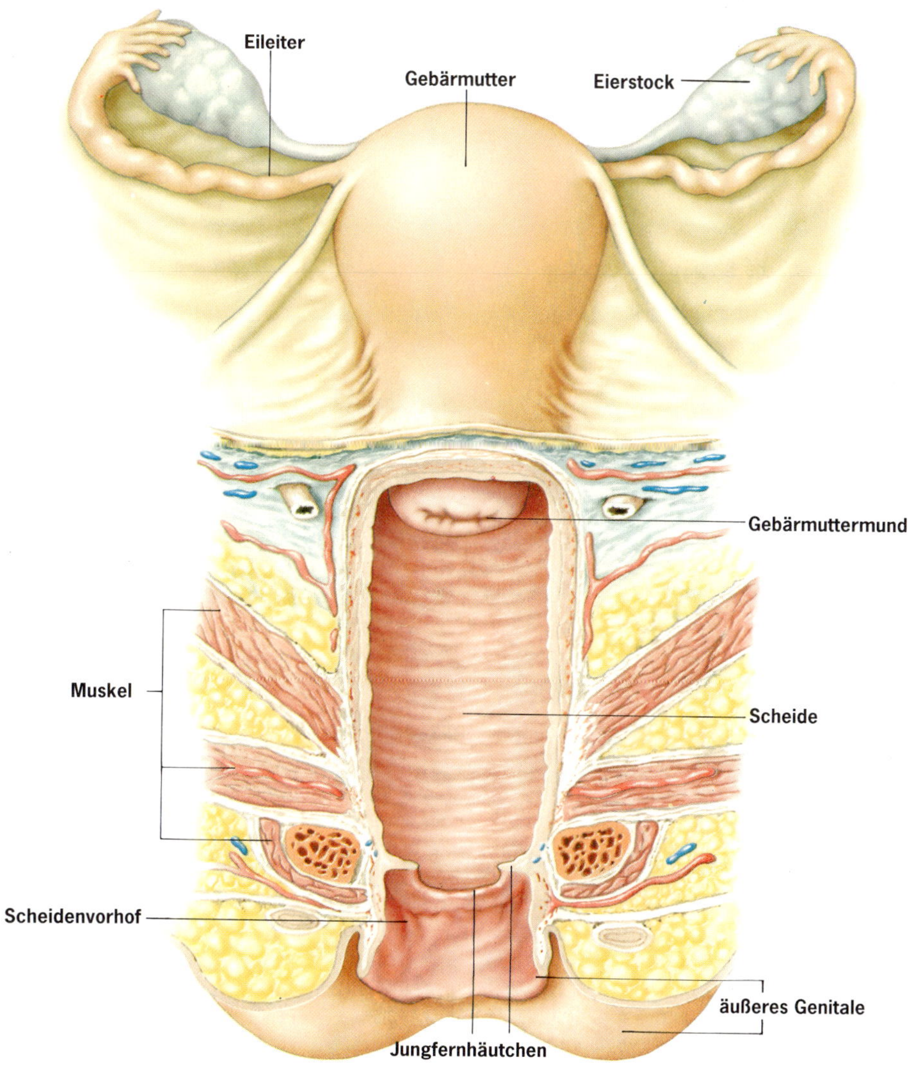

Die Scheide ist eine von Muskeln umgebene Röhre, die den Uterus mit dem äußeren Genitale verbindet

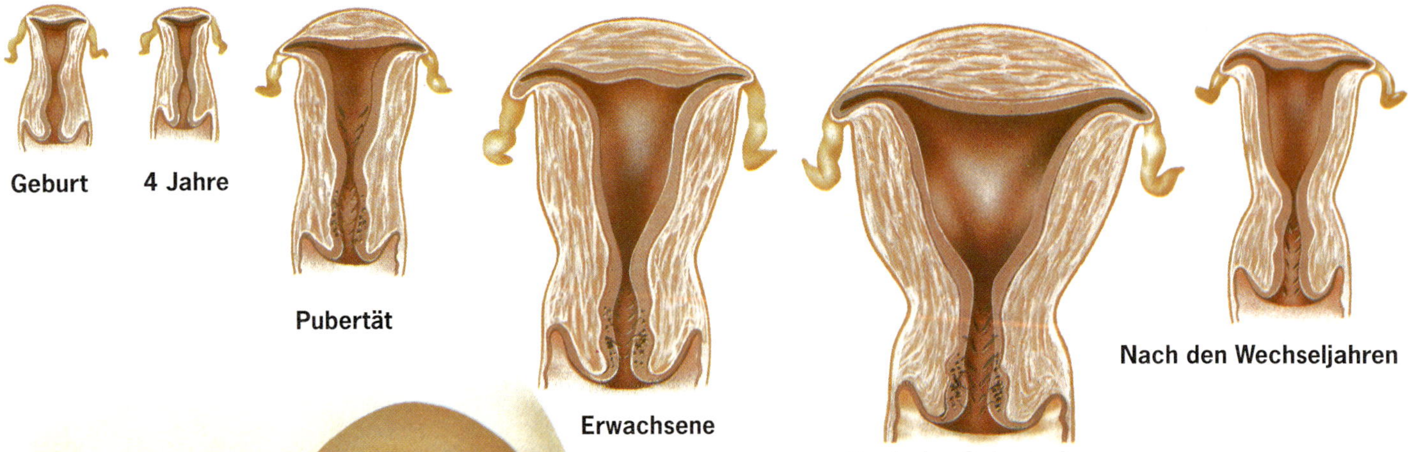

Die normalen Gebärmutterveränderungen in Abhängigkeit vom Lebensalter

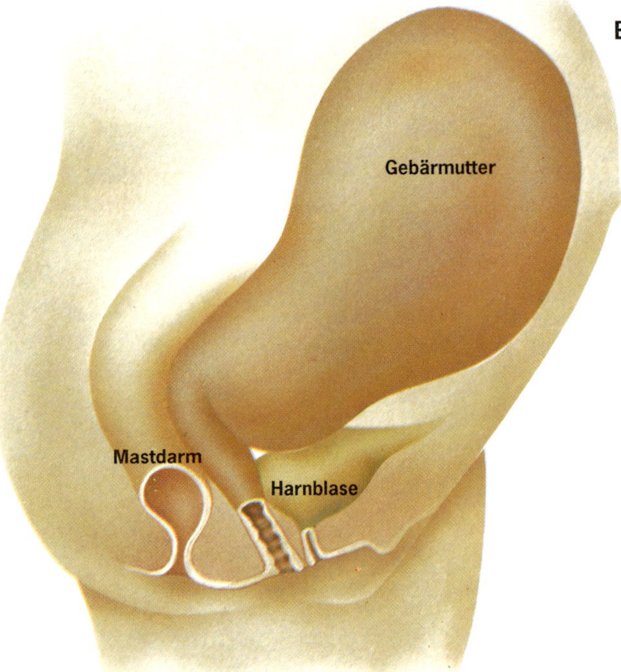

Die Gebärmutter der Hochschwangeren

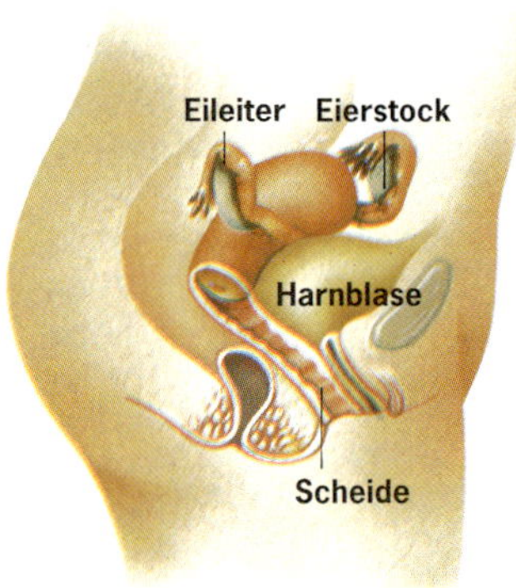

Die Gebärmutter der erwachsenen Frau

In den letzten zwei Monaten der Schwangerschaft kommt es beim weiblichen Fetus unter vermehrtem Einfluß der mütterlichen Geschlechtshormone zu einer Vergrößerung der Gebärmutter, die sich nach der Geburt zunächst wieder zurückbildet. Unter dem Hormoneinfluß der einsetzenden Pubertät wächst dann der Uterus zur normalen Erwachsenengröße heran, die etwa im Alter von 15 Jahren erreicht ist. Nach einer Schwangerschaft bildet sich der Uterus zwar wieder zurück, bleibt jedoch im Vergleich etwas vergrößert. Nach den Wechseljahren wird er dann wieder kleiner. Der normale Uterus liegt etwa in einem 90-Grad-Winkel nach vorne geknickt (Anteflexio uteri)

Die Gesamtheit der Wandlungen und Funktionsänderungen der Gebärmutter wird durch Hormone der Hypophyse und der Eierstöcke und durch ähnliche, in der Gebärmutter selbst gebildete Substanzen, die Prostaglandine, hervorgerufen und gesteuert. Das komplizierte Zusammenspiel der Hormone ist bis heute noch nicht in allen Einzelheiten geklärt.

Die Lage der Gebärmutter

Bei der erwachsenen Frau ist die im kleinen Becken gelegene Gebärmutter 7 bis 9 Zentimeter lang und ähnelt in ihrer Form einer kleinen, nach hinten etwas abgeplatteten Birne. Dem schmalen Birnenende entspricht der Gebärmutterhals, dem breiten Ende der Gebärmutterkörper. Von der oberen Gebärmutterkuppe, dem Gebärmuttergrund (Fundus uteri), gehen zur Seite die Eileiter ab, die monatlich das von einem Eierstock freigesetzte Ei aufnehmen. Auf diese Weise bildet die Gebärmutter eine Art Kanal zwischen Bauchhöhle und Außenwelt.

Spezielle Mechanismen schützen vor in die Bauchhöhle aufsteigenden Infektionen. Die Schleimhaut des Gebärmutterhalskanales setzt Antikörper frei, und das saure Scheidenmilieu verhindert das Wachstum krankheitserregender Keime.

Die normalerweise nach vorn geknickte Gebärmutter liegt vorne der Blase auf, nach hinten grenzt sie an den Enddarm. Sie wird von der Beckenbodenmuskulatur, dem umgebenden Bindegewebe und speziellen Bandstrukturen, den Mutterbändern, in ihrer natürlichen Lage gehalten und seitlich von an die Wand herantretenden Blutgefäßen mit notwendigen Substanzen ernährt.

Während der Schwangerschaft vergrößert sich die Gebärmutter, und man kann sie etwa in der 12. Woche knapp über dem Schambein tasten. In der 38. Woche erreicht ihr Oberrand den unteren Rippenrand und tritt dann bis zur Geburt etwa 2 Wochen später 2 bis 4 Zentimeter tiefer. Nach der Geburt ist die Gebärmutter normalerweise nicht mehr durch die Bauchdecken tastbar.

Die Veränderungen der Gebärmutter werden, wie bereits erwähnt, von den Geschlechtshormonen bestimmt. Diese sind auch verantwortlich für die Änderungen der Gebärmutterschleimhaut während des Zyklus. In der ersten Hälfte des Menstruationszyklus wächst die Gebärmutterschleimhaut (Endometrium) bis zum Zeitpunkt des Eisprungs heran. Dann hört das Wachstum auf, und es werden eine Reihe von Nährsubstanzen abgegeben, die das Wachstum des befruchteten Eies ermöglichen. Wird kein Ei befruchtet, so wird der angewachsene Teil der Schleimhaut während der Periode ausgestoßen.

Die Eierstöcke

Die Eierstöcke (Ovarien), Teile des weiblichen Fortpflanzungssystems, bilden Eizellen (Ova) und geben sie in die Eileiter ab. Mit der Befruchtung der Eizelle (Ovum) durch eine männliche Samenzelle (Spermium) beginnt ein neues menschliches Leben. Von der ersten Periode in der Pubertät (Menarche) bis zur

letzten Periode der Wechseljahre (Menopause) geben die Eierstöcke normalerweise eine Eizelle pro Periode ab. Sie spielen zudem mit ihrer Hormonproduktion eine wichtige Rolle im endokrinen System des Körpers. Die beiden Eierstöcke sind graurosa, etwa pflaumengroße (4 x 1 Zentimeter) Gebilde, die beiderseits der Gebärmutter an der Seitenwand des kleinen Beckens liegen. Elastische Bänder fixieren sie in ihrer Lage. Unmittelbar über ihnen mündet der Eileiter mit seiner trichterförmigen Öffnung. Obwohl Eileiter und Eierstock eng beieinanderliegen, besteht keine direkte gewebige Verbindung zwischen ihnen.
Bei der geschlechtsreifen Frau besitzen die Eierstöcke eine unruhige Oberfläche. Bei mikroskopischer Betrachtung zeigt sich, daß in dieser sogenannten Rindenschicht die heranreifenden Eizellen von einer Art Bläschen (Follikel) umgeben sind.
Die Ovarialfollikel sind in ihren unterschiedlichen Entwicklungsstufen als Primärfollikel, Sekundärfollikel (reifender Follikel) und Tertiärfollikel (Graafscher Bläschenfollikel) über die gesamte Rindenschicht verteilt. Nach dem Eisprung aus einem reifen Graafschen Follikel (bis zu 2 Zentimeter Durchmesser) bilden diese die Höcker an der Oberfläche des Eierstocks. Das Zentrum oder die Markzone (Substantia medullaris) des Eierstocks besteht aus blutgefäß- und nervenführendem Bindegewebe.

Der Eisprung

Unter dem Mikroskop stellt sich der reife Graafsche Follikel als kleines, einen Zellhügel enthaltendes Bläschen dar. Im Zentrum dieses Zellhügels liegt die reife Eizelle. Sind Follikel und Eizelle herangereift, so drängt sich der Follikel gegen die äußere Zellage des Eierstocks vor, bis dieser einreißt und das Ei, umgeben von einem Kranz von Follikelzellen, in die freie Bauchhöhle ausgeschwemmt wird. Hier wird sie von dem unmittelbar gegenüber der Eisprungstelle gelegenen Fimbrientrichter des Eileiters aufgenommen und in Richtung Gebärmutter weitertransportiert. Die genauen Vorgänge sind noch nicht bis in alle Einzelheiten geklärt.
Außer als Eizellproduzenten fungieren die Eierstöcke auch als endokrine Drüsen. Diese Funktion steht unter der Kontrolle der Hypophyse. Zunächst produziert die Hyophyse das follikelstimulierende Hormon (FSH), das mit dem Blutstrom die Eierstöcke erreicht. Hier stimuliert es die Heranreifung einer Eizelle und auch die Produktion des Hormones Östrogen. Unter Einfluß des Östrogens beginnt das Wachstum der Gebärmutterschleimhaut als Vorbereitung auf die Aufnahme der befruchteten Eizelle.
Etwa in Zyklusmitte setzt die Hypophyse vermehrt ein weiteres Hormon, das luteinisierende Hormon (LH), frei, worauf nach kurzer Zeit der Eisprung und anschließend die Bildung des sogenannten Gelbkörpers (Corpus luteum) aus den Zellen des nun leeren Follikels erfolgt. In diesem Gelbkörper findet die Produktion eines weiteren Geschlechtshormons, des Progesterons, statt. Das Progesteron dient der Vorbereitung des Organismus auf die Schwangerschaft.
Wird die Eizelle nicht befruchtet, so bildet sich der Gelbkörper zurück, die Progesteronproduktion nimmt ab. Dadurch, daß nun die schützende Wirkung des Progesterons auf die während des Zyklus herangewachsene oberflächliche Schicht der Gebärmutterschleimhaut (Funktionalis) ausbleibt, wird sie abgebaut und als Regelblutung (Menstruation) ausgestoßen. Nun steigt die FSH-Produktion wieder an, und der Zyklus beginnt von neuem. Kommt es zur Befruchtung der Eizelle, so bildet sich der Gelbkörper nicht zurück und produziert Progesteron, bis sich die Plazenta vollständig entwickelt hat.

Die Abbildung zeigt den Eierstock mit Primär-, Sekundär- und Tertiärfollikeln, Corpus luteum und Corpus albicans

Die Lage, der Bau und die Funktion der Eierstöcke

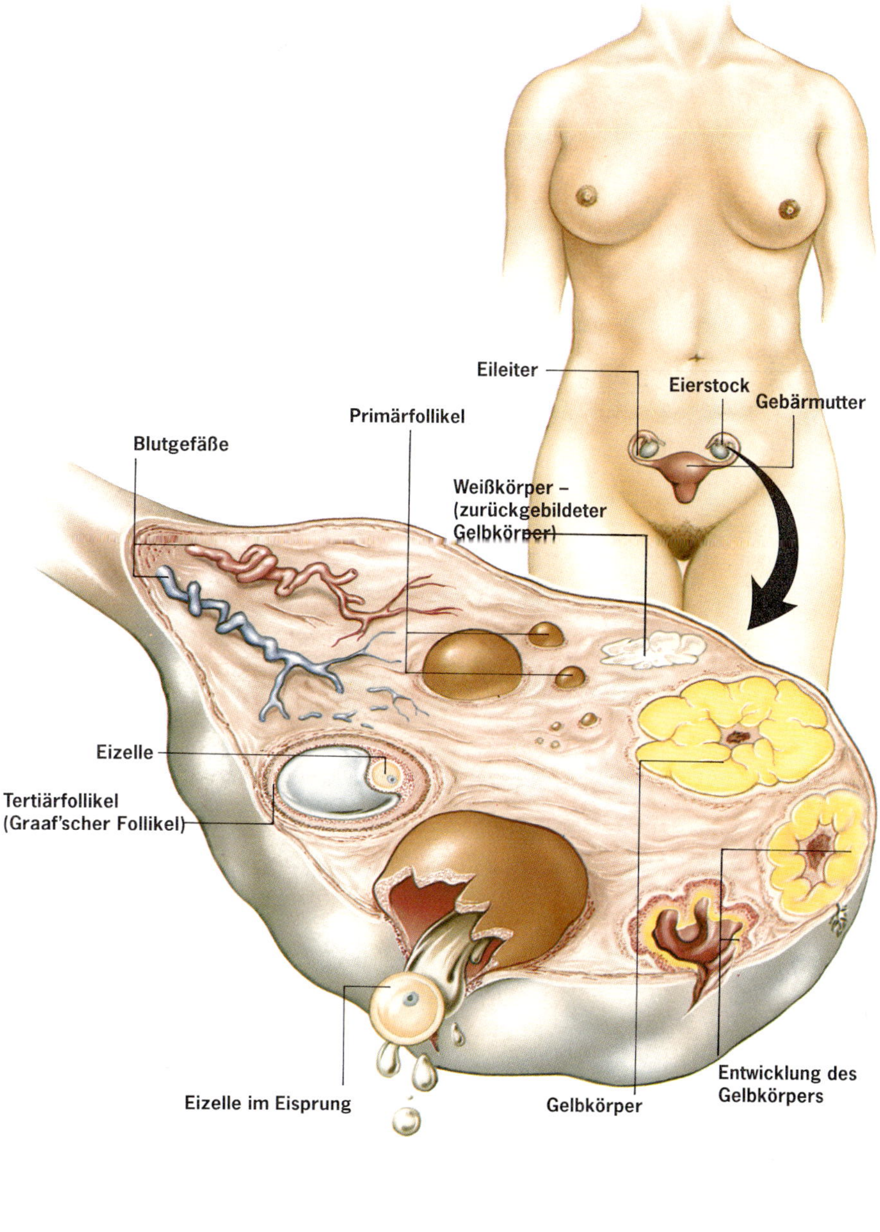

Die Regelblutung

Der Eierstock ist bereits im dritten Fetalmonat weitgehend entwickelt. Während der sogenannten Vermehrungsperiode entstehen durch wiederholte Teilungen bis zum fünften und sechsten Fetalmonat etwa 6 Millionen Eizellvorstufen, sogenannte Ureier (Oogonien). Die meisten von ihnen gehen noch während des Fetallebens zugrunde, bei der Geburt sind in jedem Ovar noch etwa 200000 Ureier verblieben, die noch vor der Geburt in die weitere Reifeentwicklung eingetreten sind und in diesem Entwicklungsstadium als sogenannte Oozyten im Primärfollikel vorliegen. Bis zur Pubertät gehen auch die meisten dieser Primärfollikel zugrunde; mit ihrem Beginn treten einige der verbliebenen 20000 Primärfollikel jedes Ovars in die weitere Entwicklung zum Sekundärfollikel (wachsender Follikel) ein. In jedem Zyklus reift dann ein Sekundärfollikel zum Tertiärfollikel (Graafschen Follikel) heran, der die nun reife Eizelle (Ovum) im Eisprung (Ovulation) aus dem Eierstock entläßt. Letztlich verlassen also während der geschlechtsreifen Jahre etwa 400 bis 500 Eizellen die Eierstöcke.

Zu dem Zeitpunkt, an dem die Eierstöcke mit der Östrogenproduktion und -freisetzung beginnen, können sie noch keine reifen Eizellen entlassen. Diese frühe Östrogenproduktion führt zu den körperlichen Veränderungen, die das Einsetzen der Pubertät kennzeichnen, dem Wachstum der Brüste, des Schamhaares und der Erweiterung des Beckengürtels. Diese Veränderungen treten meist 1 Jahr vor der ersten Regelblutung (Menarche) auf.

Die Regelblutung (Menstruation) stellt nur eine Phase des weiblichen Zyklus (Menstruationszyklus) dar. Der Zyklusablauf wird im einzelnen von Hormonen der Hirnanhangdrüse und der Eierstöcke gesteuert.

4 bis 5 Jahre vor Auftreten der Menarche wird über Steuerung des Hypothalamus vermehrt Wachstumshormon (STH, somatotropes Hormon) aus der Hirnanhangdrüse freigesetzt. Dies bewirkt das schnelle Längenwachstum während dieser Zeit, das normalerweise 2 Jahre vor der Menarche seinen Höhepunkt erreicht und sich dann verlangsamt.

Im Körper bewirkt der zyklische Anstieg und Abfall der Hirnanhangdrüsen- und Eierstockhormone die Aufrechterhaltung des Menstruationszyklus. Die Blutung setzt ein, wenn mit Abbruch der Progesteron- und Rückgang der Östrogenproduktion der unterstützende Einfluß auf die Entwicklungsschicht der Gebärmutterschleimhaut (Funktionalis des Endometriums) entfällt und diese abgestoßen wird. Durch Eröffnung kleinerer Blutgefäße kommt es zu einer mehr oder weniger starken Blutung. Das Blut wird dann zusammen mit den Schleimhautanteilen ausgeschieden.

Da in der Entwicklung zunächst noch viele Zyklen ohne Eisprung (anovulatorisch) verlaufen, treten die Zyklen unregelmäßig und auch die Blutungen zum Teil in unterschiedlicher Stärke und Länge auf. Es kann Monate, unter Umständen sogar 1 bis 2 Jahre dauern, bis die Reifung der Fortpflanzungsorgane abgeschlossen und der Zyklus regelmäßig geworden ist.

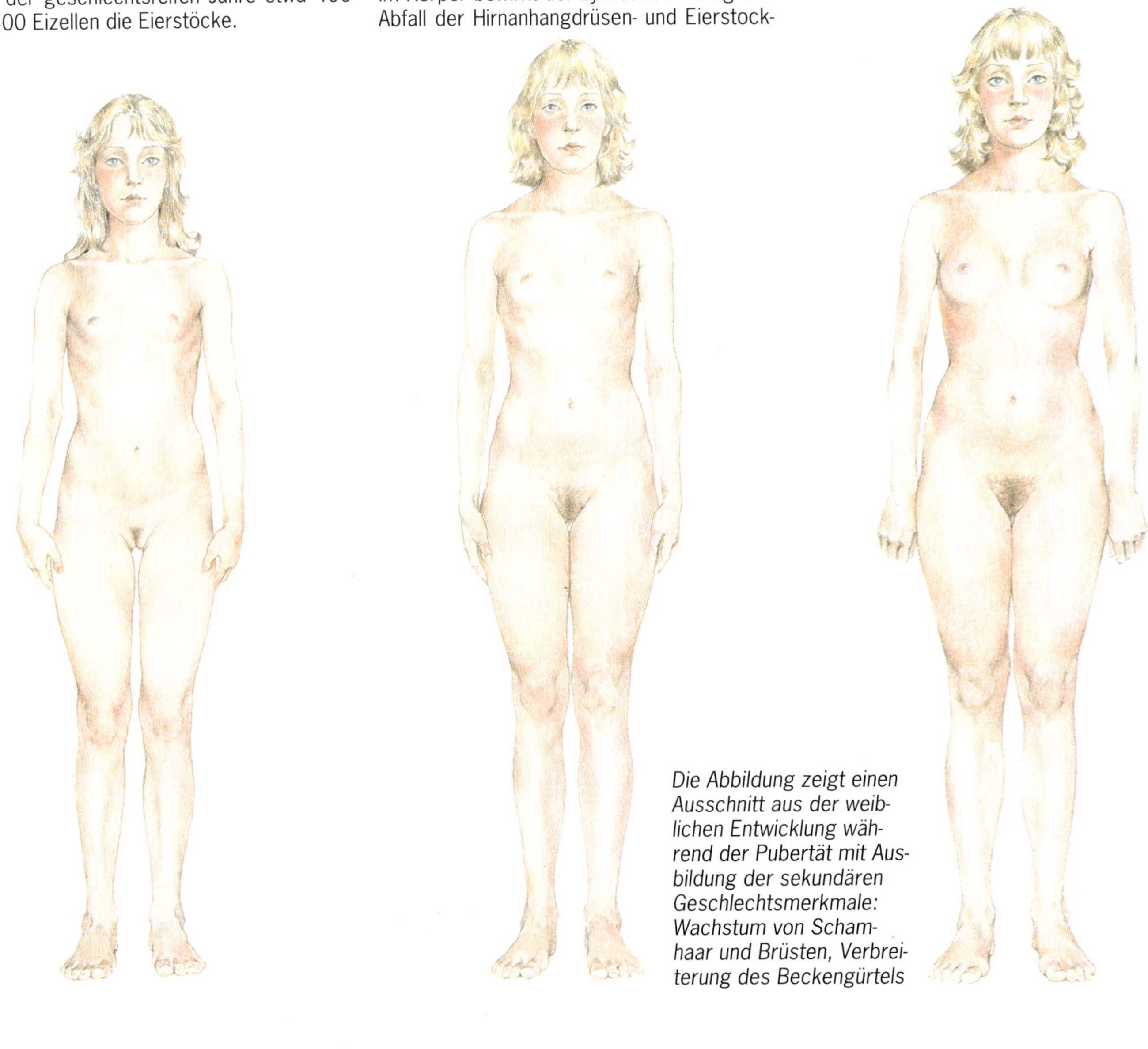

Die Abbildung zeigt einen Ausschnitt aus der weiblichen Entwicklung während der Pubertät mit Ausbildung der sekundären Geschlechtsmerkmale: Wachstum von Schamhaar und Brüsten, Verbreiterung des Beckengürtels

Die Östrogenproduktion und die Reifung der Eizelle

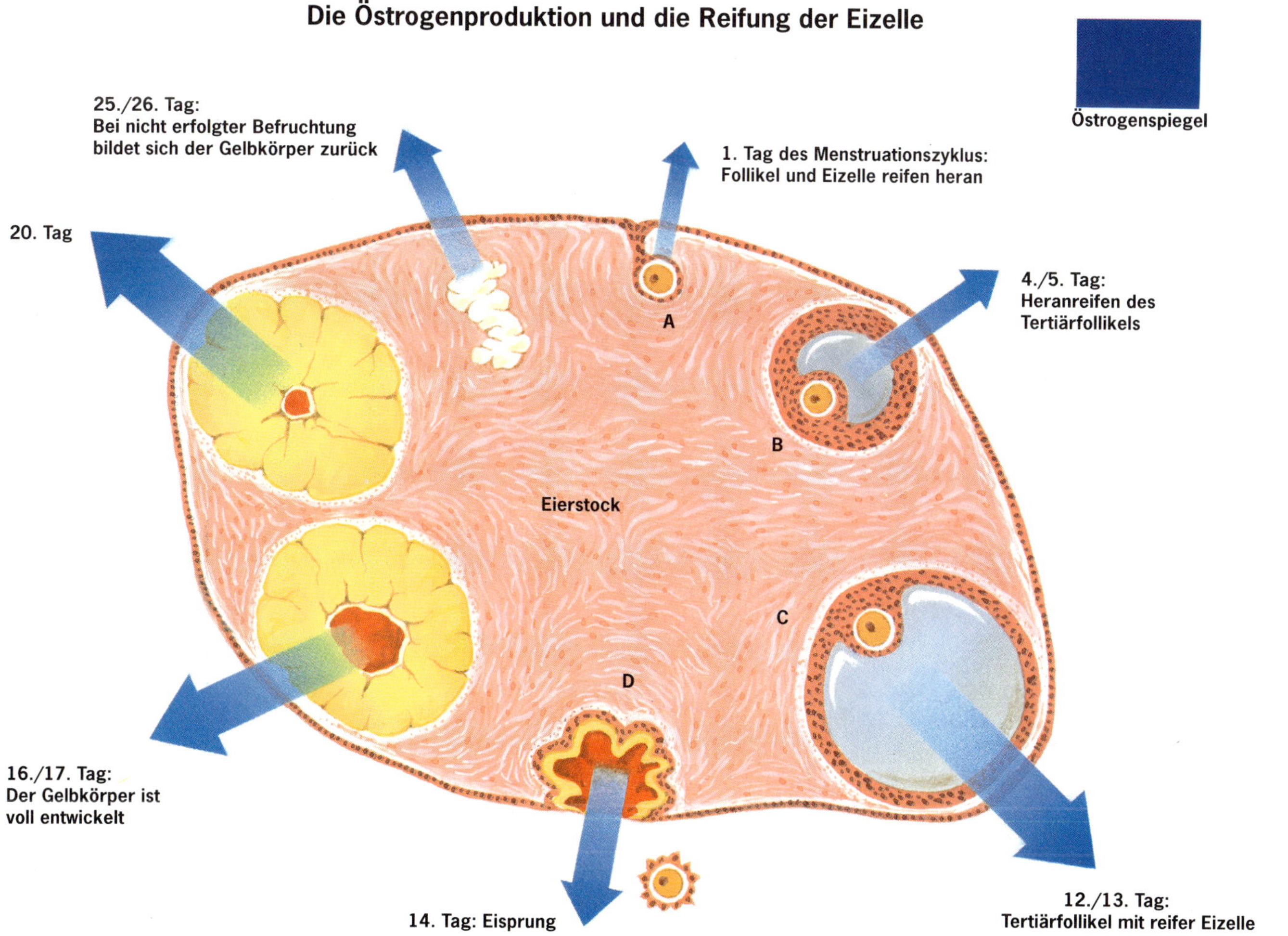

Der Menstruationszyklus

Die Zeit vom ersten Tag der Regelblutung bis zum ersten Tag der nächsten wird als Menstruationszyklus bezeichnet. Während des Zyklus unterliegen die Fortpflanzungsorgane einer Reihe von Änderungen, die den Eisprung, die Aufnahme und den Weitertransport im Eileiter und schließlich das Wachstum einer befruchteten Eizelle in der Gebärmutterschleimhaut ermöglichen. Die Eizelle beziehungsweise der wachsende Embryo wird zunächst mit Nährstoffen, die die Schleimhaut abgibt, versorgt, bis über Mutterkuchen (Plazenta) und Gebärmutter ein Anschluß an die mütterlichen Blutgefäße aufgebaut ist.

Wird das Ei nicht befruchtet, so wird die aufgebaute oberflächliche Schleimhautschicht mit der Menstruation abgestoßen. Im nächsten Zyklus entsteht dann aus der Regenerationsschicht eine neue Schleimhaut.

Der komplizierte periodische Ablauf des Zyklus wird vom Hypothalamus, einer inneren Uhr vergleichbar, gesteuert. Die Steuerung erfolgt über die Hirnanhangdrüse, die neben anderen Hormonen auch die zwei, für die Fortpflanzung bedeutenden Hormone, LH und FSH, freisetzt. Ihr abgestimmtes Zusammenspiel ist verantwortlich für die Östrogen- und Progesteronproduktion der Eierstöcke, die Reifung der Eizelle und den Eisprung.

Die heranreifende Eizelle ist von hormonproduzierenden Follikelzellen umgeben. In der Hauptsache produzieren die Follikelzellen des Graafschen Follikels das Östrogen. Der Anstieg der Östrogenproduktion während der ersten Zyklusphase führt zu einem Wachstum der basalen Gebärmutterschleimhautschicht (Basalis des Endometriums) zu der bis zu 8 Millimeter dicken, viele Drüsenschläuche enthaltenden Funktionalis. Sie führt auch zu einer Verminderung der Zähigkeit (Viskosität) des Gebärmutterhalssekretes (Zervikalsekretes). Dies erleichtert den Durchtritt des Samens.

15 Tage vor Beginn der nächsten Regelblutung setzt die Hirnanhangdrüse eine größere Menge des luteinisierenden Hormons (LH) frei. Auf diesen sogenannten LH-Gipfel folgt etwa 30 Stunden später der Eisprung in den Fimbrientrichter des Eileiters, der dann das Ei in Richtung Gebärmutter transportiert. Die Befruchtung findet normalerweise im Eileiter statt. Die Follikelzellen des Graafschen Follikels unterliegen nun einer Wandlung und lagern Fettsubstanzen ein, es entsteht der Gelbkörper (Corpus luteum). Zusätzlich zur weiteren Östrogenproduktion nehmen bestimmte Follikelzellen jetzt auch die Bildung des Progesterons auf. Unter dem Progesteroneinfluß beginnt die sekretorische Umwandlung (sekretorische Transformation) der Funktionalis. Die Schleimhaut lagert Flüssigkeit ein, und die Drüsen beginnen mit der Produktion von Nährstoffen. Gleichzeitig wird die Menge des Gebärmutterhalssekretes vermindert und seine Viskosität wieder erhöht, so daß das Durchdringen weiterer Samenzellen erschwert ist.

Wird das Ei nicht befruchtet, so bildet sich der Gelbkörper zurück und stellt seine Hormonproduktion ein. Die Follikelzellen wandeln sich zu Bindegewebszellen um, und es entsteht eine Narbe, der sogenannte Weißkörper (Corpus albicans). Auf den Abfall des Progesteronspiegels hin kontrahieren sich die Blutgefäße der Gebärmutterschleimhaut, wodurch die Funktionalis nicht mehr ausreichend mit Blut versorgt wird und zugrunde geht. Mit ihrer Abstoßung beginnt dann die Regelblutung.

Die Östrogenproduktion der Eierstöcke variiert im Menstruationszyklus. Mit dem Heranreifen eines Primärfollikels (A bis C) steigt die Östrogenproduktion bis zum Zeitpunkt des Eisprungs (D) an. Mit Ausbildung des Gelbkörpers aus den verbleibenden Follikelzellen sinkt die Östrogenproduktion auf ein etwas niedrigeres Niveau, gleichzeitig steigt jedoch die Progesteronproduktion an. Findet keine Befruchtung statt, so sinkt mit Rückbildung des Gelbkörpers sowohl die Östrogen- als auch die Progesteronproduktion, es beginnt die Menstruation und damit der Zyklus von neuem

Die Empfängnis und die Fortpflanzung

Die Vereinigung einer Samenzelle mit einer Eizelle bezeichnet man als Empfängnis (Konzeption). Es handelt sich hierbei um einen komplexen Vorgang, dessen Ablauf von vielen Voraussetzungen abhängt.

Findet der Beischlaf um den Zeitpunkt des Eisprunges statt, so ist die Wahrscheinlichkeit einer Empfängnis sehr hoch. Jeder Samenerguß enthält etwa 4 Millionen Samenzellen, die durch die Flüssigkeit von Samenbläschen und Prostata vor dem sauren Scheidenmilieu geschützt sind.

Wenn die Samenzellen in die Scheide gelangt sind, wandern sie über den Gebärmutterhalskanal in die Gebärmutter. Dabei bewegen sie sich durch den peitschenähnlichen Schlag ihres Schwanzfadens fort. Nur wenige Samenzellen erreichen schließlich die zu diesem Zeitpunkt noch im Eileiter befindliche Eizelle, die meisten gehen im sauren Scheidenmilieu oder auf dem Weg zum Eileiter zugrunde. Dies verhindert, daß kranke oder geschädigte Samenzellen mit verminderter Beweglichkeit die Eizelle befruchten.

Die Bildung der Blastozyste

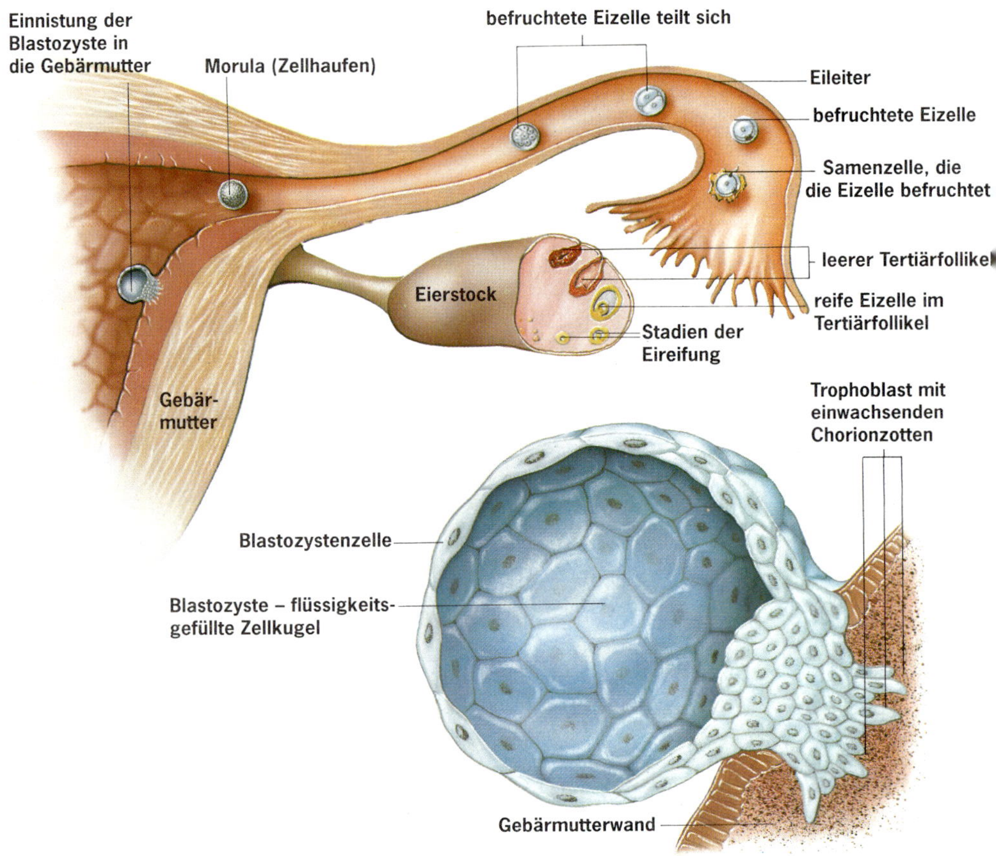

Die befruchtete Eizelle teilt sich kontinuierlich und bildet bei Eintritt in die Gebärmutter bereits einen soliden Zellhaufen (Morula), bei der späteren Einnistung in die Gebärmutter eine Zellkugel (Blastozyste)

Die Befruchtung

Die Millionen von Samenzellen werden zunächst durch Nährstoffe in der leicht alkalischen Samenflüssigkeit, dann durch die des alkalischen Zervikalsekrets und schließlich die der Gebärmutter- und der Eileiterschleimhaut ernährt. Der Weg zum Eileiter, etwa eine Strecke von 20 Zentimetern, wird im Mittel in 45 Minuten zurückgelegt. Die Lebensdauer der Samenzellen beträgt etwa 72 Stunden. Findet in dieser Zeit ein Eisprung statt, so kann die Befruchtung stattfinden.

Bei der Befruchtung dringt zunächst eine Samenzelle in die Eizelle ein (Imprägnation), und dann verschmelzen die Kernanteile von Ei- und Samenzelle zu einem gemeinsamen Kern (Konjugation). Die Samenzellen tragen bestimmte Enzyme, die ihnen das Eindringen durch die äußere Eihülle ermöglichen. Ist eine Samenzelle in die Eizelle eingedrungen, so verhindern Veränderungen der Eihülle das Eindringen weiterer Samenzellen. Die Vereinigung von Ei- und Samenzelle muß innerhalb der ersten Stunden nach dem Eisprung stattfinden, da die unbefruchtete Eizelle nur 4 bis 5 Stunden lebensfähig ist.

Die befruchtete Eizelle, die nun einen vollständigen Chromosomensatz (46) enthält, beginnt mit der Zellteilung in zunächst zwei Zellen, dann vier, acht und so weiter. Gleichzeitig wird sie in Richtung Gebärmutter transportiert, wobei der Eintritt in die Gebärmutterhöhle (Cavum uteri) etwa am vierten Tag nach dem Eisprung (postovulationem) erfolgt. Die Frucht erreicht dann etwa am 6. Tag ihren endgültigen Einnistungsort (Implantationsort), meist an der Hinterwand des Gebärmutterkörpers. An dieser Stelle haftet das Ei an der Gebärmutterschleimhaut und tritt mit ihr in Wechselwirkungen, ein Vorgang, den man als Einnistung (Implantation) bezeichnet. Durch kompliziertere Differenzierungsschritte bildet sich der Mutterkuchen, die Plazenta, die den Kontakt der Frucht mit den mütterlichen Blutgefäßen und damit ihre Ernährung auf dem Blutweg ermöglicht. Sobald das Ei befruchtet ist, produziert es das Hormon HCG (Human-Choriongonadotropin), das den Gelbkörper zur weiteren Östrogen- und Progesteronproduktion anregt und damit den Umbau und die Abstoßung der Gebärmutterschleimhaut verhindert.

Die Plazenta und ihre Funktion

Die Plazenta entwickelt sich, nachdem sich die Frucht in der Gebärmutterschleimhaut eingenistet hat. Die Frucht wird in diesem Entwicklungsstadium als Trophoblast bezeichnet. Etwa in der 12. Schwangerschaftswoche ist die Plazenta vollständig entwickelt, sie bildet als eine Art selbständiges Organ die Stoffwechselbrücke zwischen mütterlichem Körper und kindlicher Frucht. Zum Zeitpunkt der Geburt wiegt die spongiöse, diskusförmige, tiefrote Plazenta etwa 500 Gramm. Zwar trennen zwei Zellagen in der Plazenta den mütterlichen und kindlichen Blutkreislauf voneinander, durch diese sogenannte Plazentaschranke findet jedoch der Austausch von Sauerstoff und Kohlendioxyd sowie zahlreichen Nährstoffen (Glukose, Fette, Aminosäuren) und Stoffwechselprodukten statt. Der Fetus ist mit der Plazenta über die gefäßführende Nabelschnur verbunden.

Die Plazenta verhindert auch den Übertritt von schädlichen Substanzen auf den Fetus. Trotzdem sind eine Reihe von Medikamenten, Giften, wie Nikotin aus Zigarettenrauch, und Alkohol plazentagängig und können dem Kind schaden. Eine Reihe mütterlicher Antikörper können die Plazentaschranke passieren.

Zudem produziert die Plazenta eine Reihe von Hormonen, die nicht nur für den ungestörten Ablauf der Schwangerschaft verantwortlich sind. So wird beispielsweise die Bildung neuer befruchtungsfähiger Eizellen gehemmt, die Entwicklung der Brüste und ihrer Milchdrüsen angeregt und die typische Fettspeicherung an Bauch, Hüften, Gesäß und Oberschenkeln gefördert. Auch wird das Wachstum der Gebärmutter stimuliert und die Kontraktion ihrer Muskulatur gehemmt, bis der Fetus herangereift ist. Zum Zeitpunkt der Geburt sorgen bestimmte, auch von ihr gebildete Hormone für die Gebärmutterkontraktionen, die Wehen.

Die Entwicklung des Fetus

Das ungeborene Kind wird bis zum Abschluß der Organentwicklung, etwa bis Ende des dritten Schwangerschaftsmonats, als Embryo und ab diesem Zeitpunkt als Fetus bezeichnet. Die statistische Berechnung der normalen Schwangerschaftsdauer orientiert sich an den Angaben über den ersten Tag der letzten Menstruation. Hieraus wurde eine durchschnittliche Schwangerschaftsdauer von 280 bis 282 Tagen ermittelt. Da die Befruchtung normalerweise 14 Tage nach dem Menstruationsbeginn stattfindet, ergibt sich für die eigentliche Schwangerschaftsdauer nach Befruchtung ein Mittelwert von 267 Tagen. Sofern kein spezieller Berechnungskalender (Gravidarium) vorliegt, berechnet man den Geburtstermin nach der einfachen Naegelschen Regel. Der Geburtstermin ermittelt sich demzufolge aus dem Datum des letzten Menstruationsbeginns plus 9 Kalendermonate plus 7 Tage. Diese Berechnung bezieht sich auf einen normalen 28tägigen Zyklus. Ist dieser länger oder kürzer, so müssen diese Tage zugezählt oder abgezogen werden. Ausgehend von der etwa 9monatigen Schwangerschaft wird diese in 3 Trimester eingeteilt.

Das erste Trimester

1. Woche: Die sich teilende Eizelle erreicht am vierten Tag nach Eisprung die Gebärmutterhöhle als Zellhaufen (Morula). Durch weitere Teilungen entsteht in den nächsten 3 Tagen eine hohle Zellkugel (Blastozyste).
2. Woche: Am siebten Tag nach Eisprung nistet sich die Blastozyste normalerweise in die Gebärmutter ein (Implantation). Die Blastozyste ist mittlerweile mit bloßem Auge sichtbar. Sie differenziert sich nun unter weiteren Zellteilungen zum Trophoblasten und Embryoblasten. Der zur Gebärmutterschleimhaut hin gelegene Trophoblast wächst mit fingerförmigen Fortsätzen in sie ein und nimmt schließlich Kontakt mit den Schleimhautblutgefäßen auf, um so die weitere Versorgung des sich zum Embryo entwickelnden Embryoblasten sicherzustellen. Im Embryoblasten bilden sich Anlagen für Herz und Blutzellen aus.
3. Woche: Unter hormonellen Einflüssen wird die Durchblutung der Gebärmutterschleimhaut gesteigert, um eine ausreichende Ernährungsgrundlage zu schaffen. Im Laufe der nächsten Wochen entwickelt sich aus dem Trophoblasten und der Gebärmutterschleimhaut die Plazenta, die zwischen drittem und sechstem Schwangerschaftsmonat ihre Reife erreicht.
4. Woche: Die Eihaut (Amnion) ist entwickelt, dadurch die Fruchtblase entstanden. In ihr entwickelt sich die Frucht, umgeben von Fruchtwasser (Amnionflüssigkeit), das eine konstante Temperatur aufrechterhält und vor Erschütterungen schützt. Das embryonale Herz schlägt bereits, zunächst unregelmäßig, doch bald regelmäßiger und schneller als das der Mutter. Auch beginnen sich Wirbelsäule und Nervensystem in dem nun etwa 7 Millimeter langen Embryo zu entwickeln.
5. Woche: Es bilden sich die Organe. Der Kopf wächst, und mit ihm schreitet die Entwicklung des Gehirns fort, das mit einem zunächst noch primitiven Rückenmark verbunden ist. Arme und Beine sind zu erkennen, das Herz-Kreislauf-System ist gut ausgebildet. Blutgefäße des Embryos verbinden sich über die Nabelschnur mit denen der Plazenta.

Der Bau der Plazenta

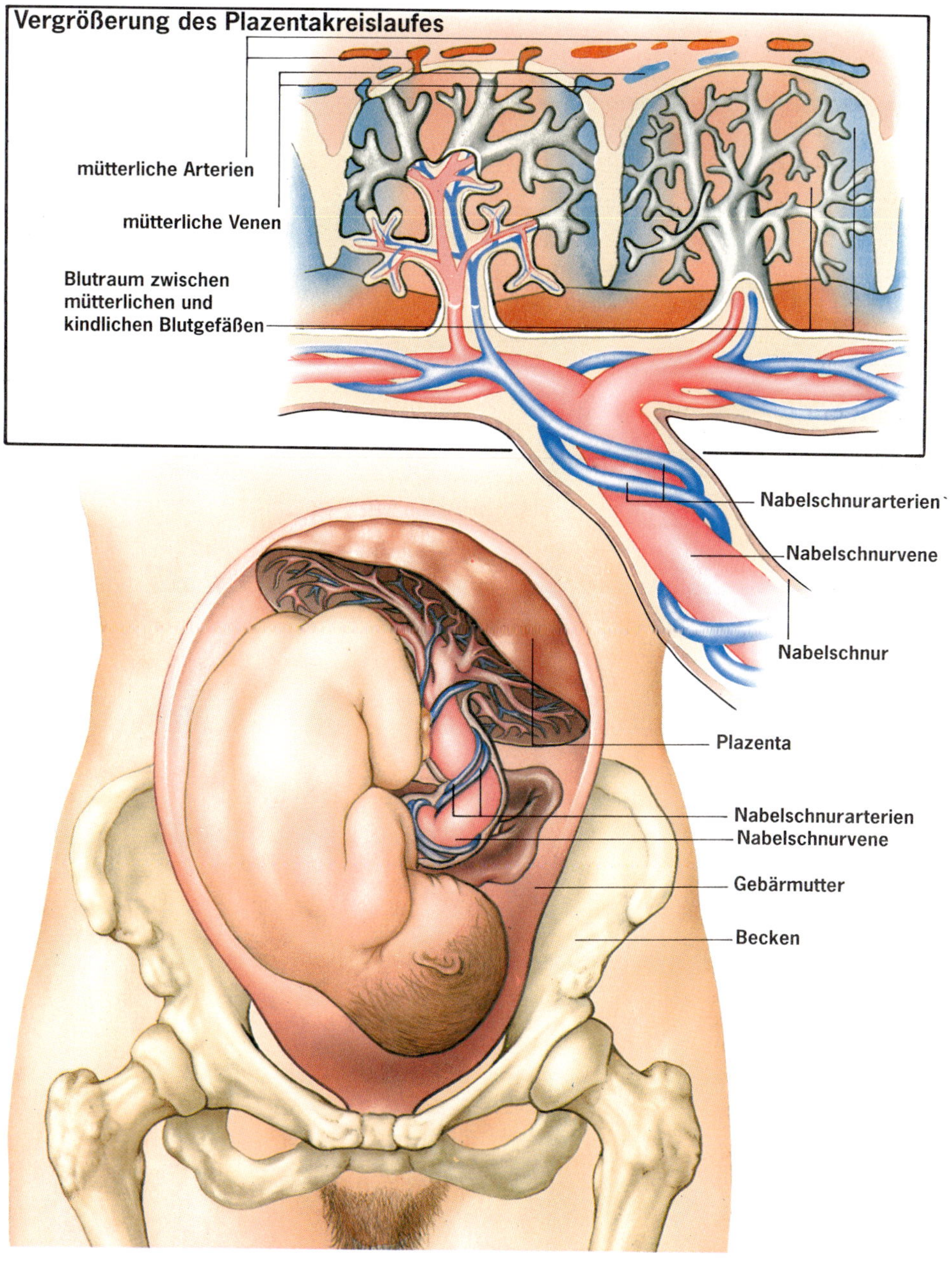

Die Plazenta ist scheibenförmig angelegt und hat die Form eines flachen Topfes. Der Topfboden entsteht aus einer Differenzierung der Uterusschleimhaut und enthält die Aufzweigung zahlreicher Uterusgefäße, die das Blut in eine Art Blutraum abgeben und aus ihm wieder aufnehmen. Der von kindlicher Seite gebildete Plazentateil sendet baumartig verzweigte Zotten in diese Bluträume, die teilweise im mütterlichen Blut flottieren, teilweise mit der Zottenspitze am mütterlichen Plazentaboden befestigt sind. In den Zotten verzweigen sich die Blutgefäße der Nabelschnur. Über die als Trennschranke (Plazentaschranke) fungierenden Zellen der Zottenbäume findet nun der Austausch von Sauerstoff und Kohlendioxyd sowie von Nährstoffen und Abfallprodukten statt

Die Entwicklung der Hand

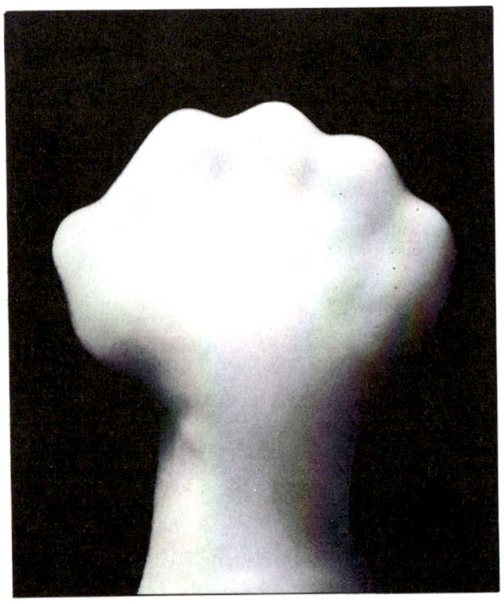

In der 6. Woche bilden sich die Fingerknospen an der noch wenig entwickelten Hand des Embryo

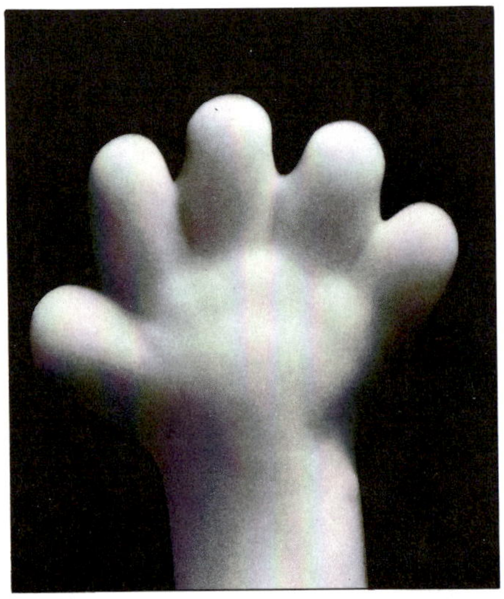

In der 7. Woche beginnt sich die Hand weiter zu formen, man erkennt schon die Fingersepten

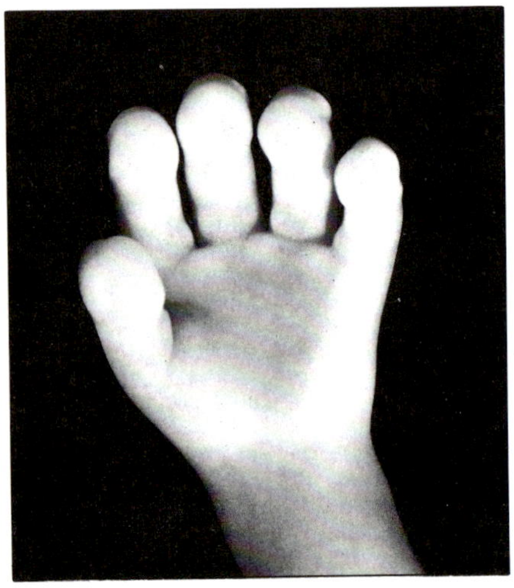

In der 8. Woche sind Daumen und Finger weiterentwickelt und voneinander getrennt

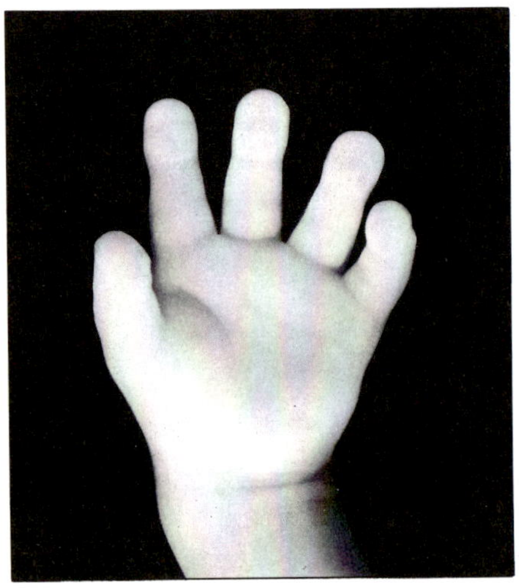

In der 13. Woche sind die Fingerbeeren schmaler, und es entwickelt sich das Nagelbett

Im nun etwa 10 Millimeter langen Embryo beginnt sich der Verdauungstrakt zu entwickeln, beginnend mit Magen und Teilen des Darmes. Auch wenn noch kein Gesicht zu erkennen ist, sieht man doch kleine Einbuchtungen und Vorwölbungen, aus denen Augen, Nase und Mund entstehen.

6. Woche: Die Gehirnentwicklung schreitet schneller voran, es entwickeln sich die inneren Anteile von Ohren und Augen, die noch die Augen überziehende Haut wird später zu den Augenlidern. Es formen sich kleine Grübchen an der Stelle der späteren Nasenlöcher. Die Entwicklung des Verdauungstraktes schreitet weiter fort, Leber und Nieren sind entstanden, jedoch noch nicht funktionstüchtig. An den inzwischen gewachsenen Arm- und Beinknospen erkennt man die Anlagen der Hände und Füße. Am Ende der sechsten Woche ist der Embryo etwa 1,3 Zentimeter lang.

7. Woche: Die Plazenta ist so weit entwickelt, daß der Austausch von Sauerstoff und Nährstoffen des mütterlichen Blutes gegen Kohlendioxyd und Abfallprodukte des kindlichen Blutes wirkungsvoll stattfinden kann. In dieser Zeit findet die entscheidende Entwicklung der inneren Augen- und Ohrenstrukturen statt. Das Herz schlägt kräftiger, die Entwicklung des Verdauungssystems schreitet fort, und die meisten der inneren Organe sind angelegt. Es beginnt das Wachstum der Lungen, die zu diesem Zeitpunkt noch von fester Struktur sind. Es treten geringe, vom Rückenmark ausgehende Bewegungen auf, die Entwicklung des Gesichts geht weiter, und man erkennt den entstehenden Mund. Arme und Beine wachsen, Hüft-, Knie- und Schultergelenke sind gebildet.

8. Woche: Die Augen sind fast vollständig entwickelt, jedoch noch von den nur zum Teil entwickelten Augenlidern bedeckt. Im Gesicht erkennt man nun die Bildung der Nase und an Händen und Füßen die Formung der Finger und Zehen. Auch führen die Gliedmaßen bereits kleinere Bewegungen aus. Der Kopf des nun etwa 4 Zentimeter langen Embryo ist im Verhältnis zum übrigen Körper groß und zum Brustkorb geneigt.

Die Entwicklungsreihe des Embryos von der 3. bis zur 7. Woche. In dieser Zeit verdreifacht sich seine Größe, und es bilden sich die menschlichen Formen aus

Embryo – 24 Tage alt

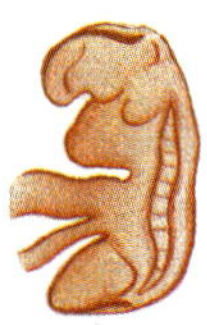

3 mm

Embryo – 28 Tage alt

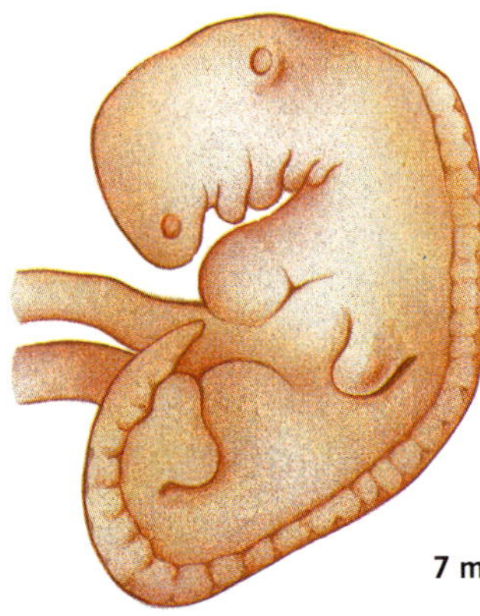

7 mm

9. Woche: Nabelschnur und embryonaler Blutkreislauf sind vollständig ausgebildet. Ebenso das Innenohr, und das äußere Ohr beginnt zu wachsen. Die inneren Organe differenzieren sich weiter, und mütterlicherseits beginnt sich die Gebärmutter zu vergrößern. Das Embryo ist jetzt 4,5 Zentimeter lang.
10. Woche: Das Herz-Kreislauf-System des Embryos ist zur funktionsfähigen Einheit ausgebildet. Es bilden sich die inneren Fortpflanzungsorgane, die äußeren Genitalien sind noch nicht sichtbar. Die Gesichtsentwicklung geht weiter, Arme und Beine sind jetzt vollständig geformt, Finger und Zehen noch durch feine Häute miteinander verbunden. Die Bewegungen nehmen zu, können jedoch von der Mutter noch nicht wahrgenommen werden. Am Ende der zehnten Woche ist das Embryo etwa 5,5 Zentimeter lang.
11. Woche: Das Gehirn ist fast vollständig entwickelt, die Augenlider sind geformt. Es beginnt die Entwicklung der Muskulatur und der äußeren Geschlechtsorgane. Die Plazenta ist nun ein selbständiges Organ, und die Flüssigkeit der Fruchtblase nimmt zwischen der elften und vierzehnten Woche erheblich zu.
12. bis 14. Woche: Fast alle inneren Organe sind jetzt vollständig ausgebildet, können jedoch noch nicht unabhängig funktionieren. Die Gebärmutter kann man jetzt über dem Schambein tasten; man sieht der Mutter jedoch ihre Schwangerschaft in diesem Stadium meist noch nicht an.

Das zweite Trimester

14. bis 16. Woche: Die Gliedmaßen entwikkeln sich weiter, ihre Gelenke sind inzwischen beweglich. Es bilden sich Finger- und Zehennägel, der Körper wird von feinem Haar überzogen, dem sogenannten Flaum (Lanugo).
Nach der 14. Woche ist die Plazenta zu ihrer vollen Reife entwickelt, und der Fetus beginnt rasch zu wachsen. Er wiegt jetzt etwa 135 Gramm bei einer Länge von 12 Zentimetern. Nach der 16. Woche beginnen die Nieren, verdünnten Urin zu produzieren.

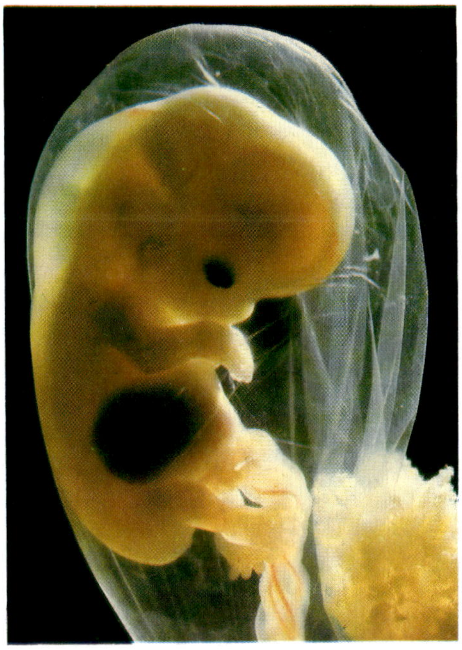

Die Abbildung zeigt einen 9 Wochen alten Embryo. Zu diesem Zeitpunkt erkennt man bereits die äußeren Körperformen. Aus dem dunklen Areal im Bauchraum entwickeln sich die inneren Organe

20. Woche: Inzwischen führt der Fetus mit seinen Gliedmaßen kräftige Bewegungen aus, die von der Mutter wahrgenommen werden können. Die Muskelentwicklung schreitet rasch voran, und auf dem Kopf wachsen die ersten Haare. Der Fetus hat nun eine Länge von etwa 21 Zentimetern.
24. Woche: Die Muskulatur ist fast vollständig ausgebildet, die Plazenta vergrößert sich kontinuierlich. Der Fetus ist noch immer nicht unabhängig von der Mutter lebensfähig, obwohl es bereits in seltenen Fällen gelungen ist, das Leben einer solchen Frühgeburt unter bestimmten Bedingungen zu erhalten. Der Fetus ist jetzt etwa 33 Zentimeter lang und wiegt 570 Gramm.
28. Woche: Ab diesem Zeitpunkt kann man den Fetus als lebensfähig bezeichnen, da er nun bei Frühgeburt eine Überlebenschance von etwa 5 Prozent hat. Er ist von einer schmierigen Schicht, der sogenannten Käseschmiere (Vernix), überzogen, die als Schutz vor dem Fruchtwasser dient. Er ist nun etwa 37 Zentimeter lang.

Das dritte Trimester

Das Körperwachstum hat nun den Anschluß an das Kopfwachstum gefunden, und der Fetus besitzt die Körperproportionen des Neugeborenen. Er ist jedoch viel dünner, da sich das Unterhautfettgewebe noch nicht entwickelt hat. Er ist jetzt etwa 45 Zentimeter groß, und die Überlebenschance bei Frühgeburt beträgt 15 Prozent.
36. Woche: Zu diesem Zeitpunkt hat der Fetus bei einer Frühgeburt bereits eine Überlebenschance von 90 Prozent, da die Lungen nun vollständig entwickelt sind. Der Fetus dreht sich in der Gebärmutter mit dem Kopf nach unten, der normalen späteren Geburtslage. Bei Zweit- oder Mehrgebärenden kann dies auch noch später stattfinden.
Zu diesem Zeitpunkt sind bei einem Jungen auch die Hoden von der Bauchhöhle in den Hodensack abgestiegen (Descensus testis). Die Käseschmiere ist verstärkt, und der Fetus

Embryo – 5 Wochen alt

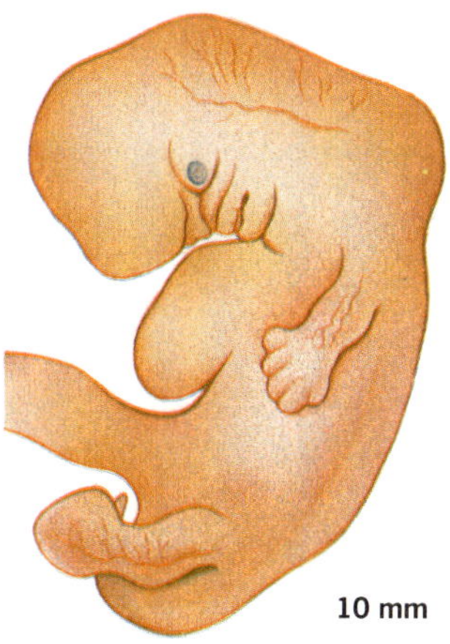

10 mm

Embryo – 6 Wochen alt

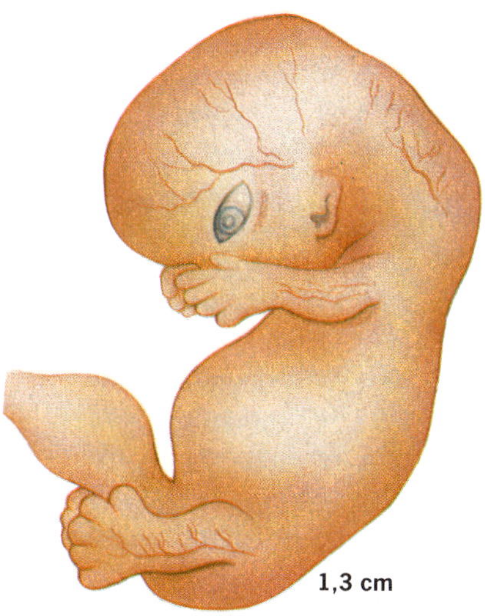

1,3 cm

Embryo – 7 Wochen alt

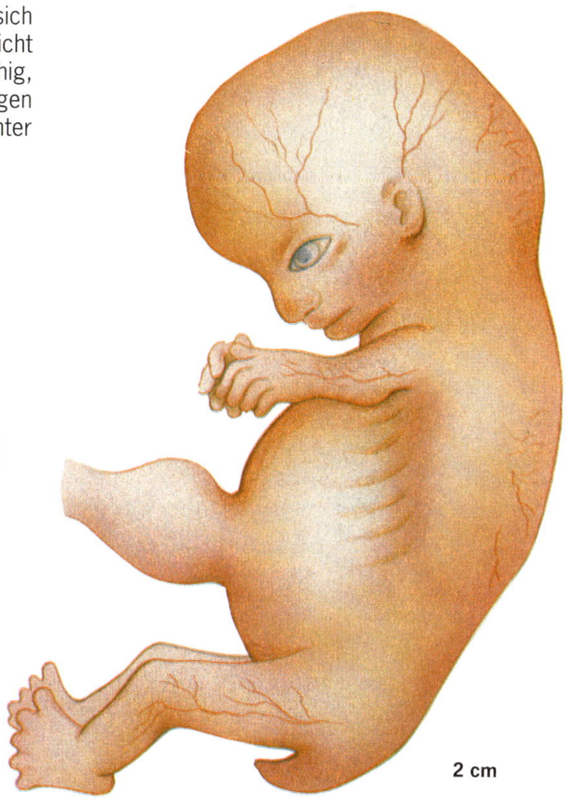

2 cm

verzeichnet eine tägliche Gewichtszunahme von 28 Gramm. Manche Neugeborenen besitzen noch das feine Lanugohaar an Armen, Beinen und Schultern, normalerweise verschwindet es jedoch bereits während der letzten Schwangerschaftswochen.
Ungefähr in der 40. Woche findet die Geburt statt, allerdings gebären einige Frauen vor oder nach diesem Zeitpunkt. Der Körper des Neugeborenen ist meist noch von Käseschmiere überzogen, nicht jedoch Augen und Mund. Das Neugeborene ist im Schnitt 50 Zentimeter groß und wiegt etwa 3400 Gramm.

Die Mutter

Im ersten Trimester findet die entscheidende Organentwicklung beim Fetus statt, darum sollte die Mutter gerade in dieser Zeit alles vermeiden, was zu einer Entwicklungsstörung und möglicherweise zu Mißbildung führen könnte. Vor jeder Medikamenteneinnahme sollte die Mutter einen Arzt befragen; außerdem sollte sie nicht mehr rauchen und keinen Alkohol mehr trinken. Ist eine Schwangerschaft geplant, so sollte sich die Frau vergewissern, daß sie gegen Röteln immun ist, und falls nicht, sich dagegen impfen lassen. Kommt es nämlich während der Schwangerschaft zu einer Rötelninfektion, so kann dies insbesondere in der Embryonalzeit zu schwersten Mißbildungen des Kindes führen. Zu Beginn der Schwangerschaft sollte sich jede Frau einer gründlichen körperlichen Untersuchung unterziehen und bereits jetzt regelmäßige Schwangerschaftsuntersuchungen festlegen. Die Überwachung des Entwicklungsstandes des Fetus ist ein wichtiger Teil dieser Untersuchungen. Die hierfür angewandten Methoden reichen von der einfachen Temperaturmessung bis hin zur Ultraschalluntersuchung.
Etwa 1 Woche vor Beginn der normalerweise zu erwartenden nächsten Menstruation kann es zu einer leichten Blutung kommen, da sich zu diesem Zeitpunkt neue, den Embryo ernährende Blutgefäße bilden. Hierüber sowie über alle übrigen ungewöhnlichen Symptome sollte immer der Ratschlag des Arztes eingeholt werden. Bei den regelmäßigen Untersuchungen stellt er auch fest, ob die Mutter zusätzlich Vitamin-oder Eisenpräparate einnehmen muß. Regelmäßige Untersuchungen und Kontrollen von Blutdruck und Urinzusammensetzung informieren über die Gesundheit der Mutter.
Während des zweiten Trimesters spürt die Mutter die Kindsbewegungen, meist unmittelbar vor dem Einschlafen. Ihr eigenes Blutkreislaufsystem erfährt durch die notwendige Mehrdurchblutung der Gebärmutter und Plazenta entsprechende Veränderungen, es muß eine große Anzahl neuer Blutzellen gebildet werden, dadurch zirkuliert mehr Blut. Der tägliche Flüssigkeitsbedarf ist in dieser Zeit entsprechend erhöht, und eventuell muß für die vermehrte Blutzellenneubildung zusätzlich die Zufuhr eines Eisenpräparates erwogen werden. Dies sollte jedoch nur der betreuende Arzt entscheiden. Etwa um die 20. Woche sind die Brüste und ihre Milchdrüsen so weit entwickelt, daß ein Stillen möglich ist. Bei einigen Frauen werden zunächst geringe Mengen einer gelblichen Flüssigkeit, die unreife Milch oder Kolostrum, abgesondert. Ein Ausbleiben dieser Absonderung muß jedoch nicht krankhaft sein.
Zu diesem Schwangerschaftszeitpunkt treten bei einigen Frauen Verdauungsstörungen, Sodbrennen und Verstopfung auf. Bei der Ernährung sollte man hierauf Rücksicht nehmen und gegebenenfalls mit dem Arzt eine spezielle Ernährung absprechen. Im Verlauf

Die Abbildung zeigt die Entwicklungsreihe vom 8 Wochen alten Embryo bis zum 38 Wochen alten Fetus

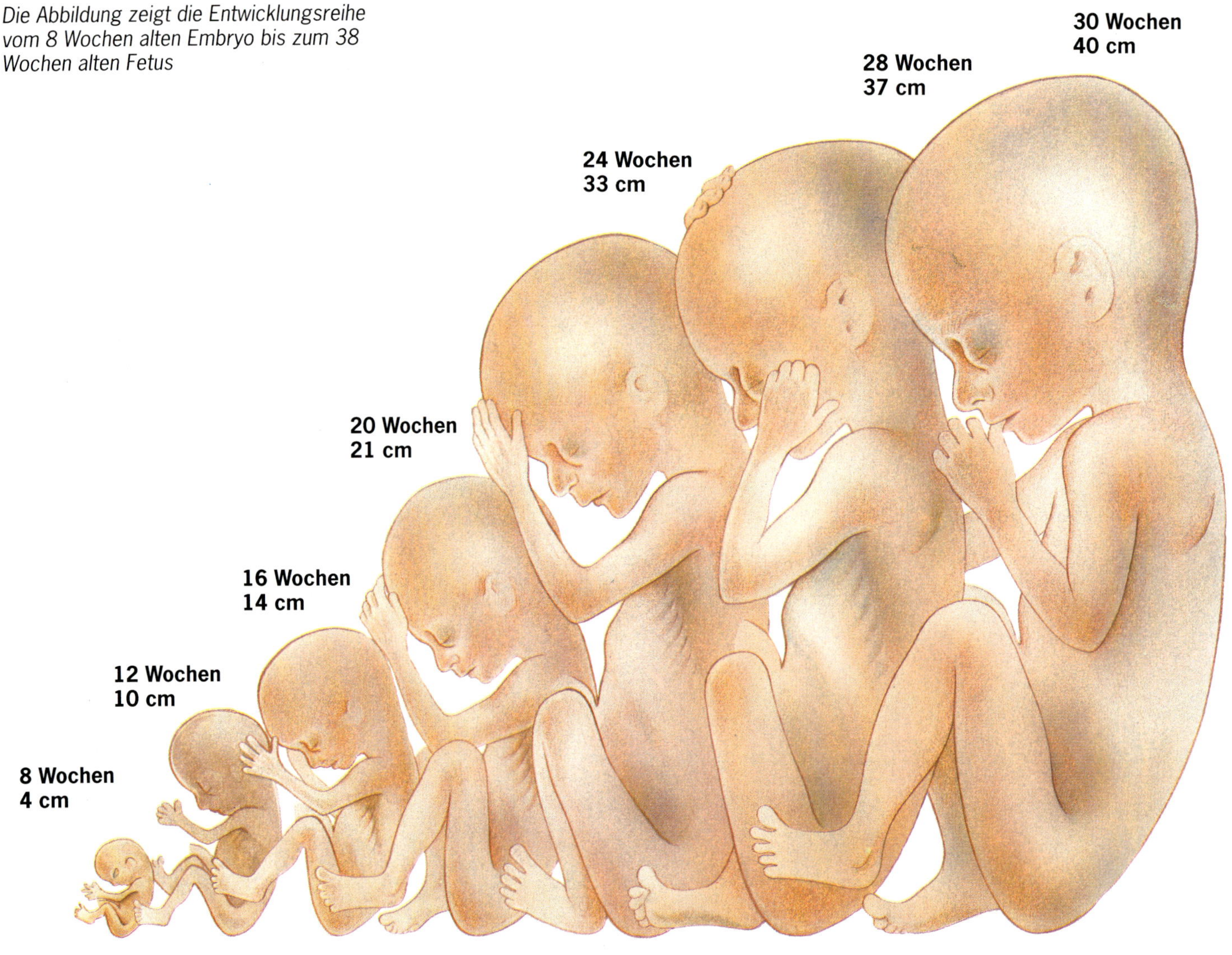

der Schwangerschaft kann die Größen- und Gewichtszunahme der Gebärmutter zu einem Druck auf innere Organe und vor allem Gefäße führen. Durch den Druck vor allem auf die abführenden Blutgefäße können sich Krampfadern in den Beinen und Hämorrhoiden entwickeln. Eine entsprechend regelmäßig durchgeführte Schwangerschaftsgymnastik kann dies und andere Folgeerscheinungen verhindern helfen.

Bis zum dritten Trimester hat sich die Gebärmutter erheblich vergrößert, und es fällt vielen Frauen schwer, weiter aufrecht zu gehen. Sie lehnen sich beim Gang gewichtsausgleichend etwas nach hinten, wodurch leicht Rückenschmerzen entstehen können.

Gelegentlich können vereinzelt Gebärmutterkontraktionen auftreten, die vermutlich im Zusammenhang mit einer Verbesserung der Plazentadurchblutung stehen.

Bald wird das Liegen auf dem Bauch unbequem. Sobald sich das Baby jedoch mit Kopftieflage im Becken eingerichtet hat, fühlen sich die meisten Frauen etwas wohler, da der Druck auf Magen und Zwerchfell erheblich vermindert wird.

In der Zeit um die 40. Schwangerschaftswoche beginnen die Wehen. Die Verbindungen der Knochen des Beckengürtels untereinander haben sich bereits unter Hormoneinfluß gelockert, um den Durchtritt des Kindes durch den Geburtskanal zu erleichtern. Häufige und verstärkte Wehen, das Platzen der Fruchtblase, der sogenannte Blasensprung, und eventuell ein geringer Blutabgang zeigen die nahende Geburt des Kindes an. Der Gebärmutterhals erweitert sich entsprechend, und das Kind tritt in den Geburtskanal ein.

Das mittlere Geburtsgewicht des Kindes beträgt 3400 Gramm; dies variiert normalerweise zwischen 2800 und 4000 Gramm.

Die Kopfhaare des Neugeborenen sind sehr unterschiedlich stark entwickelt, die Nägel überragen Zehen und Fingerkuppen. Die Augenfarbe ist meist blau, da die Pigmentierung der Iris in diesem frühen Entwicklungsstadium meist noch nicht vollständig abgeschlossen ist.

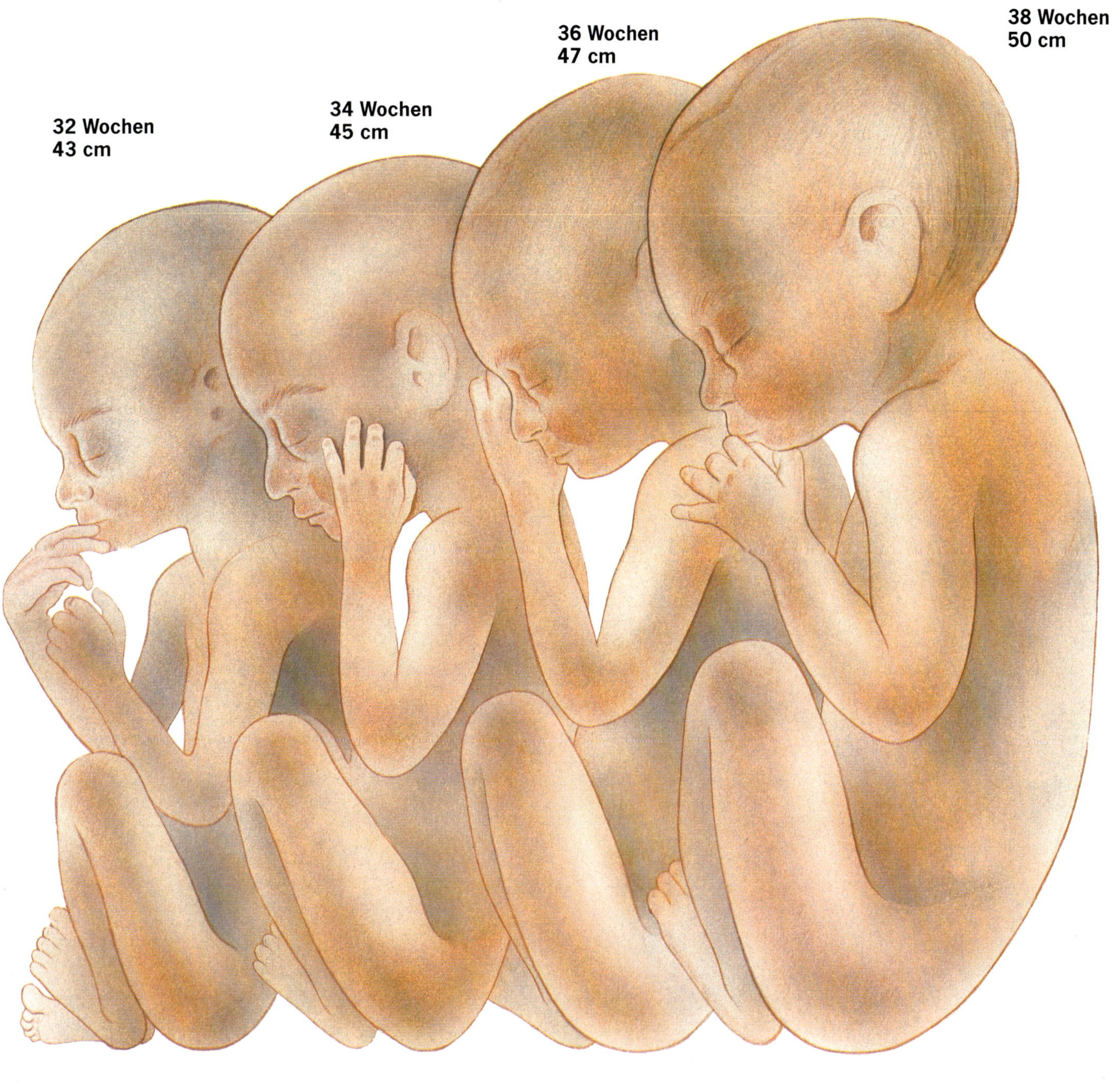

Glossar

Abdomen Bauchraum; er erstreckt sich zwischen Zwerchfell und Becken und enthält die Verdauungsorgane, Leber, Bauchspeicheldrüse und Nieren.

Acetylcholin Chemische Substanz, die aus den Nervenendigungen freigesetzt wird und der Übertragung von ankommenden Nervenimpulsen auf die Erfolgszelle dient. Ferner ist sie eine Transmittersubstanz im parasympathischen System.

ACTH Adrenocorticotropes Hormon; Hormon der Hirnanhangdrüse, das die Kortikoidproduktion der Nebennierenrinde anregt.

Adenoide Ansammlungen lymphatischen Gewebes im Rachenraum.

Adrenalin Das sogenannte Aktions- oder auch Abwehrhormon des Körpers, es erhöht die Herzschlagfolge und das Herz-Minuten-Volumen, die Atemfrequenz, und es versetzt andere Gewebe in einen Aktionszustand. Bildungsort ist das Nebennierenmark.

Albumin Einfaches Eiweiß, das in der Leber gebildet wird und hauptsächlich im Blutplasma vorkommt. Es dient als Nährstoff und der Aufrechterhaltung des osmotischen Druckes der Blutflüssigkeit innerhalb der Blutgefäße.

Aldosteron Hormon der Nebennierenrinde, das die Salzausscheidung über die Niere steuert. Es fördert die Natriumrückresorption, erhöht die Kaliumausscheidung und reguliert damit das Natrium-Kalium-Gleichgewicht.

Allergie Veränderte Reaktionslage des Körpers nach Sensibilisierung durch einen Fremdstoff. Beruht auf einer Antigen-Antikörper-Reaktion des Immunsystems. Der Körper reagiert am häufigsten auf Allergene, die inhaliert werden oder mit der Haut in Kontakt kommen, seltener auf die in bestimmten Nahrungsmitteln.

Alveolen Lungenbläschen; kleine, luftgefüllte Säckchen der Lungen, die an den Endverzweigungen des Bronchialbaumes liegen. Sie sind von einem dichten Gefäßnetz umsponnen, in ihnen findet der Gasaustausch statt.

Antikörper Spezieller Eiweißkörper, der von bestimmten Zellen des Immunsystems gebildet wird, sich gegen Fremdstoffe oder Krankheitserreger richtet und so der Körperabwehr dient.

Aortenklappe: Siehe valva aortae.

Apokrine Drüsen Duftdrüsen; spezielle Schweißdrüsen in Achselhöhlen, der Leistenregion und am Warzenhof der Brüste, die eine dickflüssige, milchige Substanz mit körpereigenem Geruch produzieren.

Appendix Wurmfortsatz des Blinddarms; seine Bedeutung ist umstritten. Aufgrund des lymphatischen Gewebes in seiner Wand scheint er eine Rolle im Immunsystem zu spielen, die jedoch noch nicht geklärt ist. Wegen des schmalen, blind endenden Lumens kommt es hier oft zu Kotstauungen und damit besonders leicht zu gefährlichen Entzündungen, in deren Folge er entfernt werden muß.

Arteria carotis Halsschlagader; sie versorgt Halsregion und Kopf mit arteriellem, sauerstoffreichem Blut.

Arteria femoralis Beinschlagader; die sich aus der äußeren Beckenschlagader fortsetzende, das Bein versorgende Schlagader.

Arteria iliaca Beckenschlagader; verzweigt sich zu einem inneren Ast, der die Beckeneingeweide versorgt, und einem äußeren Ast, der Beckenmuskulatur und Haut versorgt und kontinuierlich in die Oberschenkelschlagader übergeht.

Arteria subclavia Den Schultergürtel und den Arm versorgende Schlagader; rechts aus dem Truncus brachiocephalicus, links direkt aus dem Aortenbogen entspringend.

Arteria tibialis Schienbeinschlagader; eine der drei Hauptunterschenkelschlagadern.

Arterie Schlagader; Gefäß, das das Blut vom Herzen weg zu den Geweben führt.

ATP Adenosintriphosphat; energiereiche Phosphatverbindung, die in den Zellen durch die Verbrennung von Nährsubstanzen gebildet wird und als Energielieferant für chemische Reaktionen und andere Zelleistungen dient. ATP kann zu einem gewissen Prozentsatz in den Zellen gespeichert werden und im Bedarfsfall sofort zur Verfügung stehen.

Atrioventrikularknoten Vorhofkammerknoten; Teil des Herzreizleitungssystems an der Grenze zwischen Herzvorhof und -kammer. Verzögert die Erregungsausbreitung und kann bei Ausfall des Sinusknotens Steuerfunktion übernehmen.

Atrium Herzvorhof; der rechte Vorhof nimmt das sauerstoffarme Blut aus oberer und unterer Hohlvene auf, der linke Vorhof das sauerstoffreiche Blut aus den Lungenvenen.

Augenbindehaut Siehe Konjunktiva.

Autonomes Nervensystem Ein Teil des Nervensystems, das die automatischen Körperabläufe, wie Herzschlag und Schweißbildung, steuert. Es besteht aus dem sympathischen Nervensystem und seinem Gegenspieler, dem parasympathischen Nervensystem. Beide Systeme steuern die unwillkürlichen Organfunktionen dem Bedarf entsprechend auf jeweils gegensätzliche Art. So steigert beispielsweise der Sympathikus die Herzfrequenz, während der Parasympathikus sie vermindert.

Bakterien Kleine, einzellige Organismen, von denen einige krankheitserregend sind.

Bartholinische Drüse Drüse des Scheidenvorhofs, deren Sekretabsonderung das äußere Genitale bei Erregung schlüpfrig macht.

Basalganglien Nervenzellknoten an der Basis des Großhirns.

Bauchraum Siehe Abdomen.

Bauchspeicheldrüse Siehe Pankreas.

Becken Siehe Pelvis.

Beckenschlagader Siehe Arteria iliaca.

Beinschlagader Siehe Arteria femoralis.

Bindegewebe Als Basisgewebe des Körpers ist es als Füll- und Stützgewebe am Aufbau der meisten Organe beteiligt, bildet Haltestrukturen für diese Organe und ist mit Bändern und Sehnen ein Teil des Bewegungsapparates.

Bizeps Großer Beugemuskel an der Vorderseite des Oberarms.

Blinddarm Siehe Coecum.

Blutdruck Druck im Gefäßsystem.

Blutgerinnung Fähigkeit des Blutes und seiner Komponenten zur Gerinnselbildung. Dadurch wird der Verschluß von Blutgefäßen bei Verletzung ermöglicht und der weitere Blutverlust verhindert.

Brocasche Sprachregion Areal des Stirnlappens in unmittelbarer Nähe des motorischen Areals der Gesichts-, Zungen-, Gaumen- und Rachenmuskulatur. Hier findet offen sichtlich die Sprachbildung statt, die dann an die motorischen Hirnareale weitergegeben wird. Störungen führen zu einer als motorische Aphasie bezeichneten Sprachstörung.

Brunnersche Drüsen Siehe Glandulae duodenales.

Brustkorb Siehe Thorax.

Cerebellum Kleinhirn; Teil des Gehirns, das hauptsächlich für die Koordination von Bewegungen und die Aufrechterhaltung des Gleichgewichts verantwortlich ist.

Cerebrum Großhirn; der höchstentwickelte Teil des Gehirns. Er wird in Längsrichtung durch eine Furche in zwei Großhirnhälften (Hemisphären) getrennt.

Cervicalsekret Von den Drüsen des Gebärmutterhalskanals abgesondertes Sekret. Bei der Krebsvorsorgeuntersuchung wird hiervon ein Abstrich gewonnen, um mögliche Veränderungen der im Sekret enthaltenen Schleimhautzellen zu erkennen.

Cervix Gebärmutterhals; der in die Scheide hineinragende Teil der Gebärmutter.

Cholesterin Fettsubstanz, die an der Bildung von Zellwänden beteiligt ist und die das Grundgerüst für bestimmte Hormone, Vitamin D und Gallensäuren liefert. Erhöhte Blutkonzentrationen führen zu einer Ablagerung in den Gefäßwänden (Atheromatose) und begünstigen die Entstehung der Arteriosklerose.

Chromosomen Bestandteil des Zellkernes aus verdrillten Strängen von Desoxyribonukleinsäure, Träger des Erbgutes. Normale menschliche Zellen enthalten 46 Chromosomen, die Keimzellen 23.

Clavicula Schlüsselbein; es verbindet das Brustbein mit dem Schultergürtel und bildet hier zusammen mit der Schulterhöhe des Schulterblatts das Schultereckgelenk (Acromioclaviculargelenk).

Cochlea Gehörschnecke; Teil des Innenohres. Hier werden die von den Gehörknöchelchen übertragenen Schallwellen in Endolymphschwingungen umgewandelt, die wiederum Gehörsinneszellen erregen und zur Entstehung von Nervenimpulsen führen, die an das Gehirn übermittelt werden.

Coecum Blinddarm; der blind endende Anfangsteil des Dickdarmes, in den der Leerdarm mündet. An seinem blinden Ende findet sich der kleine Wurmfortsatz.

Colon Dickdarm; jener Darmkanal, der sich vom Dünndarmende bis zum After erstreckt.

Conjunctiva Augenbindehaut; sie besteht aus einer Bindegewebs- und Epithelschicht. Sie überzieht das Innere der Augenlider und den vorderen Augapfel bis zum Hornhautrand.

Cornea Hornhaut; der durchsichtige Teil des vorderen Augapfels.

Corpus luteum Gelbkörper; entsteht im Eierstock aus dem Tertiärfollikel nach dem Eisprung und produziert die Hormone Östrogen und Progesteron.

Corpus vitreum Glaskörper; durchsichtige, gelartige Substanz, die die hintere Augenkammer ausfüllt und damit rund zwei Drittel des Augenvolumens einnimmt.

Cortex cerebri Großhirnrinde; die äußere Zellschicht des Großhirns.

Diabetes mellitus Zuckerkrankheit; durch absoluten (verminderte Bildung) oder relativen (vermindertes Ansprechen der Zellen) Insulinmangel kommt es zu einer Zuckerstoffwechselstörung mit erhöhtem Blutzucker.

Diaphragma Zwerchfell; Muskelplatte, die Brusthöhle und Bauchhöhle voneinander trennt und durch ihre Kontraktion und Erschlaffung die Ein- und Ausatmung (sogenannte Bauchatmung) gewährleistet.

Dickdarm Siehe Colon.

Discus intervertebralis Zwischenwirbelscheibe; knorpelige Scheiben, die als Puffer zwischen den Wirbelkörpern liegen.

DNS Desoxyribonukleinsäure; komplizierte chemische Struktur und Träger des genetischen Materials (Erbgut) der Chromosomen.

Drosselvene Siehe Vena jugularis.

Drüsen Sekretabsondernde Gewebe des Körpers.

Duodenum Zwölffingerdarm; etwa 25 Zentimeter langer Anfangsteil des Dünndarms, in den die Ausführungsgänge von Gallenblase und Bauchspeicheldrüse münden.

Eileiter Siehe Tuba uterina.

Ekrine Drüsen Die eigentlichen Schweißdrüsen des Körpers. Sie kommen überall in der Haut mit Ausnahme der Lippen und Teilen der äußeren Geschlechtsorgane vor und dienen der Temperaturregulation des Körpers.

Ekzem Juckflechte; juckende, schuppende, entzündliche Hauterkrankung mit verschiedenen Ursachen.

Elastischer Knorpel Knorpelgewebe mit elastischen und kollagenen Fasern, das den Kehldeckel, weitere Kehlkopfteile, Teile des äußeren Ohres und des Mittelohres sowie die Ohrtrompete bildet.

Embryo Bezeichnung für die sich entwickelnde Frucht in der Gebärmutter bis zum Abschluß der Organentwicklung nach den ersten drei Monaten.

Endokrine Drüsen Die Gesamtheit der innersekretorischen Drüsen, das heißt jener Drüsen ohne Gangsystem, die ihre Hormone direkt an das Blut abgeben.

Enzym Chemische Substanz, die als Katalysator für chemische Reaktionen, wie die Aufspaltung der Nahrungsbestandteile, dient.

Epididymis Nebenhoden; eine kommaähnliche Struktur, die dem Hoden oben und hinten aufliegt und aus geknäuelten Samenkanälchen besteht. In diesen werden die Samenzellen gespeichert und reifen aus. Die Samenkanälchen schließen sich zum Samenleiter zusammen.

Epiglottis Kehldeckel; ovaläre Struktur aus elastischem Knorpel, die mit Schleimhaut überzogen ist und dem Verschluß des Kehlkopfeinganges beim Schluckakt dient.

Exkretion Die Absonderung festen oder flüssigen Materials vom Körper.

Exokrine Drüsen Drüsen mit Gangsystem, die ihre Sekrete entweder an die Körperoberfläche (Schweißdrüsen, Talgdrüsen) oder in die Hohlräume des Körpers (Schleimdrüsen, Verdauungsdrüsen) abgeben.

Extensoren Streckmuskeln des Körpers.

Faserknorpel Festes und widerstandsfähiges Knorpelgewebe mit hauptsächlich kollagenen Fasern. Bildet in der Hauptsache die Zwischenwirbelscheiben.

Fäzes Kot, Stuhl; vom Enddarm ausgeschiedene Verdauungsreste, abgeschilferte Zellen und Bakterien.

Femur Oberschenkelknochen; der längste und schwerste Knochen des menschlichen Körpers.

Fett Der energiereichste der Hauptnährstoffe. Fett wird im Körper entweder direkt zur Energiegewinnung verbrannt oder als Vorrat im Fettgewebe gespeichert.

Fettgewebe Spezielle Bindegewebsform mit der Möglichkeit der Fettspeicherung.

Fetus Bezeichnung für die in der Gebärmutter wachsende Frucht nach Abschluß der Organentwicklung am Ende des dritten Monats bis zum Zeitpunkt der Geburt.

Fibula Wadenbein; Unterschenkelknochen.

Flexoren Beugemuskeln des Körpers.

Fontanellen Mit Bindegewebe verschlossene Knochenlükken zwischen den Schädelknochen (große Fontanelle zwischen Stirnbein und Scheitelbein, kleine Fontanelle zwischen Scheitelbein und Hinterhauptbein), die Verschiebungen der Knochen während der Geburt erlauben und sich normalerweise bis zum zweiten bis dritten Lebensjahr vollständig knöchern geschlossen haben.

Foramen magnum Hinterhauptloch; großes Loch an der Schädelbasis, das den Durchtritt des Rückenmarks zum Gehirn ermöglicht.

Galle Von der Leber gebildete Verdauungsflüssigkeit, die in der Gallenblase gespeichert, konzentriert und bei der Nahrungsverdauung über den Gallengang in den Zwölffingerdarm abgegeben wird.

Gallenblase Siehe Vesica fellea.

Gammaglobuline Spezielle, von Plasmazellen gebildete Eiweißmoleküle, die als Antikörper wirken und der Körperabwehr dienen.

Ganglion 1. Nervenzellknoten; Bezeichnung für Ansammlungen von Nervenzellen. 2. Überbein; zystische Aussakkungen der Gelenkkapsel oder des Sehnengleitgewebes.

Gebärmutterhals Siehe Cervix.

Gehirn-Rückenmarks-Flüssigkeit Siehe Liquor.

Gehörschnecke Siehe Cochlea.

Gelbkörper Siehe Corpus luteum.

Gene Erbmerkmale; Abschnitte des DNS-Stranges der Chromosomen, die jeweils ein bestimmtes Eiweiß kodieren.

Genitale Männliche und weibliche Geschlechtsorgane.

Glandula lacrimalis Tränendrüse; kleine Drüse an der Innenseite der Augenhöhle, die Tränenflüssigkeit produziert.

Glandula thyreoidea Schilddrüse; endokrine Drüse an der Vorderseite der unteren Halsregion, deren Hormon Thyroxin den Körperstoffwechsel beeinflußt und den Grundumsatz erhöht.

Glandulae duodenales Brunnersche Drüsen; Drüsen im Zwölffingerdarm, die einen schützenden Schleim absondern, der zusammen mit dem Bauchspeicheldrüsensaft den Speisebrei neutralisiert.

Glandulae intestinales Lieberkühnsche Krypten; röhrenförmige Einstülpungen der Darmschleimhaut zwischen den Darmzotten, die zahlreiche Drüsenzellen enthalten.

Glandulae parathyreoidae Nebenschilddrüsen; vier kleine Drüsen an der Rückseite der Schilddrüse, die das den Kalziumspiegel regulierende Parathormon (PTH) produzieren.

Glandulae sebaceae Talgdrüsen; Einzeldrüsen der Haut, die in den Haartrichter münden. Ihr Talg (Sebum) macht Haut und Haare geschmeidig und auch widerstandsfähig gegen Wasser.

Glandulae suprarenalis Nebennieren; zwei endokrine Drüsen, die unmittelbar oberhalb der Nieren liegen. Ihre äußere Rindenzone produziert in der Hauptsache Cortison und Aldosteron, ihre innere Markzone Adrenalin.

Glaskörper Siehe Corpus vitreum.

Glatte Muskulatur Unwillkürliche Muskulatur; sie unterliegt der automatischen Steuerung, nicht dem Willen.

Glukose Einfachzucker; Hauptenergielieferant der Zellen.

Glykogen Tierische Stärke; aus Einfachzukkern aufgebauter Mehrfachzucker, der als Energiespeicher dient.

Gonaden Keimdrüsen; die Hoden beim Mann, die Eierstöcke bei der Frau.

Großer Gesäßmuskel Siehe Musculus gluteus maximus.

Großhirn Siehe Cerebrum.

Großhirnrinde Siehe Cortex cerebri.

Hämoglobin Roter Blutfarbstoff; Sauerstoffträger der roten Blutkörperchen.

Handwurzelknochen Acht kleine, unterschiedlich geformte Knochen der Handwurzel (Carpus), die das Handgelenk zwischen dem Unterarmknochen und dem Mittelhandknochen bilden.

Halsschlagader Siehe Arteria carotis.

Hepar Leber; liegt im rechten Oberbauch unmittelbar unter dem Zwerchfell. Sie wiegt etwa 1500 Gramm, ist das größte Stoffwechselorgan des Körpers und dient unter anderem der Verarbeitung, Speicherung und Abgabe von Nährstoffen, der Bildung von Blutgerinnungsfaktoren, der Bildung von Gallenflüssigkeit zur Fettverdauung, der Entgiftung und der Ausscheidung von Stoffwechsel- und Abbauprodukten.

Herzbeutel Siehe Pericard.

Herzkammer Siehe Ventrikel.

Hoden Siehe Testis.

Hodensack Siehe Skrotum.

Hohlvene Siehe Vena cava.

Hornhaut Siehe Cornea.

Hirnstamm Siehe Truncus cerebri.

Hissches Bündel Teil des Herzreizleitungssystems, zieht vom Atrioventrikularknoten zu den Herzkammern.

Hormone Chemische Überträgersubstanzen des Körpers.

Hyaliner Knorpel Ein blauweißes, durchscheinendes Gewebe, das reich an Knorpelgrundsubstanz ist und wenig Faserbündel enthält. Bildet das Embryonalskelett, wird in den Wachstumsfugen der langen Röhrenknochen zunächst angelegt und später durch Knochen ersetzt. Hyalinen Knorpel findet man in der Nase, in der Luftröhre und in den Bronchien.

Hymen Jungfernhäutchen; feine Haut variabler Dicke und Ausprägung, die zunächst den Scheideneingang bis auf eine kleine Öffnung verschließt. Er reißt meist beim ersten Geschlechtsverkehr, durch anderweitige Manipulationen oder auch schon bei bestimmten Körperbewegungen ein.

Hypertrophie Vergrößerung der Zellen eines Organs.

Hyperplasie Organvergrößerung durch Zellvermehrungen.

Hypophyse Hirnanhangdrüse. Endokrine, vom Hypothalamus gesteuerte Drüse, die an der Hirnbasis in einer Grube der Schädelknochen liegt, dem sogenannten Türkensattel.

Hypothalamus Gehirnregion, die viele der automatisch ablaufenden und hormonabhängigen Körperfunktionen steuert.

Ileum Leerdarm; unterster Abschnitt des Dünndarms, der in den Dickdarm mündet.

Immunsystem Bezeichnung für das hochkomplizierte System der Körperabwehr.

Insulin Hormon der innersekretorischen Zellen der Bauchspeicheldrüse. Ist verantwortlich für die Zuckerverwertung der Gewebe und reguliert den Blutzuckerspiegel.

Jejunum Krummdarm; mittlerer Dünndarmabschnitt und Hauptresorptionsort für die meisten aufgespaltenen Nahrungsbestandteile.

Kalium Ein Hauptmineral des Körpers, unter anderem wichtig für die Erregungsleitung.

Kammerwasser Klare Flüssigkeit der vorderen Augenkammer zwischen Hornhaut, Iris und Augenlinse.

Kapillaren Feinste Blutgefäße, die in den Geweben die Arteriolen mit den Venolen verbinden und in denen der Gasaustausch der Gewebe (innere Atmung) und der von Nährstoffen gegen Stoffwechselprodukte erfolgt.

Kehldeckel Siehe Epiglottis.

Kehlkopf Siehe Larynx.

Keimdrüsen Siehe Gonaden.

Keratin Hornstoff; schwefelhaltiges Eiweiß und Bestandteil von Haaren und Nägeln.

Ketonkörper Azeton, Azetessigsäure und Betahydroxybuttersäure sind Nebenprodukte des Fettsäurestoffwechsels. Sie werden verstärkt bei Glukosemangel (Hunger) oder Glukoseverwertungsstörungen (Diabetes) gebildet.

Kleinhirn Siehe Cerebellum.

Klitoris Kitzler; erregbares Gewebe des äußeren weiblichen Genitale. Besitzt ähnlich dem männlichen Glied kleine Schwellkörper. Stimulation führt zu sexueller Erregung.

Kniescheibe Siehe Patella.

Kniesehnenreflex Siehe Patellarsehnenreflex.

Knochenmark Weiches, spongiöses Gewebe im Inneren der Knochen. Im roten Knochenmark werden die roten Blutkörperchen, Blutplättchen und ein Teil der weißen Blutkörperchen gebildet.

Knorpel Besondere Form des Bindegewebes mit bestimmten eingelagerten Substanzen, das gleichzeitig Festigkeit gibt, aber auch eine bestimmte Elastizität erlaubt. Knorpel findet sich als Überzug der Knochen in den Gelenken, als Bandscheiben zwischen den Wirbelkörpern, als Knorpelhaften beispielsweise in der Schambeinfuge und als strukturbildendes Gewebe an Nasenspitze, Ohrmuschel und Kehlkopf.

Kohlendioxyd CO_2; es entsteht in den Zellen bei der Verbrennung von Nährstoffen zur Energiegewinnung.

Kohlenhydrate Einer der drei Hauptnährstoffe. Kohlenhydrate, auch tierische und pflanzliche Stärke genannt, bestehen aus Mehrfachzuckern. Sie werden zu Einfachzuckern abgebaut und zur Energiegewinnung herangezogen. Sie werden in den Körperzellen zu Kohlendioxyd und Wasser verbrannt.

Konzeption Empfängnis, Befruchtung; die Verschmelzung von Eizelle und Samenzelle.

Kortison Streßhormon; Steroidhormon der Nebennierenrinde.

Kreuzbein Siehe Os sacrum.

Krummdarm Siehe Jejunum.

Larynx Kehlkopf; er dient der Tonbildung und dem Verschluß des Atemweges gegen den Speiseweg.

Leber Siehe Hepar.

Leerdarm Siehe Ileum.

Lieberkühnsche Krypten Siehe Glandulae intestinales.

Lien Milz; Organ des lymphatischen Systems im linken Oberbauch.

Ligament Band; feste Struktur aus kollagenem Bindegewebe.

Liquor cerebrospinalis Gehirn-Rückenmarks-Flüssigkeit, die in einer bestimmten Zellage (Plexus choroideus) in den Hohlräumen des Gehirns (Ventrikel) gebildet wird, die Hohlräume ausfüllt und Gehirn und Rückenmark umgibt.

Lunula Mond der Finger- und Zehennägel; Wachstumsregion des Nagels.

Lymphozyten Spezielle weiße Blutkörperchen, die im Blut und im lymphatischen Gewebe vorkommen. Sie sind an der Bildung des Immunsystems beteiligt.

Lymphgefäßsystem Zweites Gefäßsystem, das die Gewebsflüssigkeit drainiert, in Lymphknotenstationen filtert und wieder dem Blut zuführt. Es spielt eine Rolle im Immunsystem des Körpers.

Makrophagen Zellen des Körperabwehrsystems, die Fremdkörper aufnehmen und abbauen können.

Mandibula Unterkieferknochen.

Maxilla Oberkieferknochen.

Medula oblongata Verlängertes Mark; Gehirnteil, Sitz von Atem- und Herz-Kreislauf-Zentren und anderer Reflexzentren, wie Husten, Niesen und Schlucken.

Meiose Reifeteilung; Zellteilung im Keimdrüsengewebe, bei dem zwei Zellen mit halbem Chromosomensatz (23) entstehen (Samenzelle beim Mann – Eizelle bei der Frau).

Melanin Hautpigment; wird von speziellen Pigmentzellen (Melanozyten) in der Oberhaut gebildet und gibt der Haut ihre charakteristische Farbe.

Menarche Zeitpunkt der Menstruation.

Meningen Hirn- und Rückenmarkshäute; von außen nach innen: Dura mater (harte Hirn-Rükkenmarks-Haut), Arachnoidea (Spinngewebehaut), Pia mater (weiche Hirn-Rückenmarks-Haut).

Menopause Zeitpunkt der letzten Menstruation.

Menstruation Regelblutung.

Metabolismus Stoffwechsel.

Metacarpalia Mittelhandknochen; bilden die Verbindung zwischen Handwurzelknochen und Fingerknochen.

Milz Siehe Lien.

Mitose Normale Zellteilung, bei der zwei jeweils identische Zellen entstehen.

Mitralklappe Zweizipflige Segelklappe zwischen linkem Vorhof und linker Herzkammer.

Mittelhandknochen Siehe Metacarpalia.

Musculus gluteus maximus Großer Gesäßmuskel; streckt den Oberschenkel und hält den Rumpf beim Stehen und Gehen.

Muskulatur Zur Kontraktion befähigtes Körpergewebe.

Myelinscheide Markscheide, die größere periphere Nerven umgibt und die Erregungsausbreitung beschleunigt.

Myofibrillen Untereinheit der Muskelzelle, aus Aktin- und Myosinfilamenten aufgebaut.

Natrium Wichtiges Mineral des Körpers; es ist im Kochsalz (Natriumchlorid) enthalten und ist hauptverantwortlich für die Aufrechterhaltung des osmotischen Druckes der Zell- und Blutflüssigkeit und bedeutsam für die Erregungsbildung und Ausbreitung.

Nebenschilddrüsen Siehe Glandulae parathyreoidae.

Nebennieren Siehe Glandulae suprarenales.

Nerven Spezialisierte Zellen, die zur Erregungsentstehung und -übermittlung befähigt sind, so Informationen empfangen, speichern, entwerfen und übermitteln können.

Nervus opticus Sehnerv; übermittelt die Nervenimpulse der Sehzellen (Stäbchen und Zapfen) an das Gehirn.

Netzhaut Siehe Retina.

Noradrenalin Überträgersubstanz des sympathischen Nervensystems, ähnelt in Struktur und Wirkung dem Adrenalin, wird im Nebennierenmark und übrigen sympathischen Nervensystem gebildet.

Oberschenkelknochen Siehe Femur.

Oesophagus Speiseröhre; sie ist Teil des Verdauungstraktes und verbindet Rachen und Magen.

Östrogen Weibliches Geschlechtshormon; verantwortlich für die normale sexuelle Entwicklung und bedingt zusammen mit dem Progesteron den weiblichen Monatszyklus.

Ohrmuschel Dient dem Auffangen der Schallwellen und ihrer Weitergabe über den äußeren Gehörgang an das Trommelfell.

Ohrtrompete Siehe Tuba auditiva.

Orgasmus Höhepunkt sexueller Erregung.

Os sacrum Kreuzbein; fünf miteinander verschmolzene Wirbel der unteren Wirbelsäule, die mit den Hüftbeinen zusammen den Beckengürtel bilden.

Osteoblast Knochenbildende Zelle.

Ovar Eierstock.

Ovulation Eisprung.

Pankreas Bauchspeicheldrüse; eine exokrine und zugleich endokrine Drüse des Körpers. Sie bildet Verdauungssaft (exokrin) und die Hormone Insulin und Glukagon (endokrin).

Parasympathikus Teil des autonomen Nervensystems.

Patella Kniescheibe; bildet mit einer Furche zwischen beiden Oberschenkelknochen das Femuropatellargelenk, dient der gemeinsamen Endsehne des Musculus quadriceps femoris bei ihrem Verlauf über das Kniegelenk als eine Art Sesambein.

Patellarsehnenreflex PSR, Kniesehnenreflex; ein kurzer Schlag auf die Kniesehne führt zur reflektorischen Streckung im Kniegelenk.

Pelvis Becken; an der Bildung des Beckengürtels sind das Kreuzbein (Os sacrum) und die beiden Hüftbeine (Os coxae) beteiligt, die wiederum aus Darm- (Os ilium), Sitz- (Os ischii) und Schambein (Os pubis) bestehen.

Pepsin Eiweißspaltendes Enzym; wird von speziellen Zellen der Magenschleimhaut gebildet und entfaltet seine Wirkung im sauren Magensaft.

Pericard Herzbeutel; seröser, das Herz umgebender Sack, der ähnlich dem Brust- und Bauchfell aus einem viszeralen und einem parietalen Anteil besteht. Er bildet das Gleitlager des Herzens und hemmt seine Überdehnung.

Periodontium Zahnhalteapparat; in ihm sind die Zähne in den Zahntaschen fest aufgehängt.

Peristaltik Rhythmische, wellenförmige Muskelkontraktionen des Speiseröhren-Magen-Darm-Traktes, die Flüssigkeit und Nahrungsbrei vorantreiben.

Peritoneum Bauchfell; seröse Haut, die die Wände der Bauchhöhle auskleidet (parietales Peritoneum) und die Organe der Bauchhöhle überzieht (viszerales Peritoneum) und ihre Bewegungen in der Bauchhöhle ermöglicht.

Pfortader Siehe Vena portae.

Plazenta Mutterkuchen; blutreiches Organ in der Gebärmutter während der Schwangerschaft, das aus mütterlichen Anteilen (Uterus) und kindlichen Anteilen (Trophoblast) besteht und den Austausch von Gasen, Nährstoffen und Stoffwechselprodukten zwischen mütterlichem und kindlichem Blutkreislauf gestattet.

Plasma Blutplasma; eigentliche Blutflüssigkeit ohne Zellen.

Pleura Brustfell; seröse Membran, die die Innenfläche der Brusthöhle auskleidet (Rippenfell — Pleura parietalis) und die Lungenoberfläche überzieht (Lungenfell — Pleura visceralis). Der mit Flüssigkeit gefüllte Spalt zwischen beiden Pleurablättern ermöglicht ein reibungsfreies Gleiten der Lungen bei der Atmung, die Oberflächenspannung zwischen ihnen verhindert das Zusammenziehen der Lungen.

Pons Brücke; Teil des Hirnstamms. Liegt oberhalb des verlängerten Marks und ist unter anderem Schaltstation zwischen Groß- und Kleinhirnrinde.

Prostaglandine Von bestimmten Geweben des Körpers gebildete chemische Stoffe, die auf Blutdruck, Stoffwechsel, Zentralnervensystem und glatte Muskulatur wirken.

Prostata Vorsteherdrüse; männliche Drüse am Blasengrund, die mit ihren 15 bis 20 Ausführungsgängen am Samenhügel in die Harnröhre mündet. Sie bildet ein alkalisches Sekret, das die Samenzellen umgibt und erst ihre eigentliche Bewegung ermöglicht.

Protein Eiweiß; besteht je nach Funktion aus einer unterschiedlichen Anzahl und Kombination von Aminosäuren.

Pubertät Zeitraum der Geschlechtsreife.

Puls Die Kraft des mit einem Herzschlag in das Schlagadersystem gepumpten Blutes kann in den größeren Schlagadern als Pulswelle getastet werden. Üblich ist die Pulstastung der Speichenschlagader (Radialispuls).

Quergestreifte Muskulatur Willkürliche Muskulatur; vom Gehirn gesteuerte, dem Willen unterliegende Körpermuskulatur.

Radius 1. Speiche, einer der beiden Unterarmknochen. 2. Der Halbdurchmesser eines Kreises.

Reflex Automatische Reizantwort; ein Beispiel ist der Patellarsehnenreflex. Auf die kurze Dehnung der Patellarsehne (Reiz) erfolgt als automatische, unmittelbare Antwort die Kontraktion des zur Sehne gehörigen Oberschenkelstreckmuskels (Musculus quadriceps femoris), das Bein wird im Kniegelenk gestreckt (Reizantwort).

Reflux Rückfluß; beispielsweise derjenige von Mageninhalt in die Speiseröhre (ösophagealer Reflux).

Retina Netzhaut; Sinneszellschicht im Inneren des Auges mit den Sehzellen Zapfen und Stäbchen.

Samen Sammelbegriff für Samenflüssigkeit und Samenzellen.

Samenleiter Siehe Vas deferens.

Sauerstoff Für den Körper lebensnotwendiges Element.

Scheide Siehe Vagina.

Schienbeinschlagader Siehe bei Arteria tibialis.

Schilddrüse Siehe Glandula thyreoidea.

Schließmuskel Siehe Sphinkter.

Sebum Talg; siehe Glandulae sebaceae.

Sehnerv Siehe Nervus opticus.

Sekretin Ein Hormon; beim Übertritt sauren Speisebreis in den Zwölffingerdarm von bestimmten Zellen in der Darmschleimhaut gebildetes Hormon, das die Produktion und die Abgabe des Bauchspeicheldrüsensafts fördert.

Sekretion Absonderung.

Sexualhormone Geschlechtshormone (Testosteron beim Mann, Östrogen und Progesteron bei der Frau); regeln die Entwicklung weiblicher und männlicher Geschlechtsorgane und -merkmale und dienen der Fortpflanzung.

Sinusknoten In der Wand des rechten Vorhofs gelegener Nervenzellknoten, der Teil des Herz-Reizleitungs-Systems und Schrittmacher des Herzens ist. In ihm findet die automatische Erregungsbildung statt. Er wird von Sympathikus und Parasympathikus gesteuert.

Sklera Undurchsichtige Hornhaut des Augapfels.

Skrotum Hodensack; in ihm befinden sich Hoden und Nebenhoden.

Sonnengeflecht Siehe Solarplexus.

Solarplexus Plexus solaris, Plexus coeliacus, Sonnengeflecht; Nervengeflecht aus sympathischen und parasympathischen Nerven, das sich zwischen Ursprung der Arteria coeliaca, Arteria mesenterica superior und den Arteriae renales ausspannt. Plötzlicher Druck auf das Sonnengeflecht, zum Beispiel durch einen Schlag gegen den Bauch, kann über einen vegetativen Reflexmechanismus schwere Atemnot und eine Herzbeschleunigung hervorrufen.

Speiseröhre Siehe Oesophagus.

Spermium Samenzelle.

Sphinkter Schließmuskel; ringförmige Muskellage, die den Schluß eines Hohlorgans gewährleistet.

Stärke Bezeichnung für komplexe Kohlenhydrate tierischer und pflanzlicher Herkunft.

Steißbein Die fünf untersten, oft miteinander verschmolzenen Wirbel der Wirbelsäule. Relikt des während der Evolution verlorengegangenen Schwanzes.

Sternum Brustbein.

Steroide Komplexe chemische Moleküle, beispielsweise Sexualhormone und Kortison.

Sympathikus Teil des autonomen Nervensystems, das die unwillkürlichen Körperfunktionen wie den Herzschlag und die Verdauung steuert.

Talgdrüsen Siehe Glandulae sebaceae.

Tenosynovitis Sehnenscheidenentzündung.

Testis Hoden; im Hodensack gelegene männliche Keimdrüsen.

Testosteron Männliches Geschlechtshormon; wird von den Leydigschen Zwischenzellen der Hoden gebildet.

Thorax Brustkorb oder Brusthöhle; enthält Lungen, Herz und Thymus.

Thrombozyten Blutplättchen; spielen eine große Rolle bei der Blutgerinnung.

Thymus In der Kindheit ein relativ großes, beim Erwachsenen ein kleines Organ, das etwa in Mitte der vorderen Brusthöhle liegt und dem man eine große Rolle beim Aufbau des Immunsystems zuschreibt.

Tränendrüse Siehe Glandula lacrimalis.

Truncus cerebri Hirnstamm; die Gehirnregion, die Groß- und Kleinhirn mit dem Rückenmark verbindet.

Tuba auditiva oder Eustachische Röhre, Ohrtrompete; kleine, mit Schleimhaut ausgekleidete Röhre, die das Mittelohr mit dem Nasenrachen verbindet und dem Druckausgleich des Mittelohres dient.

Tuba uterina Eileiter; die Eileiter entspringen zu beiden Seiten der Gebärmutter und enden mit ihrer trichterförmigen Öffnung in unmittelbarer Nähe der Eierstöcke. Sie nehmen die während des Eisprungs freigesetzte Eizelle auf.

Vagina Scheide; muskulärer Schlauch, der die Gebärmutter mit dem äußeren Genitale verbindet.

Vaginismus Scheidenkrampf; hervorgerufen durch eine meist psychogen bedingte Überempfindlichkeit des Scheideneinganges.

Valva aortae Aortenklappe; liegt am Ursprung der Aorta aus der linken Herzkammer und verhindert den Rückfluß des Blutes aus der Aorta in die Kammer.

Vas deferens Ductus deferens, Samenleiter; setzt sich aus den geknäuelten Samenkanälchen des Nebenhodens fort, zieht mit dem Samenstrang in die Bauchhöhle und mündet zusammen mit dem Ausführungsgang des Samenbläschens mit einem gemeinsamen Endstück, dem Spritzkanälchen, in die Harnröhre ein.

Vena cava Hohlvene; über die untere und obere Hohlvene wird das sauerstoffarme, kohlendioxydreiche Blut wieder dem Herzen zugeführt. Beide münden in den rechten Herzvorhof.

Vena jugularis Drosselvene; innere und äußere Halsvene, die den Blutabfluß aus Gehirn und Halsregion ermöglicht.

Vena portae Pfortader; Vene, die aus dem Zusammenfluß der Eingeweidevenen entsteht und an der Leberpforte in die Leber eintritt. Sie führt der Leber das nährstoffreiche Blut des Verdauungstrakts zu.

Vene Blutader; zum Herzen hin führendes Blutgefäß.

Ventrikel Herzkammer; die linke Herzkammer pumpt sauerstoffreiches Blut in die Aorta, die rechte Herzkammer sauerstoffarmes Blut in die Pulmonalarterie.

Verlängertes Mark Siehe bei Medula oblongata.

Vesica fellea; sackähnliches, muskuläres Hohlorgan, das in einer Art Sackgasse seitlich vom Gallengang abgeht und in dem Gallenflüssigkeit gespeichert und konzentriert wird. Bei Bedarf wird diese durch Kontraktionen über den Gallengang an den Zwölffingerdarm abgegeben.

Vitamin Lebensnotwendige organische Verbindungen, die vom Körper nicht oder in nicht ausreichender Menge produziert werden können.

Vulva Äußeres weibliches Genitale; umfaßt die großen und die kleinen Schamlippen, die Klitoris und den Scheidenvorhof.

Wernickesche Sprachregion Sensorische Sprachregion im Schläfenlappen des Großhirns, die für das Sprachverständnis verantwortlich ist. Ihr Ausfall führt zur sogenannten sensorischen Aphasie.

Wurmfortsatz Siehe Appendix.

Zellen Baueinheiten des Körpers, aus denen alle Gewebe aufgebaut sind. Sie enthalten Zellplasma und Zellkern und bestimmte gewebespezifische Strukturen.

Zilien Kleinste, haarförmige Fortsätze spezialisierter Zellen. Beispiele sind das Flimmerepithel der Atemwege oder die spezialisierten Sinneshärchen der unterschiedlichen Sinneszellen.

Zwerchfell Siehe Diaphragma.

Zwischenwirbelscheibe Siehe Discus intervertebralis.

Zwölffingerdarm Siehe Duodenum.

Register

Halbfette Seitenzahlen verweisen auf eine ausführliche Erläuterung des Begriffs und kursive Seitenzahlen auf Abbildungen.